U0311599

中 国 国 家 标 准 汇 编

591

GB 30104

（2013 年制定）

中国标准出版社　编

中国标准出版社

北　京

图书在版编目(CIP)数据

中国国家标准汇编:2013年制定.591:
GB 30104/中国标准出版社编.—北京:
中国标准出版社,2014.9
ISBN 978-7-5066-7672-4

Ⅰ.①中… Ⅱ.①中… Ⅲ.①国家标准-
汇编-中国-2013 Ⅳ.①T-652.1

中国版本图书馆 CIP 数据核字(2014)第 187861 号

中 国 标 准 出 版 社 出 版 发 行
北京市朝阳区和平里西街甲 2 号(100029)
北京市西城区三里河北街 16 号(100045)

网址 www.spc.net.cn
总编室:(010)64275323 发行中心:(010)51780235
读者服务部:(010)68523946
中国标准出版社秦皇岛印刷厂印刷
各地新华书店经销
*
开本 880×1230 1/16 印张 45.25 字数 1 391 千字
2014 年 9 月第一版 2014 年 9 月第一次印刷
*
定价 220.00 元

出版说明

1.《中国国家标准汇编》是一部大型综合性国家标准全集。自198□□□本、平装本两种装帧形式陆续分册汇编出版。它在一定程度上反映了我□□基本情况和主要成就，是各级标准化管理机构，工矿企事业单位，农林牧副□□门必不可少的工具书。

2.《中国国家标准汇编》收入我国每年正式发布的全部国家标准，分为"制□□□□两种编辑版本。

"制定"卷收入上一年度我国发布的、新制定的国家标准，顺延前年度标准编号□，成若干分册，封面和书脊上注明"20××年制定"字样及分册号，分册号一直连续。各分册中的标准是按照标准编号顺序连续排列的，如有标准顺序号缺号的，除特殊情况注明外，暂为空号。

"修订"卷收入上一年度我国发布的、被修订的国家标准，视篇幅分设若干分册，但与"制定"卷分册号无关联，仅在封面和书脊上注明"20××年修订-1，-2，-3，……"字样。"修订"卷各分册中的标准，仍按标准编号顺序排列（但不连续）；如有遗漏的，均在当年最后一分册中补齐。需提请读者注意的是，个别非顺延前年度标准编号的新制定的国家标准没有收入在"制定"卷中，而是收入在"修订"卷中。

读者配套购买《中国国家标准汇编》"制定"卷和"修订"卷则可收齐由我社出版的上一年度我国制定和修订的全部国家标准。

3.由于读者需求的变化，自1996年起，《中国国家标准汇编》仅出版精装本。

4.2013年我国制修订国家标准共1 979项。本分册为"2013年制定"卷第591分册，收入国家标准GB 30104的最新版本。

中国标准出版社

2014年8月

目　　录

ICS 29.140;29.140.50
K 74

中华人民共和国国家标准

GB/T 30104.101—2013/IEC 62386-101:2009

数字可寻址照明接口
第 101 部分：一般要求　系统

Digital addressable lighting interface—
Part 101,General requirements—System

(IEC 62386-101:2009,IDT)

2013-12-17 发布　　　　　　　　　　　　　　　2014-11-01 实施

中华人民共和国国家质量监督检验检疫总局
中国国家标准化管理委员会　　发 布

前　言

GB/T 30104《数字可寻址照明接口》分为 13 个部分：

——第 101 部分：一般要求　系统；

——第 102 部分：一般要求　控制装置；

——第 103 部分：一般要求　控制设备；

——第 201 部分：控制装置的特殊要求　荧光灯(设备类型 0)；

——第 202 部分：控制装置的特殊要求　自容式应急照明(设备类型 1)；

——第 203 部分：控制装置的特殊要求　放电灯(荧光灯除外)(设备类型 2)；

——第 204 部分：控制装置的特殊要求　低压卤钨灯(设备类型 3)；

——第 205 部分：控制装置的特殊要求　白炽灯电源电压控制器(设备类型 4)；

——第 206 部分：控制装置的特殊要求　数字信号转变换直流电压(设备类型 5)；

——第 207 部分：控制装置的特殊要求　LED 模块(设备类型 6)；

——第 208 部分：控制装置的特殊要求　开关功能(设备类型 7)；

——第 209 部分：控制装置的特殊要求　颜色控制(设备类型 8)；

——第 210 部分：控制装置的特殊要求　程序装置(设备类型 9)。

本部分为 GB/T 30104 的第 101 部分。

本部分按照 GB/T 1.1—2009 和 GB/T 20000.2—2009 给出的规则起草。

本部分使用翻译法等同采用 IEC 62386-101:2009《数字可寻址照明接口　第 101 部分：一般要求
系统》。

与本部分中规范性引用的国际文件有一致性对应关系的我国文件如下：

——GB 7000.1—2007　灯具　第 1 部分：一般要求与试验(IEC 60598-1:2003,IDT)

——GB 16915.2—2000　家用和类似用途固定式电气装置的开关　第 2 部分：特殊要求　第 1 节：
电子开关(eqv IEC 60669-2-1:1996＋A1:1997)

——GB 19510.4—2009　灯的控制装置　第 4 部分：荧光灯用交流电子镇流器的特殊要求
(IEC 61347-2-3:2000 A1:2004 A2:2006,IDT)

本部分做了下列编辑性修改：

a)　"IEC 62386-101 号标准"一词改为"本部分"；

b)　删除了 IEC 62386-101 的前言。

本部分由中国轻工业联合会提出。

本部分由全国照明电器标准化技术委员会(SAC/TC 224)归口。

本部分起草单位：国家电光源质量监督检验中心(上海)、佛山市华全电气照明有限公司、锐高照明
电子(上海)有限公司、佛山市中照光电科技有限公司、上海亚明灯泡厂有限公司、惠州雷士光电科技有
限公司、广东凯乐斯光电科技有限公司、东莞市品元光电科技有限公司、杭州奥能照明电器有限公司、北
京电光源研究所。

本部分主要起草人：虞再道、张波、区志杨、阎振国、柯柏权、徐小良、熊飞、伍永乐、黎锦洪、杨国仁、
杨小平、江姗、段彦芳、赵秀荣。

引　言

　　本部分是与 GB/T 30104.102 及组成控制装置 GB/T 30104.2×× 系列各个部分一起出版的。另有一些覆盖控制装置的部分(将作为通用要求标准 GB/T 30104.103 及组成有特殊要求的控制装置 GB/T 30104.300 系列各个部分出版)正在考虑之中。分成单独部分出版,是为了便于将来修改和修订。并且,若发现需要补充要求,在这些补充要求被认可后,将予以添加。

　　本部分及构成 GB/T 30104.1×× 系列标准的其他部分,在提及本部分或 GB/T 30104 的任何条款时,均规定了该条款适用范围及试验进行的顺序。必要时,各部分也包括补充要求。

　　除非另有说明,本部分中使用的所有数字均为十进制数字。十六进制数字以 0xVV 格式给出,其中 VV 为数值。二进制数字以 XXXXXXXXb 格式或 XXXX XXXX 格式给出,其中 X 为 0 或 1;二进制数字中的"x"表示"任意值"。

数字可寻址照明接口
第101部分:一般要求 系统

1 范围

GB/T 30104 的本部分规定了使用交流/直流电源供电的电子照明装备的数字信号控制协议。

2 规范性引用文件

下列文件对于本文件的应用是必不可少的。凡是注日期的引用文件,仅注日期的版本适用于本文件。凡是不注日期的引用文件,其最新版本(包括所有的修改单)适用于本文件。

GB/T 30104.102—2013 数字可寻址照明接口 第102部分:一般要求 控制装置(IEC 62386-102:2009,IDT)

IEC 60598-1 灯具 第1部分:一般要求和试验(Luminaires—Part 1:General requirements and tests)

IEC 60669-2-1:2002 家用和类似用固定式电气装置开关 第2-1部分:特殊要求 电子开关 修订1(2008)(Switches for household and similar fixed electrical installations—Part 2-1:Particular requirements—Electronic switches Amendment 1(2008))

IEC 61347-2-3:2000 灯的控制装置 第2-3部分:荧光灯用交流电子镇流器的特殊要求(Lamp controlgear—Part 2-3:Particular requirements for a. c. supplied electronic ballasts for fluorescent lamps)

3 术语和定义

下列术语和定义适用于本文件。

3.1
控制设备 control device
连接到接口上的设备,并用于发送指令控制其他连接到相同接口上的设备(例如灯的控制装置)。

3.2
控制装置 control gear
连接在电源和一支或若干支灯之间用来变换电源电压,限制灯的电流至规定值,提供启动电压和预热电流,防止冷启动,校正功率因数或降低无线电干扰的一个或若干个部件。
注:控制装置连接到接口接受指令,通过直接或者间接的方式控制至少一个输出。

3.3
主设备 master
通过接口控制数据流的设备。

3.4
从设备 slave
用于响应指令的设备。
注:从设备不能通过接口控制数据流。

3.5

前向传输 forward transmission

主设备到从设备的数据传输。

3.6

后向传输 backward transmission

从设备到主设备的数据传输。

3.7

工作状态 active state

数据传输处于低电平的状态。

3.8

空闲状态 idle state

数据传输之间处于高电平的状态。

3.9

接口 interface

具有电气特性的两线式数据总线。

注：电气特性的描述在本部分第5章给出。

4 一般要求

4.1 目的

对采用数字控制信号的电子照明装备的控制接口实行标准化,其目的是为了在楼宇管理系统的照明子系统中,不同厂家提供的电子控制装置和照明控制设备之间实现良好的兼容性和互操作性。

4.2 主从结构

控制装置仅在从模式下工作。因此,控制装置只有在要求传输信息时才传输信息,并且不支持避免冲突或冲突处理的方法。

除被动传感器外的任一照明控制设备均能作为主设备。

4.3 规范概要

给出的特性如下:

——控制装置不能作为主设备;

——在一个接口上最多控制64台独立可寻址的控制装置/设备;

——在一个接口上最多能达到16路可寻址组;

——可变参数存储于控制装置/设备;

——用于错误检测的双向编码;

——异步起止传输协议;

——信息速率:1 200 bit/s;

——信号发射设备与信号接收设备之间的最大电压降为2 V;

——控制接口的隔离应与IEC 61347-2-3:2000中的15.5一致,无接地回路;

——如果没有另外的规定,时间规范的公差为±10%;

——具有可选的无极性控制接口;

——具有可选的过电压保护控制接口。

5 电气规范

5.1 概述

所有的电压和电流是指控制装置/设备接口端的电压和电流。

5.2 控制输入端标记

两个接口端应标记"da"或者"DA"来代表数据。如果接口带极性,则两个端口应分别用"＋"和"－"进行标记。

5.3 控制接口特性

在控制端,被测量的控制接口阻抗如下:
——控制装置在典型的高电平电压输入情况下 $R_{in} \geqslant 8$ kΩ;
——$C_{in} \leqslant 1$ nF;
——$L_{in} \leqslant 1$ mH。
图 1 为控制接口的等效电路。

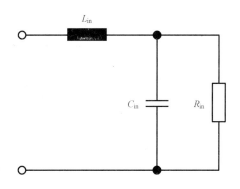

图 1 控制接口的等效电路

如果有电容从接口电路连接到设备的其他任何部分(例如,地),对于有极性的设备,电容应从接口的负极引出,对于无极性的设备,电容应从整流信号接口的负极引出。

注:一台设备上连接在接口负极和地之间的电容器与另一台包含有连接在接口正极和地之间电容器的设备一起使用时,电容量 C_{in} 受到对地电容量的影响。

5.4 控制输入端的绝缘系统

有关绝缘系统的信息应符合 IEC 60598-1 的分类。
——基本绝缘;
——附加绝缘;
——双重或者加强绝缘。
对于控制输入端,应在控制装置的标签和/或文献(手册)上有效标明。

5.5 额定信号电压

"高电平"的电压范围应在 9.5 V～22.5 V,"低电平"的电压范围应在 －6.5 V～＋6.5 V。6.5 V～9.5 V 之间的逻辑电平没有定义。典型的高电平电压是 16 V,典型的低电平电压是 0 V,典型的开启电压是 8 V。

在信号传输过程中,控制装置/设备处于"低电平"时,应当把电压限制在4.5 V以下。

图2为电压电平。

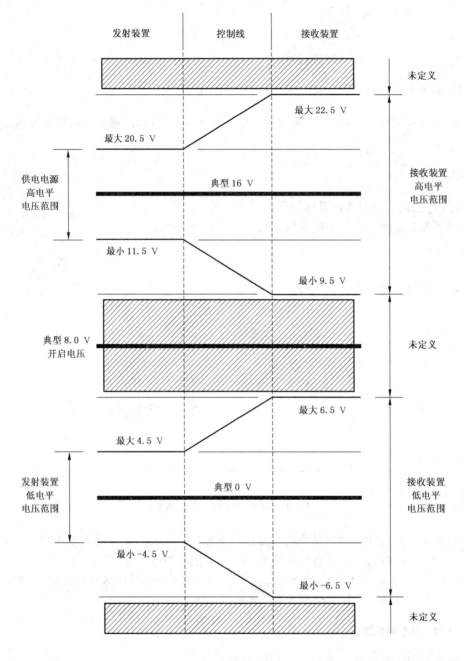

图 2 电压电平

5.6 额定信号电流

当处于非工作状态时,控制装置的损耗在电压≤22.5 V时应不超过2 mA。当处于工作状态时,不带有整体式电源的控制装置/设备在≤电压4.5 V时应能承受至少250 mA的灌电流。

当处于工作状态时,带有整体式电源的控制装置/设备在电压≤4.5 V时,应能承受至少(250 mA-I_{out})的灌电流。

I_{out}:由控制装置/设备提供给接口的电流。

当不处于工作状态时,控制设备允许损耗大于2 mA的电流。

图 3 为控制装置中前向和后向传输的电压和电流电平。

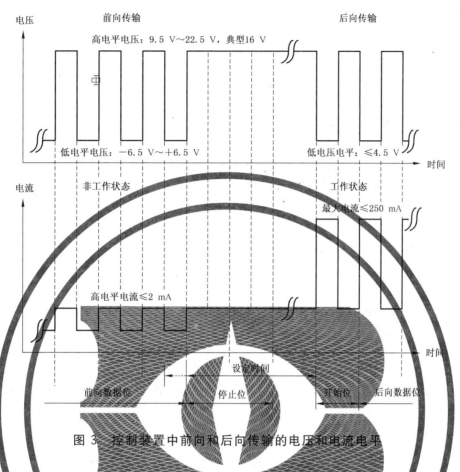

图 3　控制装置中前向和后向传输的电压和电流电平

5.7　信号上升时间和下降时间

在控制接口上接收和传输数据信号的斜率为 $10~\mu s \leqslant t_{下降} \leqslant 100~\mu s$ 和 $10~\mu s \leqslant t_{上升} \leqslant 100~\mu s$,见图 4。

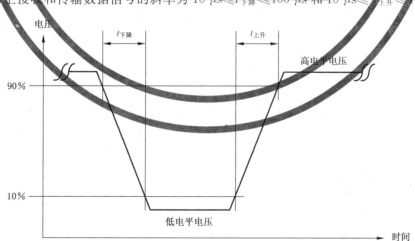

说明:

$t_{下降}$——下降时间;

$t_{上升}$——上升时间。

图 4　控制接口中上升时间和下降时间

6 接口电源

6.1 概述

接口电源可以是一个独立的电源模块,也可以是一个能够集成到任一可连接到接口的控制设备或控制装置的电源。

所有的电压和电流是指电源模块端子的电压和电流。

6.2 电源端标记

电源端应分别用"+da"或者"+DA"和"−da"或者"−DA"进行标记。

6.3 电源端的绝缘系统

有关绝缘系统的信息应符合 IEC 60598-1 的分类。
——基本绝缘;
——附加绝缘;
——双重或者加强绝缘。

对于电源端,应在电源的标签和/或文献(手册)上有效标明。

6.4 额定电压

电源模块的开路电压应在 11.5 V～20.5 V 之间。电源开路电压应在安装说明书或者手册上说明。

6.5 额定电流

在任何情况下,接口电源应把最大供电电流限制在 250 mA 之内。最小的供电电流为 8 mA。

电源模块应为每一台连接的控制装置提供至少 2 mA 的电流,同时连接的控制设备供电电压不应降到 11.5 V 以下。

如果系统连接有一个以上的电源,其总电流不应超过 250 mA。

电源提供最小电流时,其供电电压不应低于 11.5 V,在任何情况下能够提供的最小电流和最大电流都应在安装说明书或者手册上说明。

6.6 时间要求

负载阻抗的阶跃变化引起电源输出的重置,要求在 10 μs 内完成,其值应在 5.5 规定的有效范围内。此要求同样适用于会引起电源开路电压变化的负载阻抗,要求在 10 μs 内完成,其值应在 5.5 规定的有效范围内。

> 注:由此可得,任何通过改变其内部的阻抗引起接口逻辑电平变化的控制装置/设备,应按照一定的速度改变其阻抗,以满足 5.7 给定的时间要求。

7 传输协议框架结构

按照 GB/T 30104.102—2013 第 7 章的要求。

8 定时

按照 GB/T 30104.102—2013 第 8 章的要求。

9 操作方法

按照 GB/T 30104.102—2013 第 9 章的要求。

另外,IEC 60669-2-1 中 26.1.1 的要求适用于电源电压中断。对于直流供电设备,IEC 60669-2-1 表 105 中提到的持续时间为 200 ms。

10 变量声明

按照 GB/T 30104.102—2013 第 10 章的要求。

11 指令定义

控制设备产生的所有指令和控制装置相应的所有指令由以下某一部分定义:

——第 102 部分:控制装置的通用指令;

——第 2××部分:控制装置的专用指令。

参 考 文 献

[1]　IEC 60921　Ballasts for tubular fluorescent lamps—Performance requirements

[2]　IEC 60923　Auxiliaries for lamps—Ballasts for discharge lamps(excluding tubular fluorescent lamps—Performance requirements

[3]　IEC 60925　DC supplied electronic ballasts for tubular fluorescent lamps—Performance requirements

[4]　IEC 60929:2006　AC-supplied electronic ballasts for tubular fluorescent lamps—Performance requirements

[5]　IEC 61347-1　Lamp controlgear—Part 1:General and safety requirements

[6]　IEC 61547　Equipment for general lighting purposes-EMC immunity requirements

[7]　IEC 62386-103　Digital addressable lighting interface—Part 103:General requirements—Control devices 1

[8]　CISPR 15　Limits and methods of measurement of radio disturbance characteristics of electrical lighting and similar equipment

[9]　GS1,"General Specification:Global Trade Item Number",Version 7.0,published by GS1, Avenue Louise 326;BE-1050 Brussels,Belgium;and GS1,1009 Lenox Drive,Suite 202,Lawrenceville, New Jersey,08648 USA.

ICS 29.140.50；29.140.99
K 74

中华人民共和国国家标准

GB/T 30104.102—2013/IEC 62386-102：2009

数字可寻址照明接口
第 102 部分：一般要求　控制装置

Digital addressable lighting interface—
Part 102：General requirements—Control gear

（IEC 62386-102：2009，IDT）

2013-12-17 发布

2014-11-01 实施

中华人民共和国国家质量监督检验检疫总局
中国国家标准化管理委员会　发布

13

前　言

GB/T 30104《数字可寻址照明接口》分为13个部分：
——第101部分：一般要求　系统；
——第102部分：一般要求　控制装置；
——第103部分：一般要求　控制设备；
——第201部分：控制装置的特殊要求　荧光灯(设备类型0)；
——第202部分：控制装置的特殊要求　自容式应急照明(设备类型1)；
——第203部分：控制装置的特殊要求　放电灯(荧光灯除外)(设备类型2)；
——第204部分：控制装置的特殊要求　低压卤钨灯(设备类型3)；
——第205部分：控制装置的特殊要求　白炽灯电源电压控制器(设备类型4)；
——第206部分：控制装置的特殊要求　数字信号转换成直流电压(设备类型5)；
——第207部分：控制装置的特殊要求　LED模块(设备类型6)；
——第208部分：控制装置的特殊要求　开关功能(设备类型7)；
——第209部分：控制装置的特殊要求　颜色控制(设备类型8)；
——第210部分：控制装置的特殊要求　程序装置(设备类型9)。
本部分为GB/T 30104的第102部分。

本部分按照GB/T 1.1—2009和GB/T 20000.2—2009给出的规则起草。

本部分使用翻译法等同采用IEC 62386-102:2009《数字可寻址照明接口　第102部分：通用要求　控制装置》。

与本部分中规范性引用的国际文件有一致性对应关系的我国文件如下：
——GB/T 15144—2009　管形荧光灯用交流电子镇流器　性能要求(IEC 60929:2006,MOD)
——GB 19510.4—2009　灯的控制装置　第4部分：荧光灯用交流电子镇流器的特殊要求
　(IEC 61347-2-3:2006,IDT)

本部分做了下列编辑性修改：

a)　"本标准"一词改为"本部分"；

b)　删除了IEC 62386-102的前言。

本部分由中国轻工业联合会提出。

本部分由全国照明电器标准化技术委员会(SAC/TC 224)归口。

本部分起草单位：国家电光源质量监督检验中心(上海)、佛山市华全电气照明有限公司、锐高照明电子(上海)有限公司、佛山市中照光电科技有限公司、惠州雷士光电科技有限公司、上海亚明灯泡厂有限公司、欧普照明有限公司、广东凯乐斯光电科技有限公司、北京电光源研究所。

本部分主要起草人：虞再道、魏峰、区志杨、阎振国、柯柏权、熊飞、徐小良、周明兴、伍永乐、杨小平、段彦芳、赵秀荣、江姗。

引　言

　　本部分是与 GB/T 30104.101 及组成控制装置 GB/T 30104.200 系列各个部分一起出版的。另有一些覆盖控制装置的部分(将作为通用要求标准 GB/T 30104.103 及组成有特殊要求的控制装置 GB/T 30104.300系列各个部分出版)正在考虑之中。分成单独部分出版,是为了便于将来修改和修订。并且,若发现需要补充要求,在这些补充要求被认可后,将予以添加。

　　本部分及构成 GB/T 30104.1×× 系列标准的其他部分,在提及 GB/T 30104.101 或 GB/T 30104.102 的任何条款时,均规定了该条款适用范围及试验进行的顺序。必要时,各部分也包括补充要求。构成 GB/T 30104.1×× 系列标准的所有部分均各自独立,因此不包括对彼此的参照。

　　本部分通过"GB/T 30104.101 第'n'条适用"的语句来提及 GB/T 30104.101 的任何条款的要求,则该语句应被解释为,第 101 部分的条款的所有要求均适用,除非此要求对具体类型的控制装置明显不适用。

　　对采用数字控制信号的电子控制装置的控制接口实行标准化是为了在楼宇管理系统的照明子系统中,不同厂家提供的电子控制装置和照明控制装置之间实现良好的兼容性和互操作性。除非另有说明,本部分中使用的所有数字均为十进制数字。十六进制数字以 0xVV 格式给出,其中 VV 为数值。二进制数字以 XXXXXXXXb 格式或 XXXX XXXX 格式给出,其中 X 为 0 或 1;二进制数字中的"x"表示"任意值"。

数字可寻址照明接口
第102部分：一般要求 控制装置

1 范围

GB/T 30104 的本部分规定了使用交流或直流电源供电的电子控制装置数字控制的协议和测试方法。

注：本部分中所述测试为型式试验，不包括在生产过程中对单个控制装置的测试要求。

2 规范性引用文件

下列文件对于本文件的应用是必不可少的。凡是注日期的引用文件，仅注日期的版本适用于本文件。凡是不注日期的引用文件，其最新版本（包括所有的修改单）适用于本文件。

GB/T 30104.101—2013 数字可寻址照明接口 第 101 部分：一般要求 系统（IEC 62386-101：2009，IDT）

IEC 60929:2006 管形荧光灯用交流电子镇流器 性能要求（A.C.-supplied electronic ballasts for tubular fluorescent lamps—Performance requirements）

IEC 61347-2-3 灯的控制装置 第 2-3 部分：荧光灯用交流电子镇流器的特殊要求（Lamp control gear—Part 2-3：Particular requirements for a.c. supplied electronic ballasts for fluorescent lamps）

3 术语和定义

GB/T 30104.101—2013 中第 3 章界定的以及下术语和定义适用于本文件。

3.1

电弧功率 arc power
提供给灯的输出功率。

3.2

电弧功率等级 arc power level
用于表示目标电弧功率的内部值。

3.3

前向帧 forward frame
主设备传输到从设备数据的位组流程。

3.4

短地址 short address
确定系统中单个控制装置地址的寻址类型。

3.5

组地址 group address
能同时确定系统中某组控制装置地址的寻址类型。

3.6

广播 broadcast

能同时确定系统中所有控制装置地址的寻址类型。

3.7

指令 command

促使接收器做出响应的位组流程。

3.8

后向帧 backward frame

从设备返回到主设备数据的位组流程。

3.9

帧流程 frame sequence

连续帧的组合。

3.10

渐变时间 fade time

光输出从目前的调光等级转变至所接收到指令指定的目标调光等级所用的时间。

3.11

渐变速率 fade rate

光输出的变化速率。

3.12

搜索地址 search address

在初始化阶段,用于识别系统中单个控制装置的 24 位二进制数。

3.13

随机地址 random address

在初始化阶段,控制装置随机生成 24 位二进制地址。

3.14

场景 scene

预置的光输出组合状态。

3.15

数据传送寄存器 data transfer register

DTR

某个控制设备传送数据至控制装置或反向传送用的多功能寄存器。

3.16

响应时间 response time

控制装置不考虑渐变时间而改变其输出的实际时间。

3.17

重置状态 reset state

控制装置所有可编程的参数(见表 6 所示,包括实际功率等级在内)均为重置值时的状态。

3.18

全球贸易项目代码 global trade item number;GTIN

作为全球贸易项目唯一标识使用的代码。

注:该代码由 GS1 或 U.P.C.公司前缀、项目参考编号以及 1 个校验数位组成。相关说明参见由位于比利时布鲁

塞尔 BE-1050 路易斯大道 326 号的 GS1 以及位于 1009 Lenox Drive,Suite 202,Lawrenceville,New Jersey,08648 USA 的 GS1 发布的"GS1 总体规范"(7.0 版)所述。

3.19

数据字节　data byte

前向帧的第二个字节。

4　一般要求

按照 GB/T 30104.101—2013 中 4.1 和 4.2 的要求。

5　电气规范

按照 GB/T 30104.101—2013 第 5 章的要求。

6　接口电源

如果控制装置带有整体式电源,则按照 GB/T 30104.101—2013 第 6 章的要求。

7　传输协议结构

7.1　概述

前向帧以及后向帧应在接收器内进行分析。如果某个帧出现编码错误,则该帧应在出现编码错误 1.7 ms 后被忽略,而控制装置应再次回到接收帧的准备状态。

7.2　前向帧

1 个前向帧由 19 个位组成,详见 8.2 所述。

——1 个起始位:(逻辑"1",二相编码)

——1 个地址字节"YAAA AAAS":(二相编码)

——1 个数据字节"XXXX XXXX":(二相编码)

——2 个停止位:(空闲线路)

7.2.1　地址字节"YAAA AAAS"

前向帧的第一个字节即称为"地址字节"。每个控制装置均应能对一个短地址、16 个组地址以及广播做出响应。应采用以下寻址方案:

地址类型		地址字节
64 个短地址	0～63	0AAA AAAS
16 个组地址	0～15	100A AAAS
广播		1111 111S
专用指令		1010 0000 至 1111 1101

Y:短地址/组地址/广播: Y="0":短地址

                               Y="1":组地址或广播

A:有效地址位

S:选择符位   S="0":数据字节=直接电弧功率等级

                               S="1":数据字节=指令

当地址字节含有1个短地址、组地址或广播地址时,最低有效位(S)即为"选择符位",用于指示数据字节中是否跟有1个直接电弧功率等级或指令。

专用指令(相关要求参见11.4)应使用地址字节中传输的 CCCC CCCC 来选择指令。

7.2.2 数据字节"XXXX XXXX"

对于短地址、组地址或广播(选择符位"S")来说,其地址字节的最低有效位应指示其数据字节是否含有1个直接电弧功率等级或指令:

S="0":数据字节=直接电弧功率等级(见11.1.1)

S="1":数据字节=指令(见11.1.2 及其随后条款)

对于专用指令来说,数据字节的内容应通过相关指令来进行定义,详见11.4 所述。

7.3 后向帧

只有在收到查询指令或存储器写入指令后才可发送后向帧。

1个后向帧由11个位组成,详见8.3 所述。

——1个起始位:(逻辑"1",二相编码)

——1个数据字节"XXXX XXXX":(二相编码)

——2个停止位:(空闲线路)

根据指令,后向帧(=回答)应为"是"/"否"或8位信息:

"是":1111 1111

"否":控制装置应无响应(空闲线路)

8位信息:XXXX XXXX

8 定时

8.1 信息位定时

起始位和信息位应采用二相编码。

信息速率应为 1 200 bit/s。

$$T_e = \frac{1}{2 \times 1\ 200}s = 416.67\ \mu s$$

逻辑"1"的定时如图1所示。

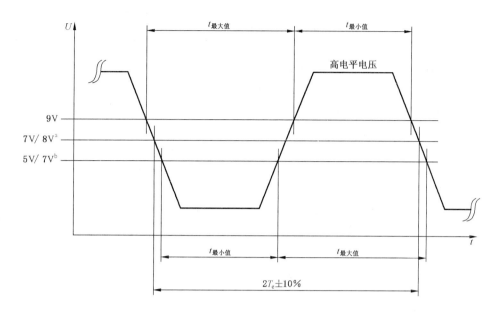

^a 发送器接口为 7 V,接收器接口为 8 V。

^b 发送器接口为 5 V,接收器接口为 7 V。

图 1 二相编码"1"

时间 $t_{最大值}$ 和 $t_{最小值}$ 的限值应为:

$$t_{最大值} < 500\ \mu s;\ t_{最小值} > 334\ \mu s$$

二相电平"0"和"1"所用符号应如图 2 所示。

图 2 二相电平"1"和"0"所用符号

8.2 前向帧定时

前向帧由 19 个位组成,持续时间为 38 倍的 T_e,详见图 3 和图 4 所示。

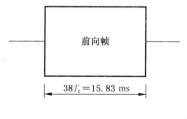

图 3 前向帧

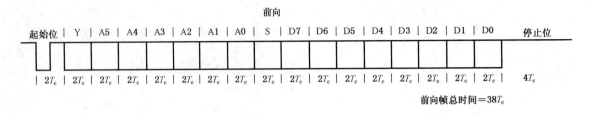

前向帧总时间＝38T_e

图 4 前向帧定时

8.3 后向帧定时

后向帧由 11 个位组成,持续时间为 22 倍的 T_e,详见图 5 和图 6 所示。

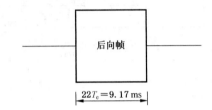

$22T_e$＝9.17 ms

图 5 后向帧

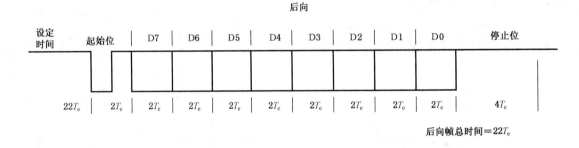

后向帧总时间＝22T_e

图 6 后向帧定时

8.4 帧流程定时

传输定时应符合图 7、图 8、图 9 所示的要求。

若两个连续帧之间的时间定义为第一帧最后的停止位结束和下一帧起始位开始之间的时间:

——两个连续帧之间的时间至少应为 22T_e;

——前向帧和后向帧之间的时间至少应为 7T_e～22T_e;

——后向帧和前向帧之间的时间至少应为 22T_e。

若设定时间定义为第一帧最后一个上升边缘和下一帧第一个下降边缘之间的时间:

——两个连续帧之间的设定时间至少应为 27T_e;

——前向帧和后向帧之间的设定时间至少应为 11T_e～27T_e;

——后向帧和前向帧之间的设定时间至少应为 27T_e。

照明控制装置的回答等待时间应为 27T_e＋10%,从前向信息的最后一个上升边缘起开始计时。

如果无后向帧从此时间点开始,则其回答应解释为"无"。

注 1:对广播或组地址查询的回答可以重叠,可能会造成后向帧损坏。

在一定情况下,指令接收时间应为 100 ms(100 ms 内两个前向帧)。

注2:这一时间已在相关指令的定义中进行了明确说明。

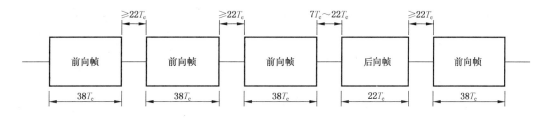

图 7　帧流程定时实例

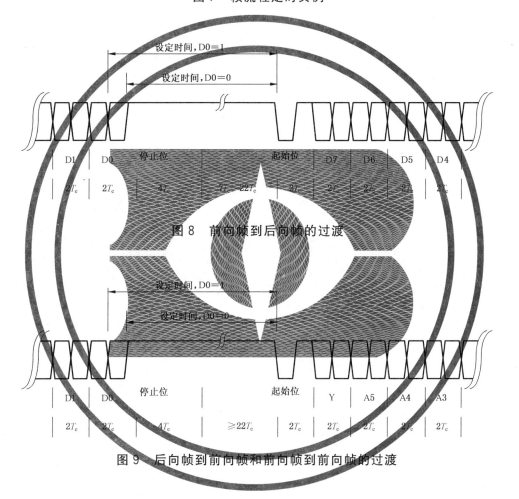

图 8　前向帧到后向帧的过渡

图 9　后向帧到前向帧和前向帧到前向帧的过渡

9　操作方法

9.1　对数调光曲线、电弧功率等级及精确度

如图 10 和表 1 所示,控制装置的电弧功率最小值为 0.1%,电弧功率等级为 1。控制装置电弧功率最大值为 100%,电弧功率等级为 254。

0.1%～100% 的对数调光曲线值由以下公式算出:

$$X(n)=10^{\frac{n-1}{253/3}-1} \qquad \left|\frac{X(n)-X(n+1)}{X(n)}\right|=常数=2.8\%$$

图 10 是图解说明,表 1 列出了计算值。

表 1 带最小电弧功率(0.1%)的对数调光曲线

n	X	n	X	n	X	n	X	n	X
1	0.100	52	0.402	103	1.620	154	6.520	205	26.241
2	0.103	53	0.414	104	1.665	155	6.700	206	26.967
3	0.106	54	0.425	105	1.711	156	6.886	207	27.713
4	0.109	55	0.437	106	1.758	157	7.076	208	28.480
5	0.112	56	0.449	107	1.807	158	7.272	209	29.269
6	0.115	57	0.461	108	1.857	159	7.473	210	30.079
7	0.118	58	0.474	109	1.908	160	7.680	211	30.911
8	0.121	59	0.487	110	1.961	161	7.893	212	31.767
9	0.124	60	0.501	111	2.015	162	8.111	213	32.646
10	0.128	61	0.515	112	2.071	163	8.336	214	33.550
11	0.131	62	0.529	113	2.128	164	8.567	215	34.479
12	0.135	63	0.543	114	2.187	165	8.804	216	35.433
13	0.139	64	0.559	115	2.248	166	9.047	217	36.414
14	0.143	65	0.574	116	2.310	167	9.298	218	37.422
15	0.147	66	0.590	117	2.374	168	9.555	219	38.457
16	0.151	67	0.606	118	2.440	169	9.820	220	39.522
17	0.155	68	0.623	119	2.507	170	10.091	221	40.616
18	0.159	69	0.640	120	2.577	171	10.371	222	41.740
19	0.163	70	0.658	121	2.648	172	10.658	223	42.895
20	0.168	71	0.676	122	2.721	173	10.953	224	44.083
21	0.173	72	0.695	123	2.797	174	11.256	225	45.303
22	0.177	73	0.714	124	2.874	175	11.568	226	46.557
23	0.182	74	0.734	125	2.954	176	11.888	227	47.846
24	0.187	75	0.754	126	3.035	177	12.217	228	49.170
25	0.193	76	0.775	127	3.119	178	12.555	229	50.531
26	0.198	77	0.796	128	3.206	179	12.902	230	51.930
27	0.203	78	0.819	129	3.294	180	13.260	231	53.367
28	0.209	79	0.841	130	3.386	181	13.627	232	54.844
29	0.215	80	0.864	131	3.479	182	14.004	233	56.362
30	0.221	81	0.888	132	3.576	183	14.391	234	57.922
31	0.227	82	0.913	133	3.675	184	14.790	235	59.526
32	0.233	83	0.938	134	3.776	185	15.199	236	61.173
33	0.240	84	0.964	135	3.881	186	15.620	237	62.866
34	0.246	85	0.991	136	3.988	187	16.052	238	64.607
35	0.253	86	1.018	137	4.099	188	16.496	239	66.395
36	0.260	87	1.047	138	4.212	189	16.953	240	68.233
37	0.267	88	1.076	139	4.329	190	17.422	241	70.121
38	0.275	89	1.105	140	4.449	191	17.905	242	72.062
39	0.282	90	1.136	141	4.572	192	18.400	243	74.057
40	0.290	91	1.167	142	4.698	193	18.909	244	76.107
41	0.298	92	1.200	143	4.828	194	19.433	245	78.213
42	0.306	93	1.233	144	4.962	195	19.971	246	80.378
43	0.315	94	1.267	145	5.099	196	20.524	247	82.603
44	0.324	95	1.302	146	5.240	197	21.092	248	84.889
45	0.332	96	1.338	147	5.385	198	21.675	249	87.239
46	0.342	97	1.375	148	5.535	199	22.275	250	89.654
47	0.351	98	1.413	149	5.688	200	22.892	251	92.135
48	0.361	99	1.452	150	5.845	201	23.526	252	94.686
49	0.371	100	1.492	151	6.007	202	24.177	253	97.307
50	0.381	101	1.534	152	6.173	203	24.846	254	100.000
51	0.392	102	1.576	153	6.344	204	25.534		

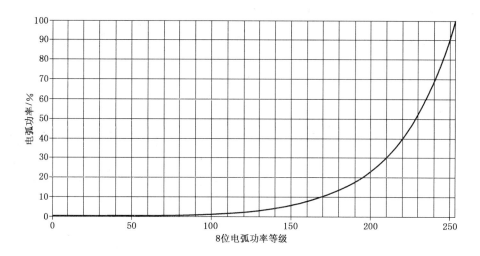

图 10　带最小电弧功率(0.1%)的对数调光曲线

调光曲线值的相对精确度均为±1/2 步进。

注：电弧功率的绝对精确度应由控制装置制造商标明。

9.2　上电

接通电源后 0.5 s 内,控制装置应开始对指令作出相应响应。如果主电源接通后 0.6 s 内,仍未接收影响电源功率等级的指令,控制装置应立即无渐变地进入上电功率等级。

如果上电功率等级存入"掩码",控制装置应进入最近的电弧功率等级。

因此,应至少有 0.1 s 的间隔。在此期间,控制装置可发送立即执行的电弧功率控制指令,从而阻止控制装置自动进入上电功率等级。

接通电源后,在接口处接收第一个有效前向帧后,控制装置不应对 GB/T 30104 未作出规定的任何控制方法作出任何形式的响应。

注 1：在上文提及的 0.1 s 期间,不同制造商的控制装置可能对相关电弧功率指令(如步进调暗)作出的响应会不同。

注 2：某些控制装置可能会有一个预热或起动相位(见 9.7)。

注 3：如果上电功率等级存入"掩码",不同制造商的控制装置可能会存入最近的实际电弧功率等级或最近的目标电弧功率等级。

9.3　接口故障

如果接口空载电压低于规定接收器高电平范围(见 GB/T 30104.101—2013 第 5 章)的时间大于500 ms,控制装置应检查"系统故障功率等级"变量。

如果存入"掩码",控制装置应保持当前状态。(电弧功率等级不变,无法接通或关断)。如果存入其他值,控制装置应立即无渐变地进入电弧功率等级。空载电压恢复后,控制装置应不改变状态。

9.4　最小和最大功率等级

设置最小功率等级/最大功率等级大于/小于实际电弧功率等级,则实际电弧功率等级应立即无渐变地设为新的最小功率等级或最大功率等级。设置最小功率等级/最大功率等级小于/大于实际电弧功率等级应不影响实际电弧功率等级。

存储在控制装置内的电弧功率等级不应受最小功率等级和最大功率等级设置的限制。但是,如果存储的电弧功率等级值小于最小功率等级或大于最大功率等级,则控制装置应在最小功率等级或最大功率等级运行。

电弧功率等级"0"(关断)和"255"(掩码)不应受最小功率等级和最大功率等级设置的影响。

9.5 渐变时间和渐变速率

渐变时间和渐变速率如表2所示。

表 2 渐变时间和渐变速率

X	渐变时间 s	渐变速率 steps/s
0	无渐变	不适用
1	0.7	358
2	1.0	253
3	1.4	179
4	2.0	127
5	2.8	89.4
6	4.0	63.3
7	5.7	44.7
8	8.0	31.6
9	11.3	22.4
10	16.0	15.8
11	22.6	11.2
12	32.0	7.9
13	45.3	5.6
14	64.0	4.0
15	90.5	2.8

运行渐变进程时接收电弧功率控制指令,渐变进程中止,指令立即执行。

如果关断点燃的灯,计算渐变时间时应考虑"最小功率等级"至"关断"的步进。

如果点燃灯并调光至某一值,计算渐变时间时应不考虑"关断"至"最小功率等级"的步进。

为了确保运行状况达到一致,应对不同控制装置的启动时间(启动时间延迟)差异进行考虑。

如果指令导致控制装置迅速渐变,但未到达新的功率等级,同时接收影响功率等级的新指令,最终的输出功率等级应与立刻执行第一个指令的效果一样。

注:实际功率等级的所有变化,请参考电弧功率等级,但是电弧功率可能变化更慢。

9.6 错误状态下对指令的响应

如果控制装置处于错误状态,灯无法运行(例如,灯故障),控制装置应按以下方式对电弧功率指令作出响应:

控制装置应根据相应的渐变定义计算"虚拟"电弧功率等级,当故障排除时(灯可以运行),控制装置应确定实际"虚拟"电弧功率等级。

9.7 在灯预热和触发时的运行状况

灯预热和灯触发时间明确了"灯＝关断"至"灯＝接通"的过渡时间。在过渡时间内,指令144的状态信息bit 2显示的电弧功率状态应为"关断"。预热时,最小电弧功率等级无渐变进程,对电弧功率指令的响应应与灯在"最小功率等级"时运行一样。

9.8 存储器存取和存储器映射

9.8.1 存储器存取指令

设置可自由存储的固定存储器,能识别系统内控制装置的标识。部分存储器为只读形式,并由控制装置制造商设置。存储器存储指令用于读取和写入存储信息。

存储条的总存储空间最大值为256字节。最大可对256个存储条进行寻址。

根据DTR1的存储信息选定存储器。被选存储器内的存储位置地址根据DTR内存储信息进行选定。

通过指令197"读取存储器位置"读取存储器。

通过指令205"写入存储器位置"写入存储器。写入前,应通过指令129"启用写入存储器"将控制装置设置为写入启用状态。有些存储位置为只读或可锁定写入。

每个存储条位于0x00的字节包含存储条上次可存储的存储位置。

每个存储条位于0x01的字节包含存储条校验码。校验码应根据公式算出:

校验码＝(0—存储器[0x02]—存储器[0x03]—…—存储器[存储器[0x00]])模块256

校验码由控制装置计算。

存储条0位于0x02内的字节包含最高可存储的存储条号。

根据9.8.2.1说明对存储条0进行操作,如有必要,按9.8.2.1～9.8.2.3说明对存储条进行进一步操作。

9.8.2 存储器映射

9.8.2.1 存储条0

存储条0包括控制装置信息,应根据表3所示对存储条0进行操作,至少配有上至地址0x0E的存储位置。

存储条0应不受指令32"重置"影响。

表3 存储条0的存储器映射

地址	说　　明	默认值[a]	存储器存取
0x00	上次可存取的存储位置地址	工厂烧录	只读
0x01	存储条0校验码	工厂烧录	只读
0x02	上次可存取存储条	工厂烧录	只读
0x03	全球贸易项目代码字节0(最高有效位)	工厂烧录	只读
0x04	全球贸易项目代码字节1	工厂烧录	只读
0x05	全球贸易项目代码字节2	工厂烧录	只读
0x06	全球贸易项目代码字节3	工厂烧录	只读
0x07	全球贸易项目代码字节4	工厂烧录	只读

表 3（续）

地址	说　　明	默认值[a]	存储器存取
0x08	全球贸易项目代码字节 5	工厂烧录	只读
0x09	控制装置固件版本（主要）	工厂烧录	只读
0x0A	控制装置固件版本（次要）	工厂烧录	只读
0x0B	流程号字节 1（最高有效位）	工厂烧录	只读
0x0C	流程号字节 2	工厂烧录	只读
0x0D	流程号字节 3	工厂烧录	只读
0x0E	流程号字节 4	工厂烧录	只读
0x0F	控制装置补充信息[b]	[b]	[b]

位于 0x03～0x08（"全球贸易项目代码 0"至"全球贸易项目代码 5"）字节包含全球贸易项目代码（GTIN）号，如，欧洲商品编码为二进制。字节应以最高位优先，起首零位为准存入。

位于 0x09～0x0A（"固件版本"）包含控置装置的固件版本。

位于 0x0B～0x0E（"流程号字节 1"至"流程号字节 4"）包含控制装置独特的系列号。

存储条 0 应不受指令 32"重置"影响。

注：如果流程号大于 4 个字节，可使用以地址 0x0F 开头的补充存储位置。

[a] 控制装置出厂。

[b] 这些存储位置的用途、默认值、存储器存取应由控制装置制造商设置。

9.8.2.2　存储条 1

存储条 1 能供原始设备制造商（OEM，如灯具制造）存储补充信息，并按表 4 所示进行操作（如果存储条 1 可存储），至少配有上至地址 0x0F 的存储位置。

表 4　存储条 1 的存储器映射

地址	说　　明	默认值[a]	存储器存取
0x00	上次可存取的存储位置地址	工厂烧录	只读
0x01	存储条 1 校验码	[b]	只读
0x02	存储条 1 锁定字节（如不是 0x55，为只读）	0xFF	读取/写入
0x03	原始设备制造商全球贸易项目代码字节 0（最高有效位）	0xFF	读取/写入（可锁定）
0x04	原始设备制造商全球贸易项目代码字节 1	0xFF	读取/写入（可锁定）
0x05	原始设备制造商全球贸易项目代码字节 2	0xFF	读取/写入（可锁定）
0x06	原始设备制造商全球贸易项目代码字节 3	0xFF	读取/写入（可锁定）
0x07	原始设备制造商全球贸易项目代码字节 4	0xFF	读取/写入（可锁定）
0x08	原始设备制造商全球贸易项目代码字节 5	0xFF	读取/写入（可锁定）
0x09	原始设备制造商流程号字节 1（最高有效位）	0xFF	读取/写入（可锁定）
0x0A	原始设备制造商流程号字节 2	0xFF	读取/写入（可锁定）
0x0B	原始设备制造商流程号字节 3	0xFF	读取/写入（可锁定）

表 4 （续）

地址	说　　明	默认值[a]	存储器存取
0x0C	原始设备制造商流程号字节 4（最低有效位）	0xFF	读取/写入（可锁定）
0x0D	子系统（bit 4 至 bit 7） 设备号（bit 0 至 bit 3）[c]	0xFF	读取/写入（可锁定）
0x0E	灯类型号（可锁定）[c]	0xFF	读取/写入（可锁定）
0x0F	灯类型号[c]	0xFF	读取/写入
≥0x10	原始设备制造商补充信息[d]	0xFF	读取/写入（可锁定）

[a] 控制装置出厂。

[b] 校验码由控制装置计算。

[c] 这些字节编码应由原始设备制造商定义。

[d] 这些存储位置的用途应由原始设备制造商定义。

位于 0x02 的字节（"存储器锁定字节"）应用于锁定写入存储。

位于 0x03～0x08（"原始设备制造商全球贸易项目代码 0"至"原始设备制造商全球贸易项目代码 5"）字节应用于明确灯具识别。如，通过存入欧洲商品编码，字节应以最高位优先，起首零位为准存储。

位于 0x09～0x0C（"原始设备制造商流程号字节 1"至"原始设备制造商流程号字节 4"）应用于存储灯具的独特系列号。

位于 0x0D 应用于存储灯具内控制装置的装置号码信息（位 0～位 3）或存储控制装置所属的子系统（位 4～位 7）的信息。

位于 0x0E 和 0x0F 的字节用于存储所使用的灯的类型信息。

存储条 1 应不受指令 32"重置"影响。

9.8.2.3 其他存储条

其他存储条可用于存储补充信息，并可按表 5 所示存储器映射进行操作。

表 5　其他存储条的存储器映射

地址	说　　明	默认值[a]	存储器存取
0x00	上次可存取的存储位置地址	工厂烧录	只读
0x01	存储条校验码	[b]	只读
0x02	存储条锁定字节（如不是 0x55，为只读）	0xFF	读取/写入
0x03	自由使用	0xFF	读取/写入（可锁定）

[a] 控制装置出厂。

[b] 校验码由控制装置计算。

位于 0x02 的字节（"存储器锁定字节"）应用于锁定写入存取。

10　变量声明

设置的变量默认值、重置值、有效范围如表 6 所示。

表 6　变量声明

变量	默认值 （控制装置出厂）	重置值	有效范围	存储器[b]
"实际功率等级"	???? ????[c]	254	0. 最小功率等级～ 最大功率等级	1 字节 RAM
"上电功率等级"[a]	254	254	0～255（"掩码"）	1 字节
系统故障功率等级[a]	254	254	0～255（"掩码"）	1 字节
"最小功率等级"	"物理最小 功率等级"	"物理最小 功率等级"	物理最小功率等级 ～最大功率等级	1 字节
"最大功率等级"	254	254	最小功率等级～254	1 字节
"渐变速率"	7	7	1～15	1 字节
"渐变时间"	0	0	0～15	1 字节
"短地址"	255（"掩码"） 无地址	无变化	0～63.[d] 255（"掩码"）	1 字节
"搜索地址"	FF FF FF[c]	FF FF FF	00 00 00～ FF FF FF	3 字节 RAM
"随机地址"	FF FF FF	FF FF FF	00 00 00～ FF FF FF	3 字节
"组 0-7"	0000 0000 （无组）	0000 0000 （无组）	0～255	1 字节
"组 8-15"	0000 0000 （无组）	0000 0000 （无组）	0～255	1 字节
"场景 0-15"[a]	255（"掩码"）	255（"掩码"）	0～255（"掩码"）	16 字节
"状态信息"	1?? 0 ????[c]	0?10 0???	0～255	1 字节 RAM
数据传送寄存器	???? ????[c]	无变化	0～255	1 字节 RAM
数据传送寄存器 1	???? ????[c]	无变化	0～255	1 字节 RAM
数据传送寄存器 2	???? ????[c]	无变化	0～255	1 字节 RAM
"版本号"	工厂烧录	无变化	0～255	1 字节 ROM
"物理最小功率等级"	工厂烧录	无变化	1～254	1 字节 ROM
[?]　=未定义。				
[a]　实际电弧功率等级应受最小/最大功率等级范围限制（见9.4）。				
[b]　如未作说明，则为固定存储器（存储时间不限）。				
[c]　上电值。				
[d]　0～63 以 AAAAAA 的格式表示为 0AAA AAA1。				

11 指令的定义

11.1 电弧功率控制指令

11.1.1 直接电弧功率控制指令

指令-:YAAA AAA0 XXXX XXXX "直接电弧功率控制"

实际电弧功率等级应设置为使用实际渐变时间的数据字节所规定的数值。在渐变期间,状态寄存器 bit 4 应显示"渐变运行"。

"最大功率等级"至"最小功率等级"范围之外的直接控制指令的执行可将电弧功率等级分别设置为最大功率等级和最小功率等级。电弧功率等级"0"(关断)和"255"(掩码)应不受最大功率等级和最小功率等级设置的影响。

"255"(掩码)指"停止渐变";然后应忽略该数值,因此不将其储存在存储器中。如果在预热期间接收到"掩码",控制装置应保持关断状态。

接收到的"0"或"掩码"电弧功率等级不应对处于关断状态的灯产生任何明显影响。

11.1.2 间接电弧功率控制指令

指令 0:YAAA AAA1 0000 0000 "关断"

灯应立即无渐变地熄灭。

指令 1:YAAA AAA1 0000 0001 "调亮"

运用选定渐变速率将灯调亮 200 ms。在渐变期间,状态寄存器上的位 4 应显示"渐变运行中"。

电弧功率等级已在"最大功率等级"时,不应出现任何变化。

如果执行指令时再次接收到该指令,指令应再次触发。

该指令应不引起灯的接通。

指令 2:YAAA AAA1 0000 0010 "调暗"

运用选定渐变速率将灯调暗 200 ms。在渐变期间,状态寄存器上的 bit 4 应显示"渐变运行中"。

电弧功率等级已在"最小功率等级"时,不应出现任何变化。

如果执行指令时再次接收到该指令,指令应再次触发。

该指令应不引起灯的关断。

指令 3:YAAA AAA1 0000 0011 "步进调亮"

实际电弧功率等级应立即无渐变地调高一级。

电弧功率等级已在"最大功率等级"时,不应出现任何变化。

该指令应不引起灯的接通。

指令 4:YAAA AAA1 0000 0100 "步进调暗"

实际电弧功率等级应立即无渐变地调低一级。

电弧功率等级已在"最小功率等级"时,不应出现任何变化。

该指令应不引起灯的关断。

指令 5:YAAA AAA1 0000 0101 "回到最大功率等级"

实际电弧功率等级应无渐变地设为"最大功率等级"。如果灯处于关断状态,应通过该指令将灯接通。

在执行初始化进程期间,接收到该指令后,控制装置应启动或再次启动制造商所确定的识别程序。任何其他的电弧功率控制指令应停止识别。

注:通过简单地将光输出设置为最大功率等级的方法可目视完成亮度识别。

指令 6：YAAA AAA1 0000 0110   "回到最小功率等级"

实际电弧功率等级应无渐变地设为"最小功率等级"。如果灯处于关断状态,应通过该指令将灯接通。

在执行初始化进程期间,接收到该指令后,控制装置应启动或再次启动制造商所确定的识别程序。任何其他的电弧功率控制指令应停止识别。

注：通过简单地将光输出设置为最小功率等级的方法可目视完成亮度识别。

以这种方式执行识别程序,可便于在寻址进程中仅通过执行指令 5 和指令 6 对单独的控制装置进行明显的识别。

指令 7：YAAA AAA1 0000 0111   "步进调暗及关断"

实际电弧功率等级应立即无渐变地调低一级。

如果实际电弧功率等级已在"最小功率等级"时,应通过该指令将灯关断。

指令 8：YAAA AAA1 0000 1000   "接通和步进调亮"

实际电弧功率等级应立即无渐变地调高一级。

如果灯已关断,应通过该指令将灯接通并达到"最小功率等级"。

指令 9：YAAA AAA1 0000 1001   "启用直接电弧功率控制流程"

该指令应对直接电弧功率控制(DAPC)流程的启用进行标记,该流程允许控制设备对调光速度进行动态控制。

直接电弧功率控制流程应包括"启用直接电弧功率控制流程"指令,在该指令之后还有数个与该指令仅隔 200 ms 的"直接电弧功率控制"指令。

如果 200 ms 后装置未接收到"直接电弧功率控制"指令,应终止直接电弧功率控制流程。如果未接收到指令 9 而接收到间接电弧功率控制指令,应中断直接电弧功率控制流程。

在执行直接电弧功率控制流程期间,应将常规渐变时间更改为大于 200 ms 或等于 200 ms。电弧功率等级的变化速度应限制在最大值 358 steps/s(渐变速率 1)内,其取决于控制装置的能力。如果直接电弧功率控制流程终止,应自动恢复常规渐变时间。

如果实际电弧功率等级为 0,应无渐变地采用新等级。

指令 10～11：YAAA AAA1 0000 101X

为将来需要而保留。控制装置不应作出任何响应。

指令 12～15：YAAA AAA1 0000 11XX

为将来需要而保留。控制装置不应作出任何响应。

指令 16～31：YAAA AAA1 0001 XXXX   "进入场景"

运用实际渐变时间将实际电弧功率等级设置为适用于场景 XXXX 的储存值。在渐变期间,状态寄存器上的 bit 4 应显示"渐变运行中"。

如果控制装置不属于场景 XXXX(储存"255"/"掩码"),电弧功率等级应保持不变。

11.2 配置指令

11.2.1 一般配置指令

所有配置指令(32～129)执行之前,应在 100 ms(标称)内再次接收到指令,以降低指令错误接收的可能性。在两项指令之间,不应发送其他的相同控制装置寻址指令,否则第一项指令将失效,各配置流程也将中断,见图 11。

应将数据传送寄存器中所有的数值与表 6 中的数值进行核对,即如果数值高于/低于表 6 中规定的有效范围,应将数值设置为上/下限值。

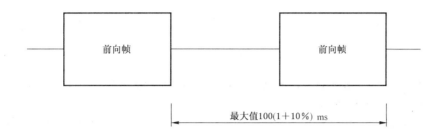

图 11 配置指令定时

指令 32：YAAA AAA1 0010 0000 "重置"

接收到指令数秒后，应将存储器中的变量（见第 10 章）更改为重置值，但不保证在随后的 300 ms 之内指令能否正确接收。

指令 33：YAAA AAA1 0010 0001 "在 DTR 中存入实际功率等级"

实际电弧功率等级应存入 DTR 中。

如果出现灯故障，应储存"虚拟"电弧功率等级。

指令 34～35：YAAA AAA1 0010 001X

为将来需要而保留。控制装置不应作出任何响应。

指令 36～39：YAAA AAA1 0010 01XX

为将来需要而保留。控制装置不应作出任何响应。

指令 40～41：YAAA AAA1 0010 100X

为将来需要而保留。控制装置不应作出任何响应。

11.2.2 电弧功率参数设置

指令 42：YAAA AAA1 0010 1010 "将 DTR 存储为最大功率等级"

应将"数据传送寄存器"中的数值存为新的"最大功率等级"。

如果数值低于控制装置的"最小功率等级"，应将"最小功率等级"存为新的"最大功率等级"。

如果"实际功率等级"高于新存入的"最大功率等级"，应立即无渐变地将"实际功率等级"设置为新的"最大功率等级"。

如果 DTR 中的存储信息为掩码，254 应存为最大功率等级。

指令 43：YAAA AAA1 0010 1011 "将 DTR 存储为最小功率等级"

"数据传送寄存器"中的数值应存为新的"最小功率等级"。如果该数值低于控制装置的"物理最小功率等级"，则"物理最小功率等级"应存为新的"最小功率等级"。

如果该数值为掩码或者高于控制装置的"最大功率等级"，则"最大功率等级"应存为新的"最小功率等级"。

如果"实际功率等级"低于新的"最小功率等级"，应立即无渐变地将"实际功率等级"设为新的"最小功率等级"。但是如果"实际功率等级"为"0"（关断），"将 DTR 存储为最小功率等级"指令将被忽略。

指令 44：YAAA AAA1 0010 1100 "将 DTR 存储为系统故障功率等级"

应将"数据传送寄存器"中的数值存为新的"系统故障功率等级"。

指令 45：YAAA AAA1 0010 1101 "将 DTR 存储为上电功率等级"

应将"数据传送寄存器"中的数值存为新的"上电功率等级"。

指令 46：YAAA AAA1 0010 1110 "将 DTR 存储为渐变时间"

应根据下列公式设置"渐变时间"T，公差为 ±1/2 步，为单调性。见 9.5。

$$T = \frac{1}{2} \cdot \sqrt{2^X} \cdot 1s$$

和 $X = 1 \sim 15$

式中：$X = 0$ 指无渐变。

> 注：渐变时间规定了将电弧功率等级从实际功率等级更改为要求的功率等级所需的时间。如果灯已关断，预热时间和触发时间（击穿）不应包括在渐变时间内。

接收到下一个电弧功率指令后，新的渐变时间应生效。如果在渐变进程运行中存入新的渐变时间，则在使用新存储的数值之前，应首先完成该进程的运行。

> 注：执行"直接电弧功率控制"和"进入场景"指令时启用渐变时间。

指令 47：YAAA AAA1 0010 1111 "将 DTR 存储为渐变速率"

应根据下列公式设置"渐变速率"F，公差为 $\pm 1/2$ 步，为单调性。见 9.5。

$$F = \frac{506}{\sqrt{2^X}}$$

和 $X = 1 \sim 15$

> 注：渐变速率规定了电弧功率等级的变化速率，单位为：steps/s。

接收到下一个电弧功率指令后，新的渐变速率应生效。如果在渐变进程运行中存入新的渐变速率，则在使用新存储的数值之前，应首先完成该进程的运行。

> 注：执行"调亮"和"调暗"指令时启用渐变速率。

指令 48~63：YAAA AAA1 0011 XXXX

为将来需要而保留。控制装置不应作出任何响应。

指令 64~79：YAAA AAA1 0100 XXXX "将 DTR 存储为场景"

"数据传送寄存器"中的数值应存为适用于场景 XXXX 的新功率等级。

11.2.3 系统参数设置

指令 80~95：YAAA AAA1 0101 XXXX "退出场景"

控制装置应从场景 XXXX 中退出。

控制装置退出场景 XXXX 指在场景寄存器 XXXX 中存入 1111 1111（"掩码"或者"不变化"）。

指令 96~111：YAAA AAA1 0110 XXXX "加入组"

控制装置应加入组 XXXX。

指令 112~127：YAAA AAA1 0111 XXXX "退出组"

控制装置应从组 XXXX 退出。

控制装置从组 XXXX 退出是指在组寄存器的相应位中存入"0"。

指令 128：YAAA AAA1 1000 0000 "将 DTR 存储为短地址"

应将 DTR 中的数值存为新的短地址。

DTR 的储存结构应为：XXXX XXXX=0AAAA AAA1 或者 1111 1111（"掩码"）。掩码应将短地址删除。

> 注：如果数值无效，指令也将无效。

指令 129：YAAA AAA1 1000 0001 "可写存储器"

该指令应将流程写入存储器。应仅通过接收相同控制装置寻址的"写入存储位置"或者"可写存储器"指令取消可写状态。

详见 9.8。

指令 130~131：YAAA AAA1 1000 001X

为将来需要而保留。控制装置不应作出任何响应。

指令 132~135：YAAA AAA1 1000 01XX

为将来需要而保留。控制装置不应作出任何响应。

指令 136～143：YAAA AAA1 1000 1XXX

为将来需要而保留。控制装置不应作出任何响应。

11.3 查询指令

11.3.1 状态信息相关查询

如果表6中的参数有相应的重置值，控制装置应处于"重置状态"。

指令 144：YAAA AAA1 1001 0000 "查询状态"

回答应为下列"状态信息"字节：

bit 0　控制装置状态；　　　　　　"0"＝正常

bit 1　灯故障；　　　　　　　　"0"＝正常

bit 2　灯电弧上电；　　　　　　"0"＝关断

bit 3　查询：限制错误；　　　　"0"＝上一个请求电弧功率等级在最小功率等级和最大功率等级之间或者为关断

bit 4　渐变运行；　　　　　　　"0"＝渐变准备就绪；"1"＝渐变运行中

bit 5　查询："重置状态"？　　　"0"＝"否"

bit 6　查询：丢失短地址？　　　"0"＝"否"

bit 7　查询："电源故障"？　　　"0"＝"否"；自从上次接通电源后，已接收"重置"或者电弧功率控制指令。

控制装置内的随机存取存储器应具备"状态信息"，控制装置应根据实际情况将其定期更新。

指令 145：YAAA AAA1 1001 0001 "查询控制装置"

询问控制装置是否带可通信的给定地址。回答应为"是"或"否"。

指令 146：YAAA AAA1 1001 0010 "查询灯故障"

询问给定地址是否存在灯故障。回答应为"是"或"否"。

指令 147：YAAA AAA1 1001 0011 "查询灯上电"

询问给定地址的灯是否已启动。回答应为"是"或"否"。

指令 148：YAAA AAA1 1001 0100 "查询功率等级限制错误"

询问是否由于上一个请求电弧功率等级高于最大功率等级或者低于最小功率等级，给定地址无法生成上一个请求电弧功率等级。回答应为"是"或"否"。

指令 149：YAAA AAA1 1001 0101 "查询重置状态"

询问控制装置是否在"重置状态"。回答应为"是"或"否"。

指令 150：YAAA AAA1 1001 0110 "查询丢失短地址"

询问是否控制装置没有短地址。回答应为"是"或"否"。

如果控制装置没有短地址，回答应为"是"。

指令 151：YAAA AAA1 1001 0111 "查询版本号"

回答应为1。

指令 152：YAAA AAA1 1001 1000 "查询DTR中的存储信息"

回答应为DTR中的8位数存储信息。

指令 153：YAAA AAA1 1001 1001 "查询设备类型"

回答应为8位二进制数所代表的设备类型。

如果控制设备支持多种设备类型，回答应为255（"掩码"）。

本部分附录B应提供设备类型代码。

指令 154:YAAA AAA1 1001 1010 "查询物理最小功率等级"

回答应为 8 位二进制数所代表的"物理最小功率等级"。

指令 155:YAAA AAA1 1001 1011 "查询电源故障"

如果从上次接通电源后,控制装置未接收到"重置"指令或下列任意一项电弧功率控制指令,回答应为"是""直接电弧功率控制""关断""回到最大功率等级""回到最小功率等级""步进调暗和关断""接通和步进调亮"及"进入场景"。

指令 156:YAAA AAA1 1001 1100 "查询 DTR1 中的存储信息"

回答应为 DTR1 中的 8 位数存储信息。

指令 157:YAAA AAA1 1001 1101 "查询 DTR2 中的存储信息"

回答应为 DTR2 中的 8 位数存储信息。

指令 158~159:YAAA AAA1 1001 111X

为将来需要而保留。控制装置不应作出任何响应。

11.3.2 电弧功率参数设置相关查询

指令 160:YAAA AAA1 1010 0000 "查询实际功率等级"

回答应为实际电弧功率等级。在预热期间以及出现灯故障时,回答应为"掩码"。

指令 161:YAAA AAA1 1010 0001 "查询最大功率等级"

回答应为 8 位二进制数所代表的功率等级。

指令 162:YAAA AAA1 1010 0010 "查询最小功率等级"

回答应为 8 位二进制数所代表的功率等级。

指令 163:YAAA AAA1 1010 0011 "查询上电功率等级"

回答应为 8 位二进制数所代表的功率等级。

指令 164:YAAA AAA1 1010 0100 "查询系统故障功率等级"

回答应为 8 位二进制数所代表的等级。

指令 165:YAAA AAA1 1010 0101 "查询渐变时间/渐变速率"

回答应为 XXXX YYYY,XXXX 代表渐变时间,YYYY 代表渐变速率。

指令 166~167:YAAA AAA1 1010 011X

为将来需要而保留。控制装置不应作出任何响应。

指令 168~175:YAAA AAA1 1010 1XXX

为将来需要而保留。控制装置不应作出任何响应。

11.3.3 系统参数设置相关查询

指令 176~191:YAAA AAA1 1011 XXXX "查询场景等级(场景 0~15)"

回答应为 8 位二进制数所代表的场景 XXXX 的电弧功率等级。

指令 192:YAAA AAA1 1100 0000 "查询组 0~7"

回答应为 8 位二进制数所代表的组 0~7 的个数。

每组有一位。

最低有效位=第 0 组。

"0"=不属于组。"1"=属于组。

指令 193:YAAA AAA1 1100 0001 "查询组 8~15"

回答应为 8 位二进制数所代表的组 8~15 的个数。

每组有一位。

最低有效位=组 8。

"0"=不属于组。"1"=属于组。

指令 194:YAAA AAA1 1100 0010 "查询随机地址（H）"

回答应为随机地址的 8 个高位。

指令 195:YAAA AAA1 1100 0011 "查询随机地址（M）"

回答应为随机地址的 8 个中位。

指令 196:YAAA AAA1 1100 0100 "查询随机地址（L）"

回答应为随机地址的 8 个低位。

指令 197:YAAA AAA1 1100 0101 "读取存储位置"

回答为 8 位存储位置的存储信息。存储条应由 DTR1 中的存储信息选定，地址应由 DTR 中的存储信息提供。

有效地址范围内的后续存储位置存储信息应自动传送至 DTR2。

读取存储位置中的存储信息之后，应增加 DTR 的存储信息。从上个可及存储位置读取存储信息将导致内部地址指向无效存储位置。

如果地址指向无效存储位置或者未选定存储条，指令将被忽略。

详见 9.8。

指令 198～199:YAAA AAA1 1100 011X

为将来需要而保留。控制装置不应作出任何响应。

指令 200～207:YAAA AAA1 1100 1XXX

为将来需要而保留。控制装置不应作出任何响应。

指令 208～223:YAAA AAA1 1101 XXXX

为将来需要而保留。控制装置不应作出任何响应。

11.3.4 应用扩展指令

应在执行应用扩展指令发送指令 272。更多要求参见指令 272。

指令 224～254:YAAA AAA1 111X XXXX

本部分所有第 2XX 部分应对指令 224～254 进行规定。

指令 255:YAAA AAA1 1111 1111 "查询扩展版本号"

回答应为本部分中适用于以 8 位二进制数代表的对应设备类型的第 2XX 部分版本号。

11.4 专用指令

11.4.1 终止专用进程

指令 256:1010 0001 0000 0000 "终止"

应终止专用模式进程。

11.4.2 下载信息至 DTR

指令 257:1010 0011 XXXX XXXX "数据传送寄存器（DTR）"

应将 8 位二进制数 XXXX XXXX 存入 DTR。

11.4.3 寻址指令

地址范围的最大值应设为可产生 16777216 个不同地址的 24 位（3 个字节）。

寻址指令执行时，控制装置的回答方式与查询指令的回答方式相同。

指令 258:1010 0101 XXXX XXXX "初始化"

执行指令之前,应在 100 ms(标称)内再次接收到本指令,以降低指令错误接收的可能性。在两项指令之间,不应发送其他的相同控制装置寻址指令,否则第一项指令和指令 258 将失效。

该指令应启动或触发 15 min 计时器;第 259～270 寻址指令仅在计时器启用的情况下执行。其他指令在该期间仍将执行。

通过执行"终止"指令中止该段时间。

接收到本指令后控制装置的响应情况取决于第二个字节的存储信息。

XXXX XXXX＝0000 0000 ·························· 所有控制装置应做出响应

XXXX XXXX＝0AAA AAA1 ··············· 带地址 AAAAAAb 的控制装置应作出响应

XXXX XXXX＝1111 1111 ··············· 不带短地址的控制装置应作出响应

指令 259:1010 0111 0000 0000 "随机化"

执行指令之前,应在 100 ms(标称)内再次接收到本指令,以降低指令错误接收的可能性。在两项指令之间,不应发送其他的相同控制装置寻址指令,否则第一项指令和指令 259 将失效。

控制装置接收到指令后应生成新的随机地址。

新的随机地址应在 100 ms 内生成。

指令 260:1010 1001 0000 0000 "比较"

控制装置应将其随机地址和存储在搜索地址 H、搜索地址 M 和搜索地址 L 中的组合搜索地址相比较。如果随机地址少于或等于存储在搜索地址 H,搜索地址 M 和搜索地址 L 中的组合搜索地址,则控制装置应回答"是"。

指令 261:1010 1011 0000 0000 "退出比较"

如果控制装置的随机地址等于存储在搜索地址 H,搜索地址 M 和搜索地址 L 中的组合搜索地址,控制装置应退出比较进程。该控装置不应退出初始化进程。

指令 262～263:1010 11X1 0000 0000

为将来需要而保留。控制装置不应作出任何响应。

指令 264:1011 0001 HHHH HHHH "搜索地址 H"

搜索地址 8 个高位。

指令 265:1011 0011 MMMM MMMM "搜索地址 M"

搜索地址 8 个中位。

指令 266:1011 0101 LLLL LLLL "搜索地址 L"

搜索地址 8 个低位。

指令 264～指令 266 中的三个地址组合应继续运行 24 位搜索地址 HHHH HHHH MMMM MMMM LLLL LLLL。

指令 267:1011 0111 0AAA AAA1 "编入短地址"

选定控制装置后,应将所接收的 6 位二进制地址作为短地址存入装置中。

"选定"的意义为下列任意一种情况:

● 控制装置的随机地址等于存储在搜索地址 H,搜索地址 M 和搜索地址 L 中的组合搜索地址;

● 控制装置被物理选定。如果接收到指令 270 后,灯与控制装置无接电连接,控制装置应对物理选定进行检测。

应通过接收并执行指令 267 将短地址删除,指令形式如下:

1011 0111 1111 1111 指"删除短地址"

指令 268:1011 1001 0AAA AAA1 "验证短地址"

如果接收的 6 位短地址等于控制装置的短地址,控制装置应回答"是"。

指令 269:1011 1011 0000 0000 "查询短地址"

如果随机地址等于搜索地址或者控制装置被物理选定,控制装置应回答其短地址。回答的格式应为 0AAA AAA1 或者掩码。

指令 270：1011 1101 0000 0000 "物理选定"

如果控制装置接收到本指令,应取消其物理选定并将控制装置设为"物理选定模式"。在该模式下,将无法进行搜索地址和随机地址的比较。

指令 271：1011 1111 XXXX XXXX

为将来需要而保留。控制装置不应作出任何响应。

11.4.4 扩展专用指令

指令 272：1100 0001 XXXX XXXX "启用设备类型 X"

本指令应选定适用于下个应用扩展指令(224~255)的设备类型。接收执行本指令将取消之前所选定的设备类型。这类选定仅对下一个应用扩展指令有效。

如果在接收指令 272 和应用扩展指令之间接收相同控制装置的寻址指令,应用扩展指令不应执行,选定也应取消。

X 的有效范围为 0~254。

本指令不应与初始化指令一并执行。

控制装置不应响应属于其他设备类型的应用扩展指令。

所有控制装置应具备在指令标准范围内正确响应的能力。

附录 B 中应列出设备类型,并且 GB/T 30104 中的第 2XX 部分应提供设备类型代码。

注：控制设备应具备识别各个设备的能力,并将设备各个地址和设备类型之间的关系存储在时序存储器中。

指令 273：1100 0011 XXXX XXXX "数据传送寄存器 1(DTR1)"

应将 8 位二进制数 XXXX XXXX 存入 DTR1 中。

指令 274：1100 0101 XXXX XXXX "数据传送寄存器 2(DTR2)"

应将 8 位二进制数 XXXX XXXX 存入 DTR2 中。

指令 275：1100 0111 XXXX XXXX "写入存储位置"

如果存储器可写,应将二进制数 XXXX XXXX 存入存储位置中。通过 DTR1 的存储信息选定存储条,地址将由 DTR 的存储信息提供。

执行本指令后,DTR 中的存储信息将会增加。本指令执行后,写入上一个可及存储位置将取消可写状态。

如果存储器不可写、地址不在有效范围内或者存储条未选定,本指令应忽略。

写入有效地址的信息仅为制造商只读,除了在 DTR 的存储信息中增加 1,否则应忽略写入的信息。

如果存储信息可写,指令应引起包括已写入的数值在内的返向信道回答。

详见 9.8。

注：将信息同步写入数个设备可使反向信道回答有误。

指令 276~279：1100 1XX1 XXXX XXXX

为将来需要而保留。控制装置不应作出任何响应。

指令 280~287：1101 XXX1 XXXX XXXX

为将来需要而保留。控制装置不应作出任何响应。

指令 288~295：1110 XXX1 XXXX XXXX

为将来需要而保留。控制装置不应作出任何响应。

指令 296~299：1111 0XX1 XXXX XXXX

为将来需要而保留。控制装置不应作出任何响应。

指令 300~301：1111 10X1 XXXX XXXX

为将来需要而保留。控制装置不应作出任何响应。

指令 302:1111 1101 XXXX XXXX

为将来需要而保留。控制装置不应作出任何响应。

指令 303～318:101X XXX0 XXXX XXXX

为将来需要而保留。控制装置不应作出任何响应。

指令 319～334:110X XXX0 XXXX XXXX

为将来需要而保留。控制装置不应作出任何响应。

指令 335～342:1110 XXX0 XXXX XXXX

为将来需要而保留。控制装置不应作出任何响应。

指令 343～346:1111 0XX0 XXXX XXXX

为将来需要而保留。控制装置不应作出任何响应。

指令 347～348:1111 10X0 XXXX XXXX

为将来需要而保留。控制装置不应作出任何响应。

指令 349:1111 1100 XXXX XXXX

为将来需要而保留。控制装置不应作出任何响应。

11.5 指令集汇总

表 7 为指令集汇总。

表 7 指令集汇总

指令编号	指令代码	指令名称
－	YAAA AAA0 XXXX XXXX	直接电弧功率控制
0	YAAA AAA1 0000 0000	关断
1	YAAA AAA1 0000 0001	调亮
2	YAAA AAA1 0000 0010	调暗
3	YAAA AAA1 0000 0011	步进调亮
4	YAAA AAA1 0000 0100	步进调暗
5	YAAA AAA1 0000 0101	回到最大功率等级
6	YAAA AAA1 0000 0110	回到最小功率等级
7	YAAA AAA1 0000 0111	步进调暗和关断
8	YAAA AAA1 0000 1000	接通和步进调亮
9	YAAA AAA1 0000 1001	启用直接电弧功率控制流程
10～11	YAAA AAA1 0000 101X	a
12～15	YAAA AAA1 0000 11XX	a
16～31	YAAA AAA1 0001 XXXX	进入场景
32	YAAA AAA1 0010 0000	重置
33	YAAA AAA1 0010 0001	在 DTR 中存入实际功率等级
34～35	YAAA AAA1 0010 001X	a
36～39	YAAA AAA1 0010 01XX	a
40～41	YAAA AAA1 0010 100X	a

表7（续）

指令编号	指令代码	指令名称
42	YAAA AAA1 0010 1010	将 DTR 存储为最大功率等级
43	YAAA AAA1 0010 1011	将 DTR 存储为最小功率等级
44	YAAA AAA1 0010 1100	将 DTR 存储为系统故障功率等级
45	YAAA AAA1 0010 1101	将 DTR 存储为上电功率等级
46	YAAA AAA1 0010 1110	将 DTR 存储为渐变时间
47	YAAA AAA1 0010 1111	将 DTR 存储为渐变速率
48～63	YAAA AAA1 0011 XXXX	a
64～79	YAAA AAA1 0100 XXXX	将 DTR 存储为场景
80～95	YAAA AAA1 0101 XXXX	退出场景
96～111	YAAA AAA1 0110 XXXX	加入组
112～127	YAAA AAA1 0111 XXXX	退出组
128	YAAA AAA1 1000 0000	将 DTR 存储为短地址
129	YAAA AAA1 1000 0001	可写存储器
130～131	YAAA AAA1 1000 001X	
132～135	YAAA AAA1 1000 01XX	a
136～143	YAAA AAA1 1000 1XXX	a
144	YAAA AAA1 1001 0000	查询状态
145	YAAA AAA1 1001 0001	查询控制装置
146	YAAA AAA1 1001 0010	查询灯故障
147	YAAA AAA1 1001 0011	查询灯上电
148	YAAA AAA1 1001 0100	查询限制错误
149	YAAA AAA1 1001 0101	查询重置状态
150	YAAA AAA1 1001 0110	查询丢失短地址
151	YAAA AAA1 1001 0111	查询版本号
152	YAAA AAA1 1001 1000	查询 DTR 的存储信息
153	YAAA AAA1 1001 1001	查询设备类型
154	YAAA AAA1 1001 1010	查询物理最小功率等级
155	YAAA AAA1 1001 1011	查询电源故障
156	YAAA AAA1 1001 1100	查询 DTR1 的存储信息
157	YAAA AAA1 1001 1101	查询 DTR2 的存储信息
158～159	YAAA AAA1 1001 111X	a
160	YAAA AAA1 1010 0000	查询实际功率等级
161	YAAA AAA1 1010 0001	查询最大功率等级
162	YAAA AAA1 1010 0010	查询最小功率等级

表7（续）

指令编号	指令代码	指令名称
163	YAAA AAA1 1010 0011	查询上电功率等级
164	YAAA AAA1 1010 0100	查询系统故障功率等级
165	YAAA AAA1 1010 0101	查询渐变时间/渐变速率
166~167	YAAA AAA1 1010 011X	a
168~175	YAAA AAA1 1010 1XXX	a
176~191	YAAA AAA1 1011 XXXX	查询场景等级（场景0~15）
192	YAAA AAA1 1100 0000	查询组0~7
193	YAAA AAA1 1100 0001	查询组8~15
194	YAAA AAA1 1100 0010	查询随机地址（H）
195	YAAA AAA1 1100 0011	查询随机地址（M）
196	YAAA AAA1 1100 0100	查询随机地址（L）
197	YAAA AAA1 1100 0101	读取存储位置
198~199	YAAA AAA1 1100 011X	a
200~207	YAAA AAA1 1100 1XXX	a
208~223	YAAA AAA1 1101 XXXX	a
224~254	YAAA AAA1 111X XXXX	参见本部分的第2XX部分
255	YAAA AAA1 1111 1111	查询扩展版本号
256	1010 0001 0000 0000	终止
257	1010 0011 XXXX XXXX	数据传送寄存器（DTR）
258	1010 0101 XXXX XXXX	初始化
259	1010 0111 0000 0000	随机化
260	1010 1001 0000 0000	比较
261	1010 1011 0000 0000	退出比较
262~263	1010 11X1 0000 0000	a
264	1011 0001 HHHH HHHH	搜索地址H
265	1011 0011 MMMM	搜索地址M
266	1011 0101 LLLL LLLL	搜索地址L
267	1011 0111 0AAA AAA1	编入短地址
268	1011 1001 0AAA AAA1	验证短地址
269	1011 1011 0000 0000	查询短地址
270	1011 1101 0000 0000	物理选定
271	1011 1111 XXXX XXXX	a
272	1100 0001 XXXX XXXX	启用设备类型X
273	1100 0011 XXXX XXXX	数据传送寄存器1（DTR1）

表 7（续）

指令编号	指令代码	指令名称
274	1100 0101 XXXX XXXX	数据传送寄存器 2(DTR2)
275	1100 0111 XXXX XXXX	写入存储位置
276～279	1100 1XX1 XXXX XXXX	a
280～287	1101 XXX1 XXXX XXXX	a
288～295	1110 XXX1 XXXX XXXX	a
296～299	1111 0XX1 XXXX XXXX	a
300～301	1111 10X1 XXXX XXXX	a
302	1111 1101 XXXX XXXX	a
303～318	101X XXX0 XXXX XXXX	a
319～334	110X XXX0 XXXX XXXX	a
335～342	1110 XXX0 XXXX XXXX	a
343～346	1111 0XX0 XXXX XXXX	a
347～348	1111 10X0 XXXX XXXX	a
349	1111 1100 XXXX XXXX	a
a　为将来需要而保留。控制装置不应作出任何响应。		

12　测试程序

12.0　一般要求

控制装置的建立应使其能按照第 12 章和 GB/T 30104.2×× 系列相关部分规定的测试流程进行测试。

测试装置应包括带有可按照测试流程编程的电脑以及硬件适配器，测试装置应与被测设备(DUT)的控制接口的端口相连，如图 12 所示。

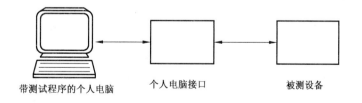

带测试程序的个人电脑　　　个人电脑接口　　　被测设备

图 12　通用测试结构

测试流程主要包括激活阶段(指令输出)和验证阶段。在激活阶段，被测指令应发送至被测设备，而在验证阶段，被测设备的内部状态应根据查询指令进行检查。见图 13。

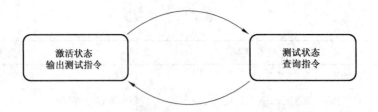

图 13 激活状态和测试状态

运行测试流程之前,被测设备的初始状态应为如下状态:

——将灯连接;

——接通电源($t_{接通} \geqslant$ 预热时间);

——停止专用进程;

——被测设备无短地址;

——被测设备处于重置状态。

注:测试流程可相互独立使用。

如果单独采用一个特定的测试流程,则被测设备有必要正确执行"重置"—指令(见 12.2.1.1)。

应注意错误信息的成因可能不同。例如,对指令查询实际功率等级的错误回答表示未正确执行查询或先前发送的电弧功率控制指令。因此,应保持流程的顺序。

有些测试流程采用预热时间参数,预热时间参数进入测试程序,以获得正确的测试结果。

SDL(规格和描述语言)应用于描述测试流程。见 ITU-T:Z.100 CCITT。

数据传输:

应对每个指令所用的寻址方式和该指令名称进行描述。

> 发送
> 第5组
> 回到最大功率等级

由于每个配置指令都应在 100 ms 的间隔时间内连续接收两次,因此规定将子程序发送两次用于激活阶段。

应对子程序发送两次的下述图示进行介绍:

> 发送两次
> 短地址3
> 回到最大功率等级

由于每个应用扩展指令都应在指令 272"启用设备类型 1"之前,因此规定将子程序发送至设备类型 X 用于下述图示所说明的激活阶段,其中,左边的数字代表设备类型编号:

> 发送至设备类型
> 1 广播
> 查询故障状态

由于每个应用扩展配置指令都应在指令 272"启用设备类型 1"之前,且应在 100 ms 的间隔时间内连续接收两次,因此规定将子程序发送至设备类型 X 用于下述图示所说明的激活阶段,其中,左边的数字代表设备类型编号:

> 发送两次至设备类型
> 1 广播
> 启动功能测试

在指令集的保留指令(如指令9)中,应打印指令编号代替指令名称:

发送
广播
指令9

在保留指令的某些流程中,应给出指令编码的两个字节值:

发送
〈地址值〉
〈指令值〉

最后两种描述方式相混合也是可行的。

分支:

测试流程应按照被测参数进行分支。

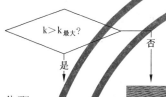

分配:

应将参数设置为规定值。

等待:

测试流程应按规定时间暂停。

外部流程:

应对外部流程进行描述,如开关、连接或断开电线、外部测量等。

子流程:

已确定的测试流程可用作其他测试流程中的子流程。

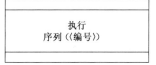

如果参数传到子流程或/和由子流程转变而成,则应按照下述方式进行描述:

〈InputPar1〉【可选数据范围】
〈InputPar2〉【可选数据范围】
执行
序列(〈编号〉)
描述性名称(〈part1〉〈part2〉、...)
〈OutputPar1〉【可选数据范围】
〈OutputPar2〉【可选数据范围】
...

带可选数据范围的输入和输出参数应反映容许的输入参数和退回的输出参数。

"描述性名称"部分应反映由流程提供的功能性描述。参数〈par1〉、〈par2〉...应反映传至流程的实际输入参数。

流程完成后给出的所有输出参数(〈输出 par1〉、〈输出 par2〉...)均应进行保存。

流程内部采用的变量(静态/非易失)需在流程定义中通过参考书目进行反映。

完成测试(12.X)后,存有上述静态变量的流程应将这类变量设置为默认值。

信息:

类似错误或测试结果的信息应在信息框中显示。

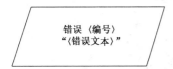

错误 〈编号〉
"〈错误文本〉"

某些指令的参数很重要。下载一个值 200 至 DTR 应按照下述实例进行打印:DTR(200)。

如果参数为变量,则应按照下述实例进行打印:DTR(〈变量〉)。

在所有测试流程中,应假设被测设备的通信功能正常,例如,测试过程中,接口线路失真时不会出现通信错误。

应记录每个测试流程的结果。错误信息应指出导致被测设备出现故障的步骤。

除非另有规定,否则接口上的电压等级应为标称值($V_{高}=16.0$ V;$V_{低}=0.0$ V;$t_{上升}=t_{下降}=50$ μs)。

测试程序中使用了下述缩写:

——MC=主控制器;

——IPS=接口电源;

——DTR=数据传送寄存器;

——PHM=物理最小功率等级;

——ST.ACT LEV.DTR=在 DTR 中存入实际功率等级;

——SYS.FAIL.LEV.=系统故障功率等级;

——POW.ON LEVEL=上电功率等级;

——STROE DTR AS SHORT ADDR.=将 DTR 存储为短地址;

——DAPC=直接电弧控制。

测试参数应为下述各项:

——温度应符合 IEC 60929:2006 的 A.1.1;

——电源:标称电源电压;

——接口电源:固定值(见下文注解)之间的线性电压-电流-特性;

——电压等级:$t_{上升}=t_{下降}=50$ μs;

——采用指令145"查询控制装置"检查指令的接收和被测设备反向信道的正确格式(正确回答为"是");

——应在控制装置输入端对电压和电流进行测量。

测量值的准确度应符合以下要求:

——直流电流测量值:精确等级1或更高(万用表 $R_s \leqslant 10\ \Omega$);

——其他:精确等级5或更高(示波器 $R_1 \geqslant 1\ M\Omega$、$C_1 \leqslant 20\ pF$、$f_B \geqslant 10\ MHz$)。

以下为注解:

"主控制器"(MC):应按照与控制装置($I_{最大} = 2\ mA$)相同的方式对总线进行响应。

"接口电源"(IPS):设计用于给 n 个控制装置加1个主控制器供电的电源。

电压电平 V_{IPS}:由于传输装置最小/最大电平规定为 $15\ V \leqslant V_{IPS} \leqslant 17\ V$,因此电压电平为 $11.5\ V \leqslant V_{IPS} \leqslant 22.5\ V$。

$I_{IPS} - V_{IPS}$-特征:当高电平为最大静态电流、$I_{IPS} \leqslant (n+1) \times 2\ mA$ 时,$V_{IPS} \geqslant 11.5\ V$。

当低电平为最大双静态电流、$I_{IPS} \geqslant 2 \times 0.9 \times (n+1) \times 2\ mA$ 时,$V_{IPS} \leqslant 4.5\ V$;公差减少10%。

限流器电路的响应时间 $< 10\ \mu s$。

12.1 "物理运行参数"测试流程

12.1.1 "波形"测试流程

12.1.1.1 "额定电流"测试流程

接口电源应设置为 $V_{IPS} = 22.5\ V$。不应激活主控制器(被测设备无通信)。见图14。

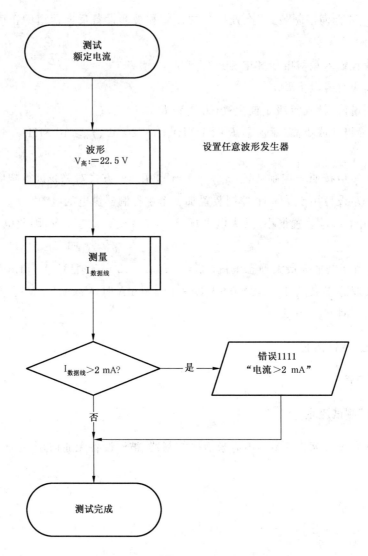

图 14 "额定电流"测试流程

12.1.1.2 "额定电压"测试流程

被测设备的通信应根据 $V_{高}$、$V_{低}$ 和 $t_{上升}/t_{下降}$ 的三种不同组合进行测试：

——$V_{高}=22.5\ V$；$V_{低}=-6.5\ V$；$t_{上升}=t_{下降}=10\ \mu s$；

——$V_{高}=9.5\ V$；$V_{低}=6.5\ V$；$t_{上升}=t_{下降}=10\ \mu s$；

——$V_{高}=9.5\ V$；$V_{低}=6.5\ V$；$t_{上升}=t_{下降}=100\ \mu s$。

测试中应采用指令 145"查询控制装置"。正确的回答应为"是"($0\times FF$)。见图 15。

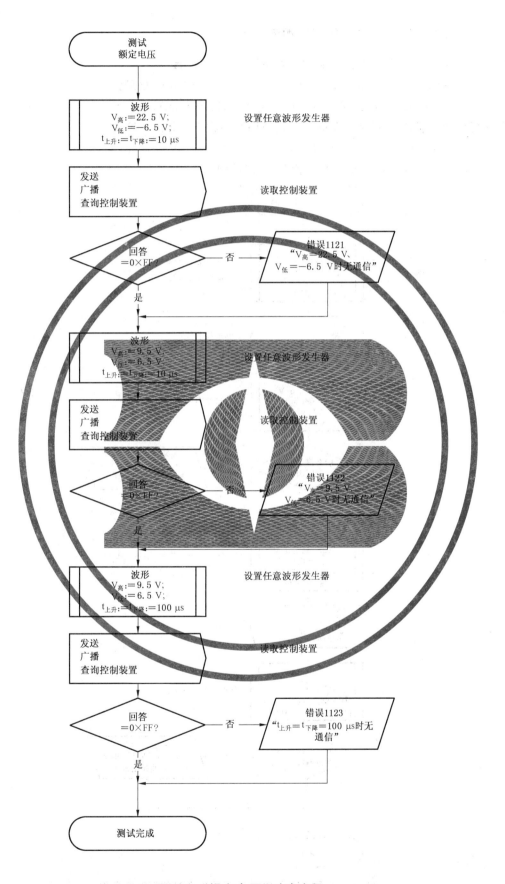

图 15 "额定电压"测试流程

12.1.1.3 "反向信道上升时间/下降时间"测试流程

被测设备的通信应根据 V_{IPS} 和 I_{IPS} 的两种不同组合进行测试：

——$V_高=17.0$ V；$V_低=0.0$ V；$t_{上升}=t_{下降}=50$ μs；$I_{IPS}=250$ mA(最大值)；

——$V_高=15.0$ V；$V_低=0.0$ V；$t_{上升}=t_{下降}=50$ μs；$I_{IPS}=8$ mA(最大值)。

在这两种情况下，应对被测设备的反向信道回答的物理参数进行检查：

——$V_高>11.5$ V；$V_低<4.5$ V；10 $\mu s<t_{上升}<100$ μs；10 $\mu s<t_{下降}<100$ μs。

测试中应采用指令145"查询控制装置"。正确的回答应为"是"($0\times FF$)。见图16。

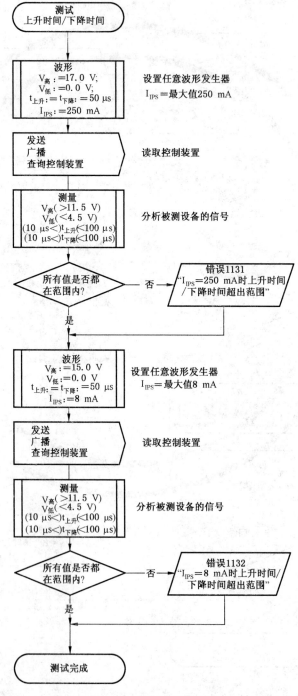

图 16 "反向信道上升时间/下降时间"测试流程

12.1.1.4 "传输速率"测试流程

图 17 所示的测试流程应适用于测试被测设备处于最小和最大传输速率 1 200(1±10%)Hz 时的通信。

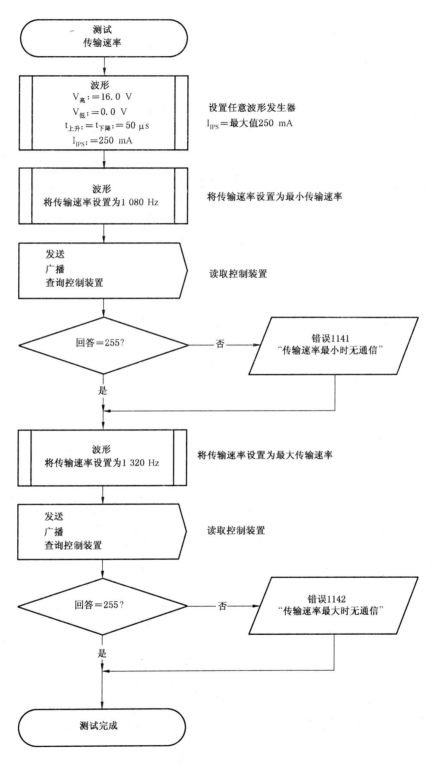

图 17 "传输速率"测试流程

12.1.1.5 "脉冲宽度"测试流程

图 18 所示的流程应适用于测试前向帧内带脉冲宽度公差的通信。将前向帧的半位根据不同定时公差进行发送。定时组合见表 8。

位单元 A： 起始位
位单元 B~I： 地址位（0×FF＝11111111b）
位单元 K~S： 指令位（0×91＝10010001b）
位单元 T、U： 停止位

表 8 "脉冲宽度"测试流程的定时组合

$T_e-10\%$ 375.0 μs	$T_e+10\%$ 458.3 μs	$2\cdot T_e-10\%$ 750.0 μs	$2\cdot T_e\pm0\%$ 833.3 μs	$2\cdot T_e+10\%$ 916.7 μs
	A1			A1＋A2
	B1			B1＋B2
C1			C1＋C2	
	D1			D1＋D2
	E1		E1＋E2	
F1		F1＋F2		
G1			G1＋G2	
H1		H1＋H2		
I1		I1 ＋I2		
	K1		K1＋K2	
L1			L1＋L2	
M1			M1＋M2	
	N1			N1＋N2
	O1		O1＋O2	
	P1		P1＋P2	
R1		R1＋R2		
S1			S1＋S2	
			T1＋T2	
		U1＋U2		

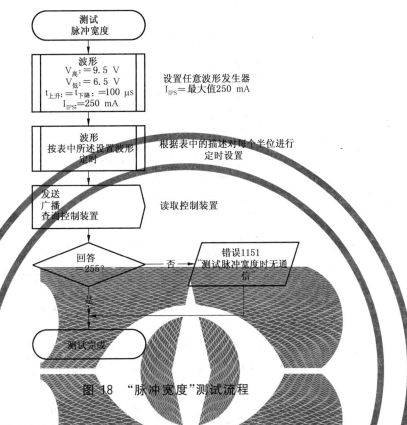

空线 |A1|A2|B1|B2|C1|C2|D1|D2|E1|E2|F1|F2|G1|G2|H1|H2|I1|I2|K1|K2|L1|L2|M1|M2|N1|N2|O1|O2|P1|P2|R1|R2|S1|S2|T1|T2|U1|U2 空线

图 18 "脉冲宽度"测试流程

12.1.1.6 "编码差错率"测试流程

被测设备应忽略接收到的带编码差错率的指令。应采用指令查询控制装置进行测试。在每个测试步骤中,另外一个位会受到干扰。被测设备不应回答查询或更改其状态。测试流程详见图19,波形(位模式)详见图20。

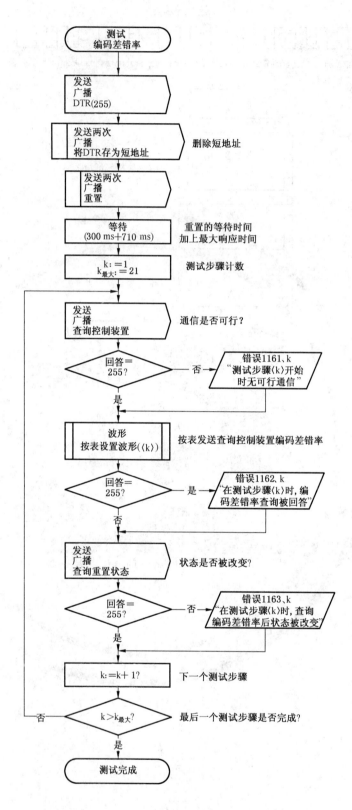

图 19 "编码差错率"

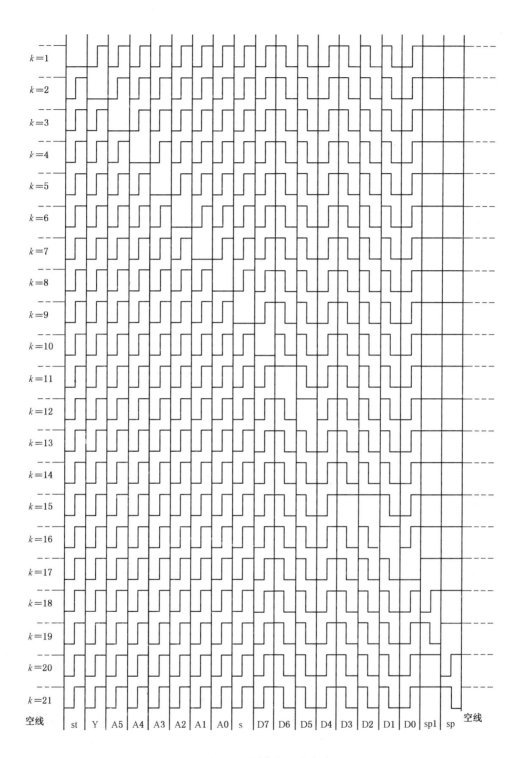

图 20 "编码差错率"测试波形

12.1.2 "帧结构定时"测试流程

图 21 所示测试流程的第一部分中,应对反向信道的定时进行测试。所测的稳定时间应为 3 340 μs< $t_{回答}$<9 590 μs。第二部分中,最小时间时,应对被测设备两个前向帧之间的响应进行测试。

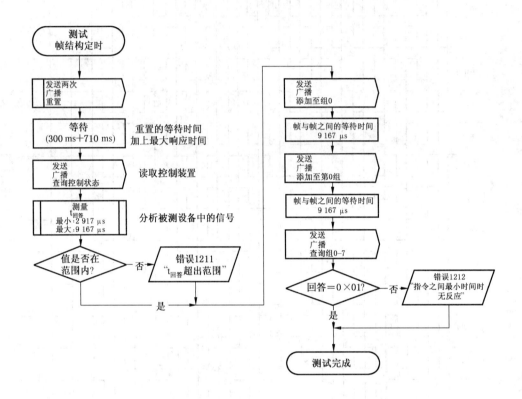

图 21 "帧结构定时"测试流程

12.1.3 绝缘测试

按照 IEC 61347-2-3(基本绝缘)的 15.5 进行测试:
对控制端子至以下两项的绝缘情况进行测试:
a) 短路电源和灯端子;
b) 接地电势。

12.1.4 可选测试流程

12.1.4.1 "极性"测试流程

对于被测设备的通信,应对其数据线的两个极性进行测试。本测试中应采用指令 145"查询控制装置"进行测试。正确的回答应为"是"(0×FF)。见图 22。

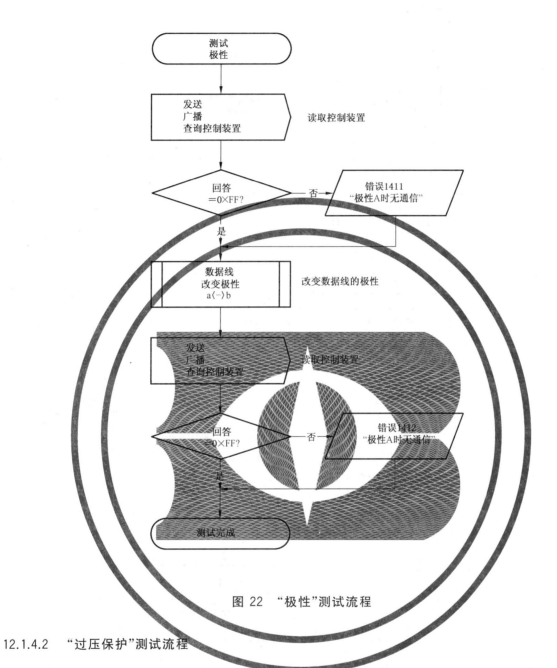

图 22 "极性"测试流程

12.1.4.2 "过压保护"测试流程

本测试中,应无电源与被测设备的电源端子相连。若被测设备的额定电源电压保持 1 min,则被测设备的控制端子应与电压电源相连。恢复 15 min 后,被测设备的通信应采用指令 145"查询控制装置"进行测试。正确的回答应为"是"(0×FF)。见图 23。

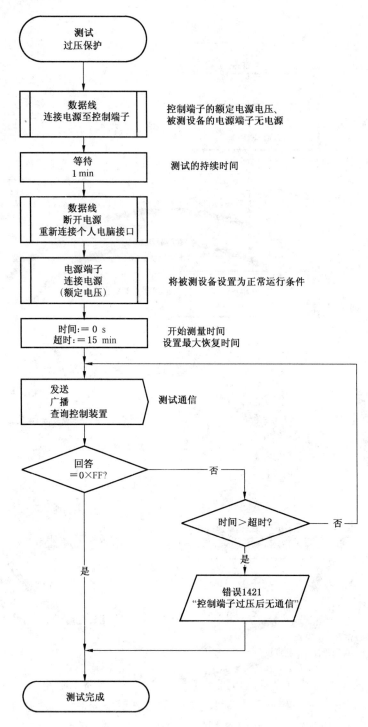

图 23 "过压保护"测试流程

12.1.5 "响应时间"测试流程

渐变时间为0时,响应时间被定义为从最大功率等级改变至最小功率等级光输出的时间。这个时间对其他测试流程也很重要。

应采用与光度计的模拟输出相连的示波器进行测量。测试流程详见图24。

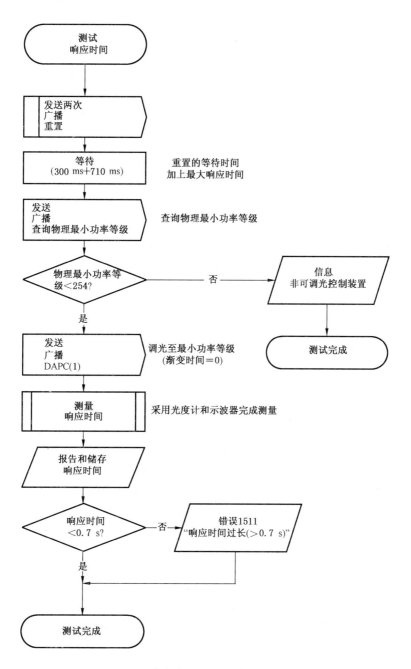

图 24 "响应时间"测试流程

12.2 "配置指令"测试流程

12.2.1 "一般配置指令"测试流程

12.2.1.1 "重置"测试流程

为了确保测试程序的结果正确,应先测试指令"重置"。

图25中所示测试流程中,设置所有被测设备的用户可编程参数为非重置值。发送重置指令后,检查参数的重置值。采用测试流程12.5.2.1检查随机地址的重置值,采用测试流程12.5.4.4检查搜索地址的重置值。测试流程的参数如表9所示。

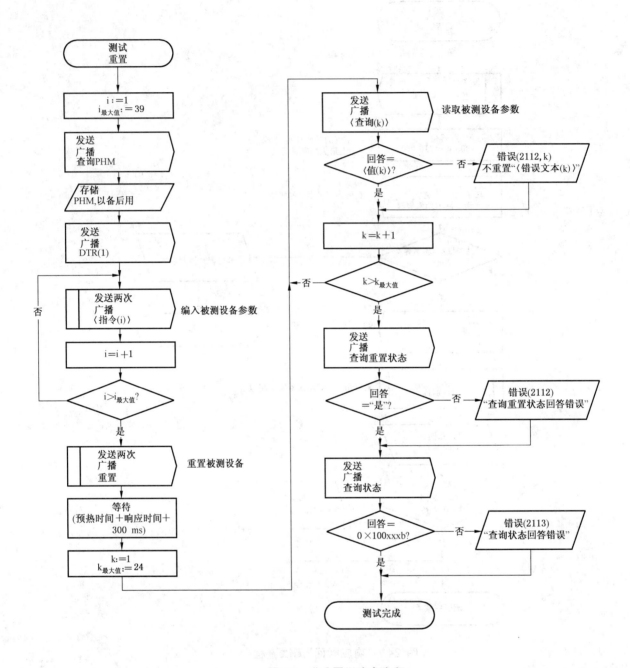

图 25 "重置"测试流程

表9 "重置"测试流程的参数

i	指令（i）	k	查询（k）	值（k）	错误文本（k）
1	添加至组 0	1	查询组 0～7	0x00	组 0～7
2	添加至组 1	2	查询组 8～15	0x00	组 8～15
3	添加至组 2	3	查询场景功率等级 0	255	场景 0
4	添加至组 3	4	查询场景功率等级 1	255	场景 1
5	添加至组 4	5	查询场景功率等级 2	255	场景 2
6	添加至组 5	6	查询场景功率等级 3	255	场景 3
7	添加至组 6	7	查询场景功率等级 4	255	场景 4
8	添加至组 7	8	查询场景功率等级 5	255	场景 5
9	添加至组 8	9	查询场景功率等级 6	255	场景 6
10	添加至组 9	10	查询场景功率等级 7	255	场景 7
11	添加至组 10	11	查询场景功率等级 8	255	场景 8
12	添加至组 11	12	查询场景功率等级 9	255	场景 9
13	添加至组 12	13	查询场景功率等级 10	255	场景 10
14	添加至组 13	14	查询场景功率等级 11	255	场景 11
15	添加至组 14	15	查询场景功率等级 12	255	场景 12
16	添加至组 15	16	查询场景功率等级 13	255	场景 13
17	将 DTR 存储为场景 0	17	查询场景功率等级 14	255	场景 14
18	将 DTR 存储为场景 1	18	查询场景功率等级 15	255	场景 15
19	将 DTR 存储为场景 2	19	查询最大功率等级	254	最大功率等级
20	将 DTR 存储为场景 3	20	查询最小功率等级	物理最小功率等级	最小功率等级
21	将 DTR 存储为场景 4				
22	将 DTR 存储为场景 5	21	查询系统故障功率等级	254	系统故障功率等级
23	将 DTR 存储为场景 6	22	查询上电功率等级	254	上电功率等级
24	将 DTR 存储为场景 7	23	查询渐变时间/渐变速率	0x07	渐变时间/渐变速率
25	将 DTR 存储为场景 8	24	查询实际功率等级	254	实际功率等级
26	将 DTR 存储为场景 9				
27	将 DTR 存储为场景 10				
28	将 DTR 存储为场景 11				
29	将 DTR 存储为场景 12				
30	将 DTR 存储为场景 13				
31	将 DTR 存储为场景 14				
32	将 DTR 存储为场景 15				
33	将 DTR 存储为最大功率等级				
34	将 DTR 存储为最小功率等级				
35	将 DTR 存储为系统故障功率等级				
36	将 DTR 存储为上电功率等级				
37	将 DTR 存储为渐变时间				
38	将 DTR 存储为渐变速率				

12.2.1.2 "重置:超时/中间指令"测试流程

如果在 100 ms 内接收到两次重置指令,则应执行该指令。在两个重置指令间,不应向相同控制装置发送其他指令,否则这两次重置指令和其他指令都将作废。三次指令应在 100 ms 时间内发送。测试流程如图 26 所示。

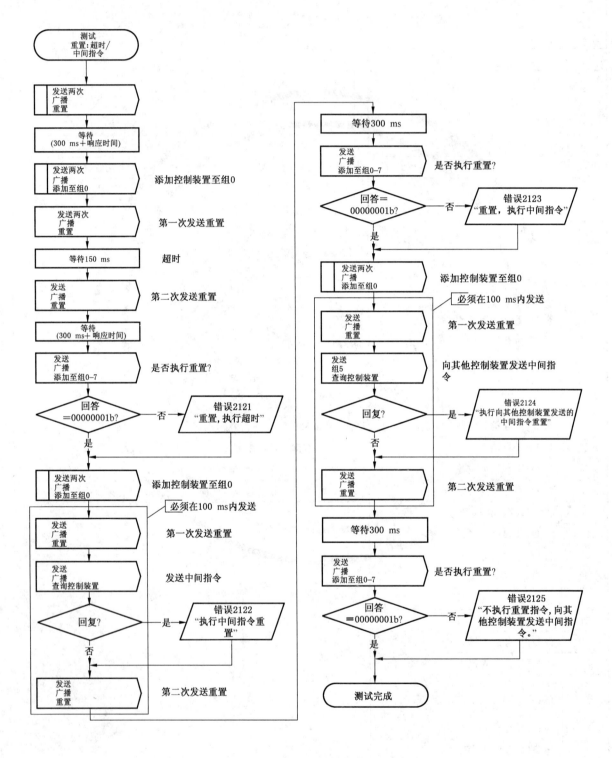

图 26 "重置:超时/中间指令"测试流程

12.2.1.3 "100 ms 超时"测试流程

图 27 中所示测试流程中,采用超时 150 ms 的配置指令设置所有被测设备的用户可编程参数为非重置值。由于超时原因,参数变化无显示。测试流程的参数如表 10 所示。

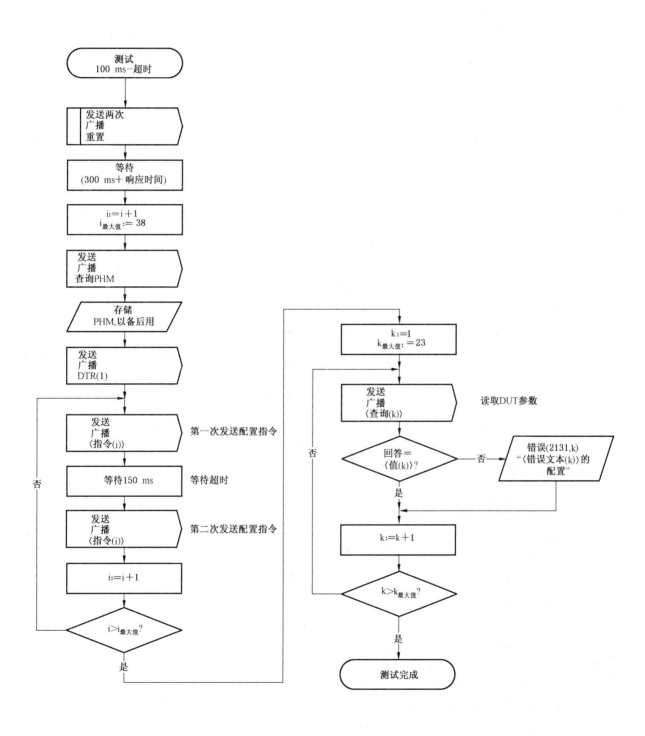

图 27 "100 ms—超时"测试流程

表 10 "100 ms 超时"测试流程的参数

i	指令(i)		k	查询（k）	值(k)	错误文本（k）
1	添加至组 0		1	查询组 0～7	0x00	组 0～7
2	添加至组 1		2	查询组 8～15	0x00	组 8～15
3	添加至组 2		3	查询场景功率等级 0	255	场景 0
4	添加至组 3		4	查询场景功率等级 1	255	场景 1
5	添加至组 4		5	查询场景功率等级 2	255	场景 2
6	添加至组 5		6	查询场景功率等级 3	255	场景 3
7	添加至组 6		7	查询场景功率等级 4	255	场景 4
8	添加至组 7		8	查询场景功率等级 5	255	场景 5
9	添加至组 8		9	查询场景功率等级 6	255	场景 6
10	添加至组 9		10	查询场景功率等级 7	255	场景 7
11	添加至组 10		11	查询场景功率等级 8	255	场景 8
12	添加至组 11		12	查询场景功率等级 9	255	场景 9
13	添加至组 12		13	查询场景功率等级 10	255	场景 10
14	添加至组 13		14	查询场景功率等级 11	255	场景 11
15	添加至组 14		15	查询场景功率等级 12	255	场景 12
16	添加至组 15		16	查询场景功率等级 13	255	场景 13
17	将 DTR 存储为场景 0		17	查询场景功率等级 14	255	场景 14
18	将 DTR 存储为场景 1		18	查询场景功率等级 15	255	场景 15
19	将 DTR 存储为场景 2		19	查询最大功率等级	254	最大功率等级
20	将 DTR 存储为场景 3		20	查询最小功率等级	物理最小功率等级	最小功率等级
21	将 DTR 存储为场景 4		21	查询系统故障功率等级	254	系统故障功率等级
22	将 DTR 存储为场景 5		22	查询上电功率等级	254	上电功率等级
23	将 DTR 存储为场景 6		23	查询渐变时间/渐变速率	0x07	渐变时间/渐变速率
24	将 DTR 存储为场景 7					
25	将 DTR 存储为场景 8					
26	将 DTR 存储为场景 9					
27	将 DTR 存储为场景 10					
28	将 DTR 存储为场景 11					
29	将 DTR 存储为场景 12					
30	将 DTR 存储为场景 13					
31	将 DTR 存储为场景 14					
32	将 DTR 存储为场景 15					
33	将 DTR 存储为最大功率等级					
34	将 DTR 存储为最小功率等级					
35	将 DTR 存储为系统故障功率等级					
36	将 DTR 存储为上电功率等级					
37	将 DTR 存储为渐变时间					
38	将 DTR 存储为渐变速率					

12.2.1.4 "中间指令"测试流程

图 28 中所示测试流程中,采用配置指令改变所有被测设备的用户可编程参数。两次配置指令之间,发送步进调暗。这三次指令应在 100 ms 内发送。由于中间指令,参数变化无显示。由于被测设备无视中间指令,测试结束后的实际功率等级应为 254。如果向另一个被测设备发出中间指令,则应执行配置指令。测试流程的参数如表 11 所示。

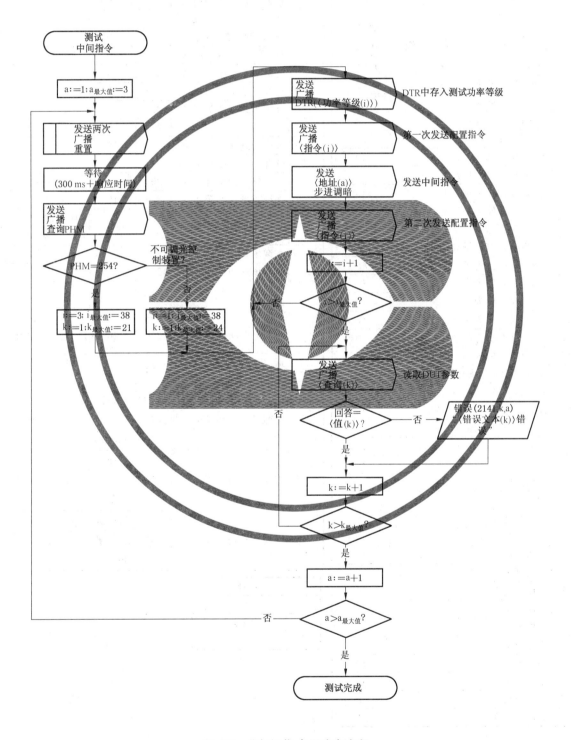

图 28 "中间指令"测试流程

表 11 "中间指令"测试流程的参数

i	指令(i)	功率等级(i)	k	查询(k)	值(k) a=1	值(k) a≠1	错误文本(k)
1	将DTR存储为最大功率等级	物理最小功率等级+1	1	添加至组 0~7	0x00	0xFF	组 0~7
			2	添加至组 8~15	0x00	0xFF	组 8~15
			3	查询场功率等级 0	255	10	场景 0
2	将DTR存储为最小功率等级	物理最小功率等级+1	4	查询场景功率等级 1	255	10	场景 1
			5	查询场景功率等级 2	255	10	场景 2
			6	查询场景功率等级 3	255	10	场景 3
3	将DTR存储为场景 0	10	7	查询场景功率等级 4	255	10	场景 4
4	将DTR存储为场景 1	10	8	查询场景功率等级 5	255	10	场景 5
5	将DTR存储为场景 2	10	9	查询场景功率等级 6	255	10	场景 6
6	将DTR存储为场景 3	10	10	查询场景功率等级 7	255	10	场景 7
7	将DTR存储为场景 4	10	11	查询场景功率等级 8	255	10	场景 8
8	将DTR存储为场景 5	10	12	查询场景功率等级 9	255	10	场景 9
9	将DTR存储为场景 6	10	13	查询场景功率等级 10	255	10	场景 10
10	将DTR存储为场景 7	10	14	查询场景功率等级 11	255	10	场景 11
11	将DTR存储为场景 8	10	15	查询场景功率等级 12	255	10	场景 12
12	将DTR存储为场景 9	10	16	查询场景功率等级 13	255	10	场景 13
13	将DTR存储为场景 10	10	17	查询场景功率等级 14	255	10	场景 14
14	将DTR存储为场景 11	10	18	查询场景功率等级 15	255	10	场景 15
15	将DTR存储为场景 12	10	19	查询渐变时间/渐变速率	0x07	0xAA	渐变时间/渐变速率
16	将DTR存储为场景 13	10					
17	将DTR存储为场景 14	10	20	查询上电功率等级	254	10	上电功率等级
18	将DTR存储为场景 15	10					
19	将DTR存储为系统故障功率等级	10	21	查询系统故障功率等级	254	10	系统故障功率等级
20	将DTR存储为上电功率等级	10					
21	将DTR存储为渐变时间	10	22	查询最小功率等级	物理最小功率等级	物理最小功率等级+1	最小功率等级
22	将DTR存储为渐变速率	10					
23	添加至组 0	10					
24	添加至组 1	10	23	查询最大功率等级	254	物理最小功率等级+1	最大功率等级
25	添加至组 2	10					
26	添加至组 3	10					
27	添加至组 4	10					
28	添加至组 5	10	24	查询实际功率等级	254	物理最小功率等级+1	实际功率等级
29	添加至组 6	10					
30	添加至组 7	10					
31	添加至组 8	10					
32	添加至组 9	10					
33	添加至组 10	10					
34	添加至组 11	10					
35	添加至组 12	10					
36	添加至组 13	10					
37	添加至组 14	10					
38	添加至组 15	10					

a	地址(a)
1	广播
2	短地址 5
3	组 15

12.2.1.5 "查询版本号"测试流程

读取被测设备版本号。测试流程如图 29 所示。

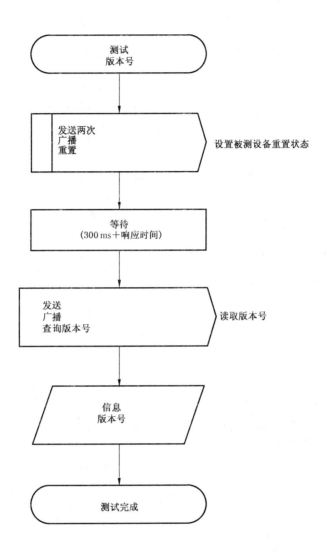

图 29 "查询版本号"测试流程

12.2.1.6 "在DTR中存入实际功率等级"测试流程

图 30 中所示测试流程用于测试指令 33"在 DTR 中存入实际功率等级"被测设备的三种不同状态：最大功率等级、最小功率等级和关断。见图 30。

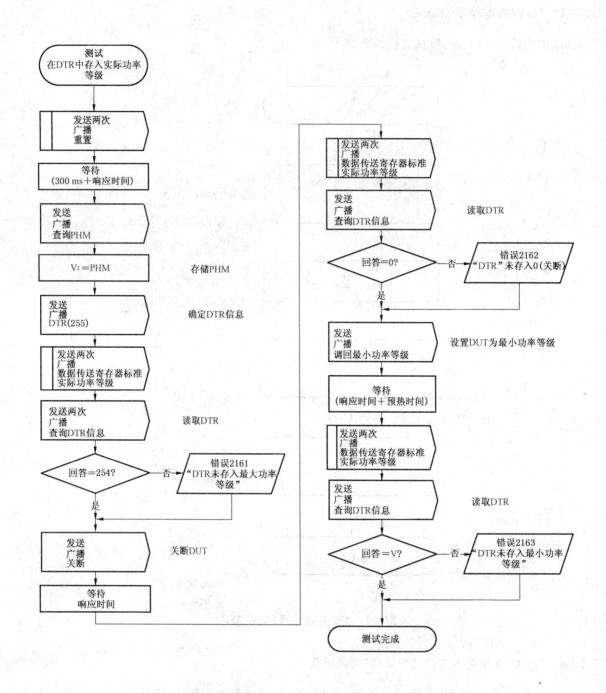

图 30 "在 DTR 中存入实际功率等级"测试流程

12.2.1.7 "固定存储器"测试流程

图 31 中所示测试流程为被测设备的固定存储器的测试。所有可编程参数均有变化(包括短地址)。检查参数时,主电源断开 5 s。重置指令应不删除短地址。测试流程的参数如表 12 所示。

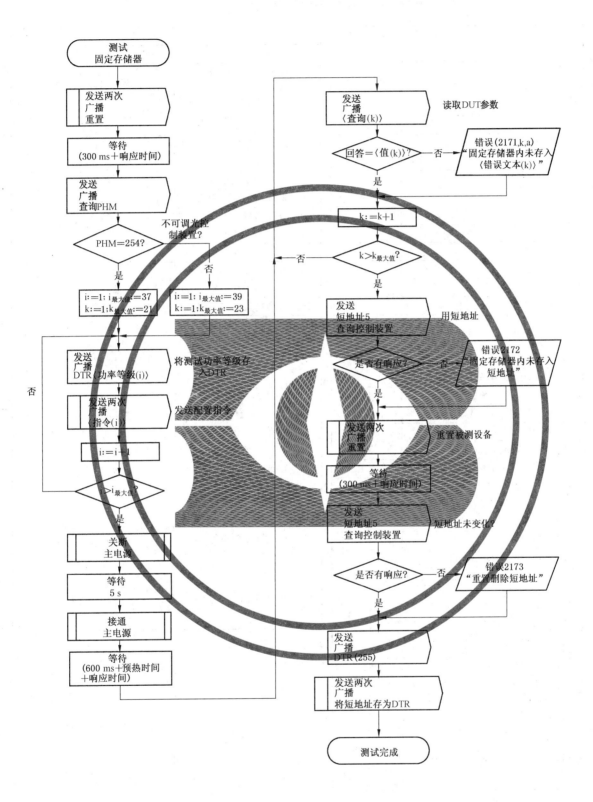

图 31 "固定存储器"测试流程

表 12 "固定存储器"测试流程的参数

i	指令(i)	功率等级(i)	k	查询(k)	值(k)	错误文本(k)
1	添加至组 0	10	1	查询组 0~7	0xFF	组 0~7
2	添加至组 1	10	2	查询组 8~15	0xFF	组 8~15
3	添加至组 2	10	3	查询场景功率等级 0	10	场景 0
4	添加至组 3	10	4	查询场景功率等级 1	10	场景 1
5	添加至组 4	10	5	查询场景功率等级 2	10	场景 2
6	添加至组 5	10	6	查询场景功率等级 3	10	场景 3
7	添加至组 6	10	7	查询场景功率等级 4	10	场景 4
8	添加至组 7	10	8	查询场景功率等级 5	10	场景 5
9	添加至组 8	10	9	查询场景功率等级 6	10	场景 6
10	添加至组 9	10	10	查询场景功率等级 7	10	场景 7
11	添加至组 10	10	11	查询场景功率等级 8	10	场景 8
12	添加至组 11	10	12	查询场景功率等级 9	10	场景 9
13	添加至组 12	10	13	查询场景功率等级 10	10	场景 10
14	添加至组 13	10	14	查询场景功率等级 11	10	场景 11
15	添加至组 14	10	15	查询场景功率等级 12	10	场景 12
16	添加至组 15	10	16	查询场景功率等级 13	10	场景 13
17	将 DTR 存储为场景 0	10	17	查询场景功率等级 14	10	场景 14
18	将 DTR 存储为场景 1	10	18	查询场景功率等级 15	10	场景 15
19	将 DTR 存储为场景 2	10	19	查询上电功率等级	10	上电功率等级
20	将 DTR 存储为场景 3	10	20	查询系统故障功率等级	10	系统故障功率等级
21	将 DTR 存储为场景 4	10				
22	将 DTR 存储为场景 5	10	21	查询渐变时间/渐变速率	0xAA	渐变时间/渐变速率
23	将 DTR 存储为场景 6	10				
24	将 DTR 存储为场景 7	10	22	查询最大功率等级	物理最小功率等级＋1	最大功率等级
25	将 DTR 存储为场景 8	10				
26	将 DTR 存储为场景 9	10	23	查询最小功率等级	物理最小功率等级＋1	最小功率等级
27	将 DTR 存储为场景 10	10				
28	将 DTR 存储为场景 11	10				
29	将 DTR 存储为场景 12	10				
30	将 DTR 存储为场景 13	10				
31	将 DTR 存储为场景 14	10				
32	将 DTR 存储为场景 15	10				
33	将 DTR 存储为渐变速率	10				
34	将 DTR 存储为短地址	11				
35	将 DTR 存储为系统故障功率等级	10				
36	将 DTR 存储为上电功率等级	10				
37	将 DTR 存储为渐变时间	10				
38	将 DTR 存储为最大功率等级	物理最小功率等级＋1				
39	将 DTR 存储为最小功率等级	物理最小功率等级＋1				

12.2.1.8 "DTR1"测试流程

测试时,指令273"数据传送寄存器1"下载不同数值,并由指令156"查询 DTR1 存储信息"对此数值进行检查。图32所示为测试流程,表13所示为其参数。

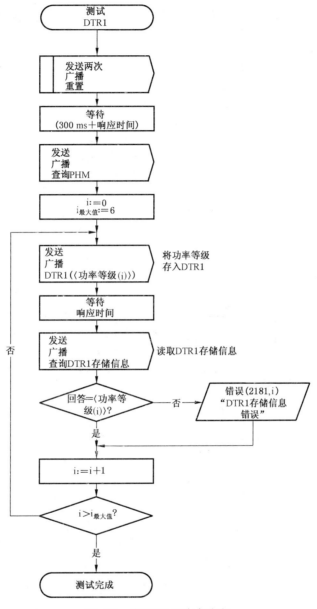

图 32 "DTR1"测试流程

表 13 "DTR1"测试流程的参数

测试步骤 i	功率等级(i)
0	0
1	1
2	物理最小功率等级
3	(物理最小功率等级＋254)/ 2
4	254
5	255
6	0

12.2.1.9 "DTR2"测试流程

测试时,指令274"数据传送寄存器2"下载不同数值,并由指令157"查询DTR2存储信息"对此数值进行检查。图33所示为测试流程,表14所示为其参数。

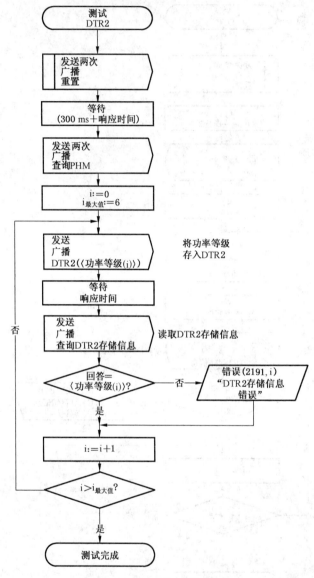

图 33 "DTR2"测试流程

表 14 "DTR2"测试流程的参数

测试步骤 i	功率等级(i)
0	0
1	1
2	物理最小功率等级
3	(物理最小功率等级+ 254)/ 2
4	254
5	255
6	0

12.2.2 "电弧功率参数设置"测试流程

12.2.2.1 "将DTR存储为最大功率等级"测试流程

图34所示测试应采取以下三个测试值来进行：

测试步骤0：测试功率等级＞最大功率等级；

测试步骤1：测试功率等级＜最小功率等级；

测试步骤2：最小功率等级＜测试功率等级＜最大功率等级。

测试流程的参数如表15所示。

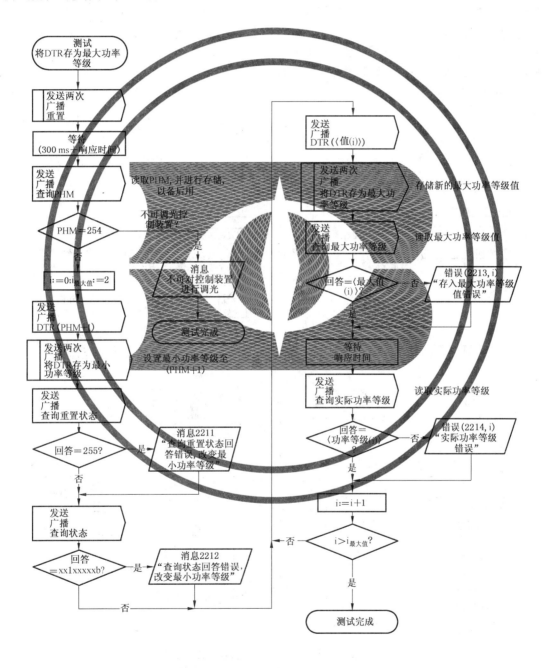

图34 "将DTR存储为最大功率等级"测试流程

表 15 "将 DTR 存储为最大功率等级"测试流程的参数

测试步骤 i	值(i)	最大值(i)	功率等级（i）
0	255	254	254
1	0	物理最小功率等级＋1	物理最小功率等级＋1
2	253	253	物理最小功率等级＋1

12.2.2.2 "将 DTR 存储为最小功率等级"测试流程

图 35 所示测试应采取以下三个测试值来进行：

测试步骤 0：物理最小功率等级＜测试功率等级＜最大功率等级；

测试步骤 1：测试功率等级＞最大功率等级；

测试步骤 2：测试功率等级＜物理最小功率等级。

测试流程的参数如表 16 所示。

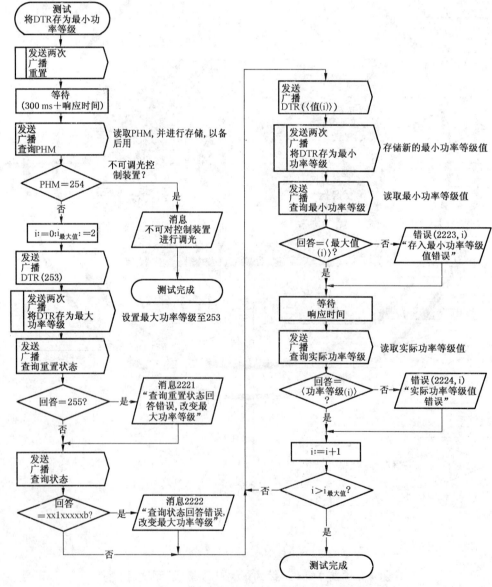

图 35 "将 DTR 存储为最小功率等级"测试流程

表 16 "将 DTR 存储为最小功率等级"测试流程的参数

测试步骤 i	值(i)	最小值(i)	功率等级(i)
0	物理最小功率等级＋1	物理最小功率等级＋1	物理最小功率等级＋1
1	254	253	253
2	0	物理最小功率等级	253

12.2.2.3 "将 DTR 存储为系统故障功率等级"测试流程

图 36 所示测试流程对"系统故障功率等级"编程进行了测试。同时也对发生系统故障时被测设备是否正确运行进行了检查。

测试采用以下 5 个测试值：

测试步骤 0:最小功率等级＜测试功率等级＜最大功率等级；

测试步骤 1:测试功率等级＝掩码；

测试步骤 2:测试功率等级＞最大功率等级；

测试步骤 3:测试功率等级＝关断；

测试步骤 4:测试功率等级＜物理最小功率等级。

测试流程参数如表 17 所示。

表 17 "将 DTR 存储为系统故障功率等级"测试流程参数

测试步骤 i	〈值(i)〉	〈系统(i)〉	〈功率等级(i)〉	
			物理最小功率等级＝254	物理最小功率等级 ＜254
0	252	252	254	252
1	255	255	254	252
2	254	254	254	253
3	0	0	0	0
4	1	1	254	物理最小功率等级＋1

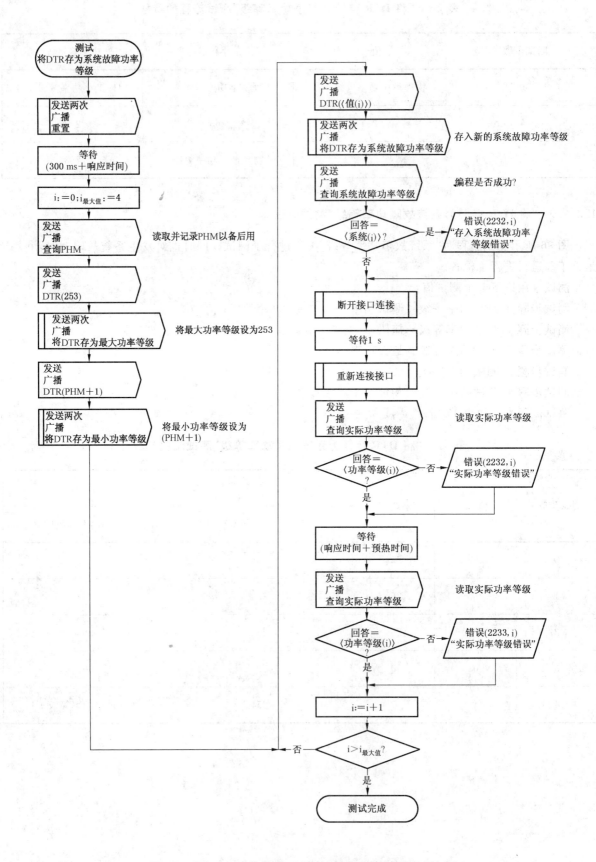

图 36 "将 DTR 存储为系统故障功率等级"测试流程

12.2.2.4 "将DTR存储为上电功率等级"测试流程

在图37所示测试流程中对"上电功率等级"编程进行了测试。同时也对接通电源时被测设备是否正确运行进行了检查。

测试采用以下3个测试值：

测试步骤0:测试功率等级＝0；

测试步骤1:测试功率等级＝0.5＊(物理最小功率等级＋254)；

测试步骤2:测试功率等级＝255(掩码)。

测试流程参数如表18所示。

表18 "将DTR存储为上电功率等级"测试流程参数

测试步骤 i	〈值(i)〉	〈电源(i)〉	〈功率等级(i)〉
0	0	0	0
1	0.5＊(物理最小功率等级＋254)	0.5＊(物理最小功率等级＋254)	0.5＊(物理最小功率等级＋254)
2	255	255	物理最小功率等级

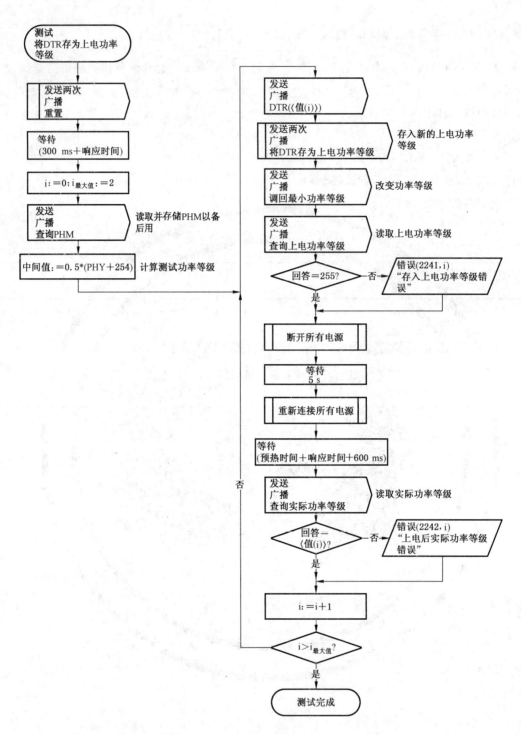

图37 "将 DTR 存储为上电功率等级"测试流程

12.2.2.5 "将 DTR 存储为渐变时间"测试流程

在图 38 所示测试流程中对"渐变时间"编程进行了测试。

测试采用 4 个测试值：

测试步骤 0：测试值＝15；

测试步骤 1：测试值＝0；

测试步骤 2：0＜测试值＜15；

测试步骤3:测试值＞15。

测试流程参数如表19所示。

表19 "将DTR存储为渐变时间"测试流程参数

测试步骤 i	〈值(i)〉	〈时间/速率(i)〉
0	15	0×F7
1	0	0×07
2	5	0×57
3	128	0×F7

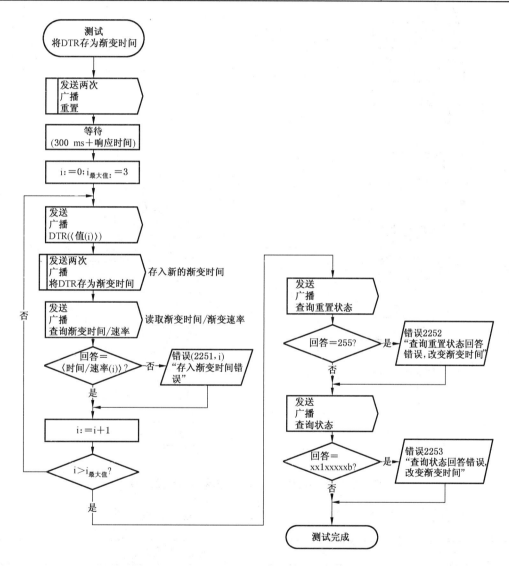

图38 "将DTR存储为渐变时间"测试流程

12.2.2.6 "将DTR存储为渐变速率"测试流程

在图39所示测试流程中对"渐变速率"编程进行了测试。

测试采用以下5个测试值:

测试步骤0:测试值＝15;

测试步骤1：测试值＝0；

测试步骤2：1＜测试值＜15；

测试步骤3：测试值＞15；

测试步骤4：测试值＝1。

测试流程参数如表20所示。

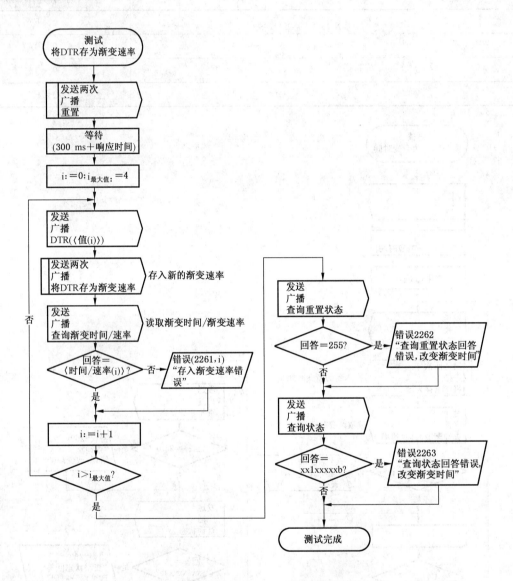

图 39　"将 DTR 存储为渐变速率"测试流程

表 20　"将 DTR 存储为渐变速率"测试流程参数

测试步骤 i	〈值(i)〉	〈时间/速率(i)〉
0	15	0×0F
1	0	0×01
2	5	0×05
3	128	0×0F
4	1	0×01

12.2.2.7 "将 DTR 存储为场景"/"进入场景"测试流程

图 40 所示测试流程用来检查被测设备的场景是否存入或调回。

测试流程参数如表 21 所示。

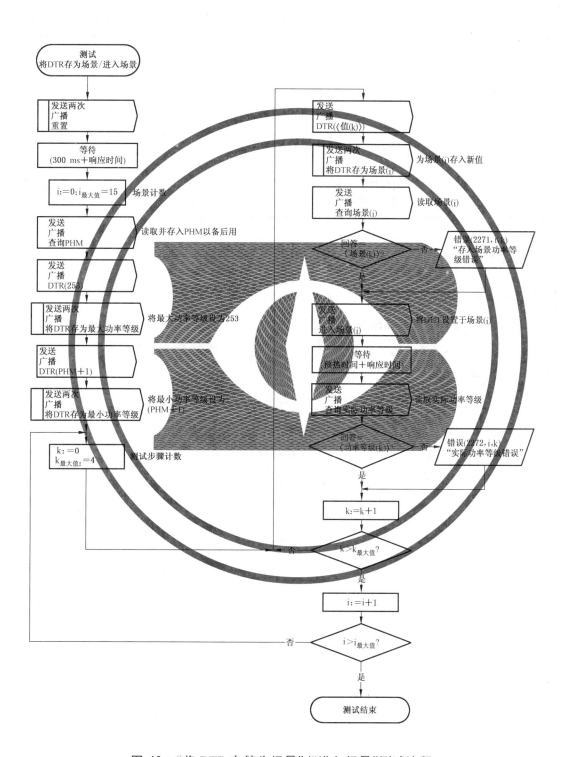

图 40 "将 DTR 存储为场景"/"进入场景"测试流程

表 21 "将 DTR 存储为渐变时间"测试流程参数

测试步骤 k	〈值(k)〉	〈场景(k)〉	〈功率等级(k)〉	
			物理最小功率等级＝254	物理最小功率等级＜254
0	1	1	254	物理最小功率等级 ＋ 1
1	0	0	0	0
2	255	255	0	0
3	252	252	254	252
4	254	254	254	253

12.2.3 "系统参数设置"测试流程

12.2.3.1 "退出场景"测试流程

图 41 所示测试流程用来检查指令 80～95"退出场景"。

将值 127 存入被测设备的场景寄存器。然后发送"退出场景"。也将对查询重置状态和查询状态是否正确回答进行测试。

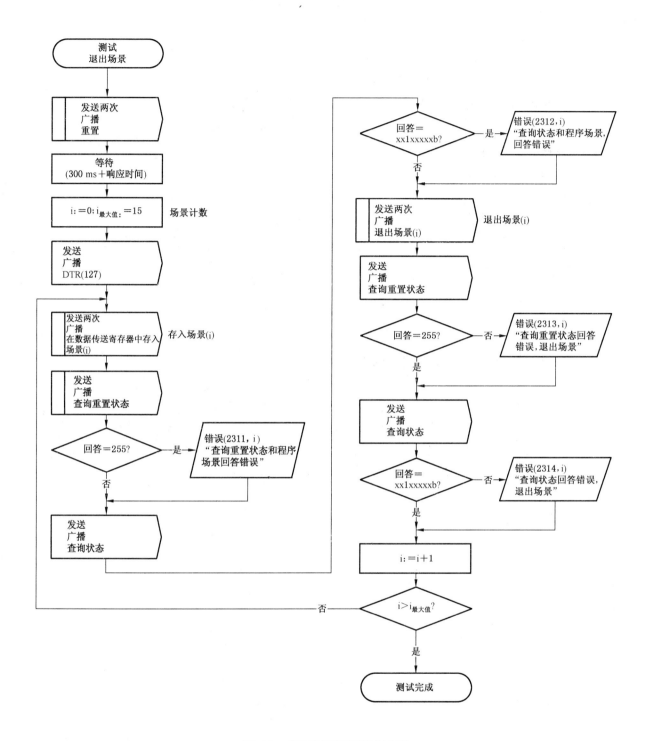

图41 "退出场景"测试流程

12.2.3.2 "加入组"/"退出组"测试流程

每个组都将进行测试。将控制装置加入组。然后对查询重置状态和查询状态功能是否正确进行测试。之后用组地址使控制装置退出组。测试流程见图42,参数如表22所示。

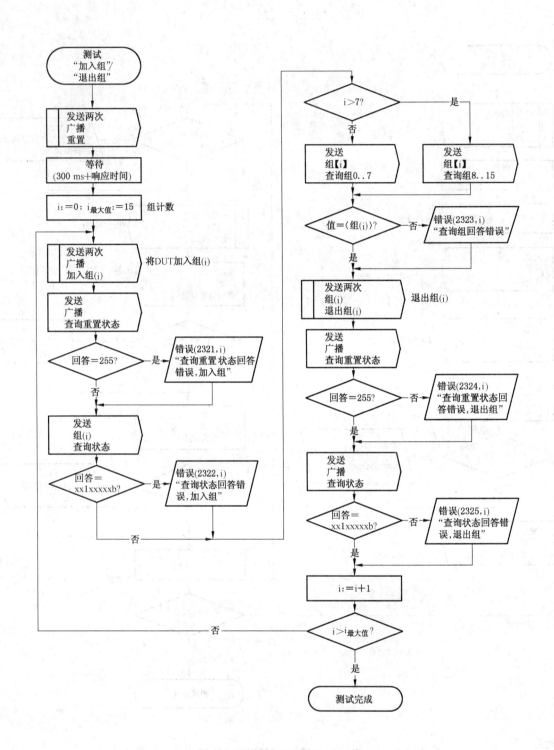

图 42 "加入组"/"退出组"测试流程

表 22 "加入组"/"退出组"测试流程参数

测试步骤 i	0	1	2	3	4	5	6	7	8	9	10	11	12	13	14	15
组（i）	1	2	4	8	16	32	64	128	1	2	4	8	16	32	64	128

12.2.3.3 "将DTR存储为短地址"测试流程

图43所示测试流程中使用前一步骤中被编程的短地址对不同的短地址进行编程。同时对查询丢失短地址和查询状态回答短地址位进行测试。将DTR存储为短地址和中间指令这两个指令在100 ms之内。

测试参数如表23所示。

表 23 "将DTR存储为短地址"测试流程参数

测试步骤 i	〈值(i)〉	〈地址 1(i)〉	〈地址 2(i)〉	〈测试 1(i)〉	〈测试 2(i)〉
0	3	广播	短地址 1	否	X0XXXXXXb
1	127	短地址 1	短地址 63	否	X0XXXXXXb
2	31	短地址 63	短地址 15	否	X0XXXXXXb
3	129	短地址 15	短地址 15	否	X0XXXXXXb
4	30	短地址 15	短地址 15	否	X0XXXXXXb
5	1	短地址 15	短地址 0	否	X0XXXXXXb
6	255	短地址 0	广播	是	X1XXXXXXb

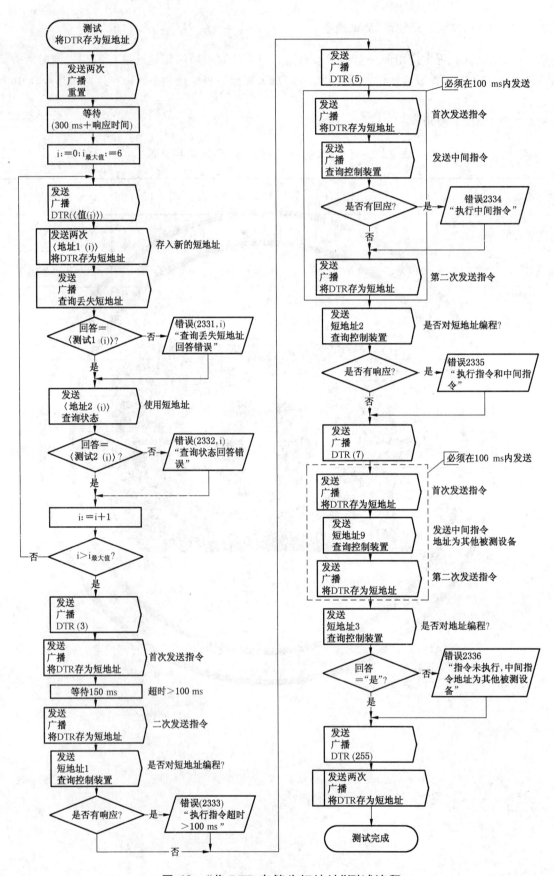

图 43 "将 DTR 存储为短地址"测试流程

12.2.4 "储存器存取"测试流程

12.2.4.1 "存储条0"测试流程

图44所示测试流程用来对存储条0的存储位置的存取进行测试。

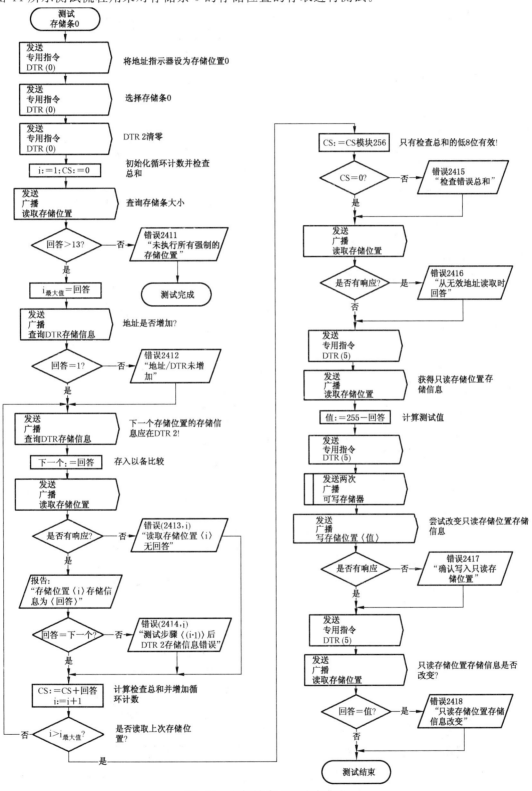

图 44 "存储条0"测试流程

12.2.4.2 "存储条 1"测试流程

图 45 所示测试流程用来对存储条 1 记忆单元的存取进行测试。

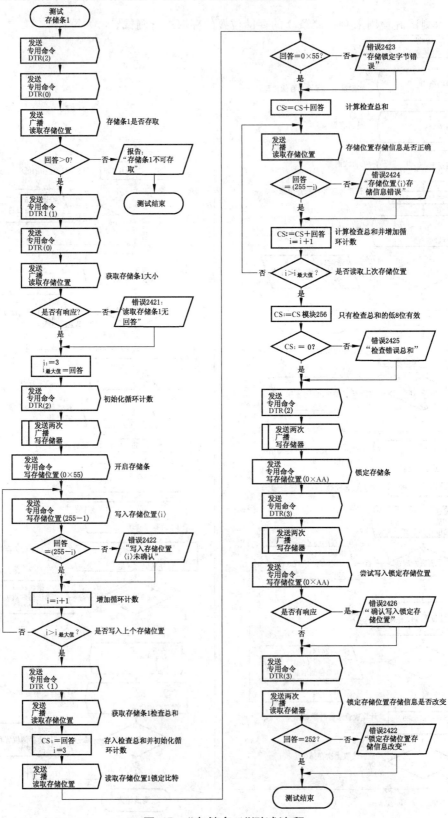

图 45 "存储条 1"测试流程

12.2.4.3 "其他存储条"测试流程

图 46 所示测试流程用来对除存储条 0 和存储条 1 外的其他存储条存储位置的存取进行测试。

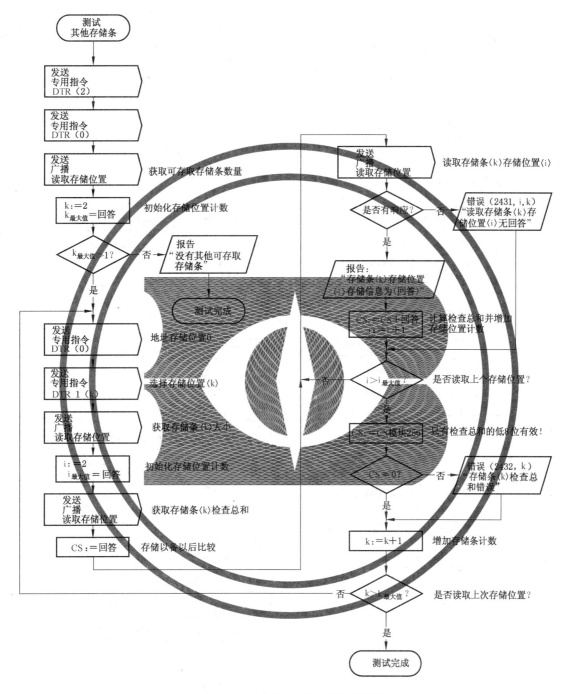

图 46 "其他存储条"测试流程

12.2.4.4 "可写存储器"测试流程

图 47 所示测试流程用来测试发送指令一次、同中间指令一起发送以及超时发送状态下指令 129 "可写存储器"的功能是否正确。

测试参数如表 24 所示。

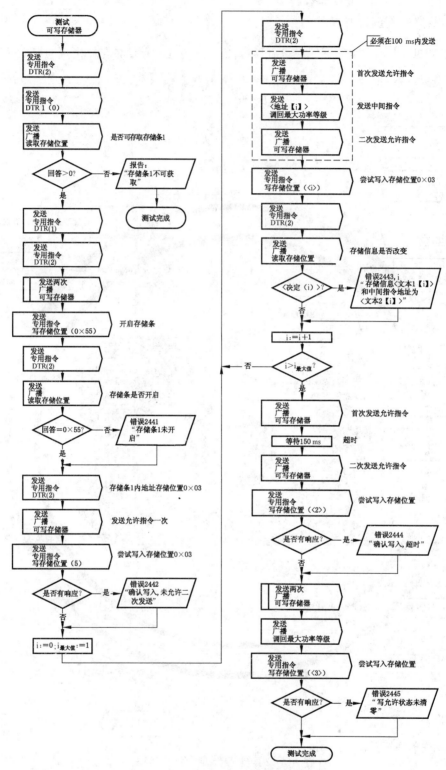

图 47 "可写存储器"测试流程

表 24 "可写存储器"测试流程参数

测试步骤 i	〈地址(i)〉	〈决定(i)〉	〈文本 1(i)〉	〈文本 2(i)〉
0	广播	回答＝0	改变	相同控制装置
1	组地址0	回答≠1	未改变	其他控制装置

12.3 "电弧功率控制指令"测试流程

12.3.1 "定时"测试流程

12.3.1.1 "渐变时间"测试流程

图 48 中所示测试流程用来检查渐变时间的进程是否正确。直接电弧功率控制用来调光至最小功率等级、最大功率等级以及调光范围的中间等级,最后又重新调回最大功率等级。在执行每个渐变任务时都测量了时间。同时也对查询状态回答的 bit 4 进行了检查。测试流程的参数如表 25 所示。

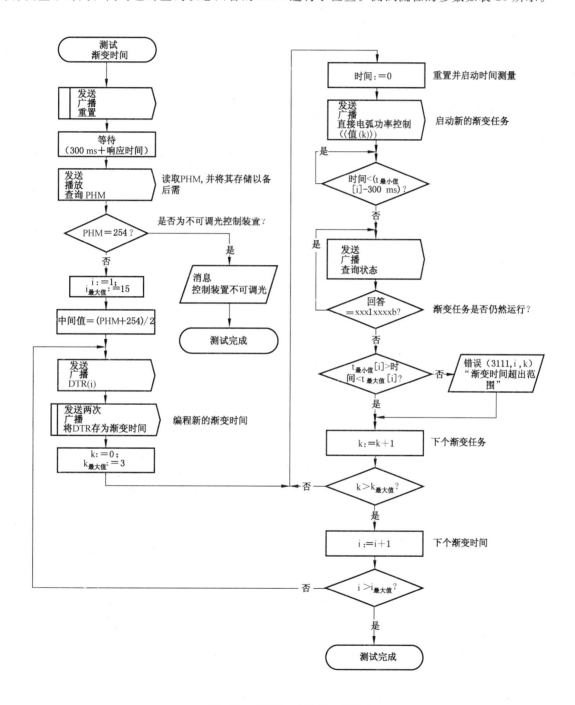

图 48 "渐变时间"测试流程

表 25 "渐变时间"测试流程参数

i	1	2	3	4	5	6	7	8	9	10	11	12	13	14	15
$t_{最小值}(i)$ [s]	0.64	0.90	1.27	1.80	2.55	3.60	5.09	7.20	10.18	14.40	20.36	28.80	40.73	57.60	81.46
$t_{最大值}(i)$ [s]	0.78	1.10	1.56	2.20	3.11	4.40	6.22	8.80	12.45	17.60	24.89	35.20	49.78	70.40	99.56

测试步骤 k	0	1	2	3
〈值(k)	1	254	中间值	254

12.3.1.2 "渐变速率"测试流程

图 49 中所示测试流程用来检查渐变速率的进程是否正确。重复调暗指令一定次数(用 n(i)表示)。查询被测设备渐变的步骤数量。用调亮指令重复测试。测试流程的参数如表 26 所示。

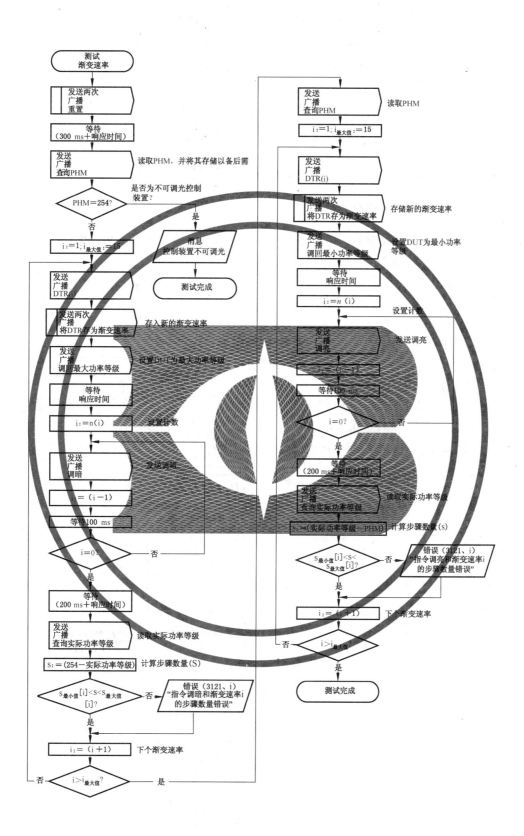

图 49 "渐变速率"测试流程

表 26 "渐变速率"测试流程的参数

i	1	2	3	4	5	6	7	8	9	10	11	12	13	14	15
n(i)	1	2	3	5	7	11	15	22	31	45	63	90	127	181	255
$S_{最小值}(i)$	64	68	64	68	64	67	63	64	62	63	61	60	58	55	51
$S_{最大值}(i)$	78	83	78	83	79	84	79	81	80	82	81	83	85	88	91

12.3.2 "调光曲线"测试流程

12.3.2.1 "对数调光曲线"测试流程

图 50 中所示测试流程用来检查一定电弧功率功率等级时的光输出。使用光度计进行测量。测量值应在如表 27 所示的公差范围内。

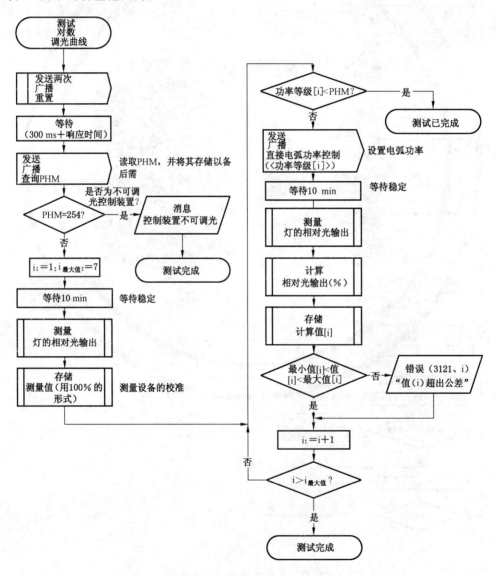

图 50 "对数调光曲线"测试流程

表 27 "对数调光曲线"测试流程的参数

测试步骤(i)	功率等级[i]	最小值[i]	正常[i]	最大值[i]
1	229	40%	50%	71%
2	195	15%	20%	30%
3	170	7.0%	10%	15%
4	126	2.0%	3.0%	4.5%
5	85	0.5%	1.0%	2.0%
6	60	0.25%	0.5%	1.0%
7	1	0%	0.1%	0.2%

12.3.2.2 "调光曲线:直接电弧功率控制"测试流程

图 51 中所示测试流程是用来使用直接电弧功率控制指令检查执行渐变任务时的调光曲线的。将被测设备的渐变时间编为 2.8 s。通过发送直接电弧功率控制指令将被测设备调光至最小功率等级,然后调光至最大功率等级。调光曲线应连续。使用与数字存储示波器连接的光度计进行测量。

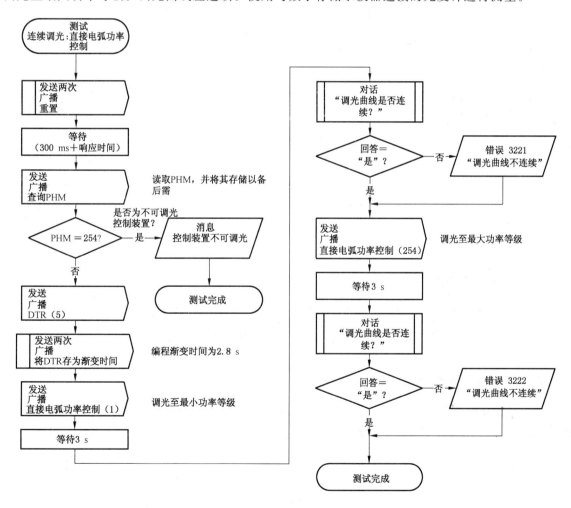

图 51 "调光曲线:直接电弧功率控制"测试流程

12.3.2.3 "调光曲线：调亮/调暗"测试流程

图 52 中所示测试流程是用来使用调亮/调暗指令检查执行渐变任务时的调光曲线的。调光曲线应连续。使用与数字存储示波器连接的光度计进行测量。

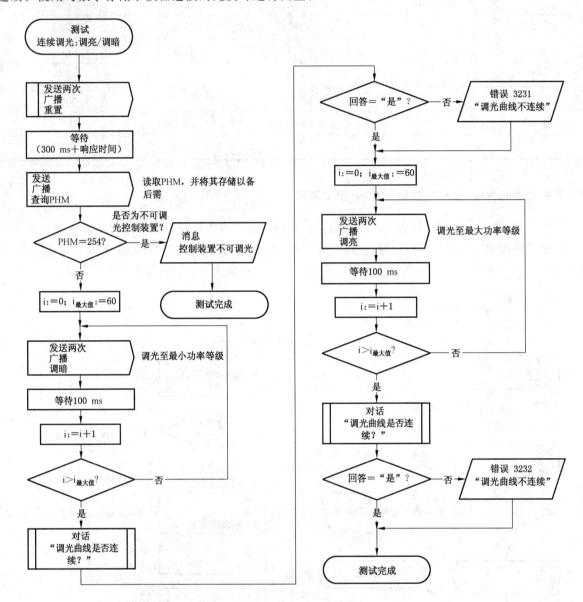

图 52 "调光曲线：调亮/调暗"测试流程

12.3.2.4 "调光曲线：步进调亮/步进调暗"测试流程

图 53 中所示测试流程是用来使用步进调亮/步进调暗指令检查执行渐变任务时的调光曲线的。调光曲线应连续。使用与数字存储示波器连接的光度计进行测量。

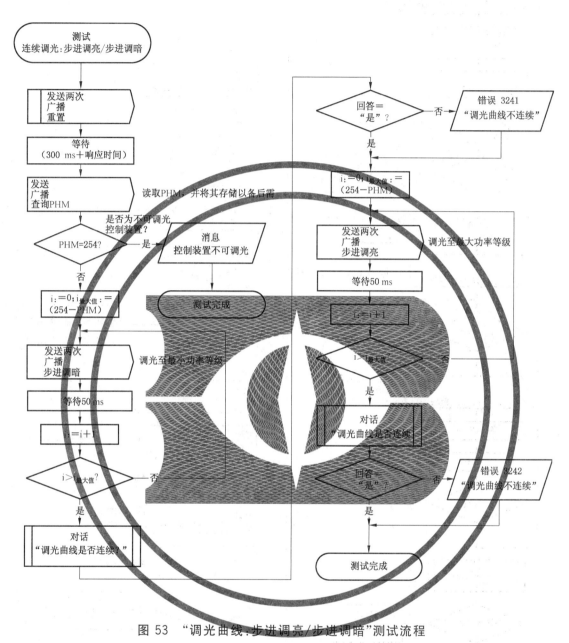

图 53 "调光曲线:步进调亮/步进调暗"测试流程

12.3.2.5 "调光曲线:直接电弧功率控制流程"测试流程

图 54 中所示测试流程是用来使用直接电弧功率控制流程指令检查执行渐变任务时的调光曲线的。在流程开始时发送"启动直接电弧功率控制流程"指令。调光曲线应连续。使用与数字存储示波器连接的光度计进行测量。测试流程的参数如表 28 所示。

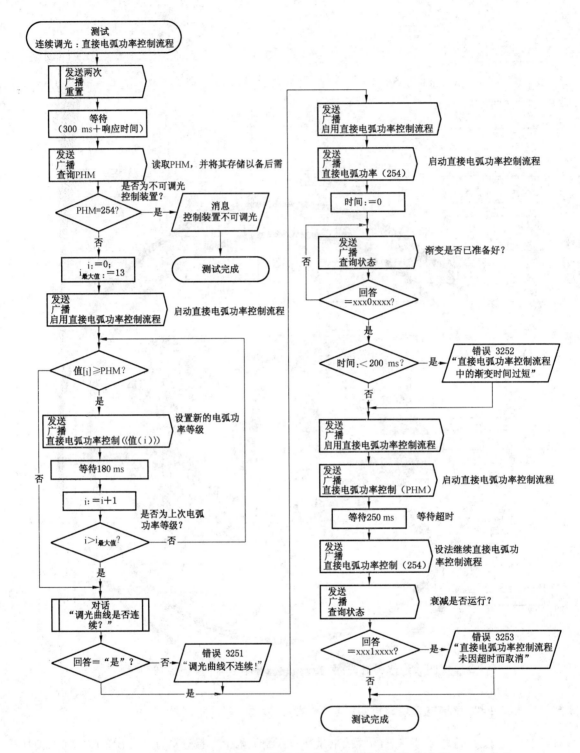

图 54 "调光曲线:直接电弧功率控制流程"测试流程

表 28 "调光曲线:直接电弧功率控制流程"测试流程的参数

i	0	1	2	3	4	5	6	7	8	9	10	11	12	13
值[i]	254	250	246	241	235	229	221	210	195	170	145	85	60	1

12.3.3 "电弧功率指令"测试流程

12.3.3.1 "关断"测试流程

图 55 中所示测试流程用来检查关断指令,也对查询实际功率等级的状态和回答进行了测试。

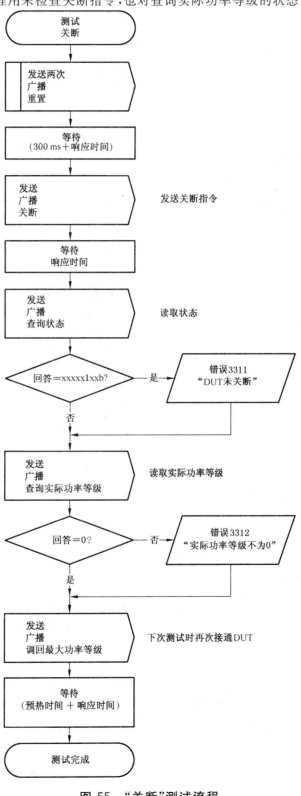

图 55 "关断"测试流程

12.3.3.2 "直接电弧功率控制"测试流程

图 56 中所示测试流程用来检查直接电弧功率控制指令,使用查询实际功率等级指令对该指令的功能是否正确进行了测试。测试流程的参数如表 29 所示。

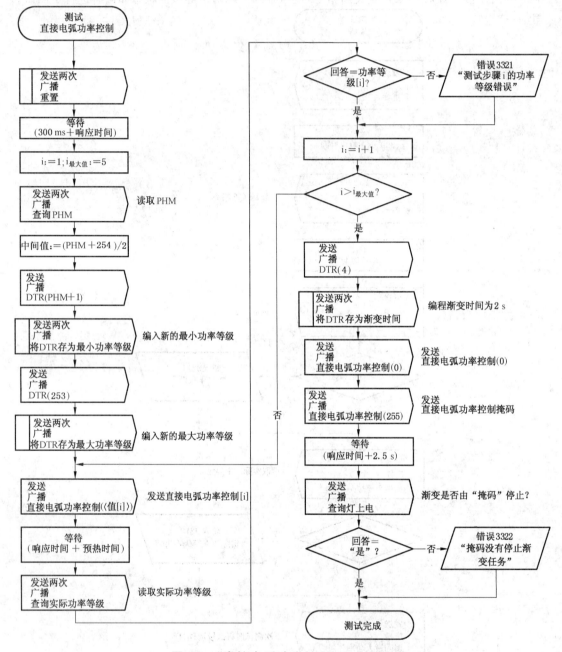

图 56 "直接电弧功率控制"测试流程

表 29 "直接电弧功率控制"测试流程的参数

测试步骤 i	值 [i]	功率等级 [i]	
		物理最小功率等级＝254	物理最小功率等级＜254
1	0	0	0
2	1	254	物理最小功率等级＋1
3	中间值	254	中间值

表 29（续）

测试步骤 i	值 [i]	功率等级 [i]	
		物理最小功率等级＝254	物理最小功率等级＜254
4	255	254	中间值
5	254	254	253

12.3.3.3 "调亮"测试流程

图 57 中所示测试流程用来检查最小功率等级和最大功率等级时的调亮指令，也对调亮指令是接通被测设备还是关断被测设备进行了测试。查询状态和查询实际功率等级指令用来检查功能是否正确。

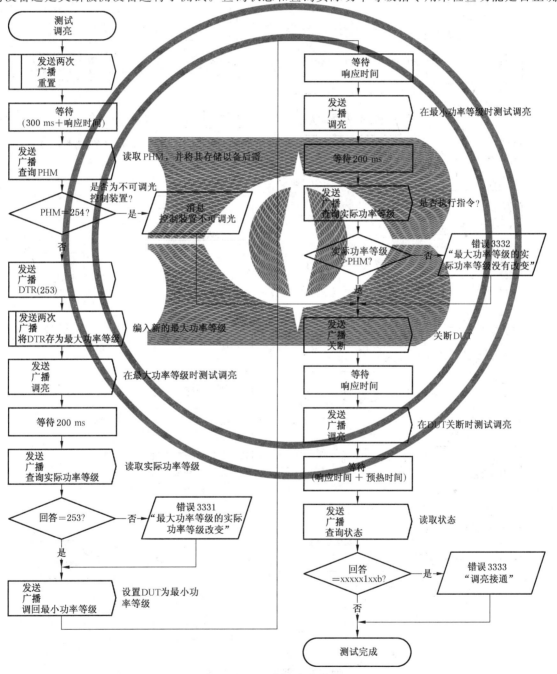

图 57 "调亮"测试流程

12.2.3.4 "调暗"测试流程

图 58 中所示测试流程用来检查最小功率等级和最大功率等级的调暗指令,也对调暗指令是接通被测设备还是关断被测设备进行了测试。查询状态和查询实际功率等级指令用来检查功能是否正确。

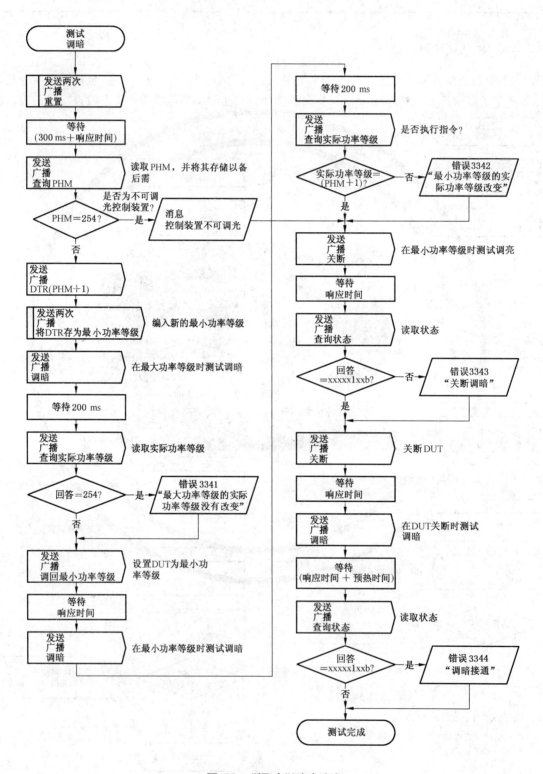

图 58 "调暗"测试流程

12.3.3.5 "步进调亮"测试流程

图 59 中所示测试流程用来检查最小功率等级和最大功率等级时的步进调亮指令,也对步进调亮指令是接通被测设备还是关断被测设备进行了测试。查询状态和查询实际功率等级指令用来检查功能是否正确。

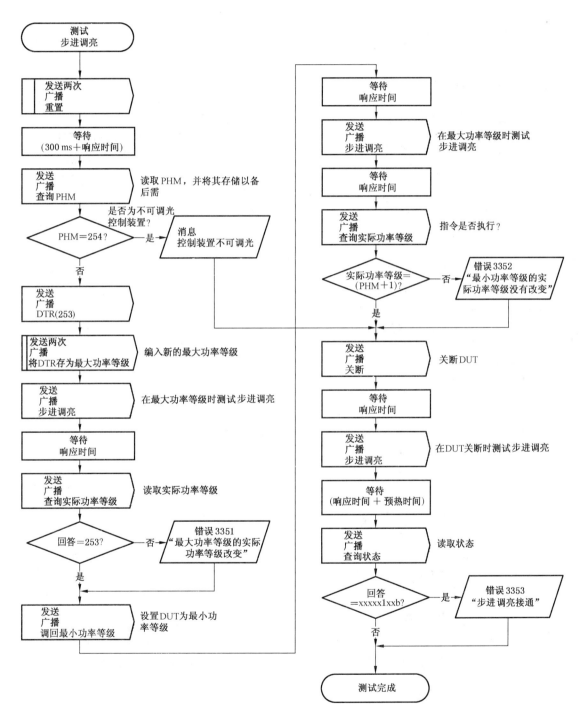

图 59 "步进调亮"测试流程

12.3.3.6 "步进调暗"测试流程

图 60 中所示测试流程用来检查最小功率等级和最大功率等级时的步进调暗指令,也对步进调暗指令是接通被测设备还是关断被测设备进行了测试。查询状态和查询实际功率等级指令用来检查功能是否正确。

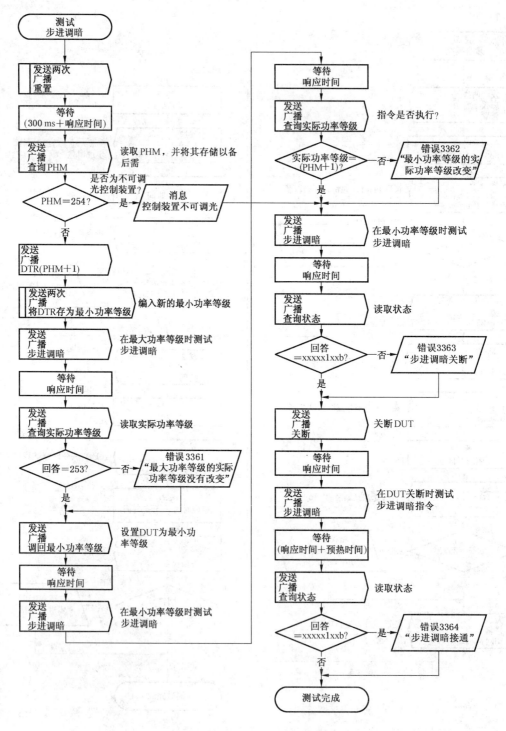

图 60 "步进调暗"测试流程

12.3.3.7 "调回最大功率等级"测试流程

图 61 中所示测试流程用来检查最小功率等级和最大功率等级时的调回最大功率等级指令。在流程开始时将最大功率等级编为 253。查询状态和查询实际功率等级指令用来检查功能是否正确。

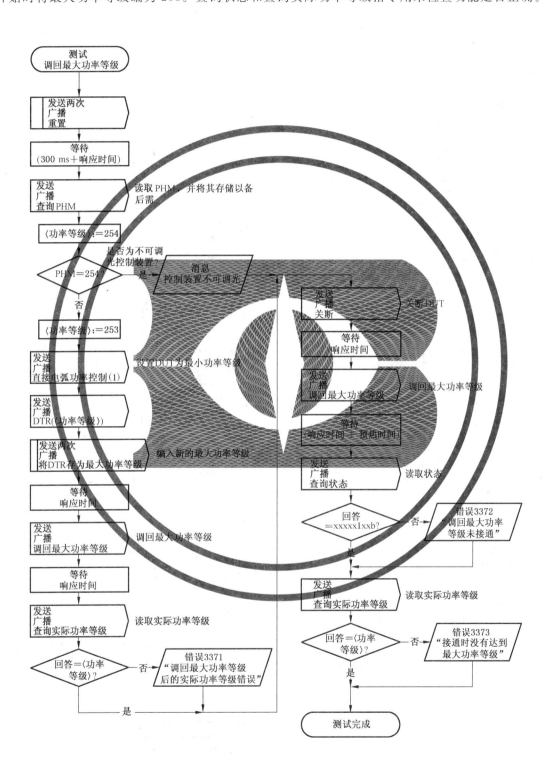

图 61 "调回最大功率等级"测试流程

12.3.3.8 "调回最小功率等级"测试流程

图 62 中所示测试流程用来检查调回最小功率等级的功能是否正确。流程开始时将最小功率等级编为(物理最小功率等级+1)。查询状态和查询实际功率等级指令用来检查功能是否正确。

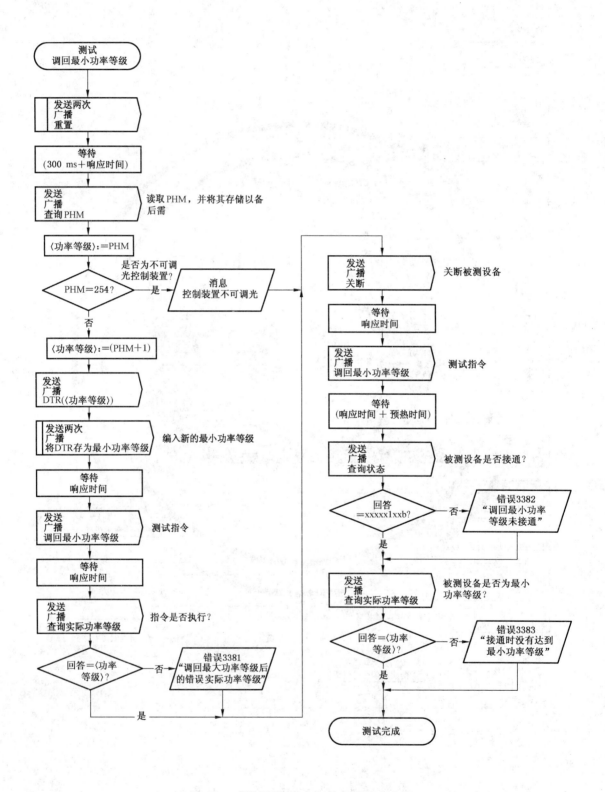

图 62 "调回最小功率等级"测试流程

12.3.3.9 "接通和步进调亮"测试流程

图 63 中所示测试流程用来检查最大功率等级、最小功率等级和关断被测设备时的接通和步进调亮指令。查询状态和查询实际功率等级指令用来检查接通和步进调亮指令的功能是否正确。

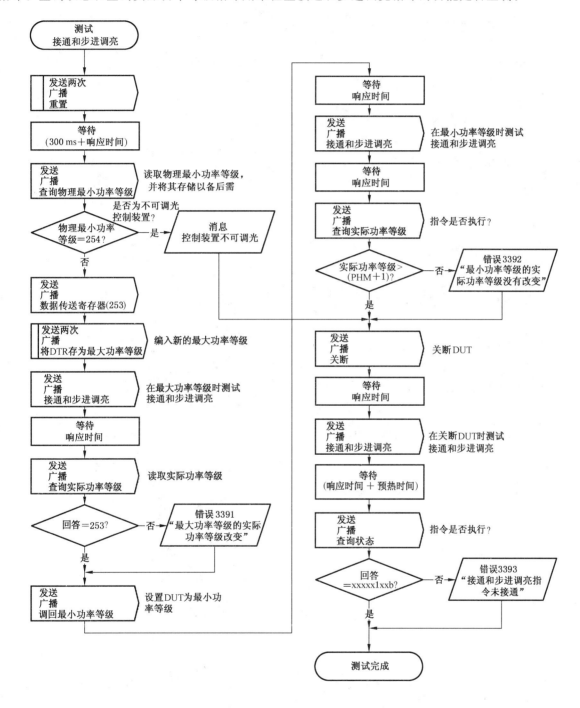

图 63 "接通和步进调亮"测试流程

12.3.3.10 "步进调暗和关断"测试流程

图 64 中所示测试流程用来检查最大功率等级、最小功率等级和关断被测设备时的步进调暗和关断指令。查询状态和查询实际功率等级指令用来检查步进调暗和关断指令的功能是否正确。

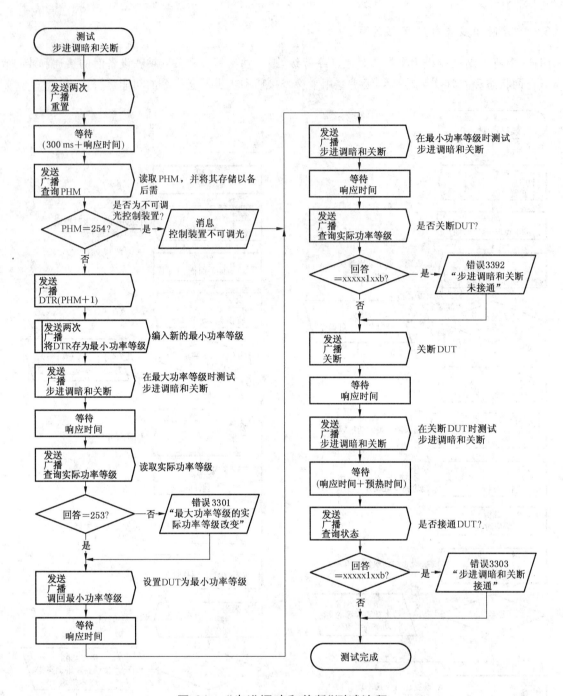

图 64 "步进调暗和关断"测试流程

12.4 "物理地址分配"测试流程

图 65 中所示测试流程用来检查通过物理选择的方式编程短地址。该流程中使用了初始化、物理选择、查询短地址、编程短地址和终止指令。

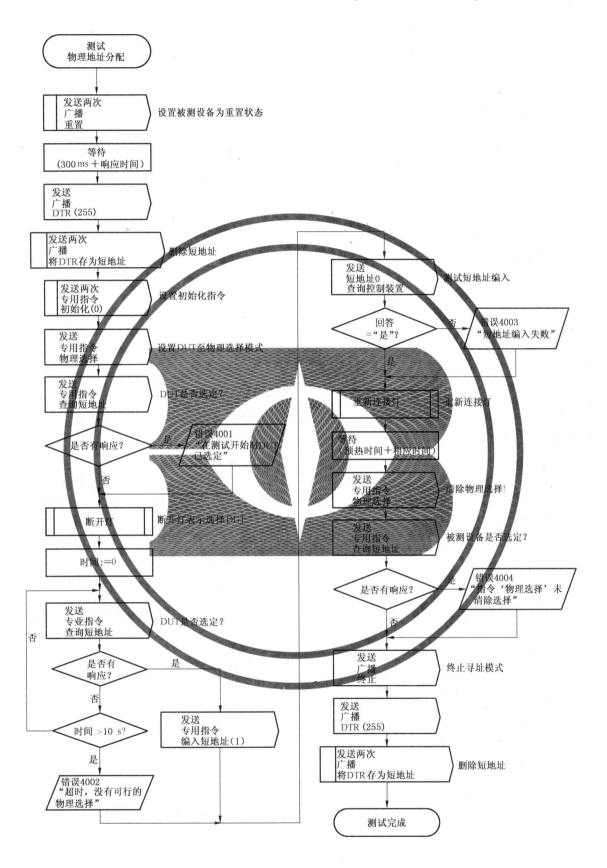

图 65 "物理地址分配"测试流程

12.5 "随机地址分配"测试流程

12.5.1 "初始化/终止"测试流程

12.5.1.1 "初始化:15 min计时器"测试流程

图 66 中所示测试流程用来检查 15 min 计时器的功能是否正确。初始化指令寻址至所有的控制装置(第二个字节为 0x00)。

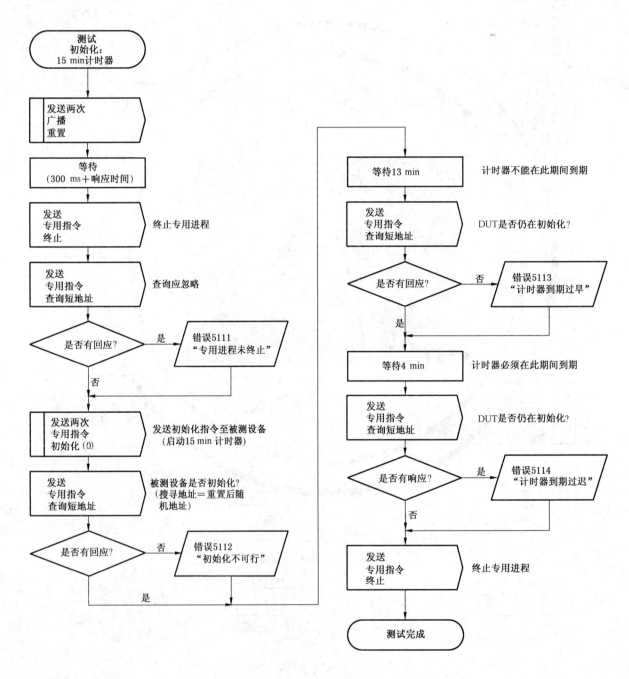

图 66 "初始化:15 min计时器"测试流程

12.5.1.2 "终止"测试流程

图67中所示测试流程用来检查终止指令。

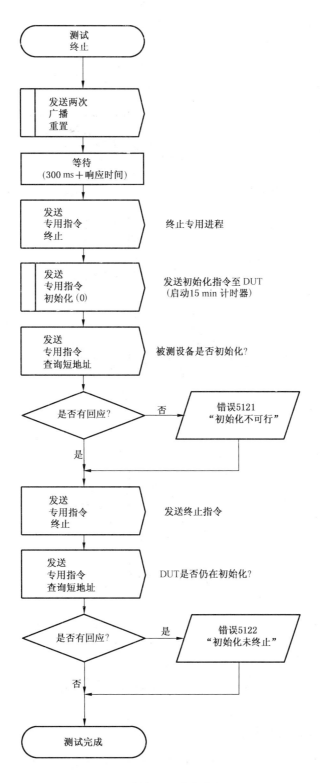

图 67 "终止"测试流程

12.5.1.3 "初始化:短地址"测试流程

图 68 中所示测试流程用来检查寻址至有确切短地址的被测设备的初始化指令的功能是否正确。

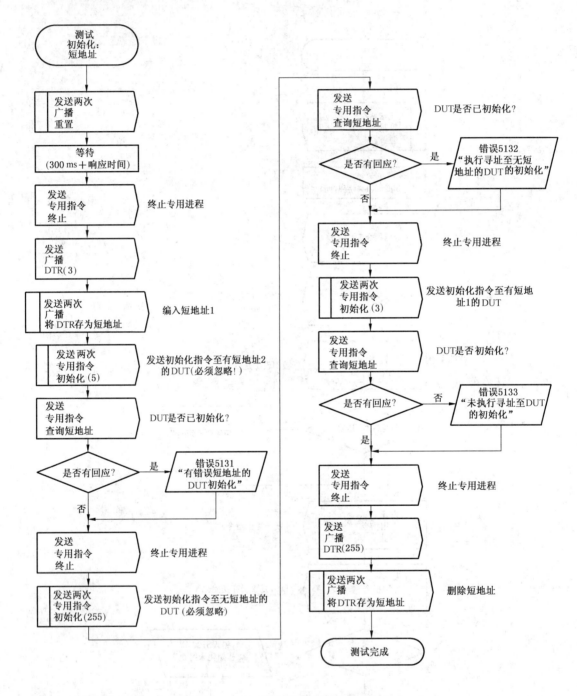

图 68 "初始化:短地址"测试流程

12.5.1.4 "初始化:无短地址"测试流程

图 69 中所示测试流程用来检查寻址至无短地址的被测设备的初始化指令的功能是否正确。

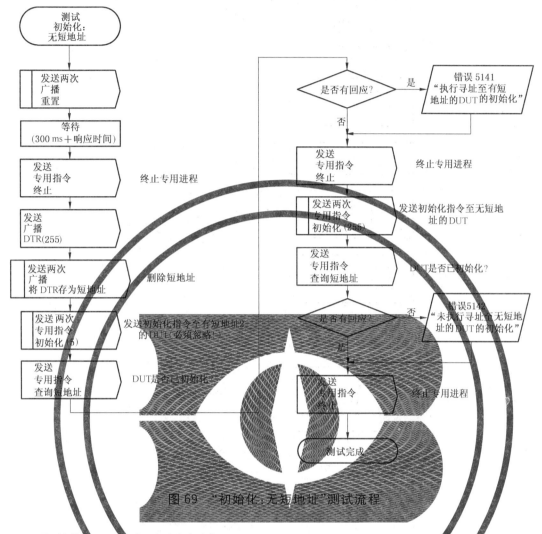

图 69 "初始化:无短地址"测试流程

12.5.1.5 "初始化:100 ms 超时"测试流程

图 70 中所示测试流程用来检查初始化指令在执行之前是否应在 100 ms 之内接收两次。

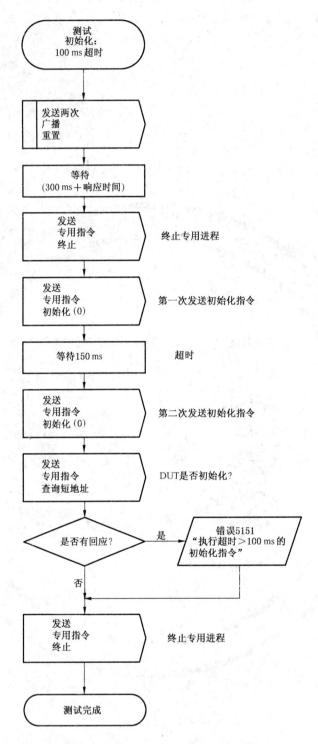

图70 "初始化:100 ms 超时"测试流程

12.5.1.6 "初始化:中间指令"测试流程

图 71 中所示测试流程用来检查初始化指令在执行之前是否应在 100 ms 之内接收两次。

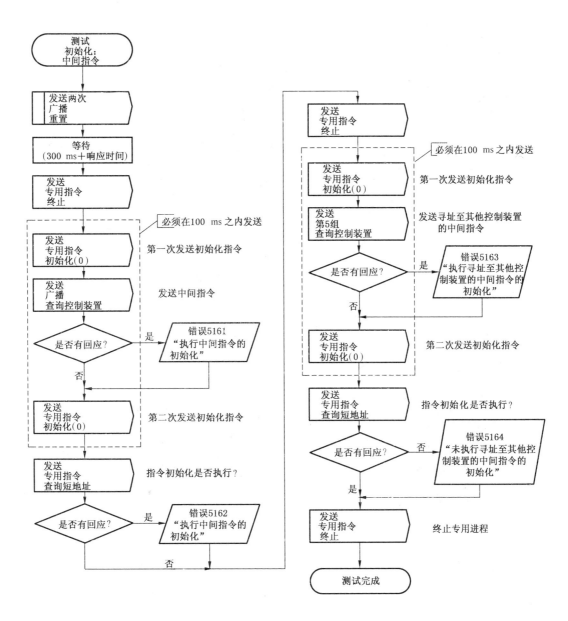

图 71 "初始化:中间指令"测试流程

12.5.2 "随机化"测试流程

12.5.2.1 "随机化:重置值"测试流程

图 72 中所示测试流程用来检查随机化指令以及查询随机地址(H)指令、查询随机地址(M)指令和查询随机地址(L)指令的功能是否正确。

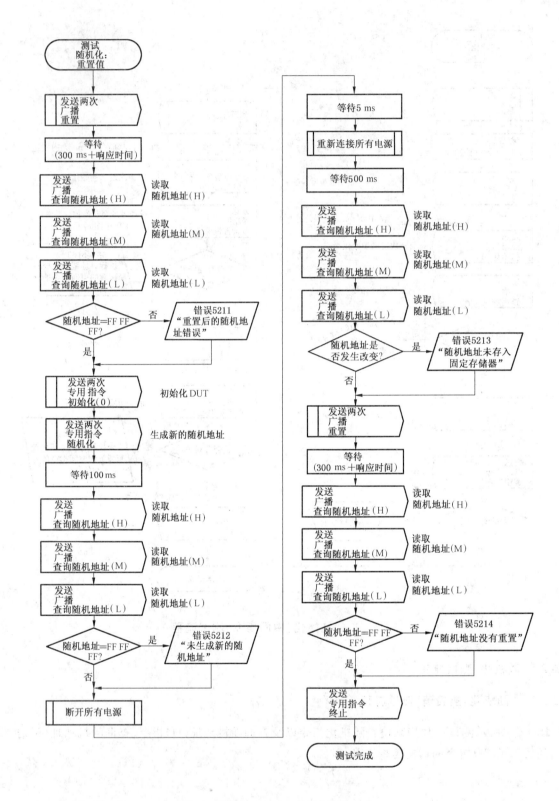

图72 "随机化:重置值"测试流程

12.5.2.2 "随机化:100 ms超时"测试流程

图73中所示测试流程用来检查随机化指令在执行之前是否应在100 ms之内接收两次。

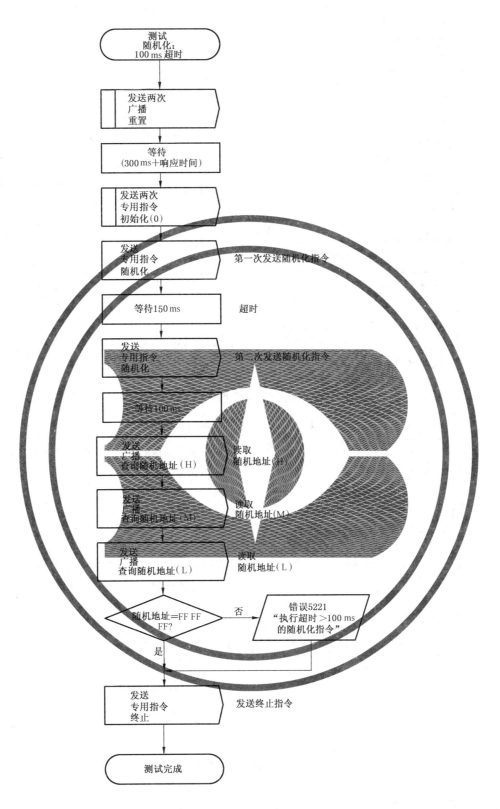

图 73 "随机化：100 ms 超时"测试流程

12.5.2.3 "随机化：中间指令"测试流程

图 74 中所示测试流程用来检查随机化指令在执行之前是否应在 100 ms 之内接收两次。

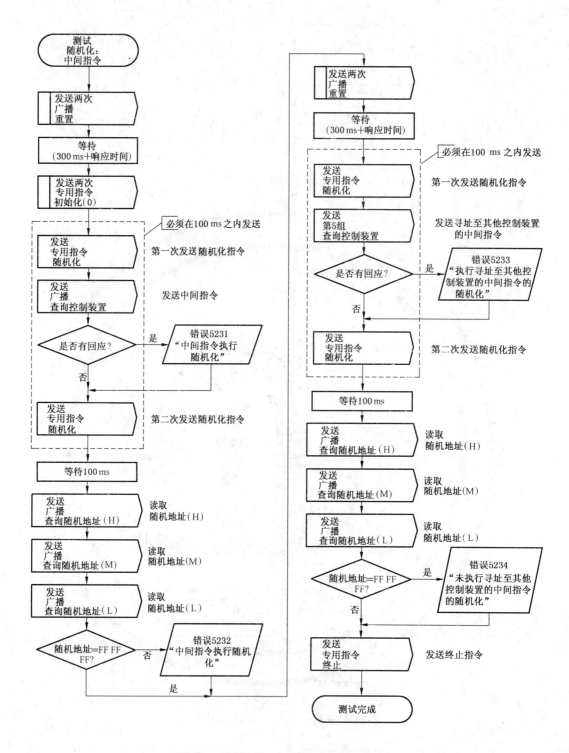

图 74　"随机化:中间指令"测试流程

12.5.3　"比较/退出比较"测试流程

12.5.3.1　"比较"测试流程

图 75 中所示测试流程用来检查比较指令的功能是否正确。测试流程的参数如表 30 所示。

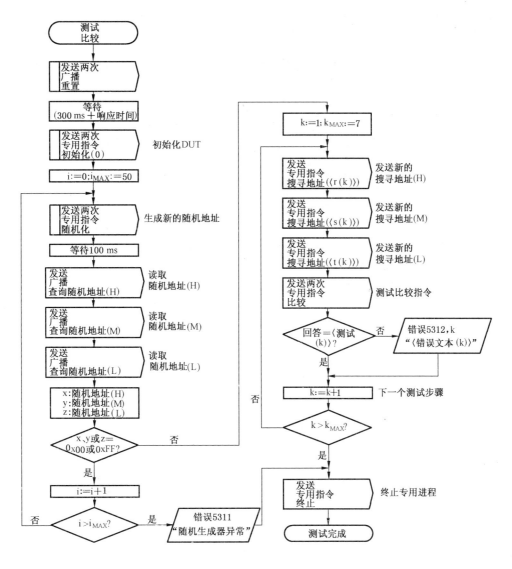

图 75 "比较"测试流程

表 30 "比较"测试流程的参数

k	〈r(k)〉	〈s(k)〉	〈t(k)〉	〈测试(k)〉	〈错误文本(k)〉
1	x+1	y	z	是	搜寻地址＞随机地址时无回答
2	x	y+1	z	是	搜寻地址＞随机地址时无回答
3	x	y	z+1	是	搜寻地址＞随机地址时无回答
4	x−1	y	z	否	搜寻地址＜随机地址时回答
5	x	y−1	z	否	搜寻地址＜随机地址时回答
6	x	y	z−1	否	搜寻地址＜随机地址时回答
7	x	y	z	是	搜寻地址＝随机地址时错误回答

12.5.3.2 "退出比较"测试流程

图 76 中所示测试流程用来检查退出比较指令的功能是否正确。除非初始化计时器的再次触发会干扰搜寻进程,否则初始化指令不应重新启动比较进程。测试流程的参数如表 31 所示。

表 31 "比较"测试流程的参数

k	⟨r(k)⟩	⟨s(k)⟩	⟨t(k)⟩	⟨测试(k)⟩	⟨错误文本(k)⟩
1	x+1	y	z	是	搜寻地址＞随机地址时执行退出比较
2	x	y+1	z	是	搜寻地址＞随机地址时执行退出比较
3	x	y	z+1	是	搜寻地址＞随机地址时执行退出比较
4	x−1	y	z	是	搜寻地址＜随机地址时执行退出比较
5	x	y−1	z	是	搜寻地址＜随机地址时执行退出比较
6	x	y	z−1	是	搜寻地址＜随机地址时执行退出比较
7	x	y	z	否	搜寻地址＝随机地址时未执行退出比较

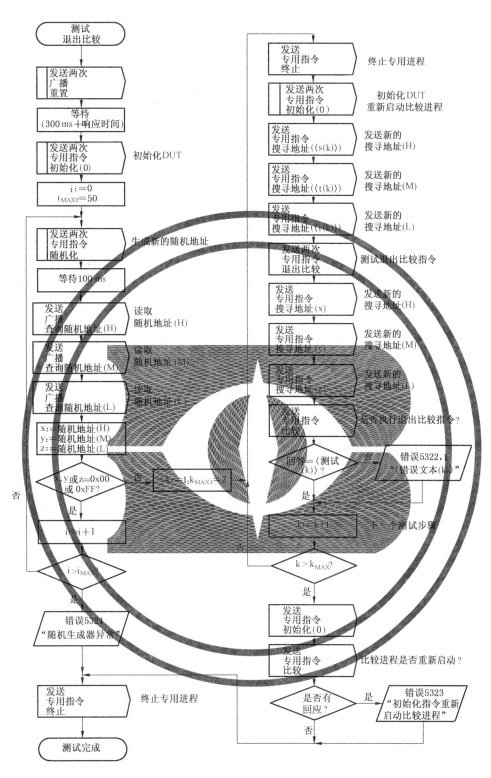

图 76 "退出比较"测试流程

12.5.4 "编入/验证/查询短地址"测试流程

12.5.4.1 "编入短地址"测试流程

图 77 中所示测试流程用来检查编入短地址指令的功能是否正确。测试流程的参数如表 32 所示。

表 32 "编入短地址"测试流程的参数

k	〈r(k)〉	〈s(k)〉	〈t(k)〉	〈测试(k)〉	〈错误文本(k)〉
1	x+1	y	z	否	搜寻地址＞随机地址时执行指令
2	x	y+1	z	否	搜寻地址＞随机地址时执行指令
3	x	y	z+1	否	搜寻地址＞随机地址时执行指令
4	x−1	y	z	否	搜寻地址＜随机地址时执行指令
5	x	y−1	z	否	搜寻地址＜随机地址时执行指令
6	x	y	z−1	否	搜寻地址＜随机地址时执行指令
7	x	y	z	是	搜寻地址＝随机地址时未执行指令

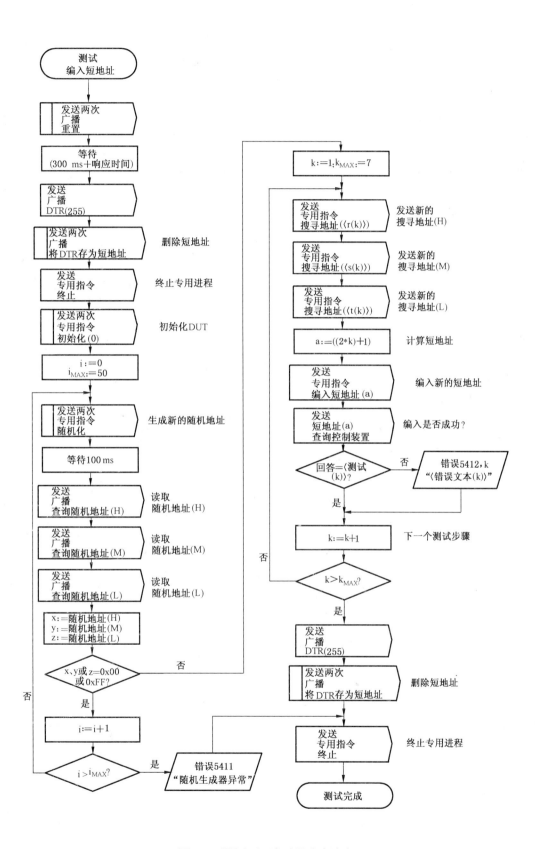

图77 "编入短地址"测试流程

12.5.4.2 "验证短地址"测试流程

图 78 中所示测试流程用来检查验证短地址指令的功能是否正确。

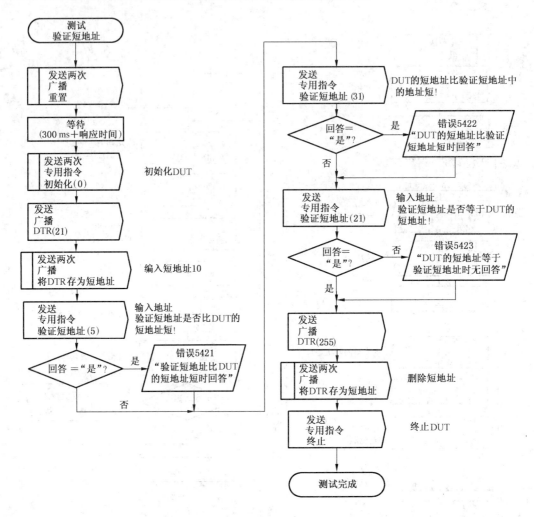

图 78 "验证短地址"测试流程

12.5.4.3 "查询短地址"测试流程

图 79 中所示测试流程用来检查查询短地址指令的功能是否正确。测试流程的参数如表 33 所示。

表 33 "查询短地址"测试流程的参数

k	⟨r(k)⟩	⟨s(k)⟩	⟨t(k)⟩	⟨测试(k)⟩	⟨错误文本(k)⟩
1	x+1	y	z	否	搜寻地址＞随机地址时回答
2	x	y+1	z	否	搜寻地址＞随机地址时回答
3	x	y	z+1	否	搜寻地址＞随机地址时回答
4	x−1	y	z	否	搜寻地址＜随机地址时回答
5	x	y−1	z	否	搜寻地址＜随机地址时回答
6	x	y	z−1	否	搜寻地址＜随机地址时回答
7	x	y	z	27	搜寻地址＝随机地址时无回答

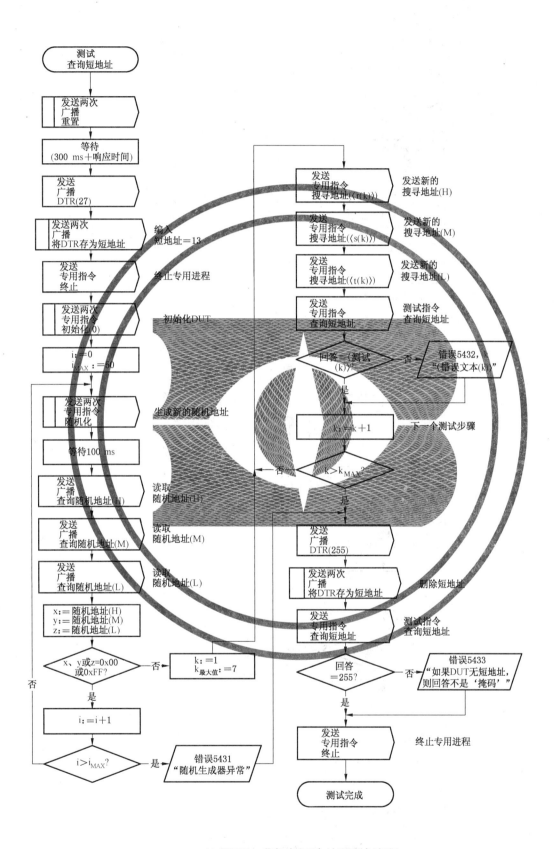

图 79　"查询短地址"测试流程

12.5.4.4 "搜寻地址:重置值"测试流程

图 80 中所示测试流程用来检查搜寻地址指令的重置值。

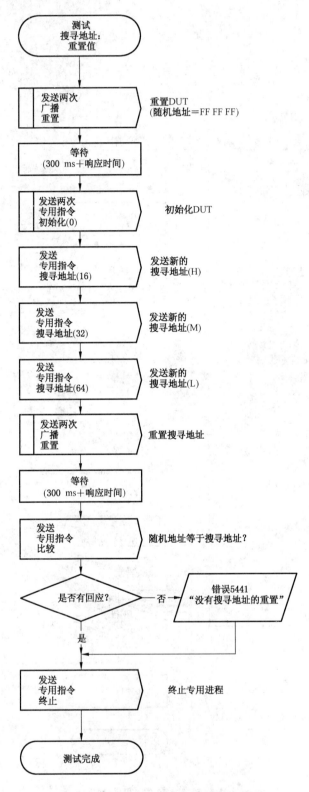

图 80 "搜寻地址:重置值"测试流程

12.6 "查询和保留指令"测试流程

12.6.1 "查询"测试流程

12.6.1.1 "查询设备类型"测试流程

图 81 中所示测试流程用来检查"查询设备类型"指令的功能是否正确。

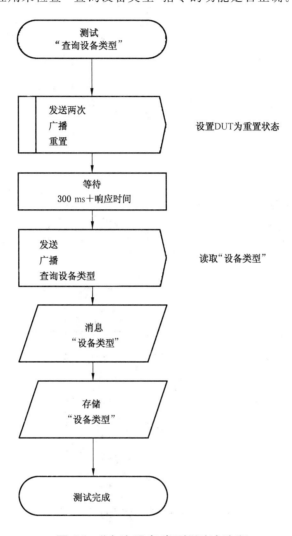

图 81 "查询设备类型"测试流程

12.6.1.2 "查询灯故障"测试流程

图 82 中所示测试流程用来检查查询灯故障指令的功能是否正确。同时也对查询状态指令回答的对应位进行了测试。

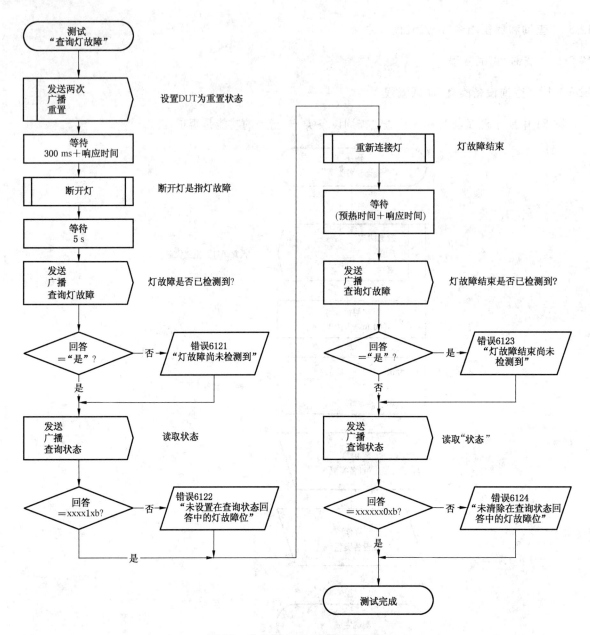

图 82　"查询灯故障"测试流程

12.6.1.3 "查询灯上电"测试流程

图 83 中所示测试流程用来检查指令查询灯上电的正确功能。回答指令查询状态的对应位也应进行测试。图 83 中所示测试流程用来检查查询灯上电指令的功能是否正确。同时也对查询状态指令回答的对应位进行了测试。

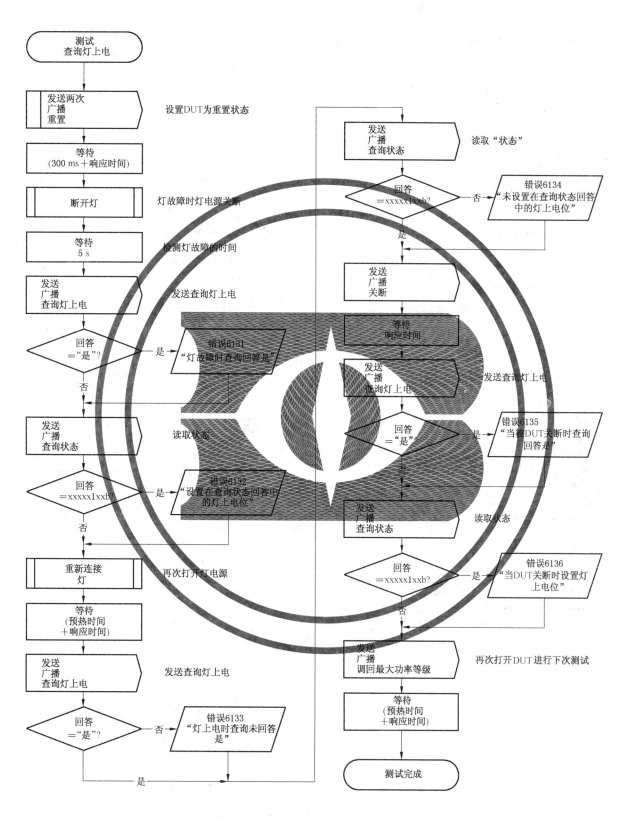

图 83 "查询灯上电"测试流程

12.6.1.4 "查询限值错误"测试流程

图84中所示测试流程用来检查查询限值错误指令的功能是否正确。同时也对查询状态指令回答的对应位进行了测试。测试流程的参数如表34所示。

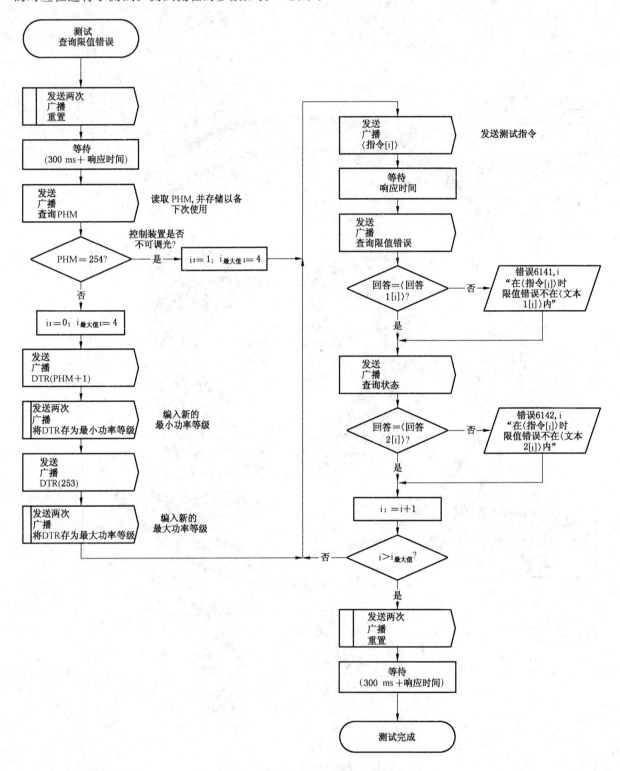

图84 "查询限值错误"测试流程

表 34 "查询限值错误"测试流程参数

i	指令[i]	回答 1[i]	回答 2[i]	文本 1[i]	文本 2[i]
0	直接电弧控制流程(254)	是	xxxx1xxxb	检测	设置
1	调回最大功率等级	否	xxxx0xxxb	清除	清除
2	直接电弧控制流程(1)	是	xxxx1xxxb	检测	设置
3	调回最小功率等级	否	xxxx0xxxb	清除	清除
4	关断	否	xxxx0xxxb	清除	清除

12.6.1.5 "查询电源故障"测试流程

图 85 中所示测试流程用来检查查询电源故障指令的功能是否正确。同时也对查询状态指令回答的对应位进行了测试。

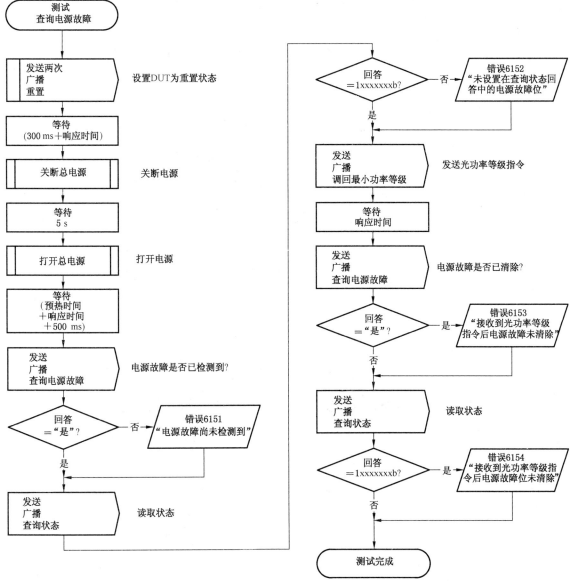

图 85 "查询电源故障"测试流程

12.6.1.6 "查询状态：控制装置正常"测试流程

图 86 中所示测试流程用来检查查询状态指令回答中 bit 0 "控制装置正常"的状态是否正确。

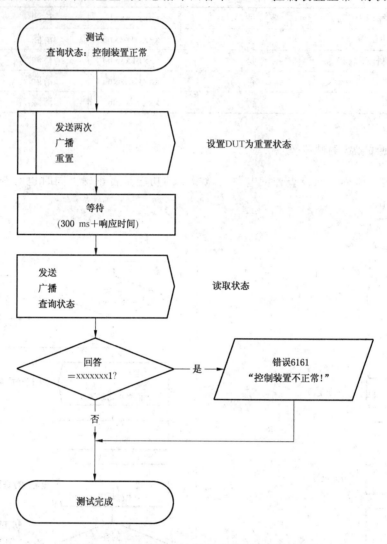

图 86 "查询状态：控制装置正常"测试流程

12.6.1.7 "查询状态：渐变运行"测试流程

图 87 中所示测试流程用来检查查询状态指令回答中 bit 4 "渐变运行"的状态是否正确。

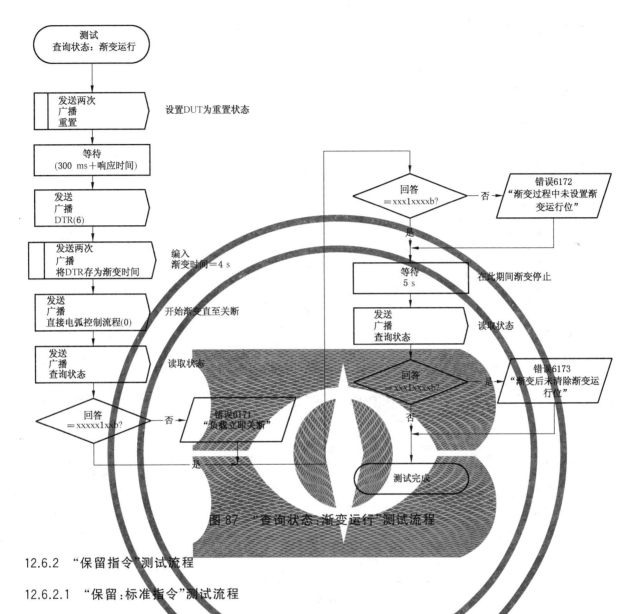

图87 "查询状态:渐变运行"测试流程

12.6.2 "保留指令"测试流程

12.6.2.1 "保留:标准指令"测试流程

图88所示测试流程用来检查保留的标准指令10~15、34~41、48~63、130~143、158和159、166~175、198~223。测试流程的参数如表35所示。

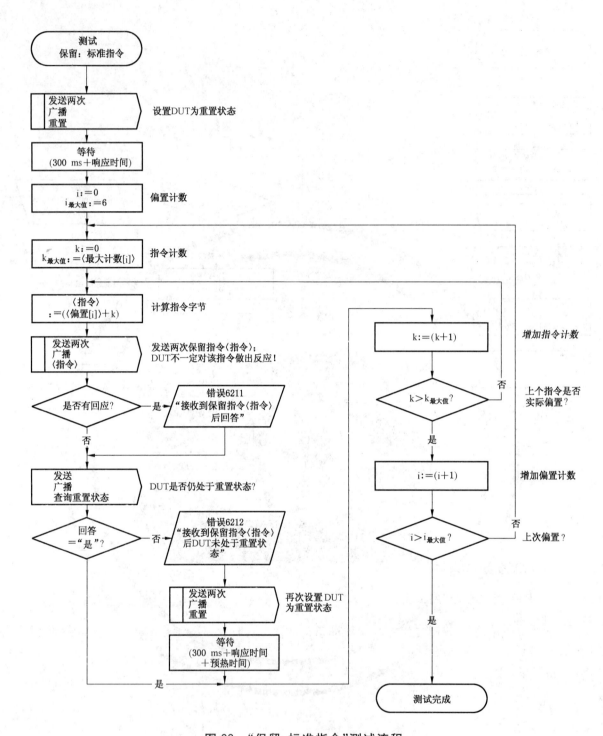

图 88 "保留:标准指令"测试流程

表 35 "保留:标准指令"测试流程的参数

测试步骤 i	偏置[i]	最大计数[i]
0	10	5
1	34	7
2	48	15

表 35（续）

测试步骤 i	偏置[i]	最大计数[i]
3	130	13
4	158	1
5	166	9
6	198	25

12.6.2.2 "应用扩展指令"测试流程

图 89 所示的测试流程用来检查：若没有上述"激活设备类型 X"指令 272，控制装置是否对一个应用扩展指令做出响应。

注：至于应用扩展指令 224～255 的更多测试的定义，参见 GB/T 30104.2××系列的专用部分。

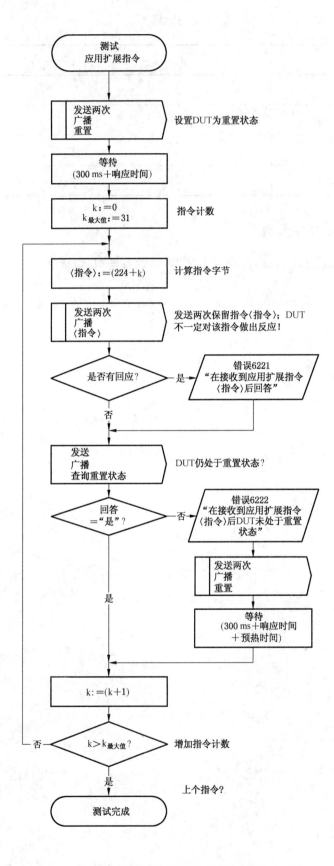

图 89 "应用扩展指令"测试流程

12.6.2.3 "保留:专用指令1"测试流程

图90所示测试流程用来检查保留的标准指令262、263、271、276～302。测试流程的参数如表36所示。

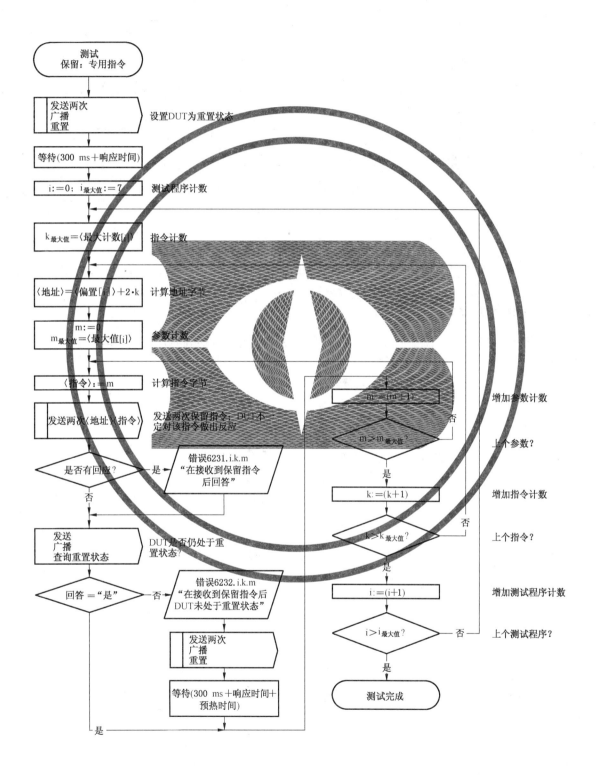

图90 "保留:专用指令1"测试流程

表 36 "保留:专用指令 1"测试流程的参数

测试步骤 i	偏置[i]	最大计数[i]	最大值[i]
0	173	1	0
1	191	0	255
2	201	3	255
3	209	7	255
4	225	7	255
5	241	3	255
6	249	1	255
7	253	0	255

12.6.2.4 "保留:专用指令 2"测试流程

图 91 所示测试流程用来检查指令 303～349。测试流程的参数如表 37 所示。

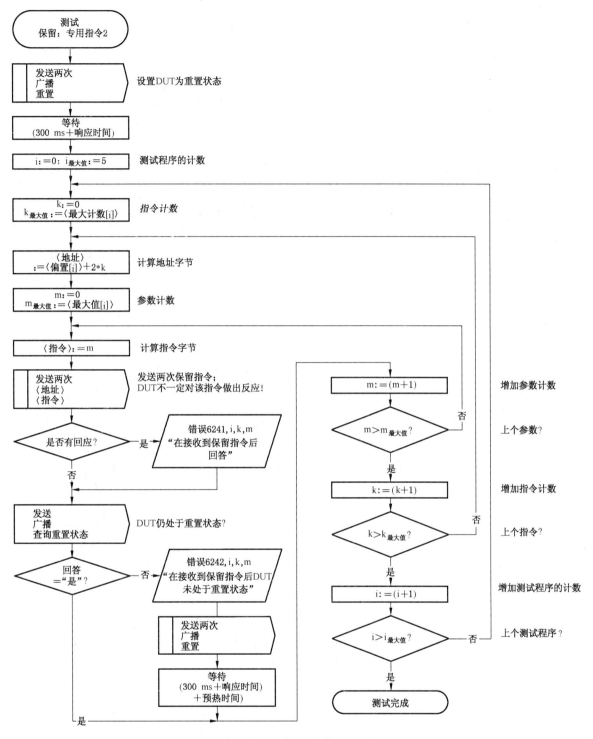

图91 "保留:专用指令2"测试流程

表37 "保留:专用指令1"测试流程的参数

测试步骤 i	偏置[i]	因子[i]	最大计数 k[i]	最大计数 n[i]
0	160	15	255	0
1	192	15	255	1
2	224	7	255	2
3	240	3	255	3
4	248	1	255	4
5	252	0	255	5

12.6.2.5 "不支持设备类型"测试流程

图 92 所示测试流程用来检查不支持设备类型的应用扩展指令。控制装置无论怎样都不应对这些指令做出响应。

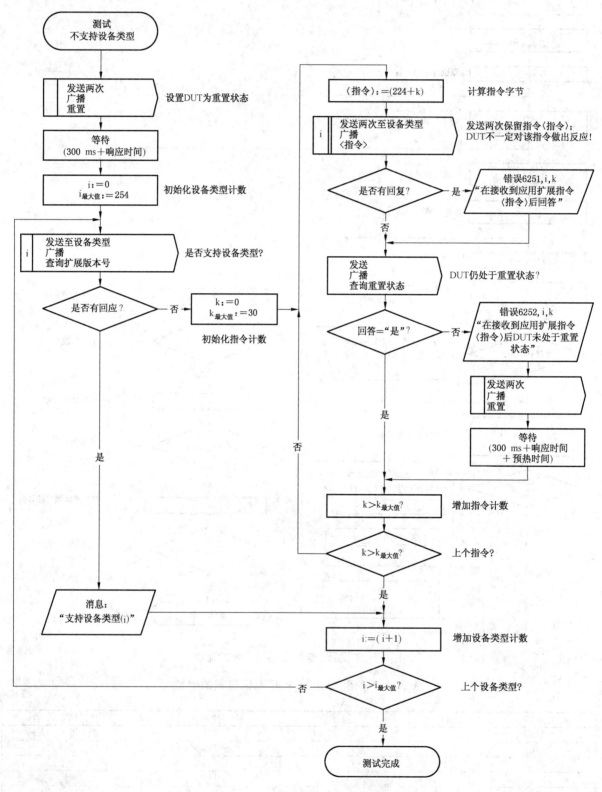

图 92 "不支持设备类型"测试流程

附　录　A
（资料性附录）
算术实例

A.1　随机地址分配

控制装置连接到采用随机地址分配来设置系统的控制设备。

a)　用指令 258 "初始化"来启动算术，在 15 min 内启用寻址指令；

b)　发送指令 259 "随机化"；所有控制装置选择一个二进制随机数，因此二进制随机数 $0 \leqslant BRN \leqslant +2^{24}-1$；

c)　控制设备通过一个使用指令 264～266 和指令 260 "比较"的算术搜寻带最低二进制随机数的控制装置。带最低二进制随机数的控制装置已找到；

d)　借助指令 267 "编入短地址"，将短地址编入已找到的控制装置；

e)　指令 268 "验证短地址"可用来验证编程是否正确；

f)　借助指令 261 "取消"，将已找到的控制装置从搜寻进程中撤销；

g)　重复 c)～f)，直至再也找不到控制装置；

h)　用指令 256 "终止"来终止进程；

i)　使用带编好短地址的指令 "调回最大功率等级"和指令 6 "调回最小功率级"，并记录各自控制装置的当前位置。

注：若两个以上控制装置有相同的短地址，重启这些带"初始化"指令控制装置的寻址程序（使用第二字节的短地址），然后重复 b)～i)）。

A.2　一个连接至控制设备的单控制装置

仅一个控制装置连接到使用下述算术编入短地址的控制设备。

a)　通过指令 257 "数据传送寄存器(DTR)"来传送新的短地址(0AAA　AAA1)；

b)　通过指令 152 "查询 DTR 的存储信息"来验证 DTR 的存储信息；

c)　100 ms 内发送指令 128 "将 DTR 存储为短地址"两次。

A.3　通过物理选择的地址分配

控制装置连接至一个使用物理选择来设置系统的控制设备。

a)　用指令 258 "初始化"来启动算术，从而在 15 min 内启用寻址指令；

b)　发送指令 270 "物理选择"；

c)　该控制设备应定期重复指令 269 "查询短地址"，直至一个控制装置回复（该控制装置为物理选择）；

d)　借助指令 267 "编入短地址"将该短地址编入所选控制装置；

e)　使用带编入短地址的指令 5 "调回最大功率等级"和指令 6 "调回最小功率等级"来进行光反馈；

f)　所有剩余的控制装置均重复 b)直至结束；

g)　用指令 256 "终止"来停止该进程。

A.4　使用应用扩展指令

使用应用扩展指令的控制设备需要检测哪些是由不同控制装置支持的应用扩展指令。下列算术可使用：

   a)   初始化进程和地址分配。

   b)   查询该系统内每个控制装置的设备类型。若接收的回答为"掩码"，则该设备不止属于一个设备类型。这时可用下列程序来获得该控制装置所属的设备类型列表；

       1)   发送指令255"查询扩展版本号"，随后发送指令272"启用设备类型0"。如有回答，则该控制装置属于设备类型0；

       2)   由该控制装置支持的所有其他设备类型则重复a)。

   c)   每次应用扩展指令前，该控制设备应发送指令272"启用设备类型X"。

附　录　B
（规范性附录）
设备类型列表

设备类型如表 B.1 所示。

表 B.1　设备类型列表

设备类型	控制装置的特殊要求	定义
0	荧光灯	GB/T 30104.201
1	自容式应急照明	GB/T 30104.202
2	放电灯（荧光灯除外）	GB/T 30104.203
3	低压卤钨灯	GB/T 30104.204
4	白炽灯用电源电压控制器	GB/T 30104.205
5	数字信号转变成直流电压	GB/T 30104.206
6	LED 模块	GB/T 30104.207
7	开关功能	GB/T 30104.208
8	颜色控制	GB/T 30104.209
9	程序装置	GB/T 30104.210
10	光学控制	GB/T 30104.211
11~127	尚未定义	
128~254	为控制设备保留	
255	控制装置不止支持一个设备类型	

参 考 文 献

[1]　IEC 60598-1　Luminaires—Part 1:General requirements and tests

[2]　IEC 60669-2-1　Switches for household and similar fixed electrical installations—Part 2-2,Particular requirements—Electronic switches

[3]　IEC 60921　Ballasts for tubular fluorescent lamps—Performance requirements

[4]　IEC 60923　Auxiliaries for lamps—Ballasts for discharge lamps（excluding tubular fluorescent lamps—Performance requirements

[5]　IEC 60925　D.C.-supplied electronic ballasts for tubular fluorescent lamps—Performance requirements

[6]　IEC 61347-1　Lamp control gear—Part 1:General and safety requirements

[7]　IEC 61547　Equipment for general lighting purposes—EMC immunity requirements

[8]　CISPR 15　Limits and methods of measurement of radio disturbance characteristics of electrical lighting and similar equipment

[9]　GS1,General Specification:Global Trade Item Number,Version 7.0,published by the GS1,Avenue Louise 326;BE-1050 Brussels;Belgium;and GS1,1009 Lenox Drive,Suite 202,Lawrenceville,New Jersey,08648 USA.

ICS 29.140.50；29.140.99
K 74

中华人民共和国国家标准

GB/T 30104.201—2013/IEC 62386-201:2009

数字可寻址照明接口
第 201 部分：控制装置的特殊要求
荧光灯（设备类型 0）

Digital addressable lighting interface—
Part 201：Particular requirements for control gear—
Fluorescent lamps (device type 0)

（IEC 62386-201：2009，IDT）

2013-12-17 发布   2014-11-01 实施

中华人民共和国国家质量监督检验检疫总局
中国国家标准化管理委员会   发布

前　言

GB/T 30104《数字可寻址照明接口》分为13个部分：
——第101部分：一般要求　系统；
——第102部分：一般要求　控制装置；
——第103部分：一般要求　控制设备；
——第201部分：控制装置的特殊要求　荧光灯(设备类型0)；
——第202部分：控制装置的特殊要求　自容式应急照明(设备类型1)；
——第203部分：控制装置的特殊要求　放电灯(荧光灯除外)(设备类型2)；
——第204部分：控制装置的特殊要求　低压卤钨灯(设备类型3)；
——第205部分：控制装置的特殊要求　白炽灯电源电压控制器(设备类型4)；
——第206部分：控制装置的特殊要求　数字信号转变成直流电压(设备类型5)；
——第207部分：控制装置的特殊要求　LED模块(设备类型6)；
——第208部分：控制装置的特殊要求　开关功能(设备类型7)；
——第209部分：控制装置的特殊要求　颜色控制(设备类型8)；
——第210部分：控制装置的特殊要求　程序装置(设备类型9)。

本部分为GB/T 30104的第201部分。

本部分按照GB/T 1.1—2009给出的规则起草。

本部分使用翻译法等同采用IEC 62386-201:2009《数字可寻址照明接口　第201部分：控制装置的特殊要求　荧光灯(设备类型0)》。

本部分做了下列编辑性修改：
——"IEC 62386-201号标准"一词改为"本部分"；
——删除了IEC 62386-201的前言。

本部分由中国轻工业联合会提出。

本部分由全国照明电器标准化技术委员会(SAC/TC 224)归口。

本部分起草单位：广东产品质量监督检验研究院、元光德控股有限公司、佛山市华全电气照明有限公司、北京电光源研究所。

本部分主要起草人：李自力、徐建光、区志杨、江姗、赵秀荣、段彦芳。

引　言

本部分将与 GB/T 30104.101 和 GB/T 30104.102 同时出版。将 GB/T 30104 分为几部分单独出版便于将来修正和修订。如有需要,将添加附加要求。

引用 GB/T 30104.101 或 GB/T 30104.102 内的任何条款时,本部分和组成 GB/T 30104.2×× 系列的其他部分明确规定了条款的适用范围和测试的进行顺序。如有必要,本部分也包括附加要求。组成 GB/T 30104.2×× 系列的所有部分都是独立的,因此不包含彼此之间的引用。

GB/T 30104.101 或 GB/T 30104.102 的任何条款的要求在本部分中以"按照 GB/T 30104.101 第 'n' 章的要求"的句子形式引用,该句子可解释为涉及的第 101 部分或第 102 部分的条款的所有要求均适用,但不适用于第 201 部分包含的特定类型灯的控制装置除外。

除非另有说明,本部分中使用的数字均为十进制。十六进制数字采用 0xVV 的格式,其中 VV 为数值。二进制数字采用 XXXXXXXXb 或 XXXX XXXX 的格式,其中 X 为 0 或 1;"x"在二进制中表示"不作考虑"。

数字可寻址照明接口
第201部分:控制装置的特殊要求
荧光灯(设备类型0)

1 范围

GB/T 30104的本部分规定了与荧光灯相关的、使用交流/直流电源供电的电子控制装置的数字信号控制协议和测试方法。

2 规范性引用文件

下列文件对于本文件的应用是必不可少的。凡是注日期的引用文件,仅注日期的版本适用于本文件。凡是不注日期的引用文件,其最新版本(包括所有的修改单)适用于本文件。

GB/T 30104.101—2013 数字可寻址照明接口 第101部分:一般要求 系统(IEC 62386-101:2009,IDT)

GB/T 30104.102—2013 数字可寻址照明接口 第102部分:一般要求 控制装置(IEC 62386-102:2009,IDT)

3 术语和定义

GB/T 30104.101—2013 和 GB/T 30104.102—2013界定的术语和定义适用于本文件。

4 一般要求

按照GB/T 30104.101—2013第4章和GB/T 30104.102—2013第4章的要求。

5 电气规范

按照GB/T 30104.101—2013第5章和GB/T 30104.102—2013第5章的要求。

6 接口电源

如果控制装置有内置电源,则按照GB/T 30104.101—2013第6章和GB/T 30104.102—2013第6章的要求。

7 传输协议结构

按照GB/T 30104.101—2013第7章和GB/T 30104.102—2013第7章的要求。

8 定时

按照 GB/T 30104.101—2013 第 8 章和 GB/T 30104.102—2013 第 8 章的要求。

9 操作方法

按照 GB/T 30104.101—2013 第 9 章和 GB/T 30104.102—2013 第 9 章的要求。

10 变量声明

按照 GB/T 30104.102—2013 第 10 章的要求,并且对于本设备类型附加表 1 所示的变量要求。

表 1 变量声明

变量	默认值	重置值	有效范围	存储器[a]
"扩展版本号"	1	不变	0～255	1 字节 ROM
"设备类型"	0	不变	0～254 255(掩蔽)	1 字节 ROM

[a] 如未作说明,为固定存储器(存储时间不限)。

11 指令定义

按照 GB/T 30104.101—2013 第 11 章和 GB/T 30104.102—2013 第 11 章的要求,但 GB/T 30104.102—2013 第 11 章的相关章节修订如下。

11.3.1 相关状态信息的查询

修改:

指令 153:YAAA AAA1 1001 1001 "查询设备类型"
回答应为 0。

11.3.4 应用扩展指令

替换:

指令 272"启用设备类型 0"应先于应用扩展指令。对于其他设备类型,可能会以不同方式使用这些指令。

荧光灯控制装置不应先于指令 272 "启用设备类型 X"(X≠0)对应用扩展指令作出响应。

指令 224～239:YAAA AAA1 1110 XXXX
为将来需要而保留。荧光灯控制装置不应以任何方式作出响应。

指令 240～247:YAAA AAA1 1111 0XXX
为将来需要而保留。荧光灯控制装置不应以任何方式作出响应。

指令 248～251:YAAA AAA1 1111 10XX
为将来需要而保留。荧光灯控制装置不应以任何方式作出响应。

指令 252～253：**YAAA AAA1 1111 110X**

为将来需要而保留。荧光灯控制装置不应以任何方式作出响应。

指令 254：**YAAA AAA1 1111 1110**

为将来需要而保留。荧光灯控制装置不应以任何方式作出响应。

指令 255：**YAAA AAA1 1111 1111**"查询扩展版本号"

回答应为 1。

11.4.4 扩展特殊指令

修改：

指令 272：**1100 0001 0000 0000**"启用设备类型 0"

荧光灯控制装置的设备类型是 0。

11.5 指令集

除采用 GB/T 30104.102—2013 第 11.5 条指令外，对于设备类型 0 还采用表 2 的附加指令。

表 2 应用扩展指令集一览表

指令编号	指令代码	指令名称
224-239	YAAA AAA1 1110 XXXX	a
240-247	YAAA AAA1 1111 0XXX	a
248-251	YAAA AAA1 1111 10XX	a
252-253	YAAA AAA1 1111 110X	a
254	YAAA AAA1 1111 1110	a
255	YAAA AAA1 1111 1111	查询扩展版本号
272	1100 0001 0000 0000	启用设备类型 0
a 为将来需要而保留。荧光灯控制装置不应以任何方式作出响应。		

12 测试规程

按照 GB/T 30104.102—2013 第 12 章的要求，但以下除外：

附加子条款：

12.7 "设备类型 0 的应用扩展指令"测试规程

12.7.1 标准应用扩展指令的测试流程

12.7.1.1 "查询扩展版本号"测试流程

对于指令 272"启用设备类型 X"中所有可能的 X 值，应测试指令 255"查询扩展版本号"。图 1 给出了"查询扩展版本号"的测试流程。

注：支持多种设备类型的荧光灯控制装置也将回答 x 不等于 0 的查询。

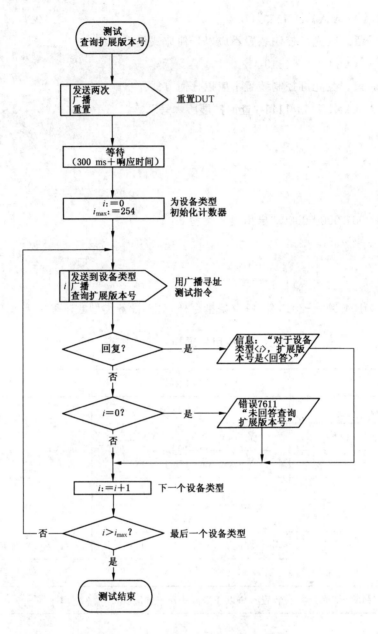

图 1 "查询扩展版本号"测试流程

12.7.1.2 "设备类型 0 未使用的应用扩展指令"测试流程

设备类型＝0 的荧光灯控制装置不应对指令 224～254 作出响应。图 2 给出了"设备类型 0 未使用的应用扩展指令"的测试流程。

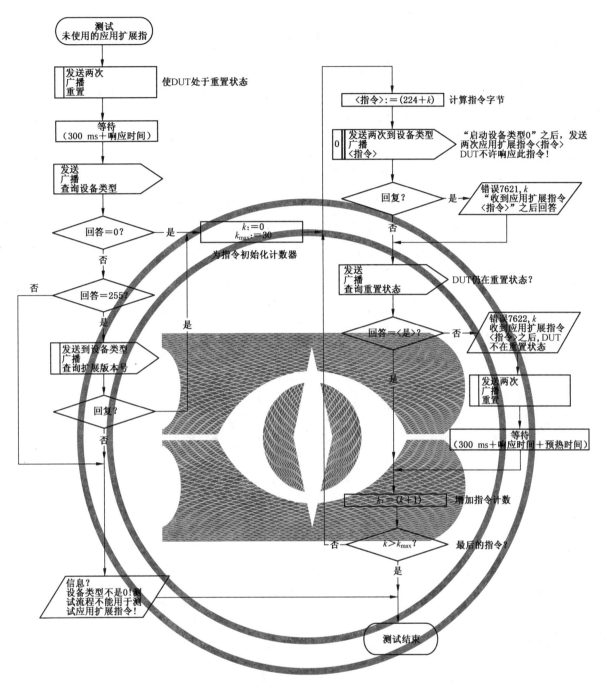

图 2 "设备类型 0 未使用的应用扩展指令"测试流程

参 考 文 献

[1]　IEC 60598-1　Luminaires—Part 1:General requirements and tests

[2]　IEC 60669-2-1　Switches for household and similar fixed electrical installations—Part 2-1: Particular requirements—Electronic switches

[3]　IEC 60921　Ballasts for tubular fluorescent lamps—Performance requirements

[4]　IEC 60923　Auxiliaries for lamps—Ballasts for discharge lamps (excluding tubular fluorescent lamps)—Performance requirements

[5]　IEC 60925　DC supplied electronic ballasts for tubular fluorescent lamps—performance requirements

[6]　IEC 60929　AC-supplied electronic ballasts for tubular fluorescent lamps—Performance requirements

[7]　IEC 61347-1　Lamp controlgear—Part 1:General and safety requirements

[8]　IEC 61347-2-3　Lamp control gear—Part 2-3:Particular requirements for a.c.supplied electronic ballasts for fluorescent lamps

[9]　IEC 61547　Equipment for general lighting purposes—EMC immunity requirements

[10]　CISPR 15　Limits and methods of measurement of radio disturbance characteristics of electrical lighting and similar equipment

[11]　GS1,"General Specification:Global Trade Item Number",Version 7.0,published by the GS1,Avenue Louise 326;BE-1050 Brussels;Belgium;and GS1,1009 Lenox Drive,Suite 202,Lawrenceville,New Jersey,08648 USA.

ICS 29.140.50;29.140.99
K 74

中华人民共和国国家标准

GB/T 30104.202—2013/IEC 62386-202:2009

数字可寻址照明接口

第 202 部分:控制装置的特殊要求

自容式应急照明(设备类型 1)

Digital addressable lighting interface—

Part 202:Particular requirements for control gear—

Self-contained emergency lighting (device type 1)

(IEC 62386-202:2009,IDT)

2013-12-17 发布

2014-11-01 实施

中华人民共和国国家质量监督检验检疫总局
中国国家标准化管理委员会 发布

前　言

GB/T 30104《数字可寻址照明接口》分为 13 个部分：

——第 101 部分：一般要求　系统；

——第 102 部分：一般要求　控制装置；

——第 103 部分：一般要求　控制设备；

——第 201 部分：控制装置的特殊要求　荧光灯（设备类型 0）；

——第 202 部分：控制装置的特殊要求　自容式应急照明（设备类型 1）；

——第 203 部分：控制装置的特殊要求　放电灯（荧光灯除外）（设备类型 2）；

——第 204 部分：控制装置的特殊要求　低压卤钨灯（设备类型 3）；

——第 205 部分：控制装置的特殊要求　白炽灯电源电压控制器（设备类型 4）；

——第 206 部分：控制装置的特殊要求　数字信号转换成直流电压（设备类型 5）；

——第 207 部分：控制装置的特殊要求　LED 模块（设备类型 6）；

——第 208 部分：控制装置的特殊要求　开关功能（设备类型 7）；

——第 209 部分：控制装置的特殊要求　颜色控制（设备类型 8）；

——第 210 部分：控制装置的特殊要求　程序装置（设备类型 9）。

本部分为 GB/T 30104 的第 202 部分。

本部分按照 GB/T 1.1—2009 和 GB/T 20000.2—2009 给出的规则起草。

本部分使用翻译法等同采用 IEC 62386-202:2009《数字可寻址照明接口　第 202 部分：控制装置的特殊要求　自容式应急照明（设备类型 1）》。

本部分由中国轻工业联合会提出。

本部分由全国照明电器标准化技术委员会（SAC/TC 224）归口。

本部分起草单位：广东产品质量监督检验研究院、广州广日电气设备有限公司、中山市古镇镇生产力促进中心、佛山市华全电气照明有限公司、浙江上光照明有限公司、北京电光源研究所。

本部分主要起草人：李自力、吴文斌、邓根成、区志杨、柯建锋、赵秀荣、江姗、段彦芳。

引　言

　　本部分将与 GB/T 30104.101 和 GB/T 30104.102 同时出版。将 GB/T 30104 分为几部分单独出版便于将来修正和修订。如有需要,将添加附加要求。

　　引用 GB/T 30104.101 或 GB/T 30104.102 内的任何条款时,本部分和组成 GB/T 30104.2××系列的其他部分明确规定了条款的适用范围和测试的进行顺序。如有必要,本部分也包括附加要求。组成 GB/T 30104.2××系列的所有部分都是独立的,因此不包含彼此之间的引用。

　　GB/T 30104.101 或 GB/T 30104.102 的任何条款的要求在本部分中以"按照 GB/T 30104.101 第 'n'章的要求"的句子形式引用,该句子可解释为涉及的第 101 部分或第 102 部分的条款的所有要求均适用,但不适用于第 202 部分包含的特定类型灯的控制装置除外。

　　除非另有说明,本部分中使用的数字均为十进制。十六进制数字采用 0xVV 的格式,其中 VV 为数值。二进制数字采用 XXXXXXXXb 或 XXXX XXXX 的格式,其中 X 为 0 或 1;"x"在二进制中表示"不作考虑"。

数字可寻址照明接口
第202部分：控制装置的特殊要求
自容式应急照明(设备类型1)

1 范围

GB/T 30104 的本部分规定了与自容式应急照明相关的、使用交流/直流电源供电的电子控制装置的数字信号控制协议和测试程序。

注：该标准中的试验均为型式试验，不包括生产过程中单个控制装置的试验要求。

2 规范性引用文件

下列文件对于本文件的应用是必不可少的。凡是注日期的引用文件，仅注日期的版本适用于本文件。凡是不注日期的引用文件，其最新版本(包括所有的修改单)适用于本文件。

GB/T 30104.101—2013 数字可寻址照明接口 第101部分：一般要求 系统(IEC 62386-101：2009，IDT)

GB/T 30104.102—2013 数字可寻址照明接口 第102部分：一般要求 控制装置(IEC 62386-102：2009，IDT)

3 术语和定义

GB/T 30104.101—2013 第3章和GB/T 30104.102—2013 第3章界定的以及下列术语和定义适用与本文件。

3.1
正常模式(自容式应急控制装置) normal mode(for self-contained emergency control gear)
电源供电正常，同时电池已充电或正在充电的模式。

3.2
应急模式(自容式应急控制装置) emergency mode(for self-contained emergency control gear)
电源供电故障，并且其间控制装置由电池供电直至电池深度放电点的模式。

3.3
休止模式(自容式应急控制装置) rest mode(for self-contained emergency control gear)
有意断开灯，其间控制装置由电池供电的模式。

3.4
抑制模式(自容式应急控制装置) inhibit mode(for self-contained emergency control gear)
其模式为控制装置由电源正常供电，但在电源出现故障时被阻止进入应急模式。

3.5
扩展应急模式(自容式应急控制装置) extended emergency mode(for self-contained emergency control gear)
其模式为电源恢复正常后，控制装置按照应急模式中设定的延续时间继续以相同的方式使灯工作。

3.6

功能测试　function test

为检查电路的完整性和灯、转换装置以及自容电池能否正常工作的测试。

3.7

持续时间测试　duration test

为检查自容电池能否在额定应急工作时间期限内正常支持系统的测试。

3.8

布线型抑制　hardwired inhibit

控制装置的备选附加输入，用于阻止控制装置进入应急模式。

注：布线型抑制输入由制造商规定。开关状态为"开通"或"关断"。

3.9

延长时间　prolong time

电源供电恢复后，扩展应急模式将持续的时间。

3.10

非持续式控制装置　non-maintained control gear

控制装置仅在应急模式或测试模式下使灯工作，并且不支持电弧功率控制指令和相关的配置指令。

3.11

持续式控制装置　maintained control gear

无论电源是否正常供电，控制装置都始终使灯工作，但不支持电弧功率指令和相关的配置指令。

3.12

开关型持续式不可调光控制装置　switched maintained non-dimmable control gear

物理最小值等于254(100%)的控制装置。

注：如电源正常供电，此类型装置与最小值设置为254的标准可调光装置相同。所以此类型装置支持第102部分
定义的所有电弧功率指令和相应的配置指令。由于物理最小值的定义，所有的电弧功率指令将根据实际指令
的定义仅仅产生"无响应"、"灯亮"或"灯灭"的结果。

3.13

开关型持续式可调光控制装置　switched maintained dimmable control gear

物理最小值低于254(100%)的控制装置。

注：如电源正常供电，此类型装置与标准可调光装置相同。所以此类型装置支持第102部分定义的所有电弧功率
指令和相应的配置指令。

3.14

布线型开关　hardwired switch

在正常模式下可开通和关断灯的控制装置可选附加输入。

注：布线型开关的输入由制造商规定。开关状态为"开通"或"关断"。

3.15

整体式应急控制装置　integral emergency control gear

构成应急灯具不可替换的一部分，并且不能与灯具分开测试的灯的控制装置。

3.16

深度放电　deep discharge

电池不能再为灯供电的状态，因为电池电压已下降至电池制造商规定的电池低端阈值。

4　一般要求

按照GB/T 30104.101—2013第4章和GB/T 30104.102—2013第4章的要求。

5 电气规范

按照 GB/T 30104.101—2013 第 5 章和 GB/T 30104.102—2013 第 5 章的要求。

6 接口电源

如果控制装置内置有电源，则按照 GB/T 30104.101—2013 第 6 章和 GB/T 30104.102—2013 第 6 章的要求。

7 传输协议结构

按照 GB/T 30104.101—2013 第 7 章和 GB/T 30104.102—2013 第 7 章的要求。

8 定时

按照 GB/T 30104.101—2013 第 8 章和 GB/T 30104.102—2013 第 8 章的要求。

9 操作方法

9.1 对数调光曲线、电弧功率和精确度

仅在应急控制装置支持电弧功率指令和相应配置指令的情况下，按照 GB/T 30104.101—2013 第 9 章和 GB/T 30104.102—2013 第 9 章的要求。

9.2 上电

如果应急控制装置支持电弧功率控制指令，这里的"上电"是指电池供电建立后立即使用主电源供电，则按照 GB/T 30104.102—2013 中 9.2 的要求。

当"上电"是使用主电源供电，则控制装置应在上电后 0.5 s 内做出适当响应。

当"上电"是仅使用电池组供电，则控制装置应保持下电状态，或进入应急模式，或进入休止模式。如果是进入应急模式或休止模式，那么控制装置应在"上电"后 5 s 内对指令做出适当响应。

如果当控制装置完全断电时给它施加主电源供电，控制装置应该进入正常模式。

注 1：电池通常是永久地连接到控制装置。

注 2：低功率时钟电路可能需几秒钟启动。

注 3：应急控制装置的上电时间也许不能与同一系统中的其他控制装置的上电时间很好同步。

注 4：给在电池供电运行下的控制装置施加主电源不是一个上电事件，但这一操作可以改变控制装置的工作模式，这在下面的 9.9 中描述。

9.3 接口故障

如果控制装置支持电弧功率指令及相关的配置指令，那么在控制装置处于正常模式时，应按照 GB/T 30104.102—2013 中 9.3 的要求。否则，GB/T 30104.102—2013 中 9.3 的描述的接口故障应不适用于电弧功率等级。

注：虽然 GB/T 30104.102—2013 中 9.3 指出在恢复空闲电压时控制装置不应改变它的状态，但实际上如果接口空闲电压和主电源同时恢复，那么控制装置的状态会几乎同步改变。

9.4 最小等级和最大等级

如果控制装备支持电弧功率指令及相关的配置指令,那么当控制装置处于正常模式时,应按照 GB/T 30104.102—2013 中 9.4 的要求。

应急等级不应受最小等级和最大等级设置的影响。

最小等级和最大等级应仅在正常模式期间影响电弧功率等级,它们之间没有关联,因而不应与应急等级、最小应急等级和最大应急等级有任何关系。

注 1:如果影响应急等级的指令受到支持,那么(如 11.2 规定)编制置入高于最大应急等级或者低于最小应急等级的应急等级将导致应急等级被设定到最大应急等级或最小应急等级。

注 2:物理最小等级是制造商固化的主电源工作下的最小等级,不必将它与任何应急照明等级相关联。

注 3:图 1 描述了各种照明等级定义的关系。

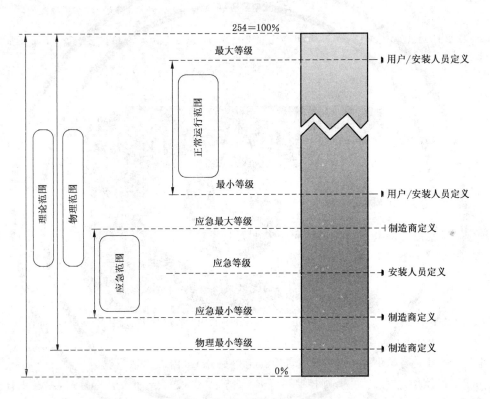

图 1 各种光度等级定义示例

9.5 渐变时间和渐变速率

如果控制装置支持电弧功率指令和相应的配置指令,那么应按照 GB/T 30104.102—2013 中 9.5 的要求。

9.6 出错状态期间对指令的响应

如果控制装置支持电弧功率指令和相应的配置指令,那么当控制装置处于正常模式时,应按照 GB/T 30104.102—2013 中 9.6 的要求。

9.7 灯预热与点亮期间的动作

如果控制装置支持电弧功率指令和相应的配置指令,那么,当控制装置处于正常模式时,应按照 GB/T 30104.102—2013 中 9.7 的要求。

9.8 存储器访问和存储器映射

应按照 GB/T 30104.102—2013 中 9.8 的要求。

9.9 工作模式

图 2 中的状态转换图显示了不同的操作模式和模式转换的条件。此外,还给出了不同模式下的应急模式字节(EM)值和应急状态字节(ES)值。

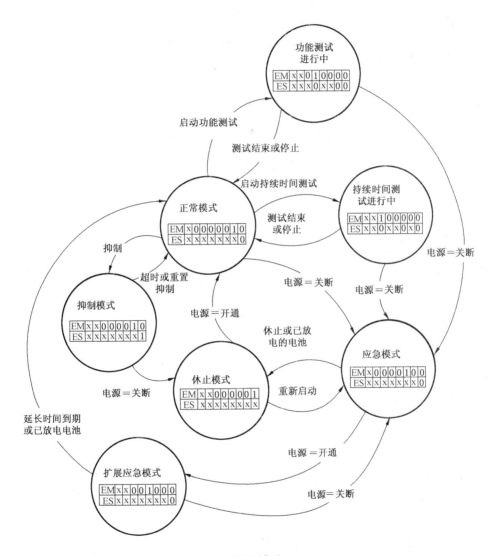

图 2 操作模式

9.10 功能测试和持续时间测试

控制装置应能够执行两种测试——功能测试和持续时间测试。应急状态字节、故障状态字节和持续时间测试结果值字节应在测试的进程和结果中有显示。

自动测试是一项可选功能,是否选择,应当注明在特征字节的第 3 位。

注:执行持续时间测试和功能测试的能力不是可选特征,所有的自容式应急控制装置都支持启动和停止测试的指令。它是由测试(可选)自动安排的。

如果支持自动测试,控制装置应能够依据由指令 234 至 237 的功能要求所定义的时间表来启动功能测试和持续时间测试,详细说明见 A.5 和 A.6。

10 变量声明

本设备类型变量按照 GB/T 30104.102—2013 第 10 章及表 1 的补充变量要求。

表 1 附加变量声明

变量	默认值 (控制装置的出厂设置)	重置值	有效范围	存储器[a]
"应急等级"	应急最大等级	不变	"应急最小等级"~"应急最大等级"或"掩码"	1 字节
"应急最小等级"	工厂烧录	不变	1~"应急最大等级"或"掩码"	ROM 中 1 字节
"应急最大等级"	工厂烧录	不变	"应急最小等级"~254或"掩码"	ROM 中 1 字节
"延长时间"	0	不变	0~255	1 字节
"测试延迟时间"[d]	0[b]	0	0x0000~0xFFFF	RAM 中 2 字节
"功能测试延迟时间"[d]	0	不变	0x0000~0xFFFF	2 字节
"持续时间测试延迟时间"[d]	0	不变	0x0000~0xFFFF	2 字节
"功能测试时间间隔"[d]	7	不变	0(使不能),1~255	1 字节
"持续时间测试时间间隔"[d]	52	不变	0(使不能),1~97	1 字节
"测试执行超时"	7	不变	0~255	1 字节
"电池充电"	???? ????[b]	不变	0~255	RAM 中 1 字节
"持续时间测试结果"	0[b]	不变	0~255	RAM 中 1 字节
"灯应急时间"	0	不变	0~255	1 字节
"灯的总工作时间"	0	不变	0~255	1 字节
"额定持续时间"	工厂烧录	不变	0~255	ROM 中 1 字节
"应急模式"	???? ????[b] ??00 0010[c]	不变	0~255	RAM 中 1 字节
"特征"	工厂烧录	不变	0~255	ROM 中 1 字节

表1（续）

变量	默认值 （控制装置的出厂设置）	重置值	有效范围	存储器[a]
"故障状态"	???? ????[b] 0000 ????[c]	不变	0～255	RAM中1字节
"应急状态"	?0?? ????[b] ?0?? ?000[c]	不变	0～255	RAM中1字节
"设备类型"	1	不变	0～254或"掩码"	ROM中1字节
"扩展版本号"	1	不变	0～255	ROM中1字节

注：本设备类型的下电是指既无电源供电也无电池供电。

? 表示该值将由控制装置根据实际条件产生。

[a] 如未作说明，则为固定存储器（存储时间不限）。
如果主电源或电池不失效，则RAM中的值一直保留。
[b] 上电值（一般情况）。
[c] 控制装置能继续以正常模式工作的特殊情况的上电值（比如在自动测试时未被打断）。
[d] 测试延迟时间、功能测试延迟时间、持续时间测试延迟时间、功能测试时间间隔、持续时间测试时间间隔仅在特征字节的第3位"自动测试功能"置1时的支持下才是可选变量。

11 指令定义

11.1 电弧功率控制命令

如果控制装置支持电弧功率指令，那么应按照GB/T 30104.102—2013中11.1的要求。除非如果控制装置安装了布线型开关，这时仅在布线型开关处于开通状态才执行电弧功率控制指令。否则，若布线型开关关断，那么不应执行任何电弧功率控制指令。

影响电弧功率等级的指令应只在正常模式或抑制模式中处理。同样，控制装置应仅在正常模式或抑制模式中考虑布线型开关的状态。

注：该工作类似于带有开关型主电源连接的非应急控制装置。

11.2 配置指令

如果控制装置支持电弧功率指令，则按照GB/T 30104.102—2013中11.2的要求。

下列指令对不支持电弧功率指令的控制装置无效。

指令33：	YAAA AAA1 0010 0001	"在DTR存入实际等级"
指令42：	YAAA AAA1 0010 1010	"在DTR存入最大等级"
指令43：	YAAA AAA1 0010 1011	"在DTR存入最小等级"
指令44：	YAAA AAA1 0010 1100	"在DTR存入系统故障等级"
指令45：	YAAA AAA1 0010 1101	"在DTR存入功率等级"
指令46：	YAAA AAA1 0010 1110	"在DTR存入渐变时间"
指令47：	YAAA AAA1 0010 1111	"在DTR存入渐变速率"

指令 64～指令 79：　　　YAAA AAA1 0100 XXXX　　　"在 DTR 存入场景"

指令 80～指令 95：　　　YAAA AAA1 0101 XXXX　　　"取消场景"

GB/T 30104.102—2013 中 11.2 定义的其他指令对任何控制装置有效。

11.3　查询指令

按照 GB/T 30104.102—2013 中 11.3 规定要求并有以下例外情况。

11.3.1　状态信息查询

指令 144：　　　　**YAAA AAA1 1001 0000**　　　　"查询状态"

"回答"应该是下列"状态信息"字节。

bit 0　　　控制装置的状态　　　"0"= 正常

bit 1　　　灯故障；　　　　　　"0"= 灯无故障

注：在不执行功能测试或持续时间测试或进入应急模式的情况下，应急控制装置可能不能检测应急灯故障。

bit 2　　　灯由应急控制装置供电；"0"= 灯不由应急控制装置供电

注：应急控制装置可能不能提供灯处于正常模式状态的信息。

bit 3　　　如果应急控制装置支持电弧功率指令，该位的值就按 GB/T 30104.102—2013 中 11.3 的定义，否则该位应被清零。

bit 4　　　如果应急控制装置支持电弧功率指令，该位的值就按 GB/T 30104.102—2013 中 11.3 的定义，否则该位应被清零。

bit 5　　　查询："重置状态"?　　　"0"="否"

bit 6　　　查询："丢失短地址"　　　"0"="否"

bit 7　　　如果应急控制装置支持电弧功率指令，该位的值就按 GB/T 30104.102—2013 中 11.3 的定义，否则该位应被清零。

指令 146：　　**YAAA AAA1 1001 0010**　　　"查询灯故障"

查询在给定地址是否灯有问题。回答应为"是"或"否"。

注：在不执行功能测试或持续时间测试或进入应急模式的情况下，应急控制器可能不能检测应急灯故障。

指令 147：　　**YAAA AAA1 1001 0011**　　　"查询灯上电"

如果灯由应急控制器供电，则回答应为"是"；否则，回答应为"否"。

注：应急控制装置可能不能提供灯处于正常模式状态的信息。

指令 148：　　**YAAA AAA1 1001 0100**　　　"查询限值错误"

如果应急控制装置支持电弧功率指令，则按照 GB/T 30104.102—2013 中 11.3 的要求，否则回答应为"否"。

指令 153：　　**YAAA AAA1 1001 1001**　　　"查询设备类型"

回答应为 1。

11.3.2　电弧功率参数设定的查询

注：如果控制装置不支持电弧功率控制指令，则遵从第 11.2 的要求，对这些查询的回答是相关变量的默认值，已在
　　GB/T 30104.102—2013 第 10 章中列出。

11.3.4　应用扩展指令

在每一个控制指令(224～232 和 254)和配置指令(233～240)被执行之前，应在 100 ms 以内第二次收到这些指令，以减小接收不正确的可能性。在这两个指令之间不应发送对相同控制装置寻址的其他指令，否则，前一个指令就会被忽略，同时各自的配置序列被终止。

指令 272 应在这两个应用扩展配置/控制指令之前接收到,而不能在它们之间(见图 3)。

Max.100 ms

图 3　应用扩展控制/配置指令序列举例

DTR 的所有值应参考表 1 中描述的有效序列范围来检测。如果它高于/低于表 1 中定义的有效范围,该值应被置于高/低限值。

11.3.4.1　应用扩展控制指令

指令 224　　　　YAAA AAA1 1110 0000　　　　"休止"

如果指令在控制装置处于应急模式时接收到,灯应熄灭;同时,控制装置应进入休止模式。

休止模式应在正常供电恢复时转为正常模式。如果支持在休止模式重新点灯,控制装置应在接收到指令 226"重新亮灯/重置抑制"时恢复到应急模式。

控制装置在应急模式时,其他指令应不会造成灯的熄灭。

指令 225　　　　YAAA AAA1 1110 0001　　　　"抑制"

如果控制装置是以正常模式接受到该指令,应急状态字节的 bit 0 应被置 1,控制装置应进入抑制模式并启动一个 15 min 的抑制定时器。如果控制装置是在抑制模式下接受到该指令,则 15 min 的抑制定时器应重启。

如果控制器是处于其他模式下接受该指令,应被忽略。

15 min 抑制定时器运行时,控制装置应被阻止进入应急模式。在此期间如果发生电源故障,控制装置应进入休止模式。

如果主电源正常有效,应急状态字节的 bit 0 应被清零,同时当下列条件成立时控制装置应返回正常模式:

——15 min 抑制定时器时间到,或

——接收到指令 226"重新亮灯/重置抑制"

指令 226:　　　　YAAA AAA1 1110 0011　　　　"重新亮灯/重置抑制"

该指令应取消抑制定时器。

如果支持休止模式期间重新点灯,当主电源不供电时,该指令应使控制装置返回到应急模式,直到被布线型抑制装置进一步抑制。

注 1:在休止模式下重新点灯,灯通常会亮;同时,电池应被充电。

注 2:对指令 224、225 和 226 状态转移的描述参见图 2。

指令 227:　　　　YAAA AAA1 1110 0011　　　　"启动功能测试"

该指令应要求控制器执行功能测试。

如果功能测试已经在进程中,该指令应被忽略。否则,控制器应按如下进行:

如果电池充电量过低或控制器处于正常模式以外的其他模式,控制装置可能延迟启动功能测试,但测试不应会因其他原因而延迟。

如果控制器不能立即启动功能测试,功能测试应被置于待定状态,直到它可以执行。功能测试的延迟应在"应急状态"字节的 bit 4 显示。如果一个延迟的功能测试不能在"测试执行超时"定义的最大延迟时间内完成,它应在"故障状态"字节的 bit 4 标出;"应急状态"字节的 bit 4 应保持置位;同时,测试继续等待。

当功能测试启动时,"应急模式"字节的 bit 4 应被置 1,同时"应急状态"字节的 bit1 和 bit 4 应被清零。

完成功能测试后,"应急状态"字节的 bit 1 应被置 1。如果功能测试由于灯的故障而失败,"应急状态"字节的 bit 3 和 bit 6 应被置 1。如果功能测试是由于电池故障或电池容量不够完成测试,"应急状态"字节的 bit 2 和 bit 6 应被置 1。

如果功能测试在"测试执行超时"期还未结束时就已完成,"应急状态"字节的 bit 4 应被清零。

注:功能测试在自身时间到或检测到错误条件的情况下终止。

指令 228:   **YAAA AAA1 1110 0100**   **"启动持续时间测试"**

该指令请求控制器执行持续时间测试。

持续时间测试期间,该指令应被忽略。否则,控制器应按以下进行:

如果有充足的电池电量,而且控制器处于正常模式,持续时间测试应立即启动。否则,持续时间测试将被置于等待状态,直到可以执行。持续时间测试的延迟在"应急状态"字节的 bit 5 标出,如果持续时间测试的启动已延迟在"测试执行超时"字节的时间外,应在"故障状态"字节 bit 5 标出,"应急状态"字节 bit 5 应保持置位状态而且测试继续保持等待。

注:控制系统应确保当持续时间测试不会危及安全性时,该指令在某一时刻发出。

当持续时间测试启动,"应急模式"字节的 bit 5 应置 1,"应急状态"字节的 bit 5 应被清零,"持续时间测试结果"字节应被置 0。测试进程中,"持续时间测试结果"字节应增加一个适当的间隙。

测试结束时,"应急状态"字节的 bit 2 应置 1。如果测试成功,"故障状态"字节的 bit 7 应被清除,同时,"持续时间测试结果"值应大于/等于"额定持续时间"。如果测试不成功,"故障状态"字节的 bit 7 应被置位,同时,"持续时间测试结果"字节应给出时间显示,应急控制装置成功从电池向灯供电。

如果持续时间测试在"测试执行间隔"期结束前完成,"故障状态"字节 bit 5 应被清除,

指令 229:   **YAAA AAA1 1110 0101**   **"停止测试"**

在接受该指令期间,任何待定测试应取消,"故障状态"字节 bit 4 和 bit 5 应被清除。如果控制器在进行功能测试或持续时间测试,那么测试应停止,同时,控制装置应回归正常模式。

如果控制装置处于功能测试和持续时间测试以外的任何模式,该模式不应改变。

注 1:没有主电源供电时,功能测试和持续时间测试都不能执行,因此应随时准备回归正常模式。

注 2:"故障状态"字节的 bit 4 和 bit 5 不受该指令影响。换句话说,如果测试延迟已经超时,出现的信息不会丢失。

指令 230:   **YAAA AAA1 1110 0110**   **"重启功能测试已完成标志"**

"功能测试完成和结果有效"标志位("应急状态"字节的 bit 1)应被清除。

注:该标志位显示了功能测试已完成,而且显示在"故障状态"字节 bit 6 的功能测试结果是有效的。

指令 231:   **YAAA AAA1 1110 0111**   **"重启持续时间测试已完成标志"**

"持续时间测试完成和结果有效"标志位("应急状态"字节 bit 2)应被清除。

注:该标志位显示一个持续时间测试已经完成,同时,"持续时间测试结果"值和显示在"故障状态"bit 7 的结果都是有效的。

指令 232:   **YAAA AAA1 1110 1000**   **"重置灯时间"**

"灯应急时间"和"灯总工作时间"计时器应被重置。

11.3.4.2 扩展配置指令的应用

指令 233:   **YAAA AAA1 1110 1001**   **"在 DTR 存入应急等级"**

如果"应急等级"是可调的,数字移位寄存器中的数据应存储为"应急等级"。

"应急等级"编程不应影响任何模式下的实际电弧功率等级。

注：该指令只能用于创建程序,而且可以由控制系统进行密码保护。

指令234：　　　　YAAA AAA1 1110 1010　　"存入测试延迟时间高字节"

数字移位寄存器中的数据应以"刻数/小时"形式存储为"测试延迟时间"的高字节。该字节显示的高字节与指令235"存入测试延迟时间低字节"形成一个以"刻数/小时"形式表示的16-bit"功能测试延迟时间"或"持续时间测试延迟时间"数。

如果不支持自动测试,该指令应被忽略。

指令235：　　　　YAAA AAA1 1110 1011　　"存入测试延迟时间低字节"

移位寄存器中的数据应存储为"测试延迟时间"在3/4的低字节。该字节与指令234"存入测试延迟时间高字节"形成一个16-bit"功能测试延迟时间"或"持续时间测试延迟时间"数。

如果不支持自动测试,该指令应被忽略。

指令236：　　　　YAAA AAA1 1110 1100　　"存入功能测试间隔"

数字移位寄存器中的数据应存储为"功能测试间隔"。

功能测试间隔以天数定义(1～255)。如指令227所述的功能测试在每个间隔结束后开始。一个DTR值"0"应停止自动功能测试。

接收到该指令时,如果DTR值大于0,下一个功能测试应延迟,该延迟时间由"测试延迟时间高字节"和"测试延迟时间低字节"的存储值决定。

自动开始测试会进一步延迟,以便在低风险时执行。

如果不支持自动测试,该指令应被忽略。

指令237：　　　　YAAA AAA1 1110 1101　　"存入持续时间测试间隔"

移位寄存器中的数据应被存储为"持续时间测试间隔"。

持续时间测试间隔以周数定义(1～97)。指令228所述的持续时间测试在每个间隔时期结束后开始。一个DTR值"0"应终止自动持续时间测试。

接受到该指令时,如果DTR值大于0,下一个功能测试应延迟,该延迟时间由"测试延迟时间高字节"和"测试延迟时间低字节"的存储值决定。

自动开始测试会进一步延迟,以便在低风险时执行。

如果不支持自动测试,该指令应被忽略。

指令238：　　　　YAAA AAA1 1110 1110　　"存入测试执行超时"

移位寄存器中的数据应存储为"测试执行超时",测试执行时间以天数定义(0～255)。

不管是尝试响应一个指令或是作为一个自动测试计划的结果,测试执行时间对功能测试和持续时间测试都有效。如果"测试执行超时"被置0应导致一个15 min的测试超时间隙。

当一个测试成为等待时,"测试执行超时"期间开始计时。

如果"测试执行超时"时期终止时,而测试未完成,应在"故障状态"字节(指令252,bit 4和bit 5)作一个故障标志,但测试仍保持等待。

注：有效的"测试执行超时"值是0到测试间隔,或者在自动测试不能进行或不支持的情况下的任一值。默认值是7天。如果一个测试被请求,在控制装置没有准备好测试的情况下,该测试执行可以延迟。

指令239：　　　　YAAA AAA1 1110 1111　　"存入延长时间"

移位寄存器中的数据应存储为"延长时间"。

延长时间是由0.5 min的分辨率来定义的,而且用于确定控制装置保持应急延长模式的时间长度。如果延长时间值为0,在主电源一恢复,控制装置应立即从应急模式返回正常模式。

当控制装置进入应急延长模式,延长时间应被再调用。当控制装置处于应急延长模式,改变延长时间不应立刻对定时产生影响。

注：具体操作在图 2 中有描述，但有一点应明确，应急延长模式所用时间可能为 0。

指令 240： **YAAA AAA1 1111 0000** "启动鉴别"

控制装置应启动或重启一个 10 s 的鉴别程序。

注 1：详细的程序只能由制造商来定义。

注 2：一个合适的程序有可能改变电弧功率，通过可选方法，使得控制装置的鉴别更方便。

11.3.4.3 应用扩展查询指令

指令 241： **YAAA AAA1 1111 0001** "查询电池充电"

返回值应为 0～254 范围内的 8-bit 值，显示了电池从"深度放电点"至"满电量"的实际充电量。如果应急控制装置不能执行该功能，应返回"掩码"(255)。

注：如果控制装置没有执行一个成功的持续时间测试，电池组充电值无效。

指令 242： **YAAA AAA1 1111 0010** "查询测试定时"

回答应取决于数据移位存储器的容量。

DTR 值：

0000 0000　如果支持自动测试，回答应为"直到下一个以刻数/小时表示的功能测试（高字节）的时间"；除此以外，回答应为掩码。

0000 0001　如果支持自动测试，回答应为"直到下一个以刻数/小时表示的功能测试（低字节）的时间"；除此以外，回答应为掩码。

0000 0010　如果支持自动测试，回答应为"直到下一个以刻数/小时表示的持续时间测试（高字节）的时间"；除此以外，回答应为掩码。

0000 0011　如果支持自动测试，回答应为"直到下一个以刻数/小时表示的持续时间测试（低字节）的时间"；除此以外，回答应为掩码。

0000 0100　如果支持自动测试，回答应为"功能测试间隔时间（以天计）"；除此以外，回答应为"0"。

0000 0101　如果支持自动测试，回答应为"持续时间测试间隔时间（以周计）"；除此以外，回答应为"0"。

0000 0110　测试执行超时天数。

0000 0111　延长时间为 0.5 min 的倍数。

其他所有 DTR 为将来需要而保留，不应发送回答。

如果 16-bit 值的高字节读入，相应的低字节应被转移到 DTR1。

指令 243： **YAAA AAA1 1111 0011** "查询持续时间测试结果"

回答应为一个以 120 s(2 min) 为步进，8-bit 的持续时间测试结果。255 表示最大值(510 min，8 h，30 min)或更长。

指令 244： **YAAA AAA1 1111 0100** "查询灯应急时间"

回答应为以电池作为供电电源时的累积灯功能时间（"灯应急时间"），一个以 1 h 步进的 8-bit 值。255 表示最大值(254 h 或更长)。定时器应在 1 h 时间位开始时累加。

注 1：当"灯应急时间"达到 255 h，将保持该值，直到被指令 232 置 1。要获得超过 254 h 的正确时间值，控制单元需读出该值，累积后并通过指令 232 将计时器置位。

注 2：尽管读出的值为以 1 h 为单位，控制装置仍需精确累加时间，以获得更高地精确度。

指令 245： **YAAA AAA1 1111 0101** "查询灯总工作时间"

回答应为累积的灯总功能时间（"灯总工作时间"），一个 4 h 步进的 8-bit 值。255 表示 1016 h 或更长的最大值。定时器应在 4 h 时间位开始值累加时间。

注 1：当"灯总工作时间"值达到 255，将保持该值，直到由指令 232 置位。要获得超过 1 016 h 的正确时间值，控制单元需读出该值，累积后通过指令 232 将计时器置位。

注 2：如果灯是由另一控制装置在正常模式下操作，自容式应急控制装置可能不能检测出正确的灯总工作时间。

指令 246：　　　　　　YAAA AAA1 1111 0110　　　　"查询应急等级"

回答应为一个 8-bit 数的"应急等级"。如果"应急等级"未知,则应返回"掩码"(255)。

指令 247：　　　　　　YAAA AAA1 1111 0111　　　　"查询应急最小等级"

回答应为一个 8-bit 数的"应急最小等级"。如果"应急最小等级"未知,则应返回"掩码"(255)。

指令 248：　　　　　　YAAA AAA1 1111 0111　　　　"查询应急最大等级"

回答应为一个 8-bit 数的"应急最大等级"。如果"应急最大等级"未知,则应返回"掩码"(255)。

指令 249：　　　　　　YAAA AAA1 1111 1001　　　　"查询额定持续时间"

回答应为一个表示额定持续时间为 2 min 倍数的 8-bit 数。

255 表示 510 min 或更长的时间。

指令 250：　　　　　　YAAA AAA1 1111 1010　　　　"查询应急模式"

回答应为下列"应急模式信息"字节：

bit 0	休止模式激活；	"0"="否"
bit 1	正常模式激活；	"0"="否"
bit 2	应急模式激活；	"0"="否"
bit 3	应急延长模式激活；	"0"="否"
bit 4	功能测试进行中；	"0"="否"
bit 5	持续时间测试进行中；	"0"="否"
bit 6	布线型抑制激活；	"0"= 未激活/不可用
bit 7	布线型开关接通；	"0"=关断

"应急模式"信息应在控制装置的 RAM 中有效,根据实际情况,应通过控制装置进行定期更新。

bits 0～bit 5：由于控制装置在同一个时间只能处于一种模式下工作,因此在同一时间应只能有一位被置位。

bit 6：如果布线型抑制被激活,它应拥有高于 224～228 的优先权。

bit 7：电弧功率控制指令在布线型开关为"开通"的状态下执行；如果开关是"关断",任何电弧功率指令都不应执行。

注：本操作类似于与电源已开关接通的非应急控制装置。

指令 251：　　　　　　YAAA AAA1 1111 1011　　　　"查询特征"

回答应为下列描述控制装置类型的"特征"信息字节：

bit 0	整体式应急控制装置；	"0"="否"
bit 1	持续式控制装置；	"0"="否"
bit 2	开关型持续式控制装置；	"0"="否"
bit 3	自动测试能力；	"0"="否"
bit 4	可调应急电平；	"0"="否"
bit 5	支持布线型抑制；	"0"="否"
bit 6	支持物理选项；	"0"="否"
bit 7	休止模式下支持重新点灯。	"0"="否"

如果 bit 2 被置 1,bit 1 应被忽略。

注 1：如果 bit 7 被清零,正常供电恢复的情况下休止模式才可以继续。

注 2：Bit 3 如果功能不可用,相关的查询将返回"掩码"或者 0,如指令 242 所述。

指令 252：　　　　　　YAAA AAA1 1111 1100　　　　"查询故障状态"

回答应为下列"故障状态"信息字节。

| bit 0 | 电路故障； | "0"="否" |

bit 1	电池持续时间故障；	"0"="否"
bit 2	电池故障；	"0"="否"
bit 3	应急灯故障	"0"="否"
bit 4	超过功能测试最大延迟时间；	"0"="否"
bit 5	超过持续时间测试最大延迟时间；	"0"="否"
bit 6	功能测试出失败；	"0"="否"
bit 7	持续时间测试失败；	"0"="否"

Bit 2　根据实际情况应为将来需要而保留。

Bit 3　应急控制装置点亮灯，或者尝试点灯，或通过电池供电点灯，在任何时间 Bit 3 可能被置 1 或者清零。

如果 bit 3 被置 1，对指令 146"查询灯故障"的回答应为"是"，指令 144"查询状态"的回答在 bit 1 上应被置位。

如果控制装置控制多个灯，本查询的"应急灯故障"位在一个灯不亮或多个灯不亮的情况下应激活。

如果 bits 0～bit 2 的任一位被置 1，对指令 144"查询状态"回答的 bit 0 应置 1。

注 1：bit 0 的精确意义应由制造商来定义。

注 2：bit 1 只能根据持续时间测试结果来决定是否置 1 或清零。

注 3：如果在电池供电期间检测到一个灯故障，指令 144"查询状态"字节的 bit 3 和对指令 144"失败状态"的回答 bit 1 应被置位。但是，如果在正常模式下检测不到灯故障，指令 144"失败状态"的回答 bit 1 应被清零，同时"失败状态"bit 3 保持置位。

指令 253　　　　**YAAA AAA1 1111 1101**　　　　**"查询应急状态"**

回答应为下列"故障状态"信息字节：

bit 0	抑制模式；	"0"="否"
bit 1	功能测试完成，结果有效；	"0"="否"
bit 2	持续时间测试完成，结果有效；	"0"="否"
bit 3	电池充满电量；	电池在充电
bit 4	功能测试要求等待中；	"0"="否"
bit 5	持续时间测试要求等待中；	"0"="否"
bit 6	鉴别激活；	"0"="否"
bit 7	物理选择；	"0"="否"

如果主电源供电，bit 0 显示由指令 255 启动的定时器正在运行。如果主电源不供电，bit 0 显示控制器处于休止模式，这是由指令或布线型抑制所产生的抑制结果。

Bit 7　当控制装置被物理选择时，该位应被置位 1；并在读入该状态位之后自动重置。重置该位不应取消寻址模式下的物理选择（见 GB/T 30104.102—2013 中的 11.4.3）。

注：物理选择的完成可以通过按钮或拆除灯来实现。Bit 7 可以提供针对控制装置的任何功能的控制单元信息，或者用于鉴识。

指令 254　　　　**YAAA AAA1 1111 1110**　　　　**"执行 DTR 选择功能"**

本指令应要求控制装置执行一个取决于数据移位寄存器内容的功能。

DTR 值：

0000 0000　"恢复出厂设置"：应恢复所有在本部分第 10 条表 1 中定义变量的默认值。

为将来需要，保留其他所有的 DTR 值，并且不执行任何功能。控制装置不应以任何方式响应。

注：这是一个控制指令，应被发送两次。

指令 255：　　　　**YAAA AAA1 1111 1111**　　　　**"查询扩展版本号"**

回答应为 1。

11.3.5 扩展的特殊指令

指令 272： 1100 0001 0000 0001 "启用设备类型 1"
自容式应急照明控制装置的设备类型应为 1。

11.4 特殊指令

按照 GB/T 30104.102—2013 中 11.4 的要求。

11.5 扩展指令设置应用集一览表

表 2 为扩展指令设置应用集一览表。

表 2 扩展指令设置应用集一览表

指令号	指令代码	指令名
224	YAAA AAA1 1110 0000	休止
225	YAAA AAA1 1110 0001	抑制
226	YAAA AAA1 1110 0010	重新亮灯/重置抑制
227	YAAA AAA1 1110 0011	启动功能测试
228	YAAA AAA1 1110 0100	启动持续时间测试
229	YAAA AAA1 1110 0101	停止测试
230	YAAA AAA1 1110 0110	重置功能测试已完成标记
231	YAAA AAA1 1110 0111	重置持续时间测试已完成标记
232	YAAA AAA1 1110 1000	重置灯时间
233	YAAA AAA1 1110 1001	在 DTR 存入应急等级
234	YAAA AAA1 1110 1010	存入测试延时时间高位字节
235	YAAA AAA1 1110 1011	存入测试延时时间低位字节
236	YAAA AAA1 1110 1100	存入功能测试间隔
237	YAAA AAA1 1110 1101	存入持续时间测试间隔
238	YAAA AAA1 1110 1110	存入测试执行超时
239	YAAA AAA1 1110 1111	存入延长时间
240	YAAA AAA1 1111 0000	启动鉴别
241	YAAA AAA1 1111 0001	查询电池充电
242	YAAA AAA1 1111 0010	查询测试定时
243	YAAA AAA1 1111 0011	查询持续时间测试结果
244	YAAA AAA1 1111 0100	查询灯应急时间
245	YAAA AAA1 1111 0101	查询灯总工作时间
246	YAAA AAA1 1111 0110	查询应急等级
247	YAAA AAA1 1111 0111	查询应急最小等级
248	YAAA AAA1 1111 1000	查询应急最大等级
249	YAAA AAA1 1111 1001	查询额定持续时间
250	YAAA AAA1 1111 1010	查询应急模式
251	YAAA AAA1 1111 1011	查询特征

表 2（续）

指令号	指令代码	指令名
252	YAAA AAA1 1111 1100	查询故障状态
253	YAAA AAA1 1111 1101	查询应急状态
254	YAAA AAA1 1111 1110	执行 DTR 选择功能
255	YAAA AAA1 1111 1111	查询扩展版本号
272	1100 0001 0000 0001	启用设备类型 1

12 测试程序

按照 GB/T 30104.102—2013 第 12 章要求，下列内容除外：

12.0 概述

附加内容：

附加缩写：

——FT＝Function Test(功能测试)

——DT＝Duration Test(持续时间测试)

——EM.LEV.＝ EMERGENCY LEVEL(应急等级)

——EM.Time＝Emergency Time(应急时间)

——TOT.OP.Time＝Total Operation Time(总工作时间)

——HB＝High Byte(高字节)

——LB＝Low Byte(低字节)

应急控制装置可由表 3 所示类型之一的"特征"字节来定义。

表 3 应急控制装置的类型

类型	类型号 *	特征字节	物理最小
非持续式	D	xxxxx00xb	254
持续式	C	xxxxx01xb	254
开关型持续式不可调光	B	xxxxx1xxb	254
开关型持续式可调光	A	xxxxx1xxb	＜254
* 仅在本文件使用缩写类型号			

12.1 "物理工作参数"测试流程

附加条款：

12.1.6 "特征"测试流程

图 4 所示测试流程应用于确定应急控制装置的特征。依据应急控制装置的类型，在执行 DUT 自动符合性测试时，安排第 12.2"配置指令"测试流程、第 12.3"电弧功率控制指令"测试流程和 12.6"查询和预留指令"测试流程。

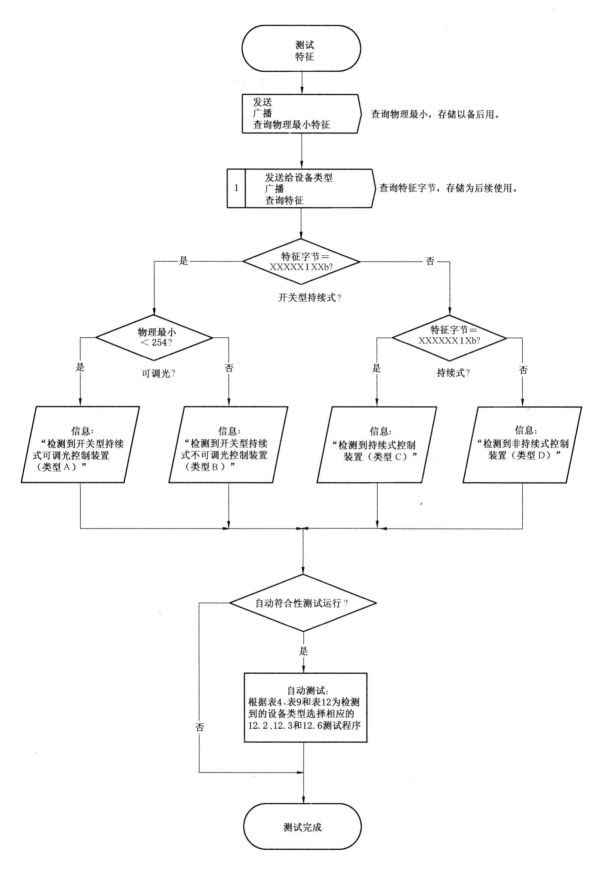

图 4 "特征"测试流程

12.2 "配置指令"测试流程

按照 GB/T 30104.102—2013 中 12.2 的测试流程要求,下列附加内容除外。

取决于控制装置的不同类型,按表 4 中列出的测试流程进行。

表 4 "配置指令"测试流程列表

测 试 流 程	应急控制装置类型			
	A	B	C	D
12.2.1.1 "重置"测试流程	×	×	×	×
12.2.1.2 "重置:超时中间指令"测试流程	×	×	×	×
12.2.1.3 "100 ms 超时"测试流程	×	×	×	×
12.2.1.4 "中间指令"测试流程	×	×	×	×
12.2.1.5 "查询版本号"测试流程	×	×	×	×
12.2.1.6 "在 DTR 中存入实际等级"测试流程	×	×	—	—
12.2.1.7 "固定存储器"测试流程	×	×	×	×
12.2.2.1 "在 DTR 中存入最大等级"测试流程	×	—	—	—
12.2.2.2 "在 DTR 中存入最小等级"测试流程	×	—	—	—
12.2.2.3 "在 DTR 中存入系统故障等级"测试流程	×	×	—	—
12.2.2.4 "在 DTR 中存入上电等级"测试流程	×	×	—	—
12.2.2.5 "在 DTR 中存入渐变时间"测试流程	×	×	—	—
12.2.2.6 "在 DTR 中存入渐变速率"测试流程	×	×	—	—
12.2.2.7 "在 DTR 中存入场景"/"转到场景"测试流程	×	×	—	—
12.2.3.1 "退出场景"测试流程	×	×	—	—
12.2.3.2 "加入组/退出组"测试流程	×	×	×	×
12.2.3.3 "在 DTR 中存入短地址"测试流程	×	×	×	×

A:开关型持续式可调光控制装置(物理最小<254)。
B:开关型持续式不可调光控制装置(物理最小=254)。
C:持续式控制装置。
D:非持续式控制装置。

12.2.1 "通用配置指令"测试流程

12.2.1.1 "重置"测试流程

图 5 所示的测试流程用于检查"重置"指令。测试流程的参数在表 5 中给出。

注:在流程 12.7.5.1 中检测应用扩展参数。

表 5 "重置"测试流程的参数

i	〈指令（*i*）〉	*k*	〈查询（*k*）〉	〈值（*k*）〉	〈错误文本（*k*）〉
1	加入组 0	1	查询组 0～组 7	0x00	组 0～组 7
2	加入组 1	2	查询组 8～组 15	0x00	组 8～组 15
3	加入组 2	3	查询场景等级 0	255	场景 0
4	加入组 3	4	查询场景等级 1	255	场景 1
5	加入组 4	5	查询场度等级 2	255	场景 2
6	加入组 5	6	查询场景等级 3	255	场景 3
7	加入组 6	7	查询场景等级 4	255	场景 4
8	加入组 7	8	查询场景等级 5	255	场景 5
9	加入组 8	9	查询场景等级 6	255	场景 6
10	加入组 9	10	查询场景等级 7	255	场景 7
11	加入组 10	11	查询场景等级 8	255	场景 8
12	加入组 11	12	查询场景等级 9	255	场景 9
13	加入组 12	13	查询场景等级 10	255	场景 10
14	加入组 13	14	查询场景等级 11	255	场景 11
15	加入组 14	15	查询场景等级 12	255	场景 12
16	加入组 15	16	查询场景等级 13	255	场景 13
17	在 DTR 中存入场景 0	17	查询场景等级 14	255	场景 14
18	在 DTR 中存入场景 1	18	查询场景等级 15	255	场景 15
19	在 DTR 中存入场景 2	19	查询最大等级	254	最大等级
20	在 DTR 中存入场景 3	20	查询最小等级	物理最小等级	最小等级
21	在 DTR 中存入场景 4				
22	在 DTR 中存入场景 5	21	查询系统故障等级	254	系统故障等级
23	在 DTR 中存入场景 6	22	查询上电等级	254	上电等级
24	在 DTR 中存入场景 7	23	查询渐变时间/渐变速率	0x07	渐变时间/渐变速率
25	在 DTR 中存入场景 8				
26	在 DTR 中存入场景 9	24	查询实际等级	254	实际等级
27	在 DTR 中存入场景 10				
28	在 DTR 中存入场景 11				
29	在 DTR 中存入场景 12				
30	在 DTR 中存入场景 13				
31	在 DTR 中存入场景 14				
32	在 DTR 中存入场景 15				
33	在 DTR 中存入最大等级				
34	在 DTR 中存入最小等级				
35	在 DTR 中存入系统故障等级				
36	在 DTR 中存入上电等级				
37	在 DTR 中存入渐变时间				
38	在 DTR 中存入渐变速率				
39	关断				

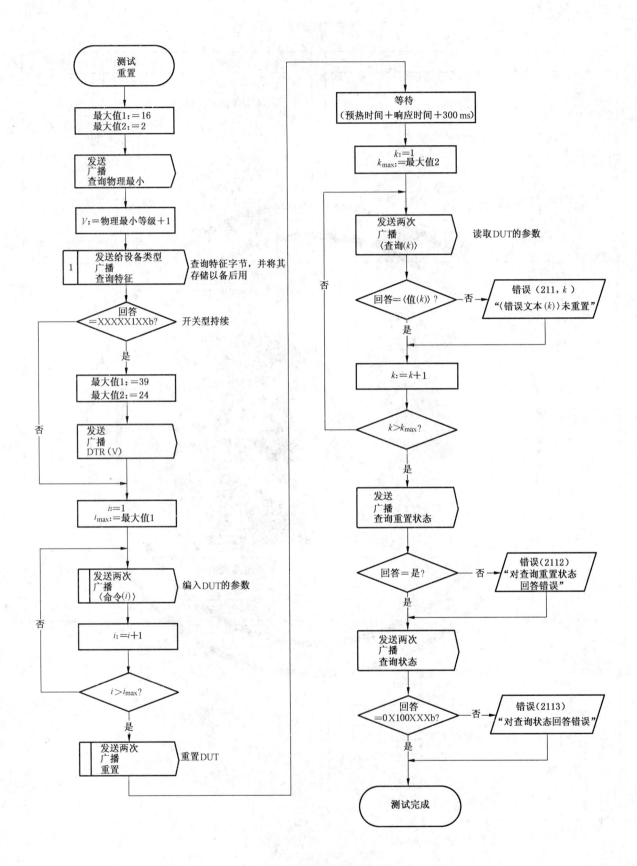

图 5 "重置"测试流程

12.2.1.3 "100 ms 超时"测试流程

图 6 所示测试流程应使用于检测配置指令在 100 ms 内是否需要被接收两次。测试流程的参数在表 6 中给出。

表 6 "100 ms 超时"测试流程的参数

i	〈指令(i)〉	k	〈查询(k)〉	〈值(k)〉	〈错误文本(k)〉
1	加入组 0	1	查询组 0～组 7	0x00	组 0～组 7
2	加入组 1	2	查询组 8～组 15	0x00	组 8～组 15
3	加入组 2	3	查询场景等级 0	255	场景 0
4	加入组 3	4	查询场景等级 1	255	场景 1
5	加入组 4	5	查询场景等级 2	255	场景 2
6	加入组 5	6	查询场景等级 3	255	场景 3
7	加入组 6	7	查询场景等级 4	255	场景 4
8	加入组 7	8	查询场景等级 5	255	场景 5
9	加入组 8	9	查询场景等级 6	255	场景 6
10	加入组 9	10	查询场景等级 7	255	场景 7
11	加入组 10	11	查询场景等级 8	255	场景 8
12	加入组 11	12	查询场景等级 9	255	场景 9
13	加入组 12	13	查询场景等级 10	255	场景 10
14	加入组 13	14	查询场景等级 11	255	场景 11
15	加入组 14	15	查询场景等级 12	255	场景 12
16	加入组 15	16	查询场景等级 13	255	场景 13
17	在 DTR 中存入场景 0	17	查询场景等级 14	255	场景 14
18	在 DTR 中存入场景 1	18	查询场景等级 15	255	场景 15
19	在 DTR 中存入场景 2	19	查询最大等级	254	最大等级
20	在 DTR 中存入场景 3	20	查询最小等级	物理最小等级	最小等级
21	在 DTR 中存入场景 4				
22	在 DTR 中存入场景 5	21	查询系统故障等级	254	系统故障等级
23	在 DTR 中存入场景 6	22	查询上电等级	254	上电等级
24	在 DTR 中存入场景 7	23	查询渐变时间/渐变速率	0x07	渐变时间/渐变速率
25	在 DTR 中存入场景 8				
26	在 DTR 中存入场景 9				
27	在 DTR 中存入场景 10				
28	在 DTR 中存入场景 11				
29	在 DTR 中存入场景 12				
30	在 DTR 中存入场景 13				
31	在 DTR 中存入场景 14				
32	在 DTR 中存入场景 15				
33	在 DTR 中存入最大等级				
34	在 DTR 中存入最小等级				
35	在 DTR 中存入系统故障等级				
36	在 DTR 中存入上电等级				
37	在 DTR 中存入渐变时间				
38	在 DTR 中存入渐变速率				

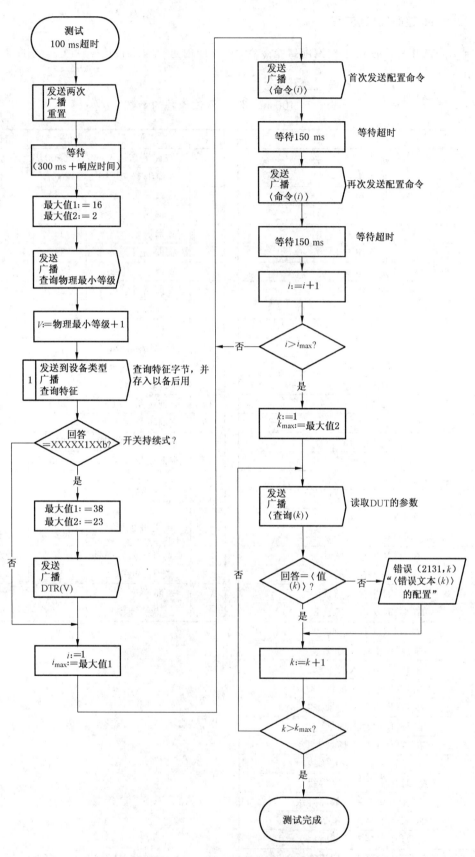

图6 "100 ms 超时"测试流程

12.2.1.4 "中间指令"测试流程

如图 7 所示的测试流程用于检测配置指令是否在没有任何中间指令的情况执行。测试流程的参数在表 7 中给出。

表 7 "中间指令"测试流程的参数

i	〈指令(i)〉	〈等级(i)〉
1	在 DTR 中存入场景 0	10
2	在 DTR 中存入场景 1	10
3	在 DTR 中存入场景 2	10
4	在 DTR 中存入场景 3	10
5	在 DTR 中存入场景 4	10
6	在 DTR 中存入场景 5	10
7	在 DTR 中存入场景 6	10
8	在 DTR 中存入场景 7	10
9	在 DTR 中存入场景 8	10
10	在 DTR 中存入场景 9	10
11	在 DTR 中存入场景 10	10
12	在 DTR 中存入场景 11	10
13	在 DTR 中存入场景 12	10
14	在 DTR 中存入场景 13	10
15	在 DTR 中存入场景 14	10
16	在 DTR 中存入场景 15	10
17	在 DTR 中存入最大等级	物理最小等级-1
18	在 DTR 中存入最小等级	物理最小等级+1
19	在 DTR 中存入系统故障等级	10
20	在 DTR 中存入上电等级	10
21	在 DTR 中存入渐变时间	10
22	在 DTR 中存入渐变速率	10
23	加入组 0	10
24	加入组 1	10
25	加入组 2	10
26	加入组 3	10
27	加入组 4	10
28	加入组 5	10
29	加入组 6	10
30	加入组 7	10
31	加入组 8	10
32	加入组 9	10
33	加入组 10	10
34	加入组 11	10
35	加入组 12	10
36	加入组 13	10
37	加入组 14	10
38	加入组 15	10

k	〈查询(k)〉	〈值(k)〉		〈错误文本(k)〉
		$a=1$	$a\neq1$	
1	查询组 0～组 7	0x00	0xFF	组 0～组 7
2	查询组 8～组 15	0x00	0xFF	组 8～组 15
3	查询场景等级 0	255	10	场景 0
4	查询场景等级 1	255	10	场景 1
5	查询场景等级 2	255	10	场景 2
6	查询场景等级 3	255	10	场景 3
7	查询场景等级 4	255	10	场景 4
8	查询场景等级 5	255	10	场景 5
9	查询场景等级 6	255	10	场景 6
10	查询场景等级 7	255	10	场景 7
11	查询场景等级 8	255	10	场景 8
12	查询场景等级 9	255	10	场景 9
13	查询场景等级 10	255	10	场景 10
14	查询场景等级 11	255	10	场景 11
15	查询场景等级 12	255	10	场景 12
16	查询场景等级 13	255	10	场景 13
17	查询场景等级 14	255	10	场景 14
18	查询场景等级 15	255	10	场景 15
19	查询系统故障等级	254	10	系统故障等级
20	查询上电等级	254	10	上电等级
21	查询渐变时间/渐变速率	0x07	0xAA	渐变时间/渐变速率
22	查询最大等级	254	物理最小等级+1	最大等级
23	查询最小等级	物理最小等级	物理最小等级+1	最小等级
24	查询实际等级	254	物理最小等级+1	实际等级

a	地址(a)
1	广播
2	短地址 5
3	组 15

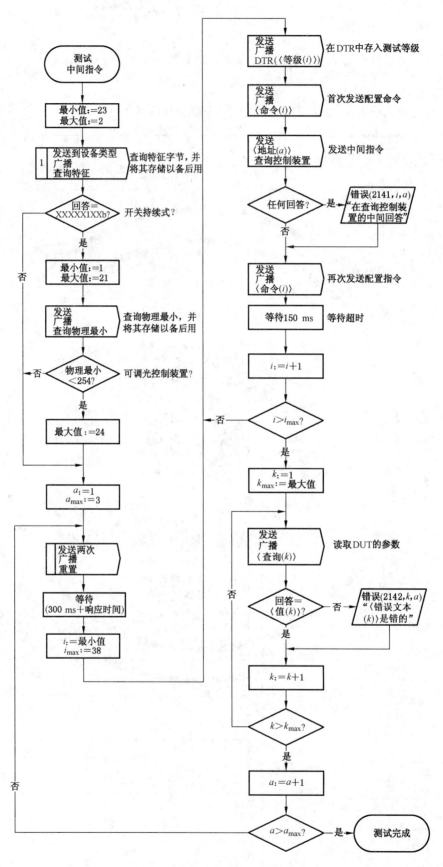

图7 "中间指令"测试流程

12.2.1.7 "固定存储器"测试流程

图 8 所示的测试流程应用于检测固定存储器。测试流程的参数在表 8 中给出。

表 8　"固定存储器"测试流程的参数

i	〈指令（i）〉	〈等级（i）〉	k	〈查询（k）〉	〈值（k）〉	〈错误文本（k）〉
1	加入组 0	10	1	查询组 0～组 7	0xFF	组 0～组 7
2	加入组 1	10	2	查询组 8～组 15	0xFF	组 8～组 15
3	加入组 2	10	3	查询场景等级 0	10	场景 0
4	加入组 3	10	4	查询场景等级 1	10	场景 1
5	加入组 4	10	5	查询场景等级 2	10	场景 2
6	加入组 5	10	6	查询场景等级 3	10	场景 3
7	加入组 6	10	7	查询场景等级 4	10	场景 4
8	加入组 7	10	8	查询场景等级 5	10	场景 5
9	加入组 8	10	9	查询场景等级 6	10	场景 6
10	加入组 9	10	10	查询场景等级 7	10	场景 7
11	加入组 10	10	11	查询场景等级 8	10	场景 8
12	加入组 11	10	12	查询场景等级 9	10	场景 9
13	加入组 12	10	13	查询场景等级 10	10	场景 10
14	加入组 13	10	14	查询场景等级 11	10	场景 11
15	加入组 14	10	15	查询场景等级 12	10	场景 12
16	加入组 15	10	16	查询场景等级 13	10	场景 13
17	在 DTR 中存入短地址	11	17	查询场景等级 14	10	场景 14
18	在 DTR 中存入场景 0	10	18	查询场景等级 15	10	场景 15
19	在 DTR 中存入场景 1	10	19	查询系统故障等级	10	系统故障等级
20	在 DTR 中存入场景 2	10	20	查询上电等级	10	上电等级
21	在 DTR 中存入场景 3	10	21	查询渐变时间/渐变速率	0xAA	渐变时间/渐变速率
22	在 DTR 中存入场景 4	10	22	查询最大等级	物理最小等级+1	最大等级
23	在 DTR 中存入场景 5	10	23	查询最小等级	物理最小等级+1	最小等级
24	在 DTR 中存入场景 6	10				
25	在 DTR 中存入场景 7	10				
26	在 DTR 中存入场景 8	10				
27	在 DTR 中存入场景 9	10				
28	在 DTR 中存入场景 10	10				
29	在 DTR 中存入场景 11	10				
30	在 DTR 中存入场景 12	10				
31	在 DTR 中存入场景 13	10				
32	在 DTR 中存入场景 14	10				
33	在 DTR 中存入场景 15	10				
34	在 DTR 中存入最大等级	物理最小等级+1				
35	在 DTR 中存入最小等级	物理最小等级+1				
36	在 DTR 中存入系统故障等级	10				
37	在 DTR 中存入上电等级	10				
38	在 DTR 中存入渐变时间	10				
39	在 DTR 中存入渐变速率	10				

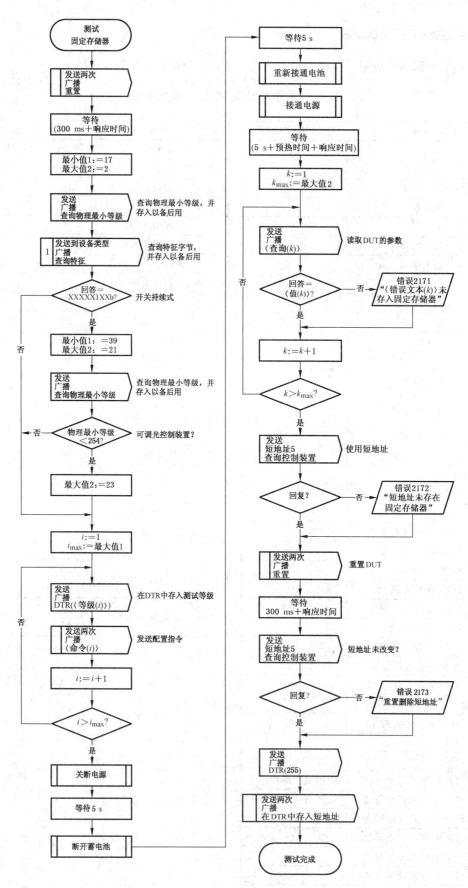

图 8 "固定存储器"测试流程

12.3 "电弧功率控制指令"测试流程

按照 GB/T 30104.102—2013 中 12.3 的测试流程要求,并有以下例外情况。

取决于应急控制器的类型,应按照表 9 列出的测试流程要求。

表 9 "电弧功率控制指令"测试流程列表

测 试 流 程	应急控制装置类型			
	A	B	C	D
12.3.1.1 "渐变时间"测试流程	×	—	—	—
12.3.1.2 "渐变速率"测试流程	×	—	—	—
12.3.2.1 "对数调光曲线"测试流程	×	—	—	—
12.3.2.2 "调光曲线:直接光度等级控制"测试流程	×	—	—	—
12.3.2.3 "调光曲线:上行/下行"测试流程	×	—	—	—
12.3.2.4 "调光曲线:步进上行/步进下行"测试流程	×	—	—	—
12.3.3.1 "关断"测试流程	×	—	—	—
12.3.3.2 "直接光度等级控制"测试流程	×	—	—	—
12.3.3.3 "上行"测试流程	×	—	—	—
12.3.3.4 "下行"测试流程	×	—	—	—
12.3.3.5 "步进上行"测试流程	×	—	—	—
12.3.3.6 "步进下行"测试流程	×	—	—	—
12.3.3.7 "调用最大等级"测试流程	×	—	—	—
12.3.3.8 "调用最小等级"测试流程	×	—	—	—
12.3.3.9 "开通和步进上行"测试流程	×	—	—	—
12.3.3.10 "步进下行和关断"测试流程	×	—	—	—
12.3.3.11 "开通和关断"测试流程		×	—	—
12.3.3.12 "渐变和关断"测试流程	—	×	—	—

A:开关型持续式可调光控制装置(最小物理<254)。
B:开关型持续式不可调光控制装置(最小物理=254)。
C:非持续式控制装置。
D:持续式控制装置。

12.3.3.11 "开通和关断"测试流程

图 9 中所示的测试流程应用于通过 B 类开关型持续式不可调光控制器的不同电弧功率控制指令来检查开关切换的开通和关断。测试流程的参数如表 10 所示。

表 10 "开通和关断"测试流程的参数

i	〈指令（i）〉	〈值 1（i）〉	〈值 2（i）〉	〈错误文本（i）〉
1	关断	0	XXXXX0XXb	关断
2	直接电弧功率控制（254）	254	XXXXX1XXb	直接电弧功率控制（254）
3	直接电弧功率控制（0）	0	XXXXX0XXb	直接电弧功率控制（0）
4	直接电弧功率控制（1）	254	XXXXX1XXb	直接电弧功率控制（1）
5	直接电弧功率控制（0）	0	XXXXX0XXb	直接电弧功率控制（0）
6	上行	0	XXXXX0XXb	上行
7	步进上行	0	XXXXX0XXb	步进上行
8	调回最大	254	XXXXX1XXb	调回最大
9	下行	254	XXXXX1XXb	下行
10	步进下行	254	XXXXX1XXb	步进下行
11	步进下行和关断	0	XXXXX0XXb	步进下行和关断
12	调回最小	254	XXXXX1XXb	调回最小
13	关断	0	XXXXX0XXb	关断
14	开通和步进上行	254	XXXXX1XXb	开通和步进上行

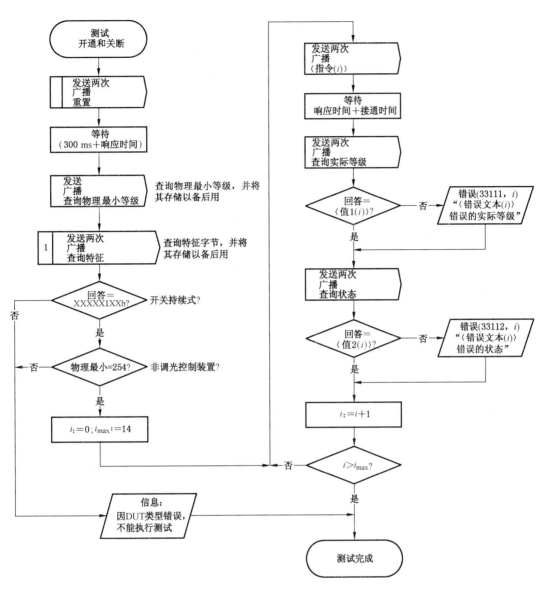

图 9 "开通和关断"测试流程

12.3.3.12 "渐变关断"测试流程

图 10 所示的测试流程应用于检查 B 类开关型持续式不可调光控制器可编程渐变时间的精确度。测试流程的参数如表 11 所示。

表 11 "渐变关断"测试流程的参数

i	1	2	3	4	5	6	7	8	9	10	11	12	13	14	15
$t_{最小值}(i)$ [s]	0.64	0.90	1.27	1.80	2.55	3.60	5.09	7.20	10.18	14.40	20.36	28.80	40.73	57.60	81.46
$t_{最大值}(i)$ [s]	0.78	1.10	1.56	2.20	3.11	4.40	6.22	8.80	12.45	17.60	24.89	35.20	49.78	70.40	99.56

测试步骤 k	0	1
指令 (k)	直接电弧功率控制（0）	进入场景 0

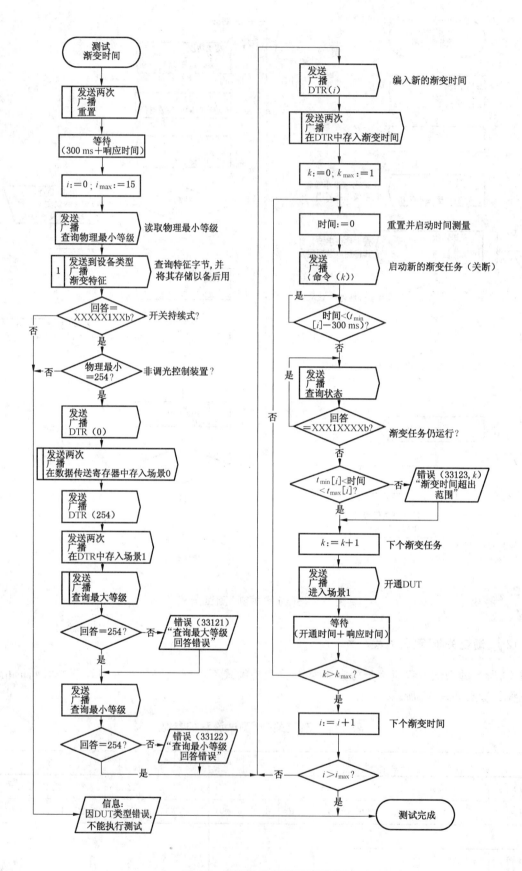

图 10 "渐变关断"测试流程

12.4 "物理地址分配"测试流程

图 11 所示的测试流程应用于通过 DUT 物理选择方法来检查一个可选择、可编程的短地址。

注：应急控制器的物理选择应依据制造商的技术文档。

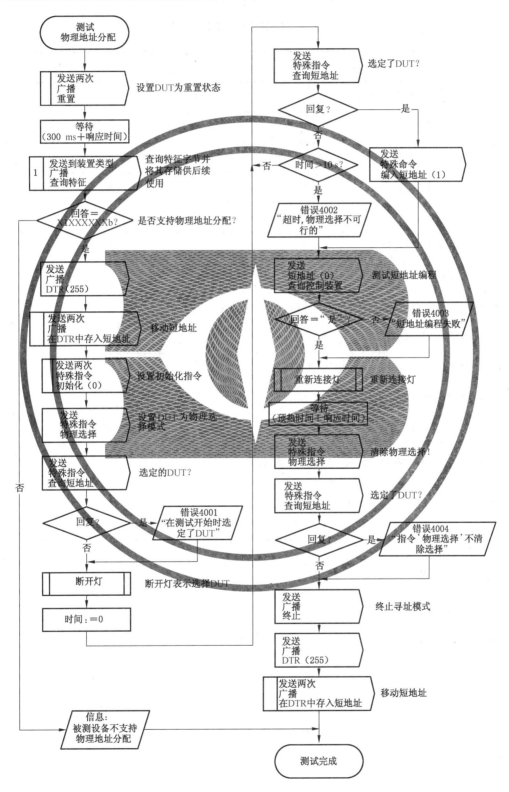

图 11 "物理地址分配"测试流程

12.6 "查询和预留指令"测试流程

按照 GB/T 30104.102—2013 中 12.6 的测试流程要求,并有如下例外:

依据应急控制装置的类型,应按照表 12 中列出的测试流程要求。

表 12 "查询和预留指令"测试流程列表

测试流程	应急控制装置的类型			
	A	B	C	D
12.6.1.1 "查询设备类型"测试流程	×	×	×	×
12.6.1.2 "查询灯故障"测试流程	×	×	×	—
12.6.1.3 "查询灯上电"测试流程	×	×	×	—
12.6.1.4 "查询限值错误"测试流程	×	—	—	—
12.6.1.5 "查询电源故障"测试流程	×	×	—	—
12.6.1.6 "查询状态:转换器正常"测试流程	—	—	—	—
12.6.1.7 "查询状态:渐变在运行"测试流程	×	—	—	—
12.6.2.1 "为将来需要而保留:标准指令"测试流程	×	×	×	×
12.6.2.2 "为将来需要而保留:应用扩展指令"测试流程	×	×	×	×
12.6.2.3 "为将来需要而保留:特殊指令 1"测试流程	×	×	×	×
12.6.2.4 "为将来需要而保留:特殊指令 2"测试流程	×	×	×	×

A:开关型持续式可调光控制装置(物理最小等级<254)。

B:开关型持续式不可调光控制装置(物理最小等级=254)。

C:持续式应急控制装置。

D:非持续式应急控制装置。

12.6.1 "查询"测试流程

12.6.1.3 "查询灯上电"测试流程

图 12 所示的测试流程应用于检查"查询灯上电"指令。

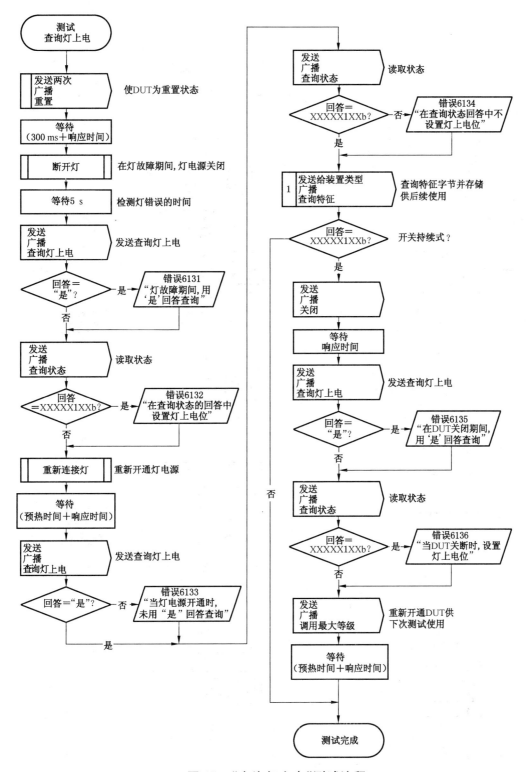

图 12 "查询灯上电"测试流程

12.7 "设备类型 1 应用扩展指令"测试流程

12.7.1 "应用扩展控制指令"测试流程

12.7.1.1 "休止"测试流程

图 13 所示的测试流程应用于检查指令 224"休止"和指令 226"重新亮灯/重置抑制"的正确功能,以

及指令 250"查询应急模式"的回答的标志位。

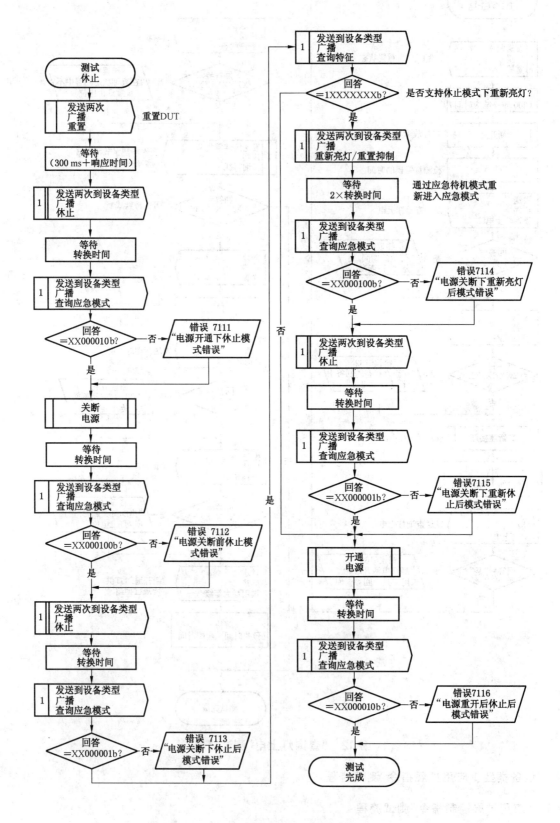

图 13 "休止"测试流程

12.7.1.2 "抑制"测试流程

图 14 所示的测试流程应用于检查抑制模式的激活和重置、15 min 的间隔、指令 250"查询应急模式"的回答的标志位和"应急状态"的"抑制模式"位。测试流程参数如表 13 所示。

表 13 "抑制"测试流程参数

测试步骤 i	〈时间 1(i)〉	〈时间 2(i)〉	〈测试 1 (i)〉	〈测试 2 (i)〉	〈测试 3 (i)〉
0	13 min	4 min	XXXXXXX0b	XX000100b	XXXXXXX0b
1	5 s	1 s	XXXXXXX1b	XX000001b	XXXXXXX1b
2	5 s	1 s	XXXXXXX1b	XX000001b	XXXXXXX1b
3	5 s	1 s	XXXXXXX1b	XX000100b	XXXXXXX0b

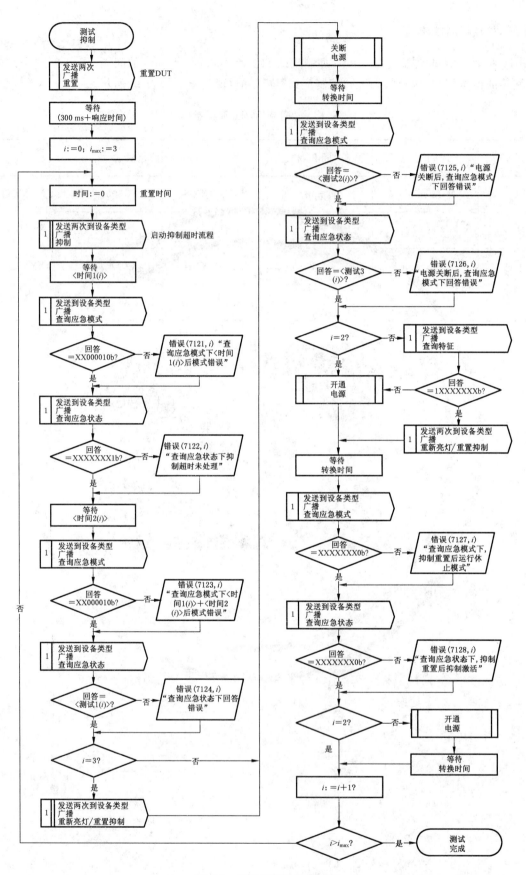

图 14 "抑制"测试流程

12.7.1.3 "启动/停止功能测试"测试流程

图 15 所示测试流程应用于检查指令 227"启动功能测试"和指令 229"停止测试"以及相关状态位。

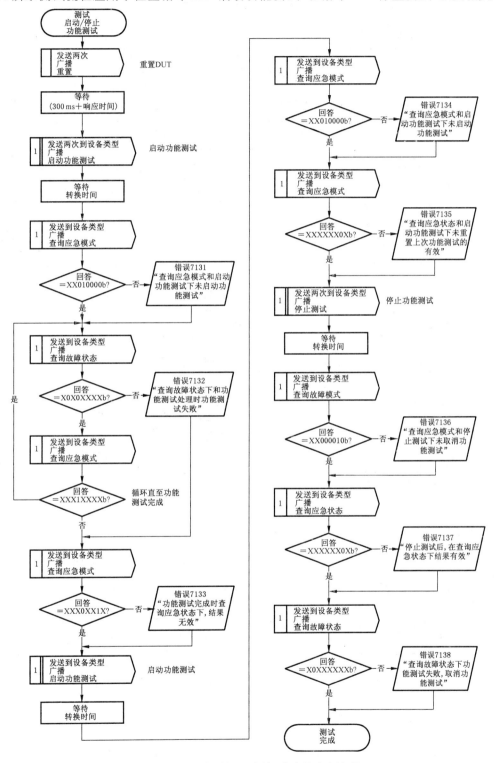

图 15 "启动/停止功能测试"测试流程

12.7.1.4 "功能测试故障"测试流程

图 16 所示测试流程应用于检查"故障状态"(指令 252)的"电路故障"、"电池故障"、"功能测试失

效"的位,"状态"(指令 144)的"控制装置状态"位和"灯故障"位,以及指令 230"重置功能测试已完成标志"。测试流程参数如表 14 所示。

表 14 "功能测试故障"测试流程参数

测试步骤 i	〈行动 1(i)〉	〈行动 2(i)〉	〈测试 1(i)〉	〈测试 2(i)〉	〈测试 3(i)〉
0	断开灯	重新接通灯	X1XX1XXXb	XXXXXX10b	XXXXXX10b
1	断开电池	重新接通电池	X1XXX1XXb	XXXXXX11b	XXXXXX01b
2	根据制造商建议,施加电路故障	清除电路故障	X1XXXXX1b	XXXXXXX1b	XXXXXX01b

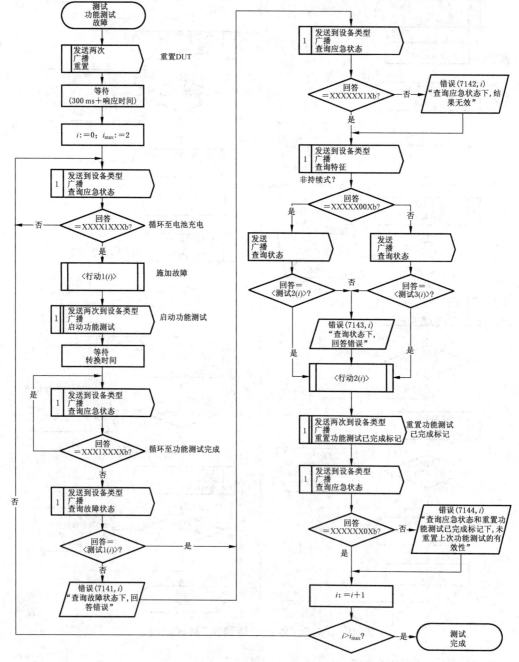

图 16 "功能测试故障"测试流程

12.7.1.5 "功能测试要求待定"测试流程

图 17 所示的测试流程用于检查应急状态的"功能测试要求待定"位,指令 250"查询应急模式"和故障状态的"功能测试最大延迟超期"位。测试流程参数如表 15 所示。

表 15 "功能测试请求待定"测试流程参数

测试步骤 i	〈行动 1(i)〉	〈行动 2(i)〉	〈时间(i)〉	〈测试 1(i)〉	〈测试 2(i)〉	〈测试 3(i)〉	〈测试 4(i)〉
0	无	关断电源	5 s	XX000100b	XXX1XX0Xb	XXX0XXXXb	X0X0XXXXb
1	无	关断电源	17 min	XX000100b	XXX1XX0Xb	X0X1XXXXb	X0X1XXXXb
2	关断电源	无	5 s	XX000100b	XXX1XX0Xb	X0X1XXXXb	X0X0XXXXb
3	关断电源	断开灯	17 min	XX000100b	XXX1XX0Xb	X0X1XXXXb	X1X1XXXXb
4	重新接通灯	无	100 ms	XX010000b	XXX0XX0Xb	X1X1XXXXb	X0X0XXXXb

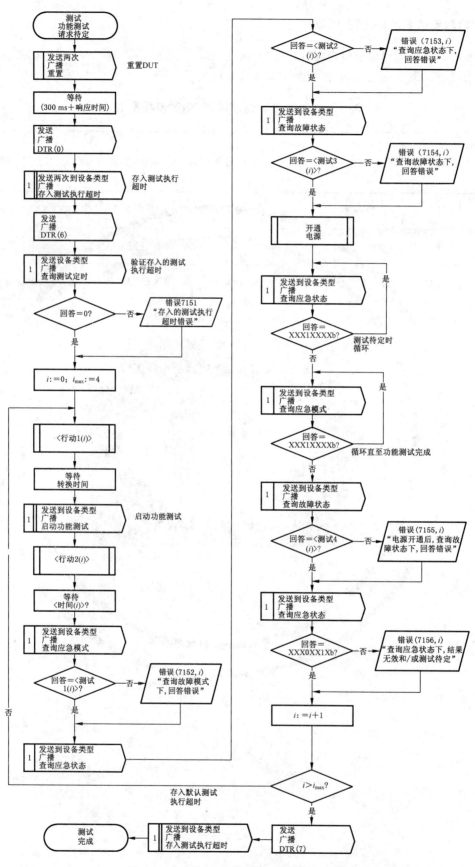

图 17 "功能测试请求待定"测试流程

12.7.1.6 "启动/停止持续时间测试"测试流程

图 18 所示的测试流程应用于检查指令 228"启动持续时间测试"、指令 229"停止测试"、指令 243 "查询持续时间测试结果"和指令 249"查询额定持续时间"及相关状态位。

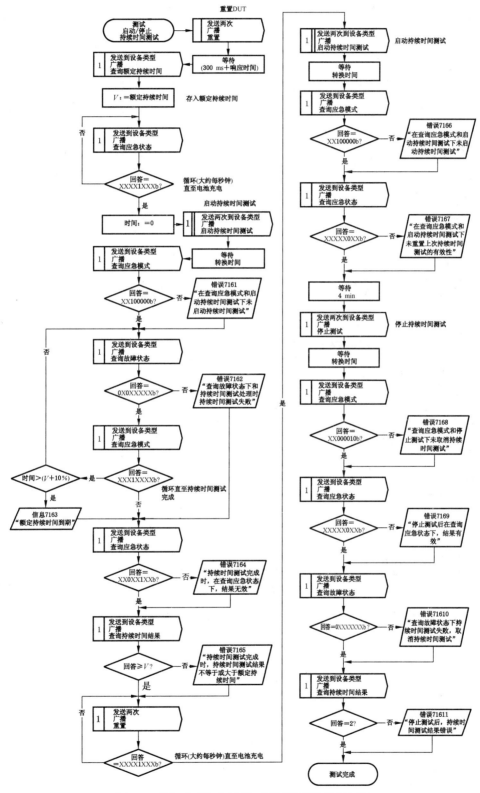

图 18 "启动/停止持续时间测试"测试流程

12.7.1.7 "持续时间测试故障"测试流程

图 19 所示测试流程应用于检查指令 243"查询持续时间测试结果"、故障状态(指令 252)的"电池持续时间故障"和"持续时间测试失效"位;状态(指令 144)的"控制装置状态"位,以及指令 231"重置持续时间测试完成标志"。

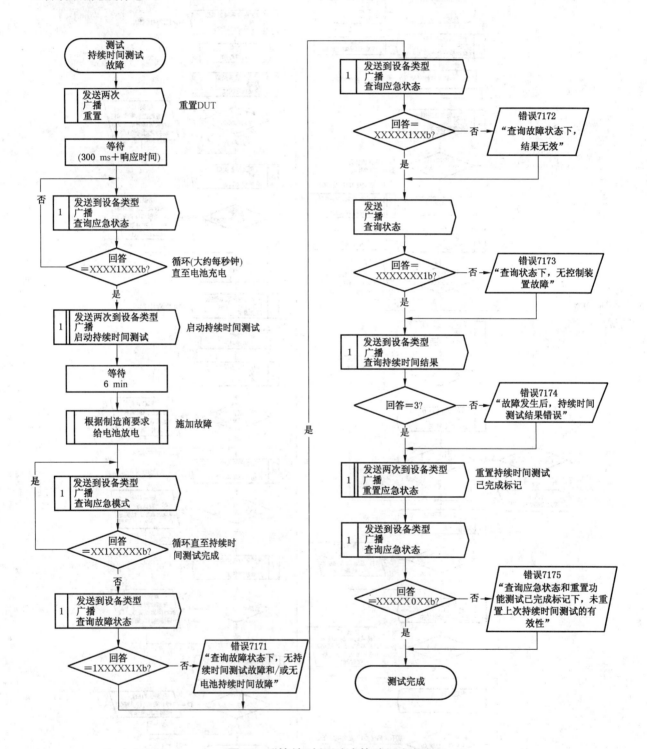

图 19 "持续时间测试故障"测试流程

12.7.1.8 "持续时间测试请求待定"测试流程

图 20 所示的测试流程应用于检查应急状态的"持续时间测试请求待定"位,指令 250 的回答和故障状态的"持续时间测试最大延迟超时"的位。测试流程参数见表 16。

表 16 "持续时间测试请求待定"测试流程的参数

步骤 i	〈行动 1(i)〉	〈行动 2(i)〉	〈时间(i)〉	〈测试 1(i)〉	〈测试 2(i)〉	〈测试 3(i)〉	〈测试 4(i)〉
0	关断电源	无	17 min	XX000100b	XX1XX0XXb	XX1XXXXXb	0X1XXXXXb
1	无	关断电源	转换时间	XX000100b	XX1XX0XXb	0X1XXXXXb	0X0XXXXXb

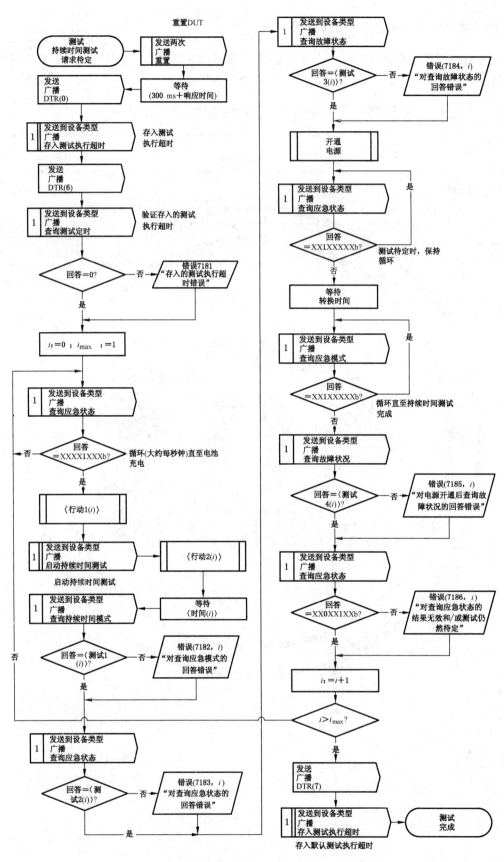

图 20 "持续时间测试请求待定"测试流程

12.7.1.9 "并行测试"测试流程

图 21 所示测试流程,应用于检查在持续时间测试运行的同时尝试启动一个功能测试(反之亦然)的正确动作。测试应急状态、故障状态、应急模式相关的位。测试流程参数如表 17 所示。

表 17 "并行测试"测试流程参数

测试步骤 i	0	1
〈行动 1(i)〉	启动持续时间测试	启动持续时间测试
〈行动 2(i)〉	启动功能测试	启动功能测试
〈测试 1(i)〉	XX100000b	XX010000b
〈测试 2(i)〉	XX01X0XXb	XX10X00Xb
〈测试 3(i)〉	XXXXXXXXb	00X1XXXXb
〈测试 4(i)〉	XXX1XXXXb	XX1XXXXXb
〈测试 5(i)〉	XXX1XXXXb	XX1XXXXXb
〈测试 6(i)〉	00X1XXXXb	00X0XXXXb

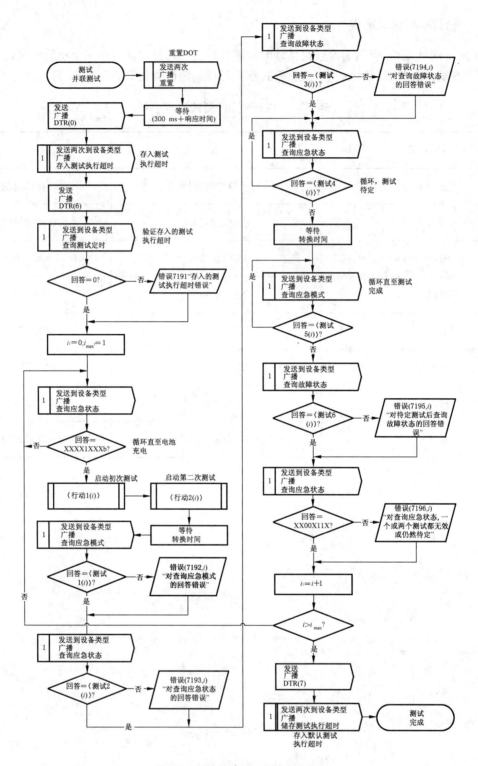

图 21 "并行测试"测试流程

12.7.1.10 "灯定时器"测试流程

图 22 所示测试流程应用于检测指令 232"重置灯计时"、指令 244"查询灯应急时间"、指令 245"查询灯总工作时间"以及"应急模式"位。

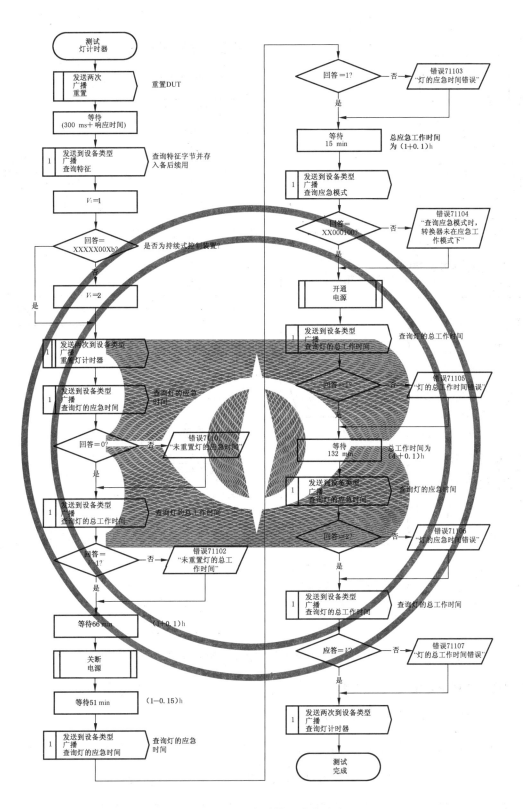

图 22 "灯计时器"测试流程

12.7.1.11 "停止待定测试"测试流程

图23测试流程应用于检查指令229"停止测试"是否取消一个待定的功能测试和待定的持续时间测试。

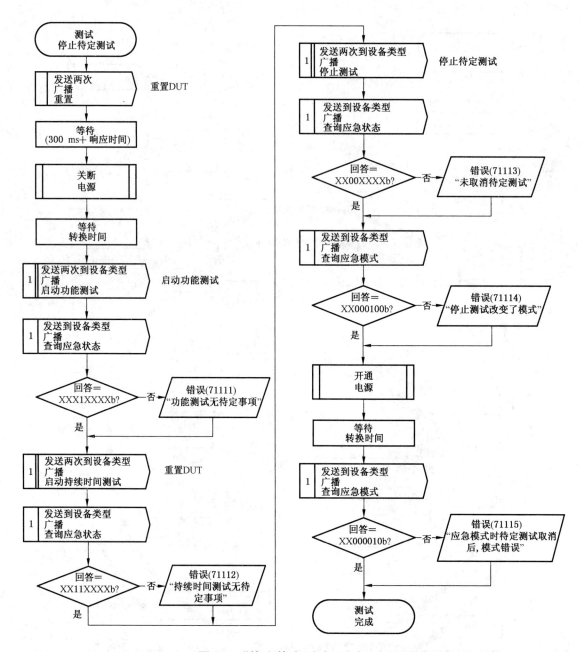

图 23　"停止待定测试"测试流程

12.7.2　"应用扩展配置指令"测试流程

12.7.2.1　"在 DTR 存入应急等级"测试流程

图 24 测试流程应用于检查正确配置、执行和查询"应急等级"。测试流程参数如表 18 所示。

表 18　"在 DTR 存入应急等级"测试流程参数

测试步骤 i	〈值(i)〉	〈等级(i)〉
0	(应急最小等级＋应急最大等级)/2	(应急最小等级＋应急最大等级)/2
1	0	应急最小等级
2	应急最大等级＋1	应急最大等级
3	应急最小等级－1	应急最小等级
4	应急等级（默认）	应急等级

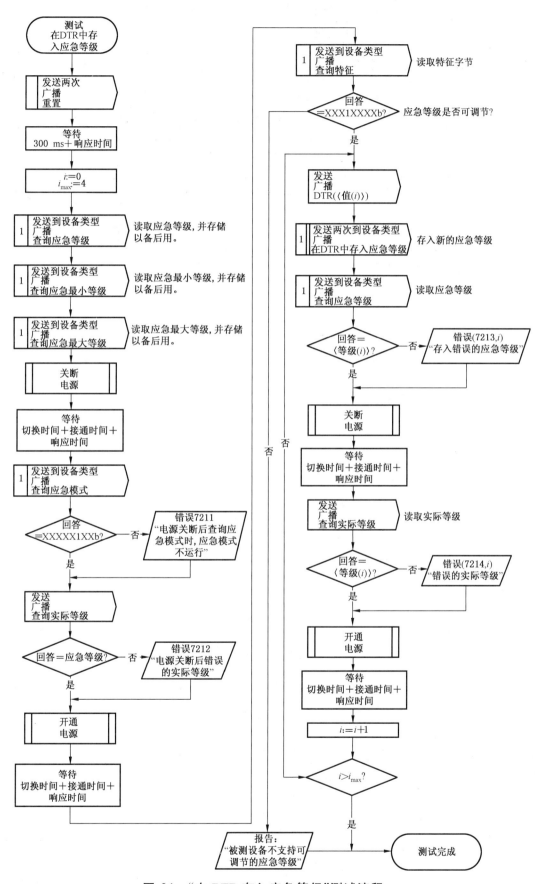

图 24 "在 DTR 存入应急等级"测试流程

12.7.2.2 "应急等级 vs.最小/最大"测试流程

图 25 所示测试流程用于检查正确配置、执行和查询应急等级,考虑基本部分的最小等级和最大等级。测试流程参数如表 19 所示。

表 19 "应急等级.最小/最大"测试流程参数

测试步骤 i	〈值 1(i)〉	〈值 2(i)〉	〈值 3(i)〉	〈等级(i)〉
0	应急等级+1	254	应急等级	应急等级
1	物理最小	应急等级−1	应急等级	应急等级
2	应急等级	254	应急等级−1	应急等级−1
3	物理最小	应急等级	应急等级+1	应急等级+1

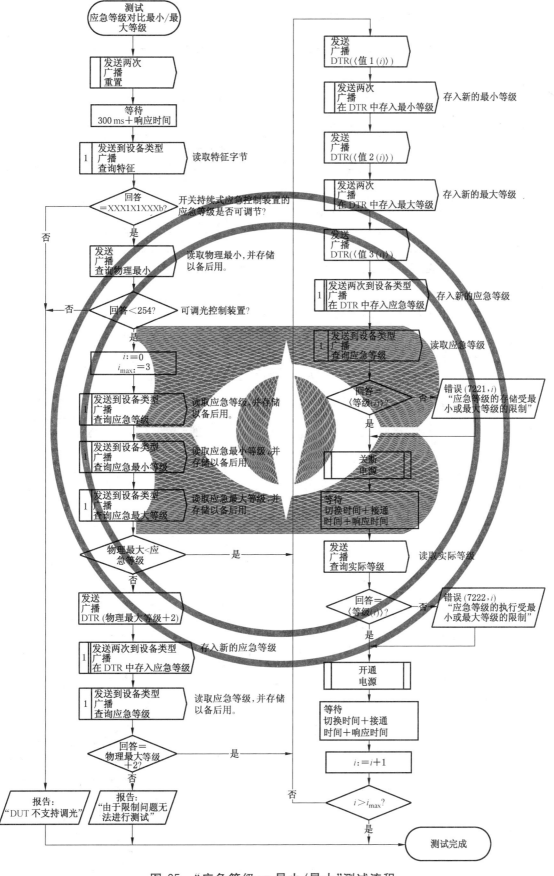

图 25　"应急等级 vs.最小/最大"测试流程

12.7.2.3 "存入测试定时"测试流程

图 26 所示测试流程应用于对自动功能测试、持续时间测试的延迟时间和测试间隔进行配置、查询的检查。测试流程参数如表 20 所示。

表 20 "存入测试定时"测试流程参数

测试步骤 i	〈数据 1(i)〉	〈数据 3(i)〉	〈数据 4(i)〉	〈数据 5(i)〉
0	1	50	0	255
1	255	1	200	50
2	50	255	1	1
3	100	7	100	52

测试步骤 k	〈数据 2(k)〉
0	00000000b
1	00000001b
2	00000010b
3	00000011b

测试步骤 m	〈数据 6(m)〉
0	00000000b
1	00000001b
2	00000010b
3	00000011b
4	00000100b
5	00000101b

测试步骤 k,i	〈测试 1(k,i)〉	〈测试 2(k,i)〉	
0,0	≠1	≠1	a
1,0	≠1	≠1	a
2,0	≠1	≠1	a
3,0	≠1	≠1	a
0,1	1	1	b
1,1	1	1	b
2,1	0	1	b
3,1	1	1	b
0,2	255	255	b
1,2	255	255	b
2,2	200	255	b
3,2	255	255	b
0,3	50	50	b
1,3	50	50	b
2,3	1	50	b
3,3	50	50	b

测试步骤 m,i	〈测试 3(m,i)〉	〈测试 4(m,i)〉
0,0	1	1
1,0	1	1
2,0	0	1
3,0	1	1
4,0	50	1
5,0	97	1
0,1	255	255
1,1	255	255
2,1	200	255
3,1	255	255
4,1	1	255
5,1	50	255
0,2	50	50
1,2	50	50
2,2	1	50
3,2	50	50
4,2	255	50
5,2	1	50
0,3	100	100
1,3	100	100
2,3	100	100
3,3	100	100
4,3	7	100
5,3	52	100

a 因控制装置工作时间未知,所以值未知。

b 存储的上一次延迟。

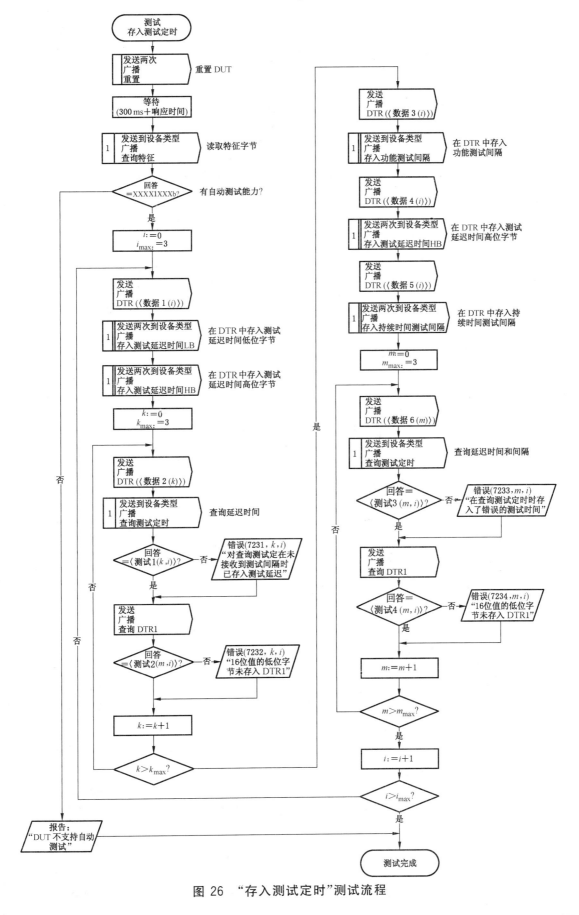

图 26 "存入测试定时"测试流程

12.7.2.4 "执行自动测试"测试流程

图 27 所示测试流程应用于检查自动功能测试和持续时间测试的执行。测试流程参数如表 21 所示。

表 21 "执行自动测试"测试流程参数

测试步骤 i	〈数据 1(i)〉	〈指令(i)〉
0	0	在 DTR 中存入延迟时间高位字节
1	2	在 DTR 中存入延迟时间低位字节
2	7	存入功能测试间隔
3	3	在 DTR 中存入延迟时间低位字节
4	52	存入持续时间测试间隔

测试步骤 m	〈时间(m)〉
0	13 min
1	4 min

a 在开始,DTR1 值未知。

测试步骤 k,m	〈数据 2(k,m)〉	〈测试 1(k,m)〉	〈测试 2(k,m)〉
0,0	0	n^{a}	0
1,0	1	2	2
2,0	2	2	0
3,0	3	3	3
0,1	0	3	0
1,1	1	1	1
2,1	2	1	0
3,1	3	2	2

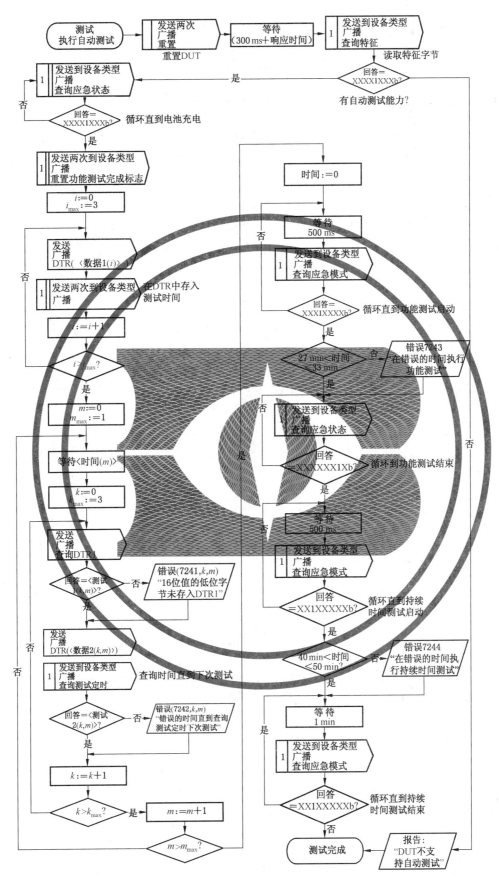

图 27 "执行自动测试"测试流程

12.7.2.5 "存入测试执行超时"测试流程

图 28 所示测试序流程应用于检查测试执行超时配置、查询。测试流程参数如表 22 所示。

表 22 "存入测试执行超时"测试流程参数

测试步骤 i	〈数据(i)〉	〈测试(i)〉
0	1	1
1	255	255
2	0	0
3	7	7

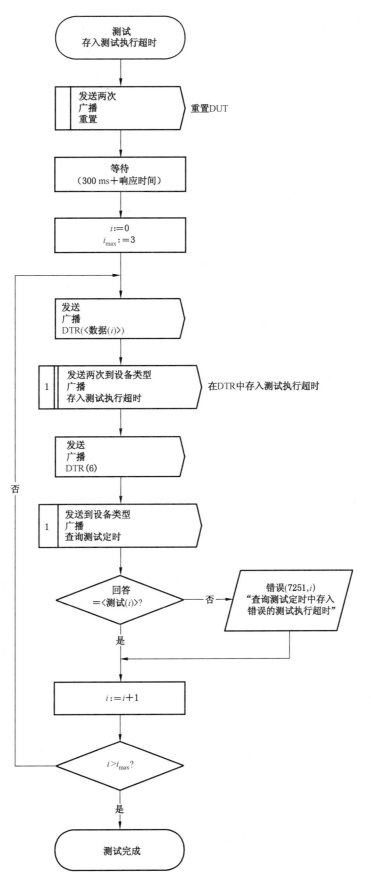

图 28 "存入测试执行超时"测试流程

12.7.2.6 "存入延长时间"测试流程

图 29 所示测试流程用于检查延长时间的配置、查询和正确定时。测试流程参数如表 23 所示。

表 23 "存入延长时间"测试流程参数

测试步骤 i	〈数据(i)〉	〈测试(i)〉
0	1	1
1	255	255
2	0	0
3	4	4

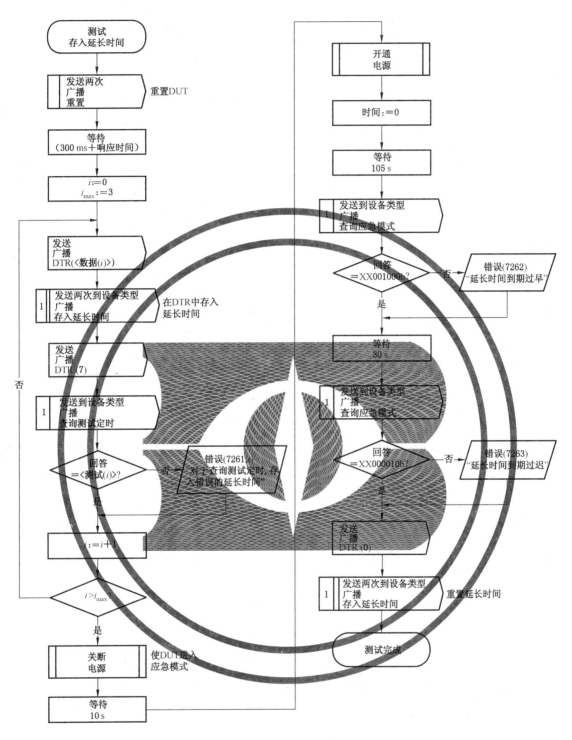

图 29 "存入延长时间"测试流程

12.7.2.7 "启动鉴别"测试流程

图 30 所示测试流程应用于检查指令 240"启动鉴别"正确功能,以及应急状态下相关标志"鉴别激活"。

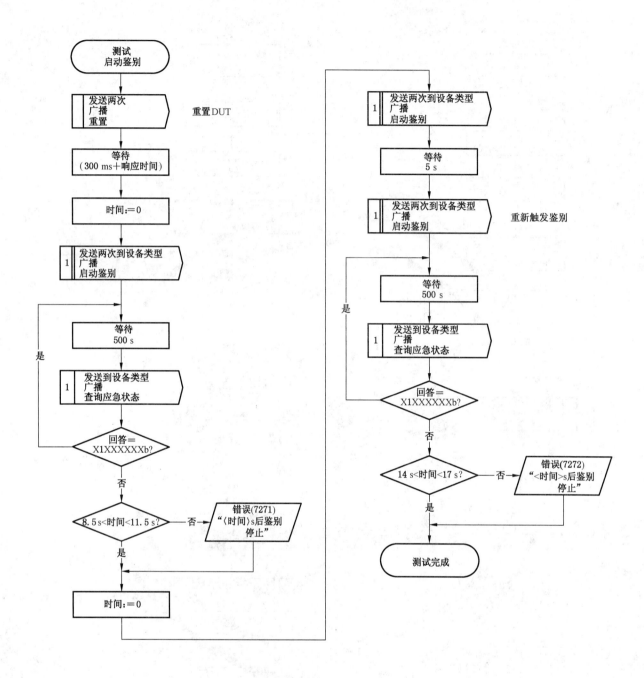

图 30　"启动鉴别"测试流程

12.7.2.8　"接口故障"测试流程

图 31 测试流程用于检查接口故障的正确动作。当 DUT 处于应急模式,系统故障等级不应违反应急等级。

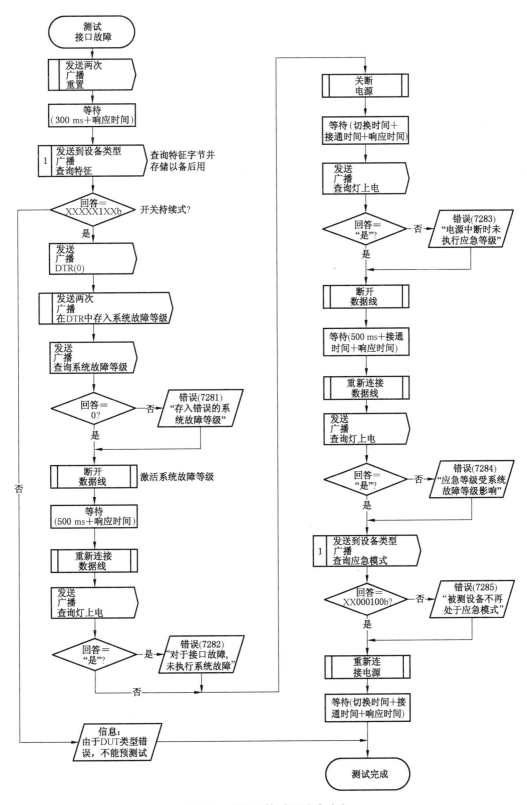

图 31 "接口故障"测试流程

12.7.3 "应用扩展查询指令"测试流程

12.7.3.1 "查询电池充电"测试流程

图 32 所示的测试流程应用于检查指令"查询电池充电"和"应急状态"的"电池充满电"标志。

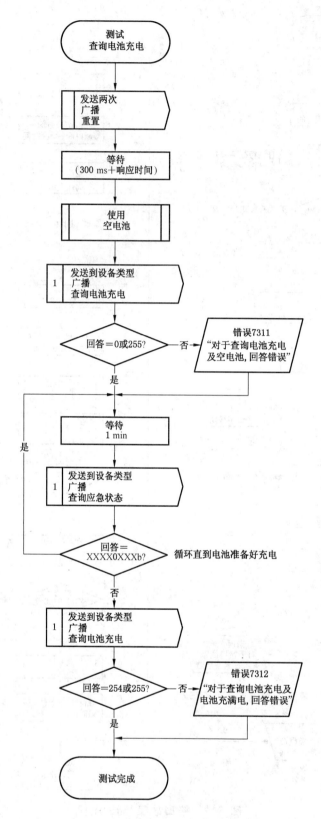

图 32 "查询电池充电"测试流程

12.7.3.2 "查询布线型抑制"测试流程

图 33 所示测试流程应用于检查"应急模式"的布线型抑制激活标志。

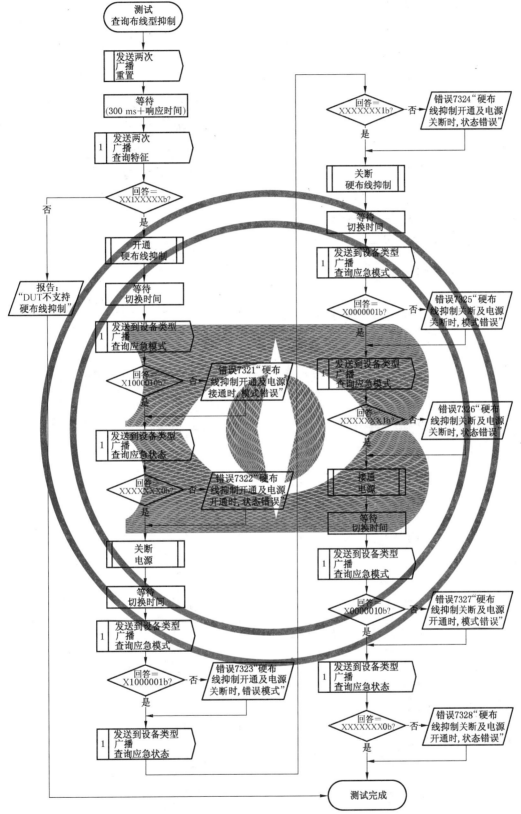

图 33 "查询布线型抑制"测试流程

12.7.3.3 "查询布线型开关式电源"测试流程

图 34 所示测试流程应用于检查"布线型开关式电源上电"的正确功能,以及应急模式的相关标志。

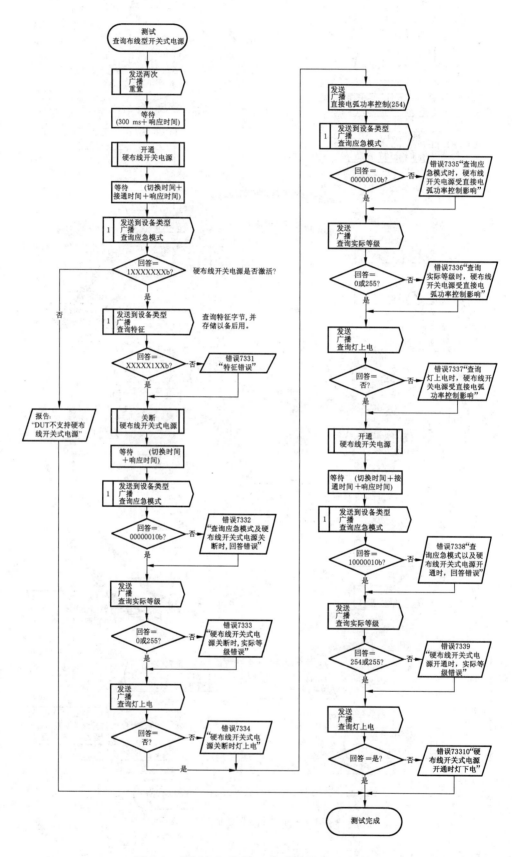

图 34 "查询布线型开关式电源"测试流程

12.7.3.4 "查询物理选择"测试流程

如图 35 所示测试流程应用于检查应急状态下"物理选择"的标志位。

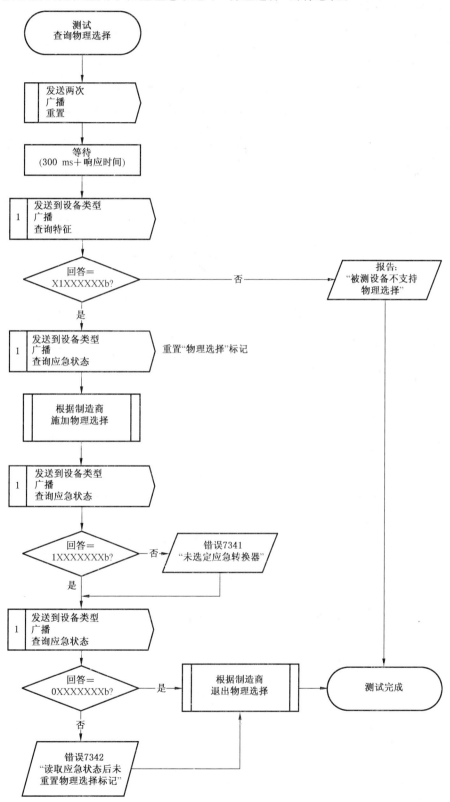

图 35 "查询物理选择"测试流程

12.7.4 "应用扩展指令序列"测试流程

12.7.4.1 "休止:应用扩展指令序列"测试流程

图 36 所示的测试流程应用于检查应用扩展指令序列"休止"("启用设备类型 1"后的指令,100 ms 间隔,其他中间指令)的正确功能。测试流程参数如表 24 所示。

表 24 "休止:应用扩展指令序列"测试流程参数

测试步骤 i	〈地址(i)〉	〈测试 1(i)〉	〈测试 2(i)〉
0	广播	是(255)	XX000100b
1	组 1	无	XX000001b
2	短地址 5	无	XXXXX001b

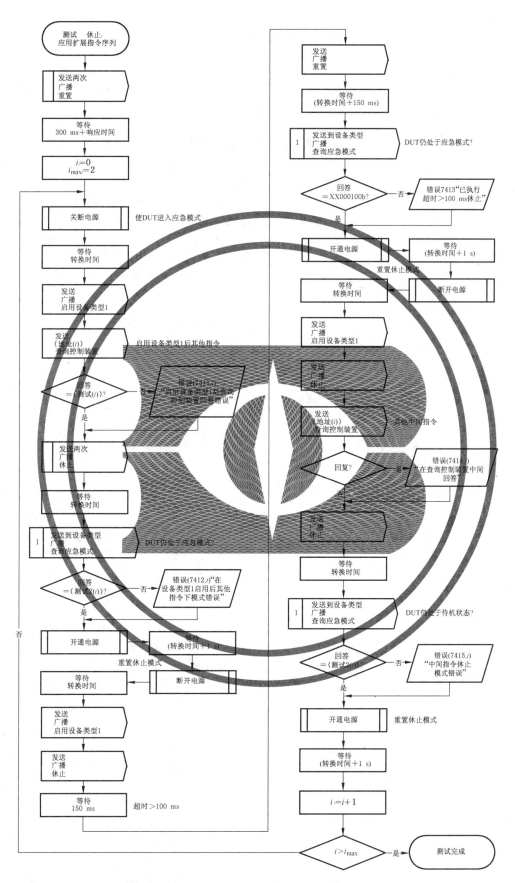

图 36 "休止:应用扩展指令序列"测试流程

12.7.4.2 "抑制和测试：应用扩展指令序列"测试流程

图 37 所示测试流程应用于检查应用扩展指令序列"抑制"、"重新亮灯/重置抑制"、"启动功能测试"、"启动持续时间测试"、"停止测试"（"启用设备类型 1"后的指令，100 ms 超时，其他中间指令）的正确功能。测试流程参数如表 25 所示。

表 25 "抑制和测试：应用扩展指令序列"测试流程参数

测试步骤 i	〈地址(i)〉	〈测试 1(i)〉	〈测试 2(i)〉	〈测试 3(i)〉	〈测试 4(i)〉
0	广播	是(255)	XXXXXXX0b	XXXXXXX0b	—
1	组 1	无	XXXXXXX1b	XXXXXXX0b	—
2	短地址 5	无	XXXXXXX1b	XXXXXXX0b	—
3	广播	是(255)	XXXXXXX1b	XXXXXXX1b	—
4	组 1	无	XXXXXXX0b	XXXXXXX1b	—
5	短地址 5	无	XXXXXXX0b	XXXXXXX1b	—
6	广播	是(255)	XX000010b	XX000010b	—
7	组 1	无	XX010000b	XX000010b	—
8	短地址 5	无	XX010000b	XX000010b	—
9	广播	是(255)	XX010000b	XX010000b	—
10	组 1	无	XX000010b	XX010000b	—
11	短地址 5	无	XX000010b	XX010000b	—
12	广播	是(255)	XX000010b	XX000010b	XX0XXXXXb
13	组 1	无	XX100000b	XX000010b	XX1XXXXXb
14	短地址 5	无	XX100000b	XX000010b	XX1XXXXXb

测试步骤 i	〈指令 1(i)〉	〈指令 2(i)〉	〈指令 3(i)〉
0	重新亮灯/重置抑制	抑制	查询应急状态
1	重新亮灯/重置抑制	抑制	查询应急状态
2	重新亮灯/重置抑制	抑制	查询应急状态
3	抑制	重新亮灯/重置抑制	查询应急状态
4	抑制	重新亮灯/重置抑制	查询应急状态
5	抑制	重新亮灯/重置抑制	查询应急状态
6	停止测试	启动功能测试	查询应急模式
7	停止测试	启动功能测试	查询应急模式
8	停止测试	启动功能测试	查询应急模式
9	启动功能测试	停止测试	查询应急模式
10	启动功能测试	停止测试	查询应急模式
11	启动功能测试	停止测试	查询应急模式
12	停止测试	启动持续时间测试	查询应急模式
13	停止测试	启动持续时间测试	查询应急模式
14	停止测试	启动持续时间测试	查询应急模式

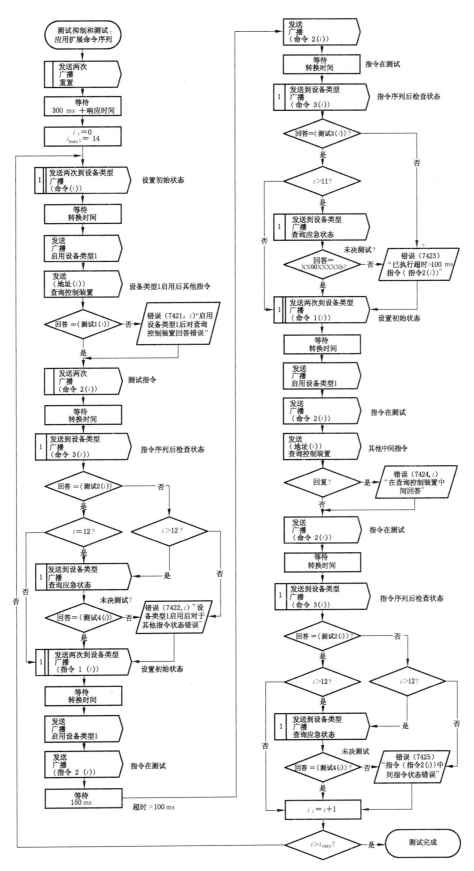

图 37 "抑制和测试：应用扩展指令序列"测试流程

12.7.4.3 "重置功能完成标志:应用扩展指令序列"测试流程

图38所示测试序列用于检查应用扩展指令序列"重置功能测试完成标志"("启用设备类型1"后的指令,100 ms超时,其他中间指令)的正确功能。测试流程参数如表26所示。

表 26 "重置功能完成标志:应用扩展指令序列"测试流程参数

测试步骤 i	〈地址(i)〉	〈测试 1(i)〉	〈测试 2(i)〉
0	广播	是(255)	XXXXXX1Xb
1	组 1	无	XXXXXX0Xb
2	短地址 5	无	XXXXXX0Xb

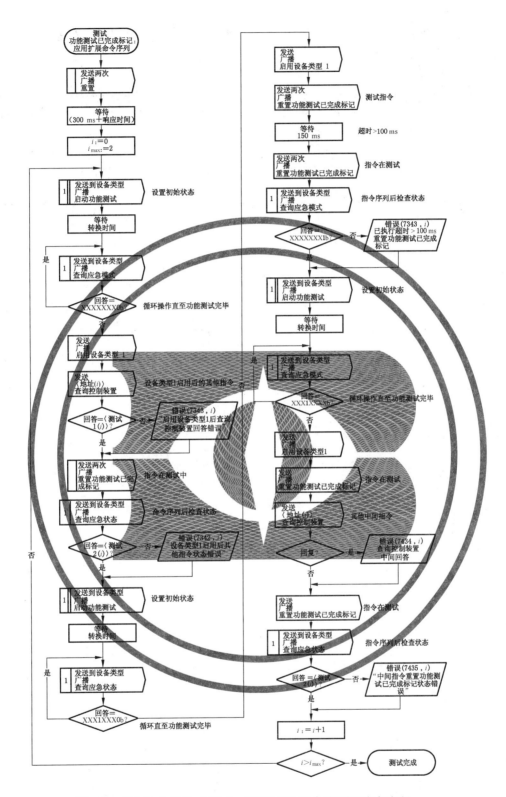

图 38 "重置功能完成标志：应用扩展指令序列"测试流程

12.7.4.4 "重置持续时间测试完成标志：应用扩展指令序列"测试流程

图 39 所示测试流程应用于检查应用扩展指令序列"重置持续时间测试完成标志"（"启用设备类型1"后的指令，100 ms超时，其他中间指令）的正确功能。测试流程参数如表27所示。

表 27 "重置持续时间测试完成标志:应用扩展指令序列"测试流程参数

测试步骤 i	〈地址(i)〉	〈测试 1(i)〉	〈测试 2(i)〉
0	广播	是(255)	XXXXX1XXb
1	组 1	无	XXXXX0XXb
2	短地址 5	无	XXXXX0XXb

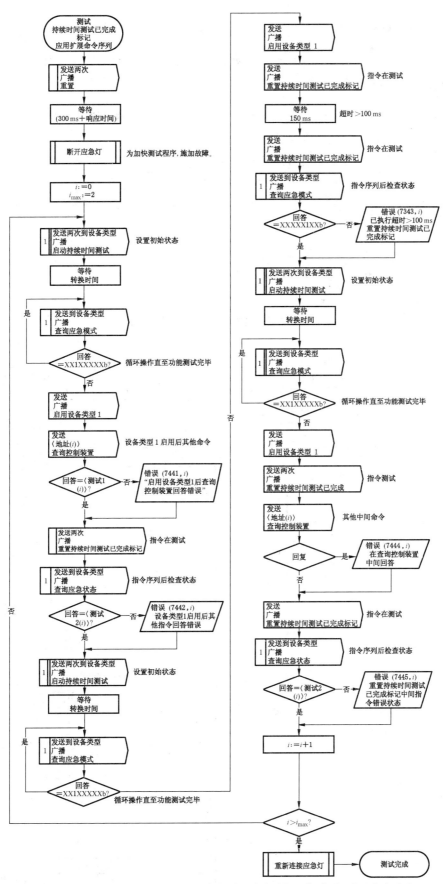

图 39 "重置持续时间测试完成标志:应用扩展指令序列"测试流程

12.7.4.5 "配置:启用设备类型 1 后的其他指令"测试流程

图 40 所示测试流程应用于检查应用扩展配置指令序列及"启用设备类型 1"后的其他指令的正确功能。测试流程参数如表 28 所示。

表 28 "配置:启用设备类型 1 后的其他指令"测试流程参数

测试步骤 k	〈指令(k)〉
0	存入测试延迟时间高位字节
1	存入测试延迟时间低位字节
2	存入功能测试间隔
3	存入持续时间测试间隔
4	存入测试执行超时
5	存入延长时间
6	在 DTR 中存入应急等级

测试步骤 i	〈地址(i)〉	〈地址 1(i)〉
0	广播	是(255)
1	组 1	无
2	短地址 5	无

测试步骤 m	〈指令(m)〉	〈数据 2(m)〉	〈错误文本(m)〉
0	查询测试计时	0	存入测试延迟时间高位字节
1	查询测试计时	1	存入测试延迟时间低位字节
2	查询测试计时	2	存入测试延迟时间高位字节
3	查询测试计时	3	存入测试延迟时间低位字节
4	查询测试计时	4	存入功能测试间隔
5	查询测试计时	5	存入持续时间测试间隔
6	查询测试计时	6	存入测试执行超时
7	查询测试计时	7	存入延长时间
8	查询应急等级	7	在 DTR 中存入应急等级

测试步骤(k,i)	〈数据 1(k,i)〉
0,0	2
1,0	2
2,0	2
3,0	2
4,0	2
5,0	2
6,0	应急最大等级
0,1	2
1,1	2
2,1	2
3,1	2
4,1	2
5,1	2
6,1	应急最大等级
0,2	3
1,2	3
2,2	3
3,2	3
4,2	3
5,2	3
6,2	应急最小等级

测试步骤(m,i)	〈测试 2(m,i)〉
0,0	1
1,0	1
2,0	1
3,0	1
4,0	1
5,0	1
6,0	1
7,0	1
8,0	应急最小等级
0,1	2
1,1	2
2,1	2
3,1	2
4,1	2
5,1	2
6,1	2
7,1	2
8,1	应急最大等级
0,2	3
1,2	3
2,2	3
3,2	3
4,2	3
5,2	3
6,2	3
7,2	3
8,2	应急最小等级

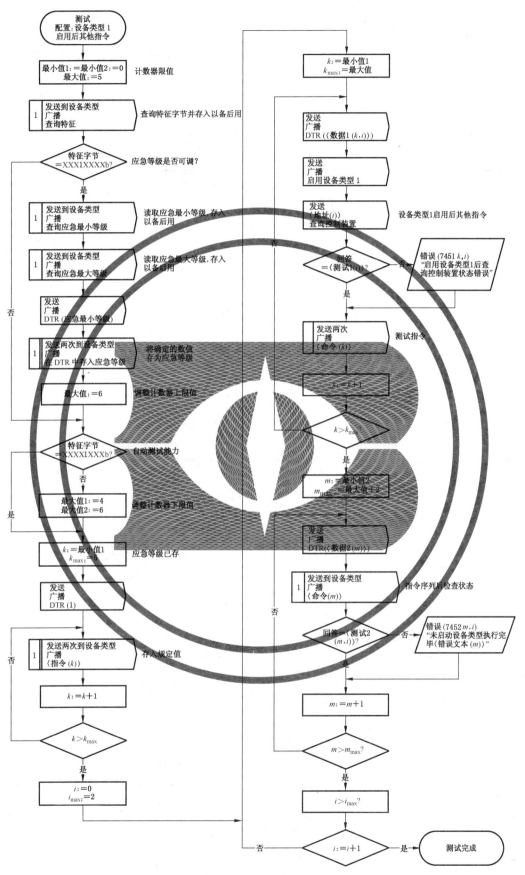

图 40 "配置:启用设备类型 1 后的其他指令"测试流程

12.7.4.6 "配置:100 ms 间隔"测试流程

图 41 所示测试流程应用于检查一个间隔内发送两个配置指令的应用扩展配置指令流程其正确功能。测试流程参数如表 29 所示。

表 29 "配置:100 ms 间隔"测试流程参数

测试步骤 k	〈指令(k)〉	〈数据 1(k)〉
0	存入测试延迟时间高位字节	2
1	存入测试延迟时间低位字节	2
2	存入功能测试间隔	2
3	存入持续时间测试间隔	2
4	存入测试执行超时	2
5	存入延长时间	2
6	在 DTR 中存入应急等级	应急最大等级

测试步骤 m	〈指令(m)〉	〈数据 2(m)〉	〈测试(m)〉	〈错误文本(m)〉
0	查询测试定时	0	1	存入测试延迟时间高位字节
1	查询测试定时	1	1	存入测试延迟时间低位字节
2	查询测试定时	2	1	存入测试延迟时间高位字节
3	查询测试定时	3	1	存入测试延迟时间低位字节
4	查询测试定时	4	1	存入功能测试间隔
5	查询测试定时	5	1	存入持续时间测试间隔
6	查询测试定时	6	1	存入测试执行超时
7	查询测试定时	7	1	存入延长时间
8	查询应急等级	7	应急最小等级	在 DTR 中存入应急等级

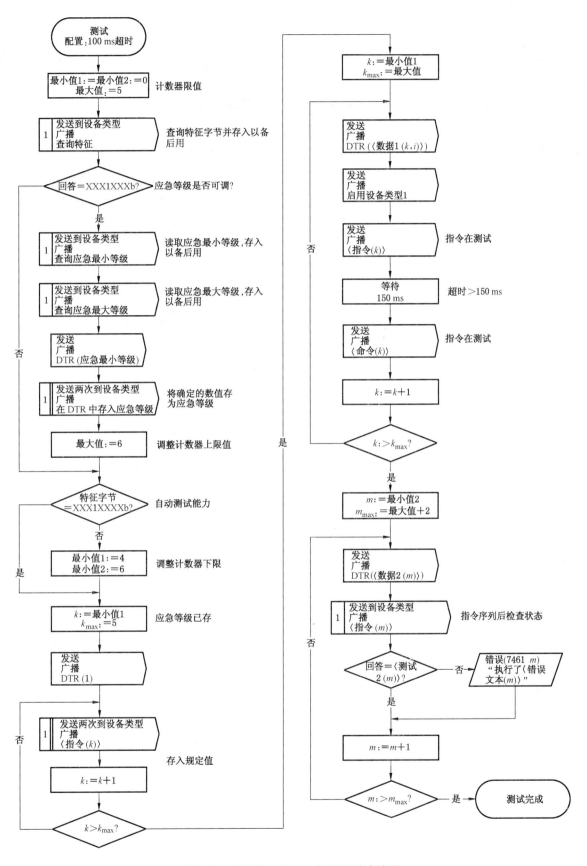

图 41 "配置:100 ms 间隔"测试流程

12.7.4.7 "配置:中间指令"测试流程

图 42 所示测试流程应用于检查应用扩展配置流程(另一个指令在这两个配置指令之间)的正确功能。测试流程参数如表 30 所示。

表 30 "配置:中间指令"测试流程参数

测试步骤 k	〈指令(k)〉
0	存入测试延迟时间高位字节
1	存入测试延迟时间低位字节
2	存入功能测试间隔
3	存入持续时间测试间隔
4	存入测试执行超时
5	存入延长时间
6	在 DTR 中存入应急等级

测试步骤 1	〈地址(i)〉	〈测试 1(i)〉
0	广播	是(255)
1	组 1	无
2	短地址 5	无

测试步骤 m	〈指令(m)〉	〈数据 2(m)〉	〈错误文本(m)〉
0	查询测定定时	0	存入测试延迟时间高位字节
1	查询测定定时	1	存入测试延迟时间低位字节
2	查询测定定时	2	存入测试延迟时间高位字节
3	查询测定定时	3	存入测试延迟时间低位字节
4	查询测定定时	4	存入功能测试间隔
5	查询测定定时	5	存入持续时间测试间隔
6	查询测定定时	6	存入测试执行超时
7	查询测定定时	7	存入延长时间
8	查询应急等级	7	在 DTR 中存入应急等级

测试步骤(k,i)	〈数据(k,i)〉
0,0	2
1,0	2
2,0	2
3,0	2
4,0	2
5,0	2
6,0	应急最大等级
0,1	2
1,1	2
2,1	2
3,1	2
4,1	2
5,1	2
6,1	应急最大等级
0,2	3
1,2	3
2,2	3
3,2	3
4,2	3
5,2	3
6,2	应急最小等级

测试步骤(m,i)	〈测试 1(i)〉
0,0	1
1,0	1
2,0	1
3,0	1
4,0	1
5,0	1
6,0	1
7,0	1
8,0	应急最小等级
0,1	2
1,1	2
2,1	2
3,1	2
4,1	2
5,1	2
6,1	2
7,1	2
8,1	应急最大等级
0,2	3
1,2	3
2,2	3
3,2	3
4,2	3
5,2	3
6,2	3
7,2	3
8,2	应急最小等级

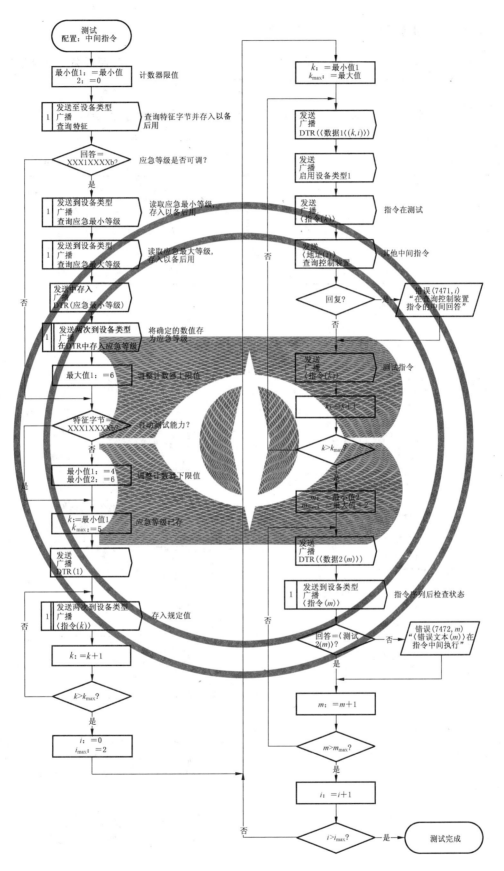

图 42 "配置:中间指令"测试流程

12.7.4.8 "查询:启用设备类型 1 后的其他指令"测试流程

图 43 所示测试流程应用于检查应用扩展查询指令(带有另一个介于"启用设备类型 1"与应用扩展查询指令之间的指令)的正确功能。测试流程参数如表 31 所示。

表 31 "查询:启用设备类型 1 后的其他指令"测试流程参数

测试步骤 i	〈地址(i)〉	〈测试 1(i)〉	〈测试 2(i)〉
0	广播	是(255)	无回答
1	组 1	无	回复
2	短地址 5	无	回复

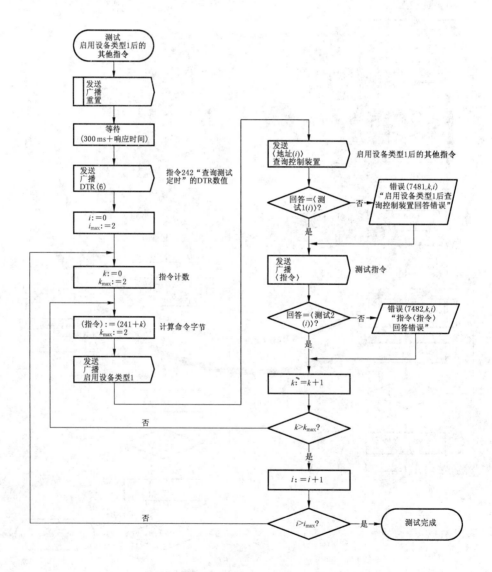

图 43 "查询:启用设备类型 1 后的其他指令"测试流程

12.7.4.9 "启动鉴别:应用扩展指令流程"测试流程

图 44 所示测试流程应用于检查应用扩展指令流程"启动鉴别"（介于"启用设备类型 1"和"启动鉴别"之间的指令，100 ms 间隔，其他指令在这两个应用扩展指令之间）的正确功能。测试流程参数如表 32 所示。

表 32 "启动鉴别:应用扩展指令序列"测试流程参数

测试步骤 i	〈地址(i)〉	〈测试 1(i)〉	〈测试 2(i)〉
0	广播	是(255)	X0XXXXXXb
1	组 1	无	X1XXXXXXb
2	短地址 5	无	X1XXXXXXb

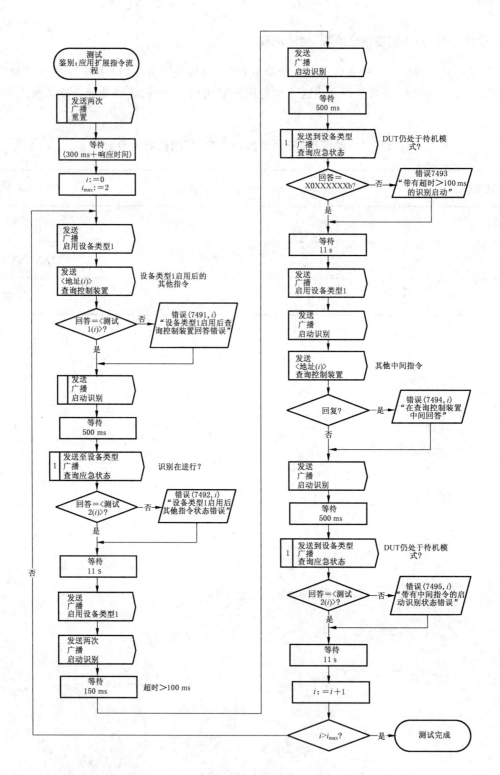

图 44 "启动鉴别:应用扩展指令流程"测试流程

12.7.5 "应用扩展杂类"测试流程

12.7.5.1 "扩展重置"测试流程

图 45 所示测试流程应用于检查应用扩展参数的重置。测试流程参数如表 33 所示。

注：取决于应急转换器的类型,一些参数可忽略。

表 33 "扩展重置"测试流程参数

k	〈指令(k)〉
0	存入测试延迟时间高位字节
1	存入测试延迟时间低位字节
2	存入功能测试间隔
3	存入持续时间测试间隔
4	存入测试执行超时
5	存入延长时间
6	在 DTR 中存入应急等级

m	〈指令(m)〉	〈测试(m)〉	〈错误文本(m)〉
0	查询测试定时	1	功能测试延迟时间高位字节
1	查询测试定时	1	功能测试延迟时间低位字节
2	查询测试定时	1	持续时间测试延迟时间高位字节
3	查询测试定时	1	持续时间测试延迟时间低位字节
4	查询测试定时	1	功能测试间隔
5	查询测试定时	1	持续时间测试间隔
6	查询测试定时	1	测试执行超时
7	查询测试定时	1	延长时间
8	查询应急等级	应急最小等级	应急等级

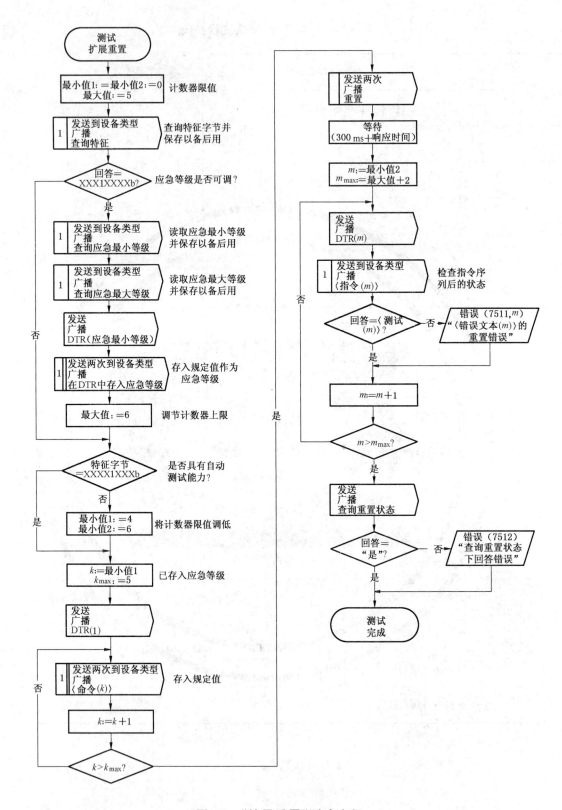

图 45 "扩展重置"测试流程

12.7.5.2 "扩展固定存储器"测试流程

图 46 所示测试流程应用于检查应用扩展参数的固定存储器。测试流程参数如表 34 所示。

表 34 "扩展固定存储器"测试流程参数

k	〈指令(k)〉
0	存入测试延迟时间高位字节
1	存入测试延迟时间低位字节
2	存入功能测试间隔
3	存入持续时间测试间隔
4	存入测试执行超时
5	存入延长时间
6	在DTR中存入应急等级

m	〈指令(m)〉	〈测试(m)〉	〈错误文本(m)〉
0	查询测试定时	1	功能测试延迟时间高位字节
1	查询测试定时	1	功能测试延迟时间低位字节
2	查询测试定时	1	持续时间测试延迟时间高位字节
3	查询测试定时	1	持续时间测试延迟时间低位字节
4	查询测试定时	1	功能测试间隔
5	查询测试定时	1	持续时间测试间隔
6	查询测试定时	1	测试执行超时
7	查询测试定时	1	延长时间
8	查询应急等级	应急最小等级	应急等级

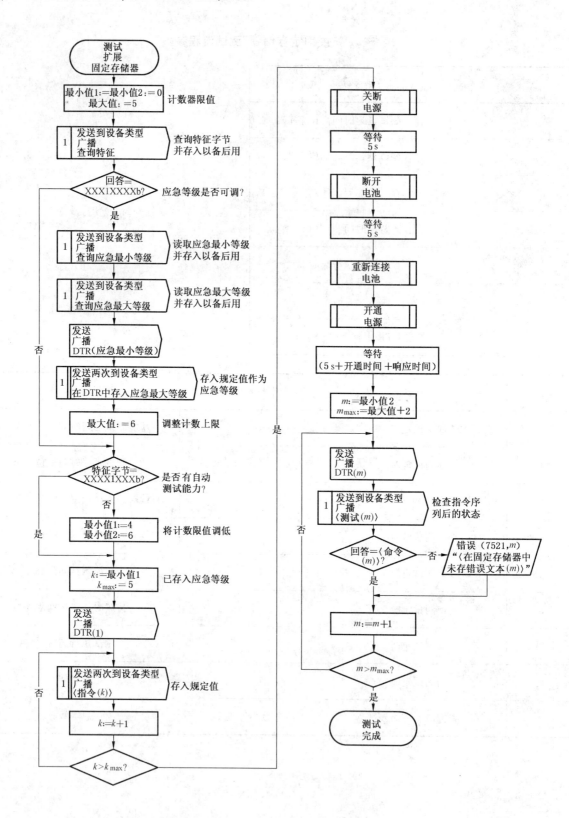

图 46 "扩展固定存储器"测试流程

12.7.5.3 "恢复出厂设置"测试流程

如图 47 所示的测试流程应用于检查出厂默认值的恢复。测试流程参数如表 35 所示。

表 35 "恢复出厂设置"测试流程参数

k	〈指令(k)〉
0	存入测试延迟时间高位字节
1	存入测试延迟时间低位字节
2	存入功能测试间隔
3	存入持续时间测试间隔
4	存入测试执行超时
5	存入延长时间
6	在 DTR 中存入应急等级

m	〈指令(m)〉	$i=1$〈测试(m)〉	$i=2$〈测试(m)〉	〈错误文本(m)〉
0	查询测试定时	1	0	功能测试延迟时间高位字节
1	查询测试定时	1	0	功能测试延迟时间低位字节
2	查询测试定时	1	0	持续时间测试延迟时间高位字节
3	查询测试定时	1	0	持续时间测试延迟时间低位字节
4	查询测试定时	1	7	功能测试间隔
5	查询测试定时	1	52	持续时间测试间隔
6	查询测试定时	1	7	测试执行超时
7	查询测试定时	1	0	延长时间
8	查询持续时间测试结果	≥ 0	0	持续时间测试结果
9	查询灯的应急时间	≥ 1	0	灯的应急时间
10	查询灯的总工作时间	≥ 1	0	灯的总工作时间
11	查询应急等级	应急最小等级	应急最大等级	应急等级

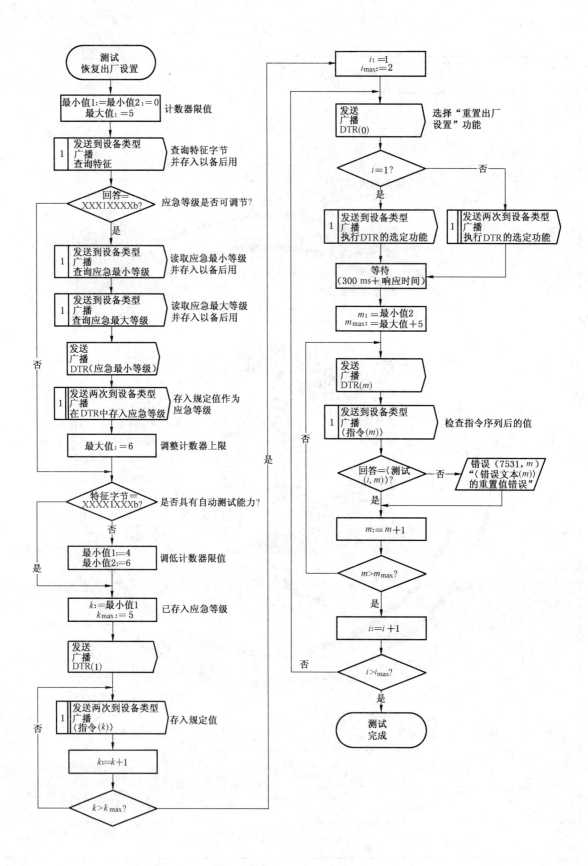

图 47 "恢复出厂设置"测试流程

12.7.5.4 "预留DTR选择功能值"测试流程

图 48 所示测试流程应用于检查 DTR 选择功能的预留值。

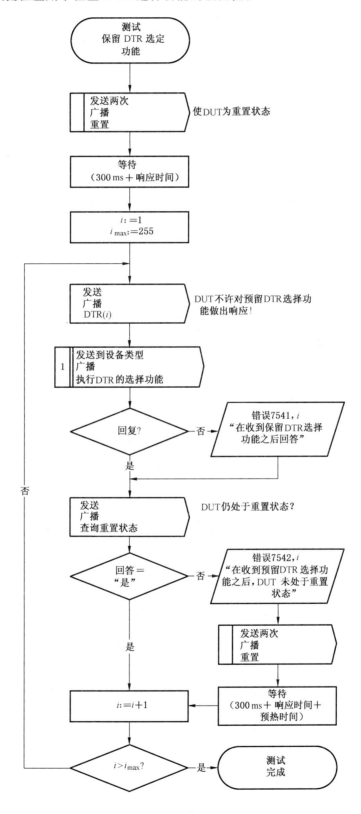

图 48 "预留 DTR 选择功能值"测试流程

12.7.6 标准应用扩展指令

12.7.6.1 "查询扩展版本号"测试流程

图49所示测试流程应用于为指令272"启用设备类型X"中所有可能的X值检测指令255"查询扩展版本号"。

注：一个属于多种设备类型的控制装置仍需回答其值不为1的X查询。

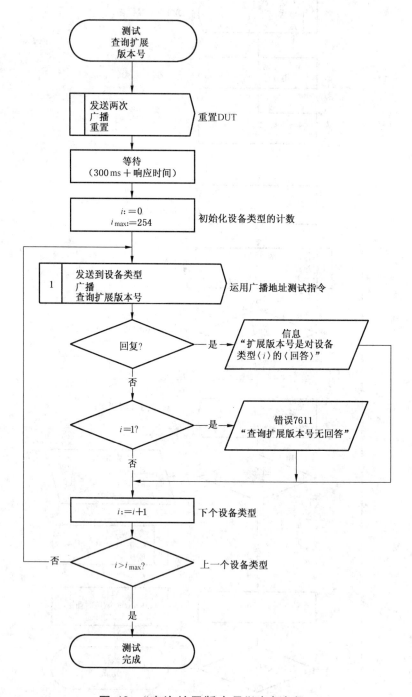

图 49 "查询扩展版本号"测试流程

附　录　A
（资料性附录）
实　　例

按照 GB/T 30104.102—2013 中 A.1～A.4 的要求，并有如下例外：
附加条款：

A.5　执行一个功能测试和持续时间测试

根据应急标准（例如 IEC 62034），应急设备应能执行功能测试和持续时间测试。

测试是由指令 227"启动功能测试"/228"启动持续时间测试"启动，或由内置自动测试功能实现自启动。

如果一个测试在运行，将会在"应急模式"下的信息位（bit 4 和 bit 5）标志。

如果一个测试结束且结果有效，将会在"应急模式"（bit 1 和 bit 2）标志。测试结果显示在"故障状态"（bit 6 和 bit 7）。

测试结果和有效值保持不变，直到一个新的测试执行；启动一个新的测试将"应急模式"的有效值 bit 1 和 bit 2 位重置；"故障状态"的 bit 6 和 bit 7 只能在有效测试结束后更新。

一个正在运行的测试在收到指令 229"停止测试"时将被取消。在这种情况下，"应急状态"的 bit 1 和 bit 2 将被置 0（测试未完成），同时"故障状态"的 bit 6 和 bit 7 保持不变。

如果一个测试不能启动，或者被一个应急情况（电源故障）打断，测试将延迟，直到电池重新充电。"应急状态"的 bit 4 和 bit 5 显示一个等待中的测试。"应急模式"信息字节的 bit 4 和 bit 5 位保持为 0，直到测试执行。如果在同一时间有另一个测试已经运行，该测试也会被延迟。

如果一个测试在最大延迟时间内不能执行，根据指令 238"存入测试执行间隔"的定义，将会在"故障状态"（bit 4 和 bit 5）有显示。该状态将保持不变，直到下一个非等待测试执行，而且测试结果有效。如图 A.1 所示。

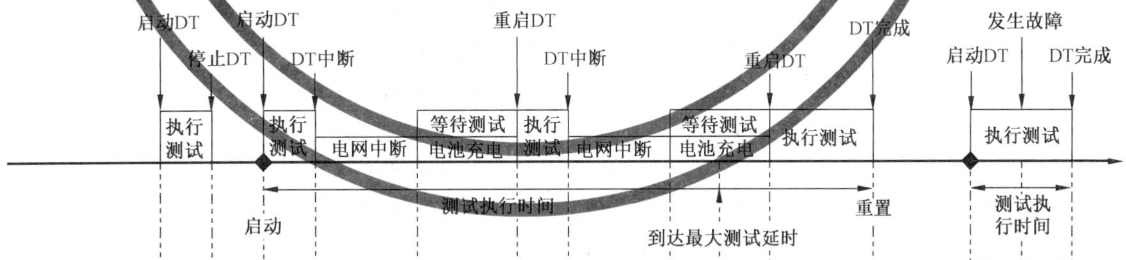

应急模式，位5	0	1	0	1	0	0	1	0	0	0	1	0	1	1	0
应急状态，位2	X	0	0	0	0	0	0	0	0	0	0	1	0	0	1
应急状态，位5	0	0	0	0	1	1	0	1	1	1	0	0	0	0	0
故障状态，位5	X	X	X	X	X	X	X	X	X	1	1	1	1	1	0
故障状态，位7	X	X	X	X	X	X	X	X	X	X	X	0	0	1	1

说明：

DT ——持续时间测试

X ——不变

◆ ——此时，应完成一个持续时间测试

图 A.1　持续时间测试流程实例

A.6 存入/设置测试时间表

功能测试和持续时间测试的测试间隔可以配置。图 A.2 显示了一个典型的功能测试和持续时间测试时间表的定时程序。

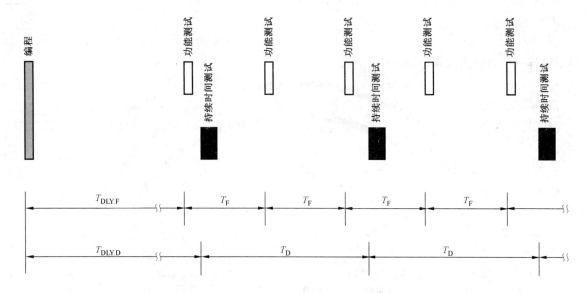

说明：

$T_{DLY,F}$——功能测试延迟时间；

$T_{DLY,D}$——持续时间测试延迟时间；

T_F ——功能测试间隔；

T_D ——持续时间测试间隔。

图 A.2 功能测试和持续时间测试定时程序

a) 功能测试时间表配置步骤如下：
  1) 用指令 257"数据移位寄存器"发送功能测试延迟时间高字节；
  2) 用指令 234"存入测试延迟时间高字节"存储发送值；
  3) 用指令 257"数据移位寄存器"发送功能测试延迟时间低字节；
  4) 用指令 235"存入测试延迟时间低字节"存储发送值；
  5) 用指令 257"数据移位寄存器"发送功能测试间隔值；
  6) 用指令 236"存入功能测试间隔"存储功能测试间隔值。

b) 持续时间测试时间表配置步骤如下：
  1) 用指令 257"数据移位寄存器"发送持续时间测试延迟时间高字节；
  2) 用指令 234"存入测试延迟时间高字节"存储发送值；
  3) 用指令 257"数据移位寄存器"发送持续时间测试延迟时间低字节；
  4) 用指令 235"存入测试延迟时间低字节"存储发送值；
  5) 用指令 257"数据移位寄存器"发送持续时间测试间隔值；
  6) 用指令 237"存入持续时间测试间隔"存储持续时间测试间隔值。

A.7 故障状态

自测试会导致故障显示。可能产生的故障有：灯故障、电池故障、电路故障以及在特定时间内不能执行测试。

有些测试是连续完成的,其他测试有特定的间隔:功能测试,例如,一周一次;持续时间测试,例如,一年两次。用户可以设置间隔。如果有功能测试检测到任何故障,将会以'功能测试失败'标出。故障出现时,持续时间测试检测标志为'持续时间测试失败'。

A.8 应急状态

执行一个功能测试或持续时间测试后,将会设置一个测试完成标志和结果,使控制器记下测试已经执行完毕。然后需要用指令 230 和指令 231 进行重置。间隔自测试定时器或一个指令发出启动测试请求。测试请求等待标志反应了一个测试不能立即完成的情况。

该情况可举例说明,例如,电池电量不足、电源故障。

参 考 文 献

[1] IEC 60598-1 Luminaires—Part 1:General requirements and tests

[2] IEC 60669-2-1 Switches for household and similar fixed electrical installations—Part 2-1:Particular requirements—Electronic switches

[3] IEC 60921 Ballasts for tubular fluorescent lamps—Performance requirements

[4] IEC 60923 Auxiliaries for lamps-Ballasts for discharge lamps (excluding tubular fluorescent lamps)—Performance requirements

[5] IEC 60925 D.C.supplied electronic ballasts for tubular fluorescent lamps—Performance requirements

[6] IEC 60929 A.C.-supplied electronic ballasts for tubular fluorescent lamps—Performance requirements

[7] IEC 61347-1 Lamp controlgear—Part 1:General and safety requirements

[8] IEC 61347-2-3 Lamp controlgear—Part 2-3:Particular requirements for a.c.supplied electronic ballasts for fluorescent lamps

[9] IEC 61547 Equipment for general lighting purposes—EMC immunity requirements

[10] CISPR 15 Limits and methods of measurement of radio disturbance characteristics of electrical lighting and similar equipment

[11] GS1 "General Specification:Global Trade Item Number",Version 7.0,published by the GS1,Avenue Louise 326;BE-1050 Brussels;Belgium;and GS1,1009 Lenox Drive,Suite 202,Lawrenceville,New Jersey,08648 USA.

ICS 29.140.50;29.140.99
K 74

中华人民共和国国家标准

GB/T 30104.203—2013/IEC 62386-203:2009

数字可寻址照明接口

第 203 部分：控制装置的特殊要求

放电灯（荧光灯除外）（设备类型 2）

Digital addressable lighting interface—

Part 203:Particular requirements for control gear—

Discharge lamps（excluding fluorescent lamps）（device type 2）

（IEC 62386-203:2009,IDT）

2013-12-17 发布

2014-11-01 实施

中华人民共和国国家质量监督检验检疫总局
中国国家标准化管理委员会 发布

前　言

GB/T 30104《数字可寻址照明接口》分为 13 个部分：
——第 101 部分：一般要求　系统；
——第 102 部分：一般要求　控制装置；
——第 103 部分：一般要求　控制设备；
——第 201 部分：控制装置的特殊要求　荧光灯(设备类型 0)；
——第 202 部分：控制装置的特殊要求　自容式应急照明(设备类型 1)；
——第 203 部分：控制装置的特殊要求　放电灯(荧光灯除外)(设备类型 2)；
——第 204 部分：控制装置的特殊要求　低压卤钨灯(设备类型 3)；
——第 205 部分：控制装置的特殊要求　白炽灯电源电压控制器(设备类型 4)；
——第 206 部分：控制装置的特殊要求　数字信号转换成直流电压(设备类型 5)；
——第 207 部分：控制装置的特殊要求　LED 模块(设备类型 6)；
——第 208 部分：控制装置的特殊要求　开关功能(设备类型 7)；
——第 209 部分：控制装置的特殊要求　颜色控制(设备类型 8)；
——第 210 部分：控制装置的特殊要求　程序装置(设备类型 9)。

本部分为 GB/T 30104 的第 203 部分。

本部分按照 GB/T 1.1—2009 和 GB/T 20000.2—2009 给出的规则起草。

本部分使用翻译法等同采用 IEC 62386-203:2009《数字可寻址照明接口　第 203 部分：控制装置的特殊要求　放电灯(荧光灯除外)(设备类型 2)》。

本部分由中国轻工业联合会提出。

本部分由全国照明电器标准化技术委员会(SAC/TC 224)归口。

本部分起草单位：福建源光亚明电器有限公司、佛山市华全电气照明有限公司、佛山市中照光电科技有限公司、上海亚明灯泡厂有限公司、中山市古镇生产力促进中心、北京电光源研究所。

本部分主要起草人：陈和平、张和泉、区志杨、柯柏权、徐小良、杨国政、江姗、赵秀荣、段彦芳。

引　言

本部分将与 GB/T 30104.101 和 GB/T 30104.102 同时出版。将 GB/T 30104 分为几部分单独出版便于将来修正和修订。如有需要,将添加附加要求。

引用 GB/T 30104.101 或 GB/T 30104.102 内的任何条款时,本部分和组成 GB/T 30104.2×× 系列的其他部分明确规定了条款的适用范围和测试的进行顺序。如有必要,本部分也包括附加要求。组成 GB/T 30104.2×× 系列的所有部分都是独立的,因此不包含彼此之间的引用。

GB/T 30104.101 或 GB/T 30104.102 的任何条款的要求在本部分中以"按照 GB/T 30104.101 第'n'章的要求"的句子形式引用,该句子可解释为涉及的第 101 部分或第 102 部分的条款的所有要求均适用,但不适用于第 203 部分包含的特定类型灯的控制装置除外。

除非另有说明,本部分中使用的数字均为十进制。十六进制数字采用 0xVV 的格式,其中 VV 为数值。二进制数字采用 XXXXXXXXb 或 XXXX XXXX 的格式,其中 X 为 0 或 1;"x"在二进制中表示"不作考虑"。

数字可寻址照明接口
第203部分：控制装置的特殊要求
放电灯（荧光灯除外）（设备类型2）

1 范围

GB/T 30104 的本部分规定了使用交流或者直流电源供电的放电灯用（不含荧光灯）控制装置采用数字信号进行控制的协议及测试流程。

注：本部分中的试验为型式试验，不包括生产过程中单个控制装置的测试要求。

2 规范性引用文件

下列文件对于本文件的应用是必不可少的。凡是注日期的引用文件，仅注日期的版本适用于本文件。凡是不注日期的引用文件，其最新版本（包括所有的修改单）适用于本文件。

GB/T 30104.101—2013 数字可寻址照明接口 第101部分：一般要求 系统（IEC 62386-101：2009）

GB/T 30104.102—2013 数字可寻址照明接口 第102部分：一般要求 控制装置（IEC 62386-102：2009）

3 术语和定义

GB/T 30104.101—2013 第3章和 GB/T 30104.102—2013 第3章界定的以及下列术语和定义适用于本文件。

3.1

灯循环 lamp cycling

灯周期性地点亮和自熄。

3.2

灯失效 lamp failure

灯参数超出正常工作的允差范围。

注：在最终关闭灯之前，尝试点亮灯的次数是由控制装置决定的。

3.3

温升时间 run-up time

灯启动后，控制装置和灯组成的系统，使灯的输出功率上升至标称功率所需要的时间。

3.4

待触发状态 waiting for ignition

灯未触发点亮前，处于开始触发至设置的最长触发时间终止前控制装置的状态。

3.5

触发时间终止 ignition time out

触发时间终止之后控制装置的状态。

注：该时间是由控制装置的制造商规定。

3.6

满足要求值的电弧功率 arc power at requested value

灯工作在满足电弧功率要求的状态。

4 概述

按照 GB/T 30104.101—2013 第 4 章和 GB/T 30104.102—2013 第 4 章的要求。

5 电气规范

按照 GB/T 30104.101—2013 第 5 章和 GB/T 30104.102—2013 第 5 章的要求。

6 接口电源

如果控制装置内含有供接口使用的电源,则按照 GB/T 30104.101—2013 第 6 章和 GB/T 30104.102—2013 第 6 章的要求。

7 传输协议结构

按照 GB/T 30104.101—2013 第 7 章和 GB/T 30104.102—2013 第 7 章的要求。

8 定时

按照 GB/T 30104.101—2013 第 8 章和 GB/T 30104.102—2013 第 8 章的要求。

9 运行方法

按照 GB/T 30104.101—2013 第 9 章和 GB/T 30104.102—2013 第 9 章及下列附加条款的要求。

9.9 满足要求值的电弧功率与电弧功率渐变的关系

如果新的电弧功率值是从稳定的电弧功率值开始的,那么"电弧功率渐变"这个标志位就表示要从一个稳定的电弧功率值渐变到新的电弧功率值。

如果电弧功率渐变已经完成,且新的电弧功率值已经达到,那么"电弧功率满足要求值"这个标志位就表示电弧功率是否也已经位于满足要求的功率值上。

图 1 给出了在给定的时间点 t 的电弧功率要求值与渐变值关系的示例。

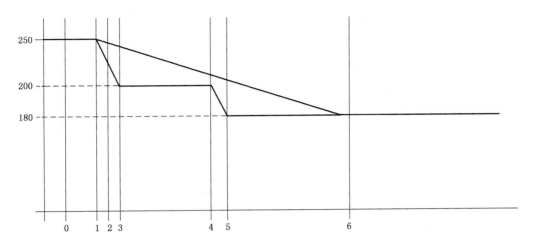

t	电弧功率目标值 （控制装置）/W	电弧功率值 （控制装置）/W	需要渐变	电弧功率 （灯功率）/W	电弧功率满 足要求值
0	250	250	否	250	是
1	200	250	是	250	否
2	200	225	是	200～250	否
3	200	200	否	200～250	否
4	180	200	是	180～250	否
5	180	180	否	180～250	否
6	180	180	否	180	是

图 1 "电弧功率满足要求值"标志位的应用示例

10 变量声明

按照 GB/T 30104.102—2013 第 10 章的要求，并补充以下变量声明，如表 1 所示。

表 1 附加变量声明

变量	默认值（控制装 置出厂时的设置值）	重置值	有效范围	存储器[a]
"设备类型"	2	无变化	0～254， 255（掩码）	1 字节 ROM
"HID 状态"	0000 0000 [b]	0000 0000	0～255	1 字节 RAM
"实际的 HID 故障"	0? 00 0??? [b]	无变化	0～255	1 字节 RAM
"存储的 HID 故障"	0? 00 0??? [b]	无变化	0～255	1 字节 RAM
"HID 特征"	工厂烧录	无变化	0～255	1 字节 ROM
"热过载时间"	0	无变化	0x0000～0xFFFF	2 字节 RAM
"热负载"	???? ???? [b]	无变化	0～255	1 字节 RAM
"扩展版本号"	1	无变化	0～255	1 字节 ROM

? ＝未定义。

[a] 如未作说明，则为固定存储器（存储时间不限）。

[b] 上电值。

11 指令的定义

按照 GB/T 30104.101—2013 的第 11 章及 GB/T 30104.102—2013 的第 11 章的要求,但 GB/T 30104.102—2013 第 11 章的相关章节修订如下:

11.3.4 应用扩展指令

替换为:

11.3.4.1 一般规范

在每个控制指令(224)和配置指令(240)被执行之前,应在 100 ms(标称值)的以内第二次收到这些指令,以减小接收不正确的可能性。在这两个指令之间不应发送对相同控制装置寻址的其他指令,否则,前一个指令就会被忽略,同时各自的控制指令或配置序列将被终止。

指令 272 应在这两个应用扩展配置/控制指令之前接收到,但不能在他们之间(参见图 2)。

图 2 应用扩展控制或配置指令流程实例

所有数据传输寄存器 DTR 的数值均应对照第 10 章中提及的有效值范围进行检查,即:数值如果高于/低于表 1 中规定的有效值范围,应设置为表 1 的上限值/下限值。

11.3.4.2 应用扩展控制指令

指令 224: YAAA AAA1 1110 0000 "重置存储的 HID 故障"

该指令将重置存储的所有 HID 故障,这些故障标志位的定义在指令 252"查询存储的 HID 故障"中给出。

指令 225: YAAA AAA1 1110 0001

为将来需要而保留。控制装置不应以任何方式作出响应。

指令 226-227: YAAA AAA1 1110 001X

为将来需要而保留。控制装置不应以任何方式作出响应。

指令 228-231: YAAA AAA1 1110 01XX

为将来需要而保留。控制装置不应以任何方式作出响应。

指令 232: YAAA AAA1 1110 1000

为将来需要而保留。控制装置不应以任何方式作出响应。

11.3.4.3 应用扩展配置指令

指令 233: YAAA AAA1 1110 1001

为将来需要而保留。控制装置不应以任何方式作出响应。

指令 234-235： **YAAA AAA1 1110 101X**

为将来需要而保留。控制装置不应以任何方式作出响应。

指令 236-239： **YAAA AAA1 1110 11XX**

为将来需要而保留。控制装置不应以任何方式作出响应。

指令 240： **YAAA AAA1 1111 0000** **"开始确认"**

控制装置将开始或者重新开始一个 10 s 的识别程序。这个识别确认程序的细节只能由制造商来定义。

注：适当的程序可以改变电弧功率，以方便通过光强的变化识别该控制装置。

11.3.4.4 应用扩展查询指令

指令 241： **YAAA AAA1 1111 0001** **"查询热负载"**

回答应为实际的热负载，为一个 8 位的二进制数。热负载是一个百分比，范围为 0%～127.5%，具有 0.5% 的分辨率。数值 255 表示 127.5% 或以上的温度负载。

这是一个可选择的特征。如果没有运用这一特征，那么控制装置应不以任何方式作出响应。

注：数值"0%"表示没有热负载，也就是说当切断电源后，热负载处于正常或者低于环境温度。数值 100% 相当于控制装置的温度已达到安装说明书或手册中标定控制装置寿命时对应的温度。偏差只能由控制装置的制造商来规定。

指令 242： **YAAA AAA1 1111 0010** **"查询热过载时间（高 8 位）"**

回答应为超过正常温度时间的高位字节（HHHH HHHHb）。

超过正常温度时间的低位字节将转移传递到 DTR1。

这是一个可选择的特征。如果控制装置没有运用这一特征，不应以任何方式作出响应。

指令 243： **YAAA AAA1 1111 0011** **"查询热过载时间（低 8 位）"**

回答应为超过正常温度时间的低位字节（LLLL LLLLb）。

这是一个可选择的特征。如果控制装置没有运用这一特征，不应以任何方式作出响应。

来自指令 242 和 243 的两字节（HHHH HHHH LLLL LLLLb）的组合应代表 16 位的超温度范围的时间，以 15 min 为单位。这是一个累积的数值，且不能重新设定。如果 16 位的数达到最高值的可能数值 65535（0xFFFF），那么温度超范围的时间是 16 383 h 45 min 或以上。温度超过范围的定义为：100.5% 的热负载或以上（参见指令 241）。

指令 244-247： **YAAA AAA1 1111 01XX**

为将来需要而保留。控制装置不应以任何方式作出响应。

指令 248-249： **YAAA AAA1 1111 100X**

为将来需要而保留。控制装置不应以任何方式作出响应。

指令 250： **YAAA AAA1 1111 1010** **"查询 HID 特征"**

回答应按以下"HID 特征"可选特征信息字节中的内容给出：

位 0	可查询"电源电压太低"	"0"＝否
位 1	可查询"电源电压太高"	"0"＝否
位 2	可查询"转换器热负载/超载时间"	"0"＝否
位 3	为将来需要而保留	"0"＝默认值
位 4	为将来需要而保留	"0"＝默认值

位 5	为将来需要而保留	"0"=默认值
位 6	可查询"灯电压超出规定值"	"0"=否
位 7	支持物理地址选择	"0"=否

指令 251： YAAA AAA1 1111 1011 "查询实际的 HID 故障"

回答应按以下"实际的 HID 故障"信息字节中的内容给出：

位 0	电源电压太低	"0"=否
位 1	电源电压太高	"0"=否
位 2	转换器热过载	"0"=否
位 3	为将来需要而保留	"0"=默认值
位 4	触发时间终止	"0"=否
位 5	为将来需要而保留	"0"=默认值
位 6	灯电压超出规范值	"0"=否
位 7	灯亮暗循环故障	"0"=否

"实际的 HID 故障"信息应存放在控制装置的随机存储器中。

若 HID 某种故障发生，应将对应的故障标志位置"1"，且该故障消失时，应将对应的故障标志位复"0"。

当灯成功点燃后，第 4 位"触发时间终止"应当被复"0"。

只要第 4 位或第 7 位的值置"1"，控制装置应将位于"状态信息"字节的第 1 位"灯故障"置"1"，而且对于指令 146"查询灯故障"应回答"是"。

指令 252： YAAA AAA1 1111 1100 "查询存储的 HID 故障"

回答应按以下"存储的 HID 故障"信息字节中的内容给出：

位 0	电源电压太低	"0"=否
位 1	电源电压太高	"0"=否
位 2	转换器热过载	"0"=否
位 3	为将来需要而保留	"0"=默认值
位 4	触发时间终止	"0"=否
位 5	为将来需要而保留	"0"=默认值
位 6	灯电压超出规定值	"0"=否
位 7	灯亮暗循环故障	"0"=否

"存储的 HID 故障"信息应存放在控制装置的随机存储器中。

若 HID 某种故障发生，应将对应的故障标志位置"1"。这些位可由指令 224"重置存储的 HID 故障"或上电时重置。

指令 253： YAAA AAA1 1111 1101 "查询 HID 状态"

回答应按以下"HID 状态"信息字节中的内容给出：

| 位 0 | 升温时间终止 | "0"=否 |
| 位 1 | 电弧功率值满足要求 | "0"=否 |

位 2	等待触发	"0"=否
位 3	为将来需要而保留	"0"=默认值
位 4	为将来需要而保留	"0"=默认值
位 5	为将来需要而保留	"0"=默认值
位 6	辨别激活态	"0"=否
位 7	为将来需要而保留	"0"=默认值

"HID 状态"信息应存放在控制装置的随机存储器中,而且应由控制装置根据实际情况进行有规则的更新。

指令 254: **YAAA AAA1 1111 1110**

为将来需要而保留。控制装置不应以任何方式作出响应。

指令 255: **YAAA AAA1 1111 1111 "查询扩展版本号"**

回答应为"1"。

11.4.4 扩展的专用指令(Extended special commands)

修订:

指令 272: **1100 0001 0000 0010 "启用设备类型 2"**

对于 HID 放电灯(荧光灯除外)的控制装置,设备类型为 2。

11.5 指令集一览

按照 GB/T 30104.102—2013 的 11.5 中列出的指令及表 2 中列出的设备类型 2 的以下补充指令。

表 2 应用扩展指令集

指令编号	指令代码	指令名称
224	YAAA AAA1 1110 0000	重置存储的 HID 故障
225	YAAA AAA1 1110 0001	a
226～227	YAAA AAA1 1110 001X	a
228～231	YAAA AAA1 1110 01XX	a
232	YAAA AAA1 1110 1000	a
233	YAAA AAA1 1110 1001	a
234～235	YAAA AAA1 1110 101X	a
236～239	YAAA AAA1 1110 11XX	a
240	YAAA AAA1 1111 0000	开始确认
241	YAAA AAA1 1111 0001	查询热负载
242	YAAA AAA1 1111 0010	查询热过载时间 高 8 位
243	YAAA AAA1 1111 0011	查询热过载时间 低 8 位

表 2（续）

指令编号	指令代码	指令名称
244~247	YAAA AAA1 1111 01XX	a
248~249	YAAA AAA1 1111 100X	a
250	YAAA AAA1 1111 1010	查询 HID 特征
251	YAAA AAA1 1111 1011	查询实际的 HID 故障
252	YAAA AAA1 1111 1100	查询存储的 HID 故障
253	YAAA AAA1 1111 1101	查询 HID 状态
254	YAAA AAA1 1111 111X	a
255	YAAA AAA1 1111 1111	查询扩展的版本编号
272	1100 0001 0000 0010	启用设备类型 2
a 为将来需要而保留。控制装置不应以任何方式作出响应。		

12 测试程序

按照 GB/T 30104.102—2013 第 12 章的要求,但以下除外:

为设备类型 2 定义的应用扩展指令使用下列测试流程(参见图 3~图 13)进行测试。该测试流程也对其他设备类型对该指令可能的响应进行测试。

12.4 "物理地址分配"测试流程

替换为:

指令 250 测试"查询 HID 特征"字节的第 7 位"支持物理地址选择"。"支持物理地址选择"是一个可选择的特征。"物理地址分配"测试流程如图 3 所示。

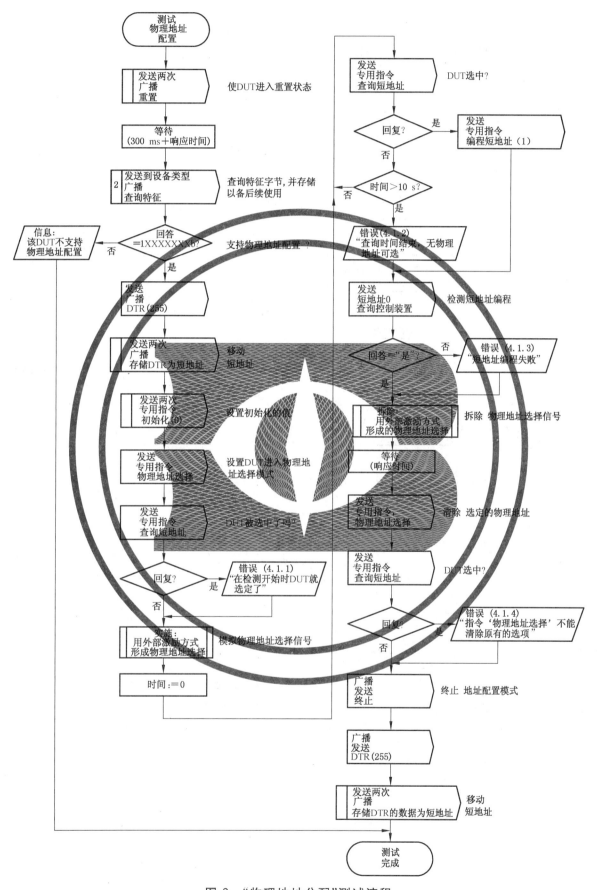

图 3 "物理地址分配"测试流程

附加条款：

12.7 "设备类型2的应用扩展指令"测试流程

12.7.1 "应用扩展配置指令"测试流程

12.7.1.1 "开始确认"测试流程

本流程测试指令240"开始确认"和指令253"查询HID状态"字节的第6位。"开始确认"测试流程如图4所示。

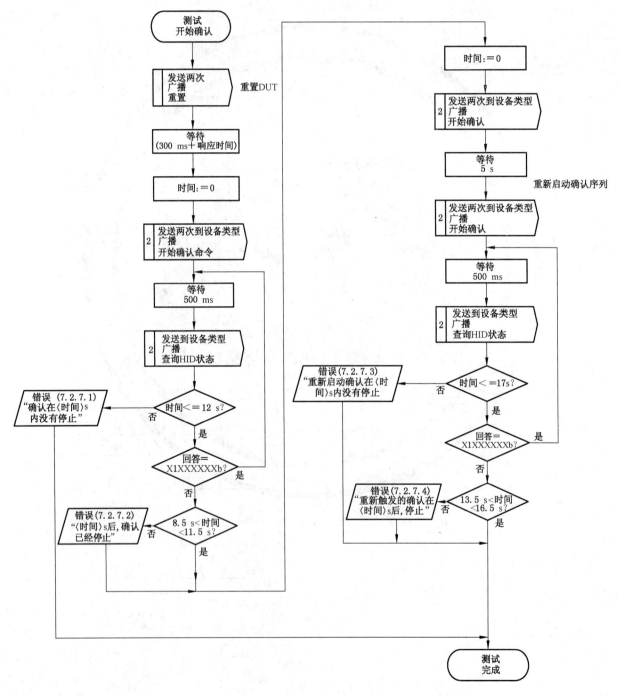

图4 "开始确认"测试流程

12.7.2 "应用扩展查询指令"测试流程

使用下列测试流程,检查应用扩展查询指令 241～255。

12.7.2.1 "电源电压太低"测试流程

本流程测试指令 251"查询实际的 HID 故障"字节的第 0 位,指令 252"查询存储的 HID 故障"字节的第 0 位,指令 224"重置存储的 HID 故障"以及指令 250"查询 HID 特征"。"电源电压太低"的测试流程如图 5 所示。

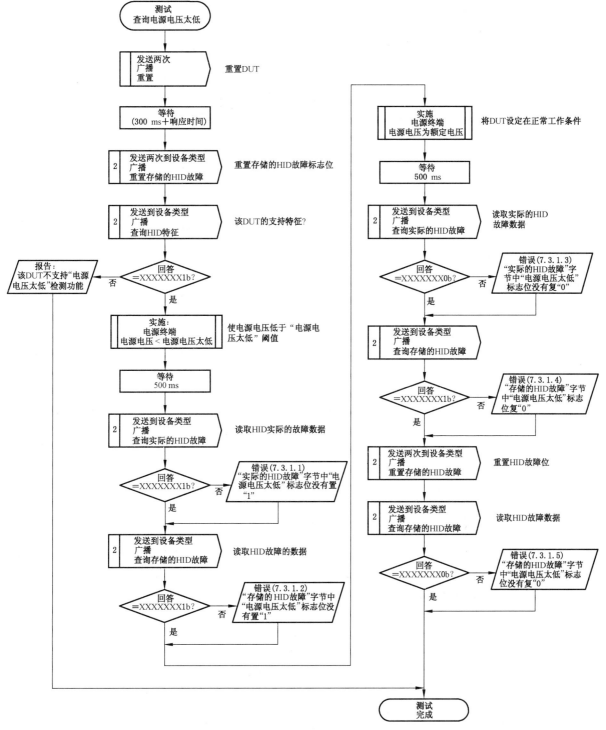

图 5 "电源电压太低"测试流程

12.7.2.2 "电源电压太高"测试流程

本流程测试指令 251"查询实际的 HID 故障"字节的第 1 位,指令 252"查询存储的 HID 故障"字节的第 1 位,指令 224"重置存储的 HID 故障"以及指令 250"查询 HID 特征"。"电源电压太高"的测试流程如图 6 所示。

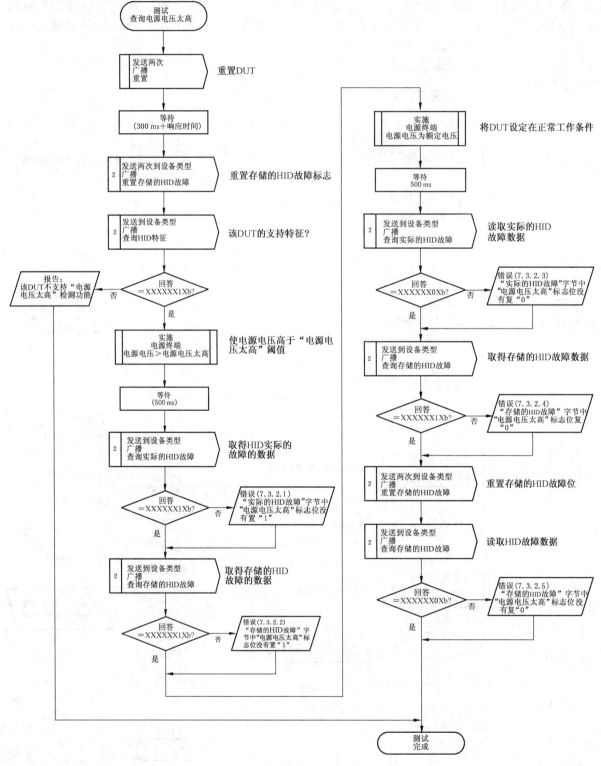

图 6 "电源电压太高"测试流程

12.7.2.3 "灯电压超出规定值"测试流程

本流程测试指令251"查询实际的HID故障"字节的第6位，指令252"查询存储的HID故障"字节的第6位，指令224"重置存储的HID故障"和指令250"查询HID特征"，指令144"查询状态"和指令146"查询灯故障"。"灯电压超出规定值"的测试流程如图7所示。

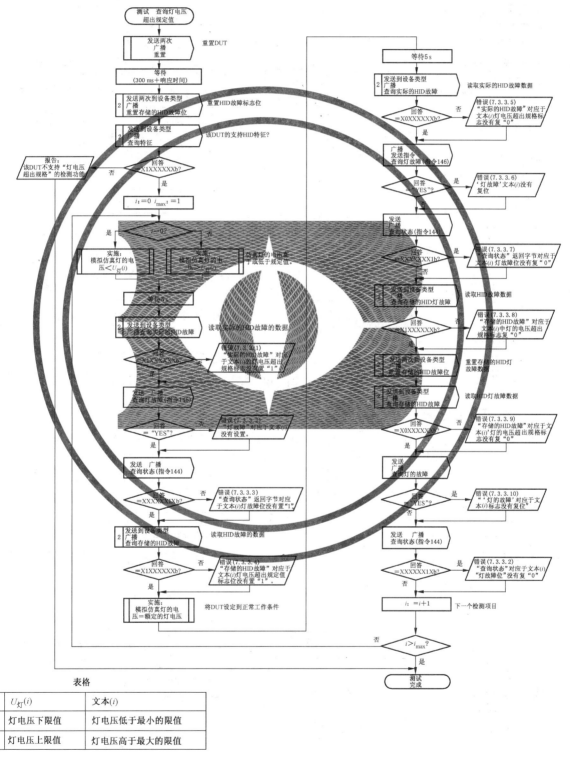

表格

i	$U_{灯}(i)$	文本(i)
0	灯电压下限值	灯电压低于最小的限值
1	灯电压上限值	灯电压高于最大的限值

图 7 "灯电压超出规定值"测试流程

12.7.2.4 "查询等待触发,触发时间终止"测试流程

本流程测试指令 251"查询实际的 HID 故障"字节的第 4 位,指令 252"查询存储的 HID 故障"字节的第 4 位,指令 253"查询 HID 状态"字节的第 2 位 指令 224"重置存储的 HID 故障",指令 144"查询状态"和指令 146"查询灯的故障"。"查询等待触发,触发时间终止"的测试流程如图 8 所示。

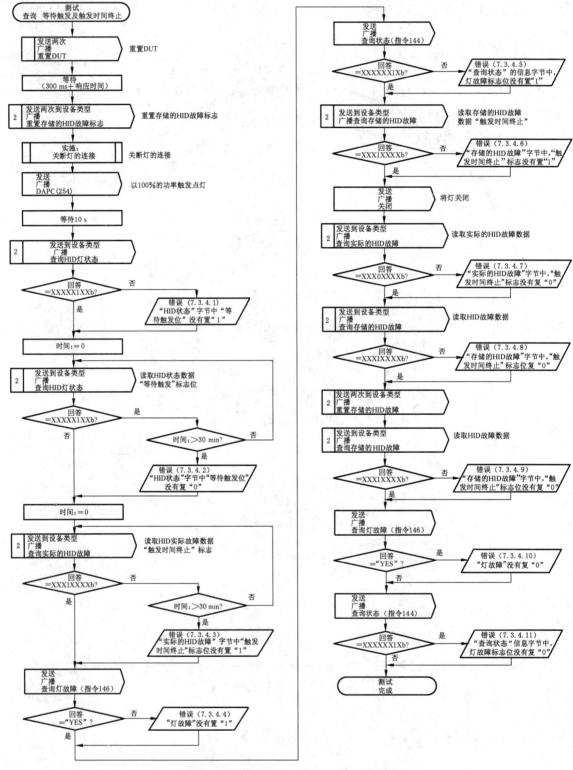

图 8 "查询等待触发,触发时间终止"测试流程

12.7.2.5 "查询灯周期性亮暗失效"测试流程

本流程测试指令251"查询实际的 HID 故障"字节的第7位,指令252"查询存储的 HID 故障"字节的第7位,指令224"重置存储的 HID 故障",指令144"查询状态"和指令146"查询灯故障"。"查询灯周期性亮暗失效"的测试流程如图9所示。

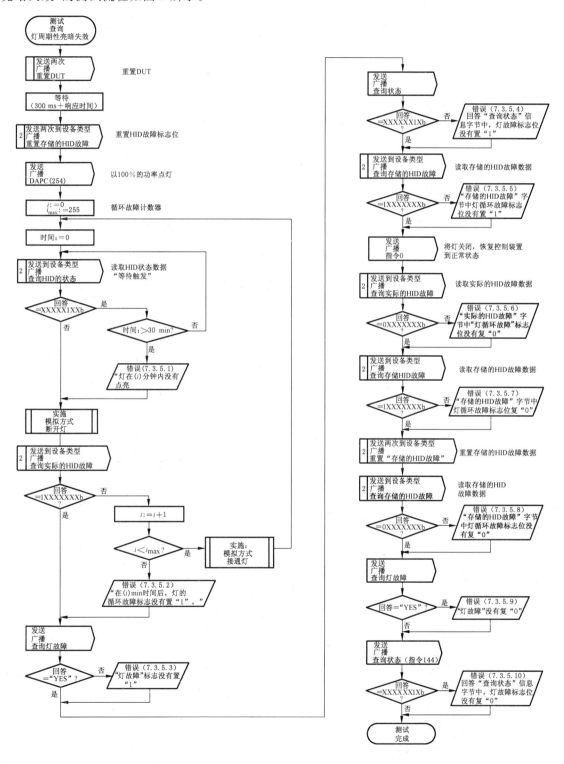

图 9 "查询灯周期性亮暗失效"测试流程

12.7.2.6 '查询热过载'测试流程

本流程测试指令 251"查询实际的 HID 故障"字节的第 2 位,指令 252"查询存储的 HID 故障"字节的第 2 位,指令 224"重置存储的 HID 故障",指令 250"查询 HID 特征"字节的第 2 位,指令 241"查询热负载",指令 242"查询热过载时间高 8 位(HB)"和指令 243"查询热过载时间低 8 位(LB)"。"查询热过载"的测试流程如图 10 所示。

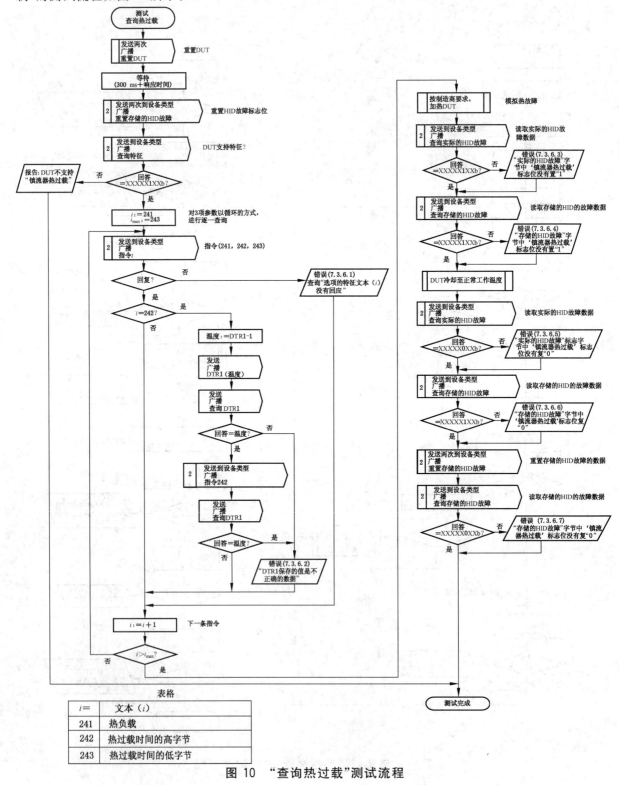

图 10 "查询热过载"测试流程

12.7.2.7 "查询 HID 状态"测试流程

本流程测试指令 253"查询 HID 状态"字节的第 0 位和第 1 位。"查询 HID 状态"的测试流程如图 11 所示。

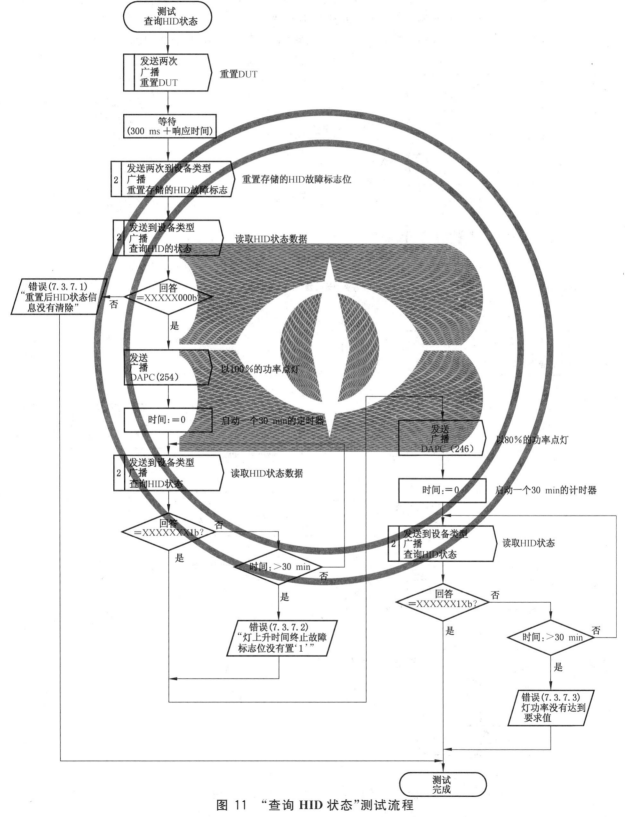

图 11 "查询 HID 状态"测试流程

12.7.3 标准应用扩展指令的测试流程

12.7.3.1 "查询扩展版本号"测试流程

本流程测试指令 255"查询扩展版本号"对指令 272"启用设备类型 X"中的 X 的所有可能值进行测试。测试流程"查询扩展的版本编号"的流程如图 12 所示。

注：对于属于一个以上设备类型的控制装置，当查询的设备类型 X 不等于 2 时也会回答查询。

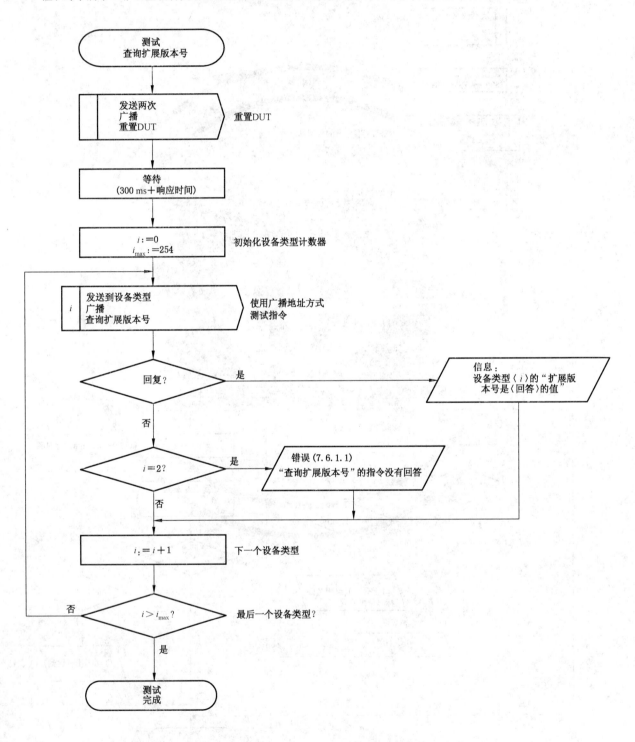

图 12 "查询扩展版本号"测试流程

12.7.3.2 "预留的应用扩展指令"测试流程

本测试流程用来检查 DUT 对预留的应用扩展指令的响应。控制装置不应以任何方式作出响应。"预留的应用扩展指令"的测试流程如图 13 所示。

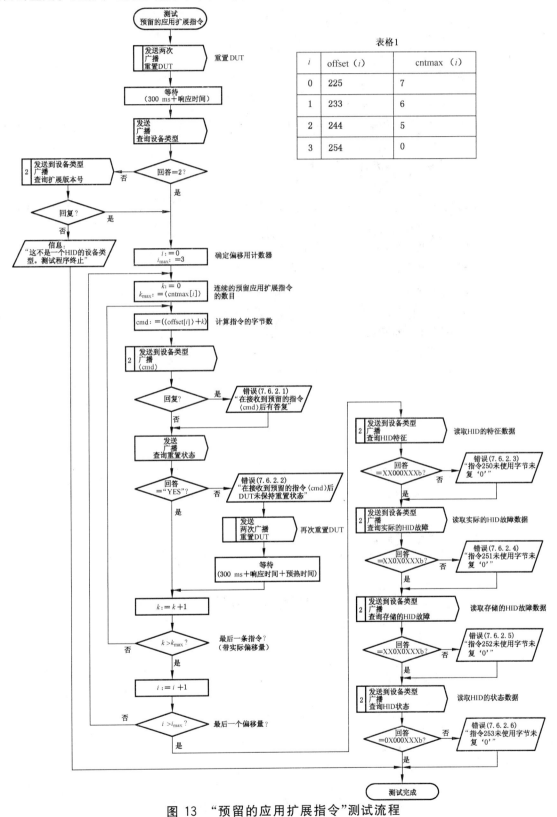

图 13 "预留的应用扩展指令"测试流程

附　录　A
（资料性附录）
示　　例

A.1　随机地址的配置

控制装置连接到控制单元,当系统安装时,这个控制单元使用随机地址进行配置。

a)　使用指令258"初始化"启动一个算法程序,该算法程序执行一个时长为 15 min 的地址分配流程。

b)　发送指令259"随机数";使所有的控制装置选择一个二进位的随机数值(BRN),其数值范围在 $0 \leqslant BRN \leqslant +2^{24}-1$ 之间。

c)　控制单元通过使用指令 264～266 和指令 260"比较"组成的算法,从最低的二进位的随机数值 BRN 值开始,对控制装置进行搜索,带有最低 BRN 值的控制装置就会被搜索到。

d)　被找到的带有最低 BRN 值的控制装置,应使用指令 267"编程短地址"对其进行短地址编程。

e)　指令 268"查证短地址"用来查证该控制装置的短地址已被正确编程。

f)　已分配到短地址的控制装置,控制单元要使用指令 261"退出"来使其退出地址分配搜索进程。

g)　重复执行 c)～ f) 的步骤,直到没有更多的控制装置被找到。

h)　使用指令 256"终止"来停止这个地址分配搜索进程。

i)　使用指令 240"开始确认"识别已编程的短地址,并记录各个控制装置的相对位置。

注: 如果两个或更多的控制装置具有相同的短地址,就仅为具有相同短地址的这些控制装置使用"初始化"指令(在第二个字节中使用短地址),依次是步骤 b)～ i),重新开始地址配置进程。

A.2　物理选择地址配置

只有当系统中的全部控制装置都支持这个功能时,才能使用物理选择方式配置地址。

a)　使用指令258"初始化"启动一个算法程序,该算法程序执行一个时长为 15 min 的地址分配流程。

b)　发送指令 270"物理选择"。

c)　控制单元应定时重发指令 269"查询短地址",直到某控制装置答复(这个控制装置是由物理方式选定的)。

d)　被选定的控制装置应使用指令 267"编程短地址"对其进行短地址编程。

e)　发送指令 240"开始确认"给已进行短地址编程的控制装置,以灯光的方式进行确认。

f)　对于所有剩下的控制装置,依次重复步骤 b)～e)。

g)　使用指令 256"终止"来停止这个进程。

参 考 文 献

[1] IEC 60598-1 Luminaires—Part 1:General requirements and tests

[2] IEC 60669-2-1 Switches for household and similar fixed electrical installations—Part 2-1: Particular requirements—Electronic switches

[3] IEC 60921 Ballasts for tubular fluorescent lamps—Performance requirements

[4] IEC 60923 Auxiliaries for lamps—Ballasts for discharge lamps (excluding tubular fluorescent lamps)—Performance requirements

[5] IEC 60925 DC-supplied electronic ballasts for tubular fluorescent lamps—Performance requirements

[6] IEC 60929 AC-supplied electronic ballasts for tubular fluorescent lamps—Performance requirements

[7] IEC 61347-1 Lamp controlgear—Part 1:General and safety requirements

[8] IEC 61347-2-3 Lamp controlgear—Part 2-3:Particular requirements for a.c.supplied electronic ballasts for fluorescent lamps

[9] IEC 61547 Equipment for general lighting purposes—EMC immunity requirements

[10] IEC 62034 Automatic test systems for battery powered emergency escape lighting

[11] CISPR 15 Limits and methods of measurement of radio disturbance characteristics of electrical lighting and similar equipment

[12] GS1,General Specification:Global Trade Item Number,Version 7.0,published by the GS1, Avenue Louise 326;BE-1050 Brussels:Belgium;and GS1,1009 Lenox Drive,Suite 202,Lawrenceville,New Jersey,08648 USA.

ICS 29.140.50；29.140.99
K 74

中华人民共和国国家标准

GB/T 30104.204—2013/IEC 62386-204：2009

数字可寻址照明接口

第 204 部分：控制装置的特殊要求

低压卤钨灯（设备类型 3）

Digital addressable lighting interface—

Part 204：Particular requirements for control gear—

Low voltage halogen lamps(device type 3)

(IEC 62386-204：2009，IDT)

2013-12-17 发布

2014-11-01 实施

中华人民共和国国家质量监督检验检疫总局
中国国家标准化管理委员会 发布

前　言

GB/T 30104《数字可寻址照明接口》分为13个部分：

——第101部分：一般要求　系统；

——第102部分：一般要求　控制装置；

——第103部分：一般要求　控制设备；

——第201部分：控制装置的特殊要求　荧光灯（设备类型0）；

——第202部分：控制装置的特殊要求　自容式应急照明（设备类型1）；

——第203部分：控制装置的特殊要求　放电灯（荧光灯除外）（设备类型2）；

——第204部分：控制装置的特殊要求　低压卤钨灯（设备类型3）；

——第205部分：控制装置的特殊要求　白炽灯电源电压控制器（设备类型4）；

——第206部分：控制装置的特殊要求　数字信号转换成直流电压（设备类型5）；

——第207部分：控制装置的特殊要求　LED模块（设备类型6）；

——第208部分：控制装置的特殊要求　开关功能（设备类型7）；

——第209部分：控制装置的特殊要求　颜色控制（设备类型8）；

——第210部分：控制装置的特殊要求　程序装置（设备类型9）。

本部分为GB/T 30104的第204部分。

本部分按照GB/T 1.1—2009给出的规则起草。

本部分使用翻译法等同采用IEC 62386-204:2009《数字可寻址照明接口　第204部分：控制装置的特殊要求　低压卤钨灯（设备类型3）》。

本部分做了下列编辑性修改：

a)　"本国际标准"一词改为"本部分"；

b)　删除了IEC 62386-204的前言。

本部分由中国轻工业联合会提出。

本部分由全国照明电器标准化技术委员会(SAC/TC 224)归口。

本部分起草单位：浙江生辉照明有限公司、佛山市华全电气照明有限公司、惠州雷士光电科技有限公司、深圳市中电照明股份有限公司、北京电光源研究所。

本部分主要起草人：万叶华、区志杨、熊飞、宋金地、赵秀荣、段彦芳、江姗。

引　言

　　GB/T 30104.204 第一版将与 GB/T 30104.101 和 GB/T 30104.102 同时出版。将 GB/T 30104 分为几部分单独出版便于将来修正和修订。如有需要，将添加附加要求。

　　引用 GB/T 30104.101 或 GB/T 30104.102 内的任何条款时，本部分和组成 GB/T 30104.2×× 系列的其他部分明确规定了条款的适用范围和测试的进行顺序。如有必要，本部分也包括附加要求。组成 GB/T 30104.2×× 系列的所有部分都是独立的，因此不包含彼此之间的引用。

　　GB/T 30104.101 或 GB/T 30104.102 的任何条款的要求在本部分中以"按照 GB/T 30104.101 第'n'章的要求"的句子形式引用，该句子可解释为涉及的第 101 部分或第 102 部分的条款的所有要求均适用，但不适用于第 204 部分包含的特定类型灯的控制装置除外。

　　除非另有说明，本部分中使用的数字均为十进制。十六进制数字采用 0xVV 的格式，其中 VV 为数值。二进制数字采用 XXXXXXXXb 或 XXXX XXXX 的格式，其中 X 为 0 或 1；"x"在二进制中表示"不作考虑"。

数字可寻址照明接口
第 204 部分：控制装置的特殊要求
低压卤钨灯（设备类型 3）

1 范围

GB/T 30104 的本部分规定了与低压卤钨灯相关的、使用交流/直流电源供电的电子控制装置的数字信号控制协议和测试程序。

注：本部分中的试验均为型式试验。生产期间单个控制装置的测试要求未包括在内。

2 规范性引用文件

下列文件对于本文件的应用是必不可少的。凡是注日期的引用文件，仅注日期的版本适用于本文件。凡是不注日期的引用文件，其最新版本（包括所有的修改单）适用于本文件。

GB/T 30104.101—2013 数字可寻址照明接口 第 101 部分：一般要求 系统（IEC 62386-101：2009，IDT）

GB/T 30104.102—2013 数字可寻址照明接口 第 102 部分：一般要求 控制装置（IEC 62386-102：2009，IDT）

3 术语和定义

GB/T 30104.101—2013 第 3 章和 GB/T 30104.102—2013 第 3 章界定的以及下列术语和定义适用于本文件。

3.1

基准测量 reference measurement

控制装置用其内部程序和测量来确定实际卤钨灯负载的过程。

注：本过程的详细信息属于控制装置的详细设计事宜，不在本标准范围之内。

3.2

负载减小的检测 detection of load decrease

对实际灯负载明显低于在成功的"基准测量"期间所测得的负载的识别。

注：关于负载增大或减小是否显著的准则，只能由制造商决定，这些准则应在说明书中予以描述。

3.3

负载增大的检测 detection of load increase

对实际灯负载明显高于在成功的"基准测量"期间所测得的负载的识别。

注：关于负载增大或减小是否显著的准则，只能由制造商决定，这些准则应在说明书中予以描述。

3.4

电流保护器 current protector

当实际灯负载与"基准测量"期间检测到的负载之间的差值超过 ΔP 时切断输出的保护装置。

注：ΔP 数值仅可由控制装置的制造商规定，此数值应在说明书中予以说明。

3.5

热过载　thermal overload

装置超过最大允许温度的情形。

3.6

热停机　thermal shut down

装置因持续热过载而关闭灯的情形。

3.7

因热过载而降低光输出等级　light level reduction due to thermal overload

降低光输出等级以降低装置的温度。

4　概述

按照 GB/T 30104.101—2013 第 4 章和 GB/T 30104.102—2013 第 4 章的要求。

5　电气规范

按照 GB/T 30104.101—2013 第 5 章和 GB/T 30104.102—2013 第 5 章的要求。

6　接口电源

如果控制装置配有一个电源,按照 GB/T 30104.101—2013 第 6 章和 GB/T 30104.102—2013 第 6 章的要求。

7　传输协议结构

按照 GB/T 30104.101—2013 第 7 章和 GB/T 30104.102—2013 第 7 章的要求。

8　计时

按照 GB/T 30104.101—2013 第 8 章和 GB/T 30104.102—2013 第 8 章的要求。

9　运行方法

按照 GB/T 30104.101—2013 第 9 章和 GB/T 30104.102—2013 第 9 章以及下列附加条款的要求。

9.9　负载减小的检测

如果实际灯负载明显低于成功的"基准测量"期间测得的负载,如果是为了安全运行所必需的话,控制装置可能关闭灯。应设定标志位"负载减小"。

9.10　负载增大的检测

如果实际灯负载明显高于成功的"基准测量"期间测得的负载,如果是为了安全运行所必需的话,控制装置可能关闭灯。应设定标志位"负载增大"。

9.11 电流保护器

如果控制装置的实际灯负载与基准测量期间检测到的负载之间的差值超过规定的 ΔP,电流保护器应被激活,并关闭灯。

电流保护器在没有基准测量之前,不应激活。

在两种可能的情况下,电流保护器会激活:

——过载:实际灯负载至少比基准测量期间检测到的负载高 ΔP。

——欠载:实际灯负载至少比基准测量期间检测到的负载低 ΔP。

电流保护器应在主电源电压中断或接到导致电弧功率等级为 0 的指令时处于非激活状态。如果重新接通之后,仍然存在导致电流保护器激活的情况,那么电流保护器就会再次激活。

利用指令 225"启用电流保护器"和指令 226"禁用电流保护器",可启用和禁用电流保护器。

处于激活状态的电流保护器,应在接到指令 226"禁用电流保护器"时变为非激活状态。

如果电流保护器处于激活状态,应忽略指令 224"基准系统电源"。

9.12 在具有负载增大/减小或电流保护器功能的装置上更换灯

如果更换一只功率不同的灯而未重新进行"基准系统功率"测量,则控制装置应进行负载增大或负载减小的检测。

注:如果更换一只功率相同的灯,用户仅在制造商建议时,才应重新进行一次"基准系统功率"测量。

10 变量声明

本设备类型变量按照 GB/T 30104.101—2013 第 10 章和 GB/T 30104.102—2013 第 10 章以及表 1 的补充变量要求。

由指令 224"基准系统功率"决定的保存于固定存储器中的电平值应不能被改变,除非接到"复位"指令。

这种设备类型的其他附加变量如表 1 所示。

表 1 变量声明

变量	默认值 (控制装置出厂设置)	重置值	有效范围	存储器[a]
"故障状态"	???? ????[b]	无变化	0～255	1 字节 RAM[c]
"特征字节"	工厂烧录	无变化	0～255	1 字节 ROM
"扩展版本号"	1	无变化	0～255	1 字节 ROM
"设备类型"	3	无变化	0～255	1 字节 ROM

? ＝未定义。

[a] 如未作说明,则为固定存储器(存储时间不限)。

[b] 上电值。

[c] 该字节的第 7 位应存储于固定存储器中。

11 指令的定义

按照 GB/T 30104.102—2013 第 11 章的要求,以下条款除外:

GB/T 30104.102—2013 第 11 章的修订:

11.3.1 与状态信息有关的查询

修订:

指令 146: YAAA AAA1 1001 0010 "查询灯的故障"

替换为:

询问给定地址是否存在灯的故障。回答应为"是"或"否"。

"是"表示开路或短路,或负载增大或负载减小,或电流保护器处于激活状态。

"否"不一定说明没有灯出现故障。

指令 153: YAAA AAA1 1001 1001 "查询设备类型"

替换为:

回答应为 3。

11.3.4 应用扩展指令

替换为:

11.3.4.1 应用扩展配置指令

在每一个配置指令(224~226)被执行之前,应在 100 ms(标称值)以内第二次收到这些指令,以减小接收不正确的可能性。在这两个指令之间不应发送对相同控制装置寻址的其他指令,否则,前一个指令就会被忽略,同时各自的控制指令或配置序列应被终止。

指令 272 需要在 2 次控制指令之前发出,但不应在二者之间重复(参见图 1)。

图 1 应用扩展配置指令流程实例

所有 DTR 数值均应对照第 10 章中提及的数值进行检查,主要是有效值范围,即:数值如果高于/低于表 1 中规定的有效范围,应设置为上限/下限。

指令 224: YAAA AAA1 1110 0000 "基准系统功率"

基准测量是一项可选功能,其具体值显示于"特征"字节的 bit 2、bit 3 和 bit 4 中(见指令 240)。

如果所有这些位都是 0,则基准测量不被支持,并且此指令应被忽略。否则,在接到此指令的同时,控制装置应进行如下操作。

控制装置应测量和存储系统的功率等级,以发现负载增加或负载减小。由制造商决定每一种被测量控制系统的系统功率等级的数值。

测得的功率等级应存放在固定存储器中。除了查询指令和指令 256 外,测量期间接收到的其他指令都应被忽略。

最多 15 min 后,控制装置应完成测量过程,并应返回至正常运行状态。如果收到指令 256"终止",

测量过程应予以中止。

当出现没有任何成功的基准测量或最近的基准测量都没有成功的情况时,作为对指令 240"查询失败状态"的回答,标识基准测量失败的 bit 7 应被设置,同时对指令 249"查询基准测量失败",则应回答"是"。

如果电流保护装置为激活状态,这个指令应被忽略。在这种情况下,作为对指令 240"查询失败状态"的回答,标识基准测量失败的 bit 7 应被设置,同时对指令 249"查询基准测量失败",则应回答"是"。

指令 225: YAAA AAA1 1110 0001 "启用电流保护器"

启用控制装置的电流保护器。在利用指令 224 开始成功基准测量之后,电流保护器可变为激活状态。

装置的默认配置为"电流保护器已启用"。电流保护器的状态(启用/禁用)应存储在控制装置的固定存储器中。

电流保护器是一项可选功能。无此特征的控制装置不应作出响应(见指令 240)。

指令 226: YAAA AAA1 1110 0010 "禁用电流保护器"

禁用控制装置的电流保护器。

电流保护是一项可选功能。无此特征的控制装置不应以任何方式作出响应(见指令 240)。

指令 227: YAAA AAA1 1110 0011

为将来需要而保留。控制装置不应以任何方式作出响应。

指令 228~231: YAAA AAA1 1110 01XX

为将来需要而保留。控制装置不应以任何方式作出响应。

指令 232~239: YAAA AAA1 1110 1XXX

为将来需要而保留。控制装置不应以任何方式作出响应。

11.3.4.2 应用扩展查询指令

指令 240: YAAA AAA1 1111 0000 "查询特征"

控制装置的回答应为下列信息,相关的可选特征和查询指令应被执行。

bit 0	"1"=可查询短路测试
bit 1	"1"=可查询开路测试
bit 2	"1"=可查询负载减小测试
bit 3	"1"=可查询负载增大测试
bit 4	"1"=可查询电流保护器启动
bit 5	"1"=可查询热关机
bit 6	"1"=可查询因热过载导致的亮度等级降低
bit 7	"1"=可查询支持物理选择

bit 2,bit 3,bit 4。如果这些功能位的任何一位可以获得,那么指令 224"基准系统功率",指令 229"查询基准运行"和指令 250"查询基准测量失败"应被强制执行。

bit 5,bit 6。"热关机"或"因热过载导致的亮度等级下降"的状态,不意味着灯的故障。然而控制装置应以"掩码"回答"查询实际等级"。

注:执行热过载保护后,其实际状态是可被查询的。使用者仍应依照制造商给出的关于安装的安全的信息进行相应的操作。关于这一作用的注释应包含在使用手册中。

指令 241: YAAA AAA1 1111 0001 "查询失效状态"

对该指令的回答为以下"失效状态"字节:

bit 0	短路	"0"=否
bit 1	开路	"0"=否

bit 2	负载减小	"0"=否
bit 3	负载增大	"0"=否
bit 4	电流保护器激活	"0"=否
bit 5	热停机	"0"=否
bit 6	因热过载而降低光输出等级	"0"=否
bit 7	基准测量失败	"0"=否

bit 0，短路，表示严重短路或控制装置的物理过载（＞标称负载的100％）。

如果字节的 bit 0 或 bit 4 中的任何位被设置，对指令146"查询灯的故障"的回答应为"是"，且应设置指令144"查询状态"的回答 bit 1。

如果返向通道中的 bit 0、bit 1、bit 5 或 bit 6 中的任何位被置1，对指令160"查询实际等级"的回答应为"掩码"。

如果系统功率的基准测量由于某种原因失败了或者根本没有进行基准测量，此时位 7 应被设置且应被存储到固定存储器中。

如果基准测量未得到支持，那么此位应始终为"0"。

"失效状态"字节应可以在控制装置的 RAM 中获得，并且应针对实际情况通过控制装置进行有规律的更新。如果相关状况不能被检测到，该位不应被改变。

指令 242： YAAA AAA1 1111 0010 "查询短路"

询问是否在指定地址检测到短路。回答应为"是"或"否"。

如果询问的回答为"是"，则对指令146"查询灯的故障"的回答应为"是"，且指令144"查询状态"回答的 bit 1 应被置1。

无此特征的控制装置不应作出响应（见指令240）。

指令 243： YAAA AAA1 1111 0011 "查询开路"

询问是否在指定地址检测到开路。回答应为"是"或"否"。

如果询问的回答为"是"，则对指令146"查询灯的故障"的回答应为"是"，且指令144"查询状态"回答的 bit 1 应被置1。

无此特征的控制装置不应作出响应（见指令240）。

指令 244： YAAA AAA1 1111 0100 "查询负载减小"

询问是否在指定地址检测到显著的负载减小（与基准系统功率相比）。

如果询问的回答为"是"，则对指令146"查询灯的故障"的回答应为"是"，且指令144"查询状态"回答的 bit 1 应被置1。

回答应为"是"或"否"。无此特征的控制装置不应作出响应（见指令240）。

指令 245： YAAA AAA1 1111 0101 "查询负载增大"

询问是否在指定地址检测到显著的负载增大（与基准系统功率相比）。

如果询问的回答为"是"，则对指令146"查询灯的故障"的回答应为"是"，且指令144"查询状态"回答的 bit 1 应被置1。

回答应为"是"或"否"。无此特征的控制装置不应作出响应（见指令240）。

指令 246： YAAA AAA1 1111 0110 "查询电流保护器激活"

询问指定地址的电流保护是否激活。回答应为"是"或"否"。

如果询问的回答为"是"，则对指令146"查询灯的故障"的回答应为"是"，且指令144"查询状态"回答的 bit 1 应被置1。

无此特征的控制装置不应作出响应（见指令240）。

指令 247： YAAA AAA1 1111 0111 "查询热停机"

询问是否在指定地址检测到热停机。回答应为"是"或"否"。无此特征的控制装置不应作出响应

（见指令 240）。

指令 248： YAAA AAA1 1111 1000 "查询热过载"

询问是否在指定地址检测到亮度等级下降的热过载。回答应为"是"或"否"。无此特征的控制装置不应作出响应（见指令 240）。

指令 249： YAAA AAA1 1111 1001 "查询基准运行"

询问是否在指定地址有"基准系统功率"测量在运行。回答应为"是"或"否"。无此特征的控制装置不应作出响应（见指令 240）。

指令 250： YAAA AAA1 1111 1010 "查询基准测量失败"

询问利用指令 224"基准系统功率"开始的基准测量是否失败。回答应为"是"或"否"。无此特征的控制装置不应作出响应（见指令 240）。

指令 251： YAAA AAA1 1111 1011 "查询电流保护器启用"

询问电流保护器是否启用。回答应为"是"或"否"。

电流保护器为可选功能。无此特征的控制装置不应作出响应（见指令 240）。

指令 252～253： YAAA AAA1 1111 110X

为将来需要而保留。控制装置不应以任何方式作出响应。

指令 254： YAAA AAA1 1111 1110

为将来需要而保留。控制装置不应以任何方式作出响应。

指令 255： YAAA AAA1 1111 1111 "查询扩展版本号"

回答应为 1。

11.4.4 扩展特殊指令

修订：

指令 272： 1100 0001 0000 0011 "启用设备类型 3"

低压卤钨灯用控制装置的设备类型为 3。

11.5 指令集一览

GB/T 30104.102—2013 的 11.5 中列出的指令，及表 2 中列出的设备类型 3 的以下补充指令适用于本部分。

表 2 应用扩展指令设定摘要

指令号	指令代码	指令名
224	YAAA AAA1 1110 0000	基准系统功率
225	YAAA AAA1 1110 0001	启用电流保护器
226	YAAA AAA1 1110 0010	禁用电流保护器
227	YAAA AAA1 1110 0011	a
228～231	YAAA AAA1 1110 01XX	a
232～239	YAAA AAA1 1110 1XXX	a
240	YAAA AAA1 1111 0000	查询特征
241	YAAA AAA1 1111 0001	查询失效状态

表 2（续）

指令号	指令代码	指令名
242	YAAA AAA1 1111 0010	查询短路
243	YAAA AAA1 1111 0011	查询开路
244	YAAA AAA1 1111 0100	查询负载减小
245	YAAA AAA1 1111 0101	查询负载增大
246	YAAA AAA1 1111 0110	查询电流保护器激活
247	YAAA AAA1 1111 0111	查询热停机
248	YAAA AAA1 1111 1000	查询热过载
249	YAAA AAA1 1111 1001	查询基准运行
250	YAAA AAA1 1111 1010	查询基准测量失败
251	YAAA AAA1 1111 1011	查询电流保护器是否启用
252～253	YAAA AAA1 1111 110X	a
254	YAAA AAA1 1111 1101	a
255	YAAA AAA1 1111 1111	查询扩展版本号
272	1100 0001 0000 0011	启用设备类型 3

a 为将来需要而保留。控制装置不应以任何方式作出响应。

12 测试程序

按照 GB/T 30104.102—2013 第 12 章的要求，以下条款除外：

12.4 测试流程"物理地址分配"

附加：
本测试流程仅对支持此特征的控制装置具强制性。
附加条款：

12.7 测试流程"设备类型 3 的应用扩展指令"

12.7.1 测试流程"查询应用扩展指令"

12.7.1.1 测试流程"查询特征"

测试指令 240"查询特征"和指令 272"启用设备类型 3"。此测试流程"查询特征"如图 2 所示。

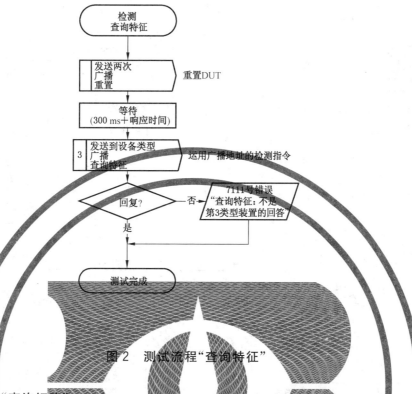

图2 测试流程"查询特征"

12.7.1.2 测试流程"查询短路"

测试指令242"查询短路"、指令241"查询故障状态"的回答的bit 9、指令144"查询状态"的回答的bit 1和bit 2以及短路条件下指令146"查询灯的故障"、指令147"查询灯的通电"和指令160"查询实际等级"是否正确作用。测试流程"查询短路"如图3所示。

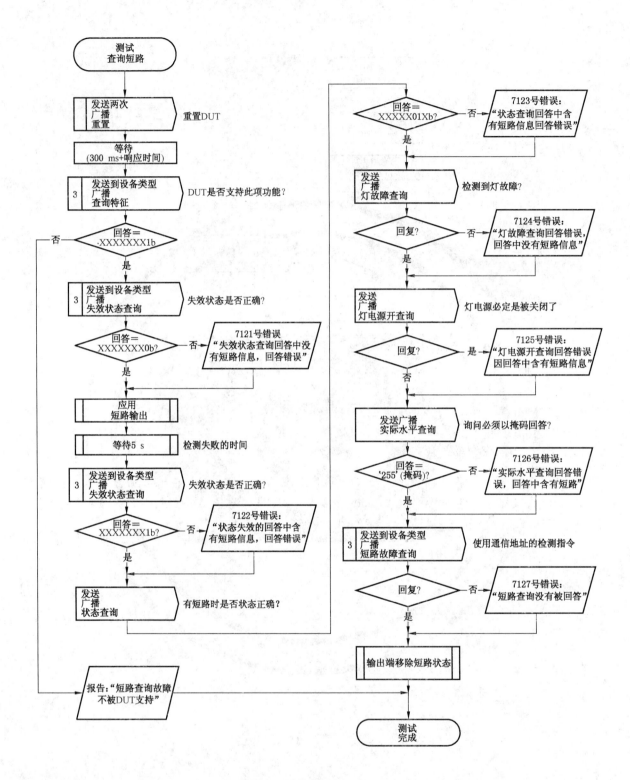

图 3　测试流程"查询短路"

12.7.1.3　测试流程"查询开路"

测试指令 243"查询开路"以及指令 241"查询故障状态"的回答的 bit 1 和指令 160"查询实际等级"是否正确回答。测试流程"查询开路"如图 4 所示。

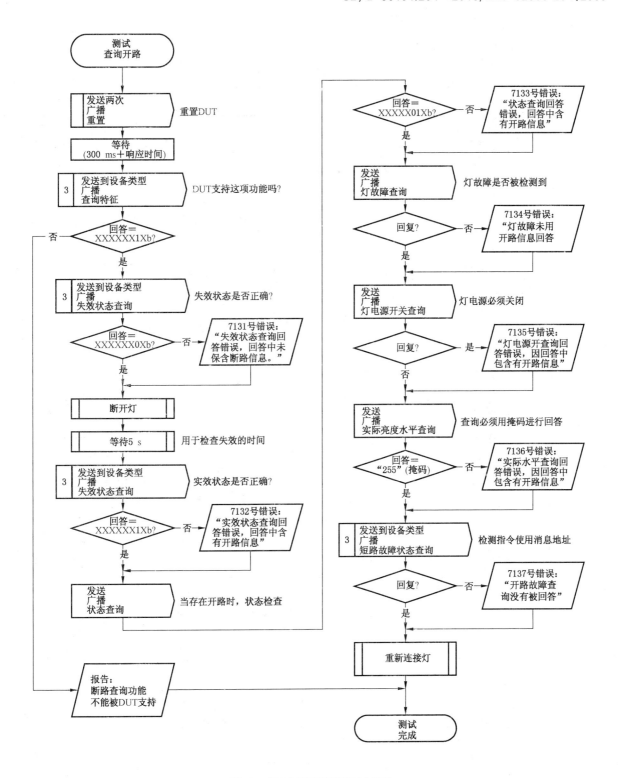

图 4　测试流程"查询开路"

12.7.1.4　测试流程"查询负载减小"

测试指令 244"查询负载减小"以及指令 241"查询故障状态"的回答的 bit 2。应利用测试流程 12.7.2.1 确保指令 224"基准系统功率"和指令 241"查询故障状态"是否正确有效。测试流程"查询负载 减小"如图 5 所示。

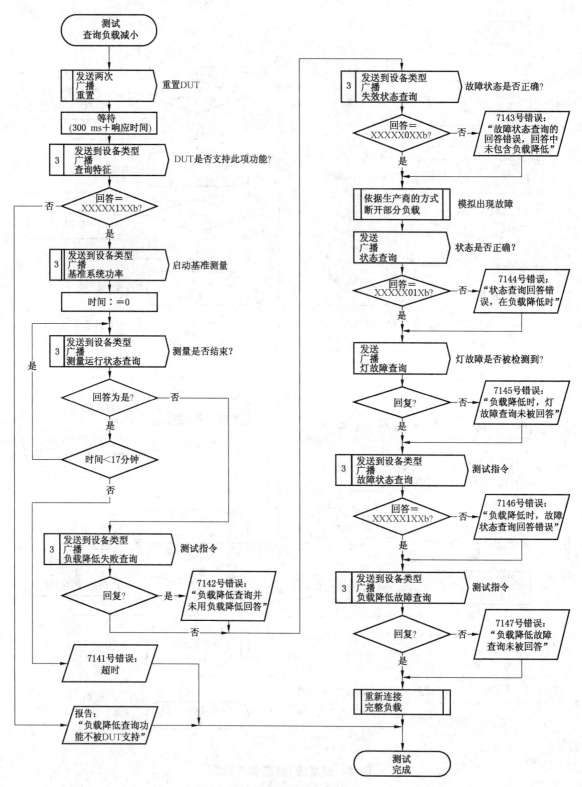

图 5　测试流程"查询负载减小"

12.7.1.5　测试流程"查询负载增大"

测试指令 245"查询负载增大"以及指令 241"查询故障状态"的回答的 bit 3。应利用测试流程 12.7.2.1 确保指令 224"基准系统功率"和指令 241"查询故障状态"是否正确有效。测试流程"查询负载增大"如图 6 所示。

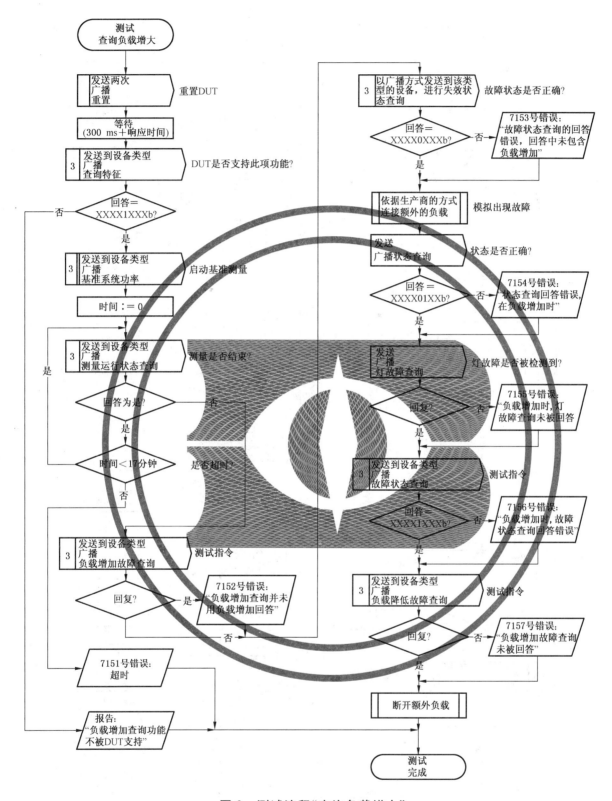

图 6　测试流程"查询负载增大"

12.7.1.6　测试流程"查询电流保护器是否激活：欠载"

在欠载情况下测试指令 246"查询电流保护器是否激活"以及指令 241"查询故障状态"的回答的 bit 4。应利用测试流程 12.7.2.1 确保指令 224"基准系统功率"和指令 241"查询故障状态"是否正确有效。

测试流程"查询电流保护器是否激活:欠载"如图7所示。

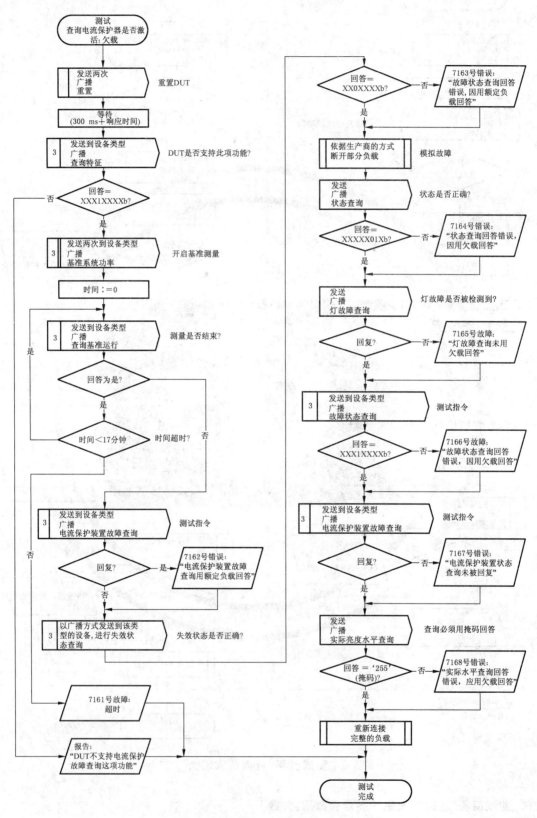

图7 "查询电流保护器是否激活:欠载"

12.7.1.7 测试流程"查询电流保护器是否激活：过载"

在过载情况下测试指令 246"查询电流保护器是否激活"以及指令 241"查询故障状态"的回答的bit 4。应利用测试流程 12.7.2.1 确保指令 224"基准系统功率"和指令 241"查询故障状态"是否正确有效。测试流程"查询电流保护器是否激活：过载"如图 8 所示。

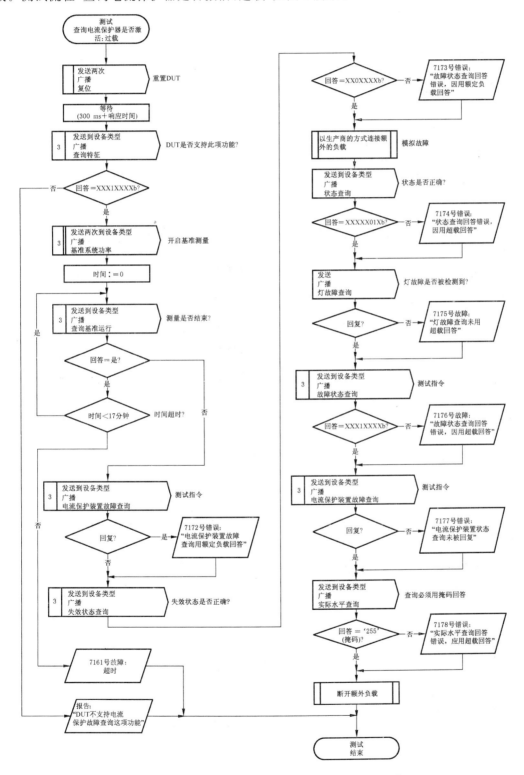

图 8　"查询电流保护器是否激活：过载"

12.7.1.8 测试流程"查询热停机"

测试指令247"查询热停机"以及指令241"查询故障状态"的回答的 bit 5。应利用此测试流程来测试确保指令144"查询状态"、指令146"查询灯的故障"、指令147"查询灯的通电"和指令160"查询实际等级"的回答是否正确。测试流程"查询热停机"如图9所示。

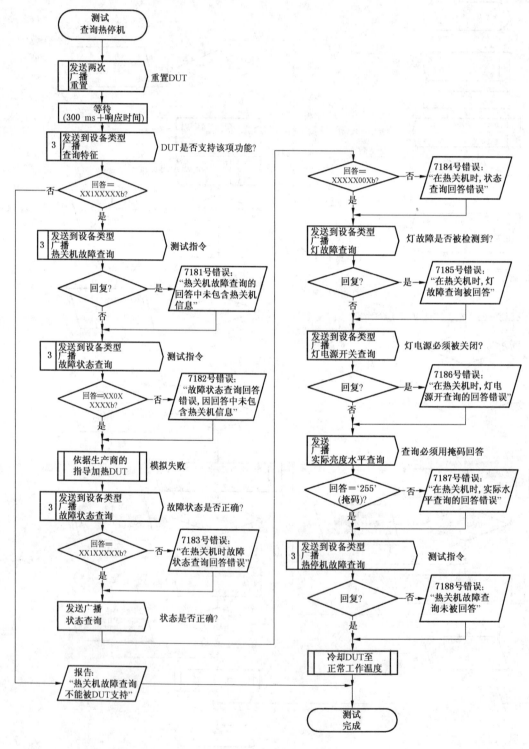

图 9　"查询热停机"

12.7.1.9 测试流程"查询热过载"

测试指令 248"查询热过载"以及指令"查询故障状态"的回答的 bit 6。由于照明等级减小，指令 160"查询实际等级"应回答"掩码"。测试流程"查询热过载"如图 10 所示。

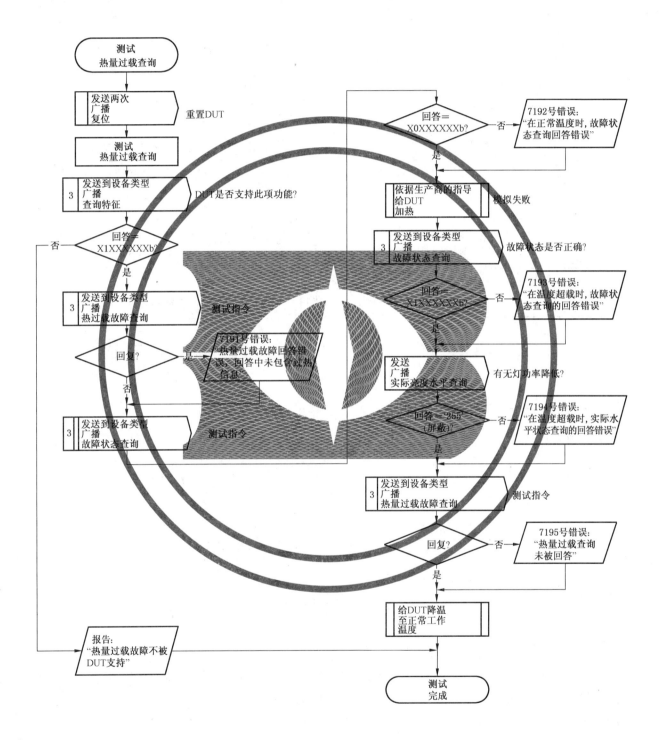

图 10 "查询热过载"

12.7.2 测试流程"应用扩展配置指令"

12.7.2.1 测试流程"基准系统功率"

用不同种类的装置测试指令224"基准系统功率"以及指令249"查询基准运行"。测试流程"基准系统功率"如图11所示。

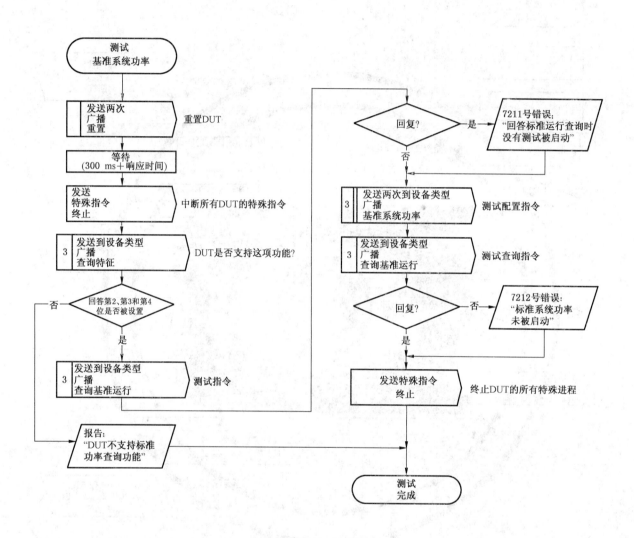

图11 "基准系统功率"

12.7.2.2 测试流程"基准系统功率:100 ms超时"

在此流程中,基准测量是通过发送两次配置指令224"基准系统功率"及150 ms的超时来开始的。另外,如果指令256"终止"停止基准测量时的响应需予以控制。测试流程"基准系统功率:100 ms超时"如图12所示。

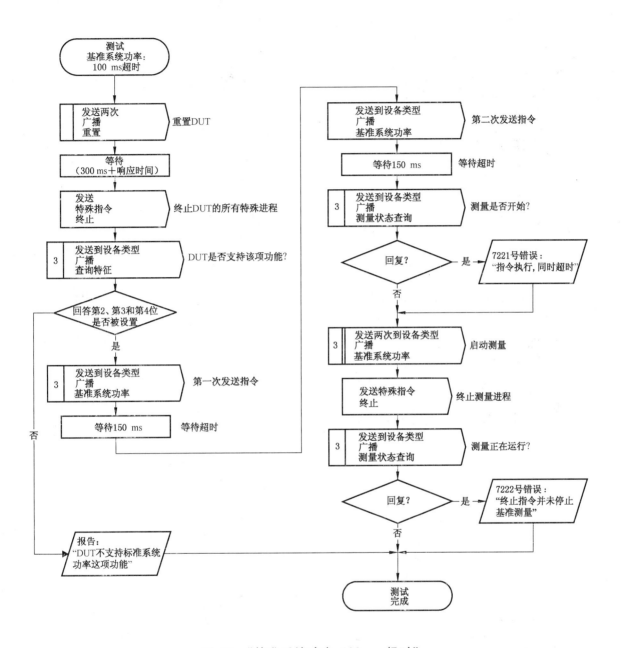

图 12 "基准系统功率:100 ms 超时"

12.7.2.3 测试流程"基准系统功率:中间指令"

在此流程中,基准测量是利用两个指令 224"基准系统功率"中间的指令来开始的。两个指令 224 和中间指令应在 100 ms 以内发送。测试流程"基准系统功率:中间指令"如图 13 所示。

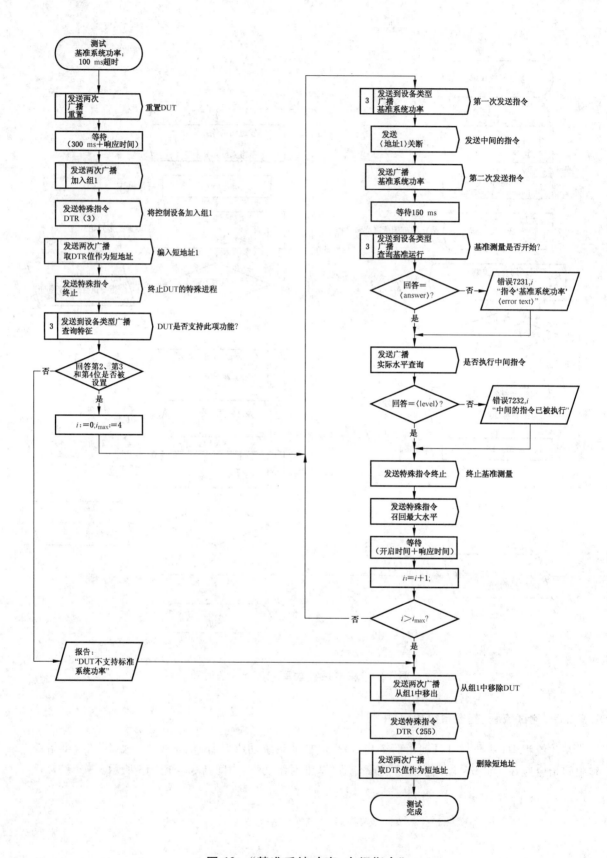

图 13 "基准系统功率:中间指令"

i	〈地址1〉	〈回答〉	〈等级〉	〈错误文本〉
0	短地址1	'否'	254	已执行
1	分组1	'否'	254	已执行
2	广播	'否'	254	已执行
3	短地址2	'是'	≠0	未执行
4	分组2	'是'	≠0	未执行

图 13（续）

12.7.2.4 测试流程"基准系统功率:15 min 计时"

测量应不迟于收到指令224"基准系统功率"后15 min 结束,控制装置应返回至正常工作状态。测试流程"基准系统功率:15 min 计时"如图14所示。

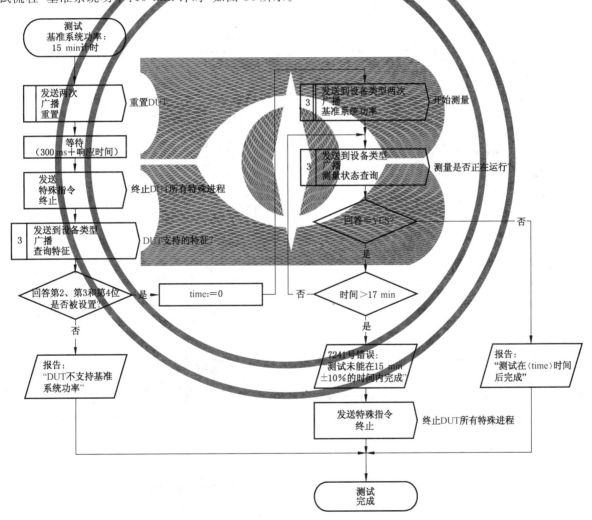

图 14 "基准系统功率:15 min 计时"

12.7.2.5 测试流程"基准系统功率:失败"

测试指令241"查询故障状态"以及指令250"查询基准测量失败"的回答的 bit 7。

基准测量之所以失败,其原因比如,欠压。如何造成测量失败的方式应由受试装置(DUT)的制造商进行说明。测试流程"基准系统功率:失败"如图 15 所示。

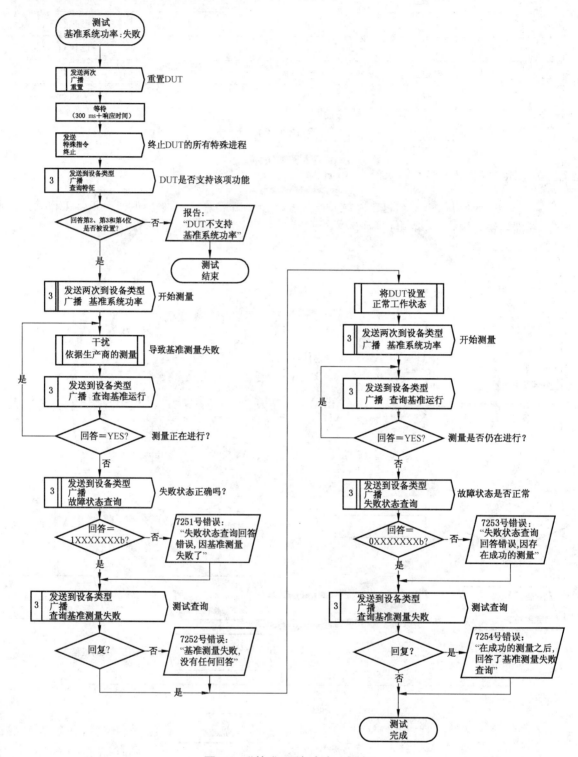

图 15 "基准系统功率:失败"

12.7.2.6 测试流程"启用/禁用电流保护器"

测试指令 225"启用电流保护器"、指令 226"禁用电流保护器"和指令 251"查询电流保护器是否已启用"。也可利用此流程来测试配置在固定存储器中的存储情况。基准测量之后,电流保护器会因为附加负载而被激活。确保总负载不超过控制装置的最大输出负载。测试流程"启用/禁用电流保护器"如图 16 所示。

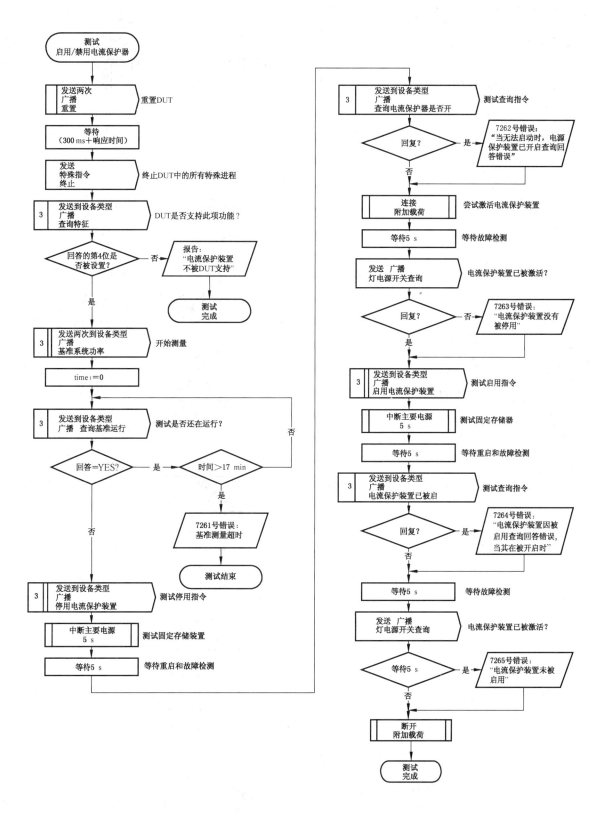

图 16 "启用/禁用电流保护器"

12.7.3 测试流程"启用设备类型"

12.7.3.1 测试流程"启用设备类型:应用扩展指令"

如果指令 272"启用设备类型 3"在前,应执行应用扩展指令。如果指令 272 和应用扩展指令之间有一个中间指令,那么应忽略应用扩展指令,但给另一台控制装置寻址的中间指令除外。测试流程采用指令 6"调用最低等级"作为中间指令,采用指令 240"查询特征"作为应用扩展指令。测试流程"启用设备类型:应用扩展指令"如图 17 所示。

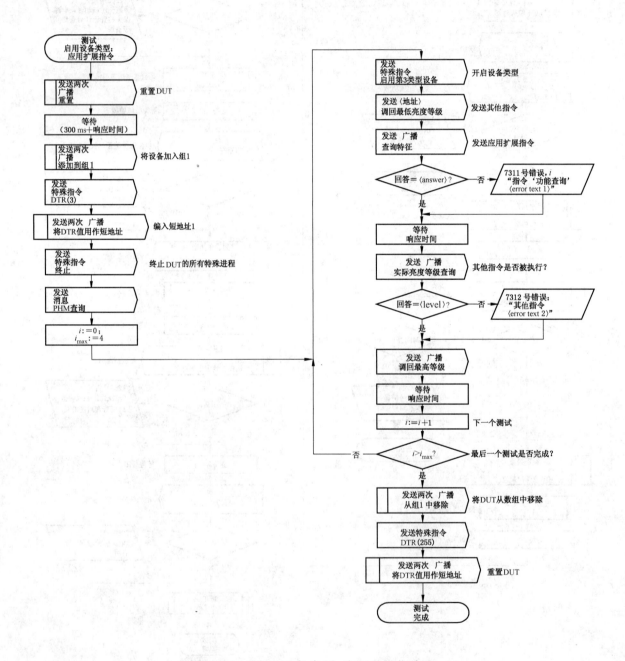

图 17 "启用设备类型:应用扩展指令"

i	〈地址〉	〈回答〉	〈等级〉	〈错误文本1〉	〈错误文本2〉
0	广播	'否'	PHM	已执行	未执行
1	短地址1	'否'	PHM	已执行	未执行
2	短地址2	XXXXXXXXb	254	未执行	已执行
3	分组1	'否'	PHM	已执行	未执行
4	分组2	XXXXXXXXb	254	未执行	已执行

图 17（续）

12.7.3.2 测试流程"启用设备类型：应用扩展配置指令1"

如果指令272"启用设备类型3"在前，且100 ms以内收到应用扩展配置指令两次，那么应执行应用扩展配置指令。如果指令272和为相同控制装置寻址的应用扩展配置指令之间存在一个中间指令，那么应用扩展配置指令应予以忽略。测试流程采用指令6"调用最低等级"作为中间指令，采用指令224"基准系统功率"作为应用扩展配置指令。测试流程"启用设备类型：应用扩展配置指令1"如图18所示。

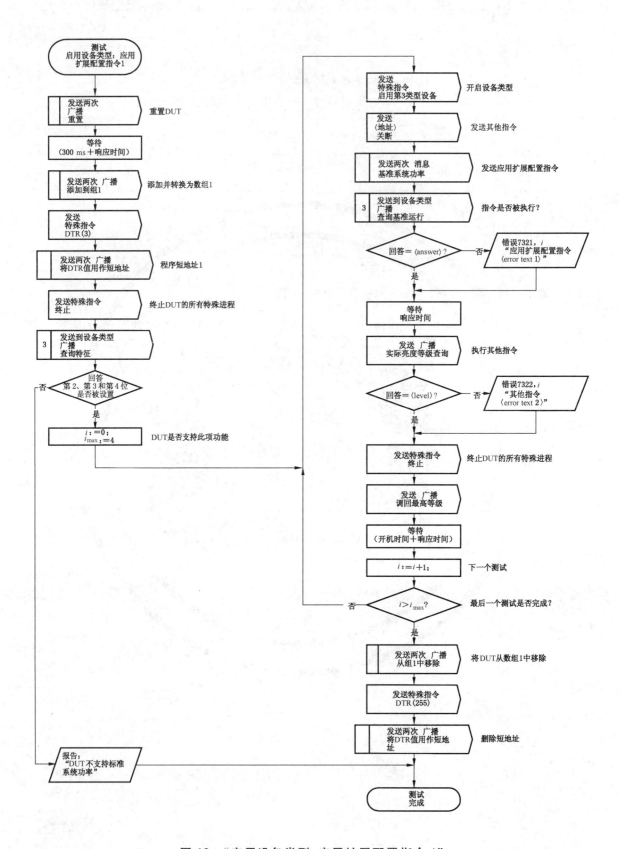

图 18 "启用设备类型:应用扩展配置指令 1"

i	〈地址〉	〈回答〉	〈等级〉	〈错误文本 1〉	〈错误文本 2〉
0	广播	'否'	0	已执行	未执行
1	短地址 1	'否'	0	已执行	未执行
2	短地址 2	'是'	≠0	未执行	已执行
3	分组 1	'否'	0	已执行	未执行
4	分组 2	'是'	≠0	未执行	已执行

图 18（续）

12.7.3.3 测试流程"启用设备类型：应用扩展配置指令 2"

如果指令 272"启用设备类型 3"在前，且 100 ms 以内收到应用扩展配置指令两次，那么应执行应用扩展配置指令。如果在两条应用扩展配置指令之间收到第二条指令 272"启用设备类型 3"，那么应用扩展配置指令应予以忽略。两条应用扩展配置指令应在 100 ms 以内发送。测试流程"启用设备类型：应用扩展配置指令 2"如图 19 所示。

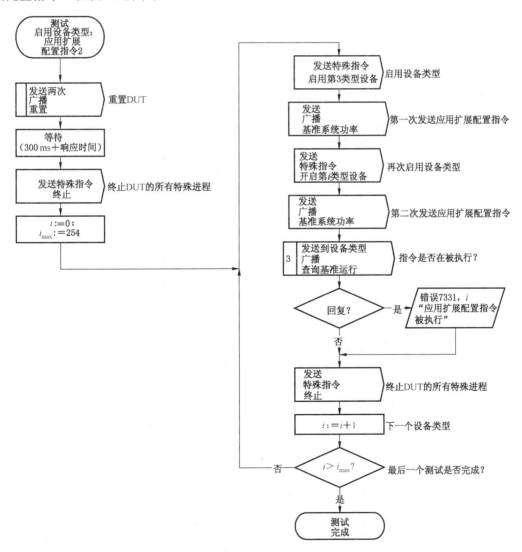

图 19 "启用设备类型：应用扩展配置指令 2"

12.7.6 标准应用扩展指令的测试流程

12.7.6.1 测试流程"查询扩展版本号"

对于指令272"启用设备类型X"中X的所有可能数值,测试指令255"查询扩展版本号"。测试流程"查询扩展版本号"如图20所示。

注:属于一种以上设备类型的控制装置也应回答X不等于3的查询。

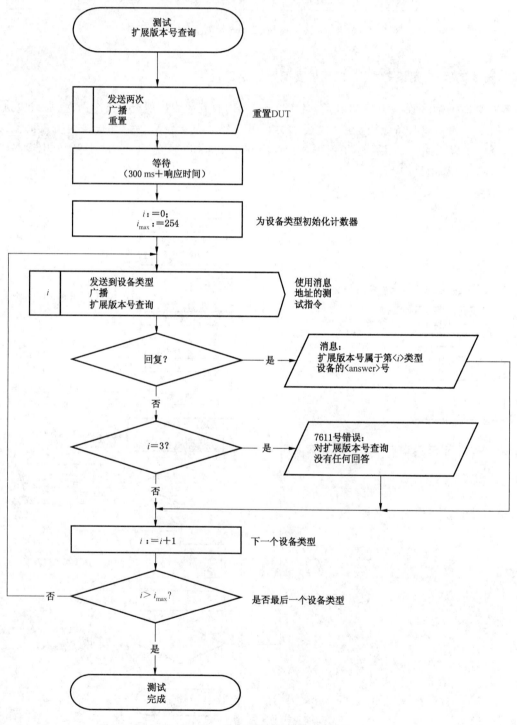

图20　"查询扩展版本号"

12.7.6.2 测试流程"保留应用扩展指令"

以下测试流程可检查对保留应用扩展指令的响应。控制装置不应以任何方式作出响应。测试流程"保留应用扩展指令"如图 21 所示。

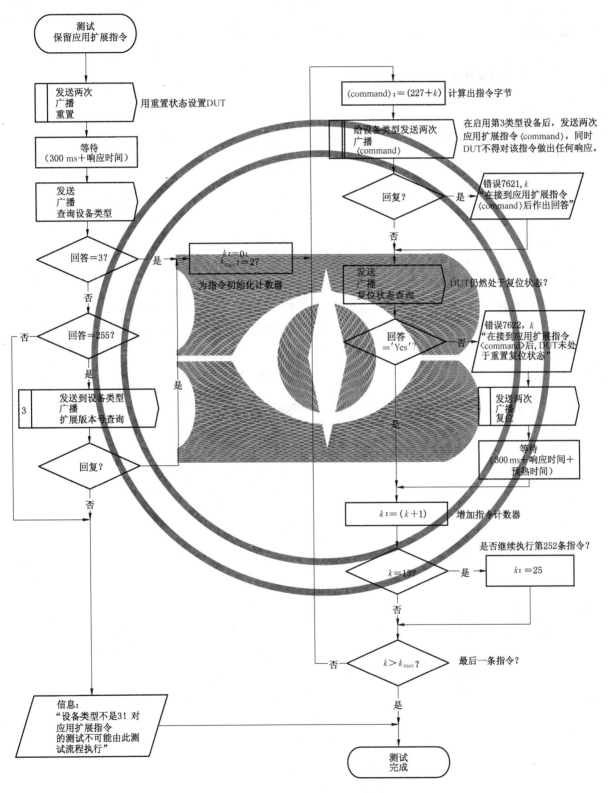

图 21 "保留应用扩展指令"

附　录　A
（资料性附录）
算　法　实　例

GB/T 30104.102—2013 附录 A 的要求适用于本部分,但以下除外:

A.3　通过物理选择实现地址分配

增加:
只有系统中的所有控制装置都支持此功能时,才建议通过物理选择来实现地址分配。
补充条款:

A.5　基准系统功率测量

a)　控制设备发送指令 224“基准系统功率”,以开始测量;

b)　控制装置现在测量因个别算法引起的系统功率级,并进行存储。测量程序应不超过 15 min;

c)　同时,控制设备定期发送指令 249“查询基准运行”;

d)　当控制设备不再收到回答时,所有控制装置均应已结束其测量,并已恢复至正常工作状态;

e)　控制设备可利用指令 250“查询基准测量失败”来检查测量是否成功。

参 考 文 献

[1]　IEC 60598-1　Luminaires—Part 1:General requirements and tests

[2]　IEC 60669-2-1　Switches for household and similar fixed electrical installations—Part 2-1: Particular requirements—Electronic switches

[3]　IEC 60921　Ballasts for tubular fluorescent lamps—Performance requirements

[4]　IEC 60923　Auxiliaries for lamps—Ballasts for discharge lamps (excluding tubular fluorescent lamps—Performance requirements

[5]　IEC 60925　DC-supplied electronic ballasts for tubular fluorescent lamps—Performance requirements

[6]　IEC 60929　AC-supplied electronic ballasts for tubular fluorescent lamps—Performance requirements

[7]　IEC 61347-1　Lamp controlgear—Part 1:General and safety requirements

[8]　IEC 61347-2-3　Lamp controlgear—Part 2-3:Particular requirements for a.c.supplied electronic ballasts for fluorescent lamps

[9]　IEC 61547　Equipment for general lighting purposes—EMC immunity requirements

[10]　IEC 62034　Automatic test systems for battery powered emergency escape lighting

[11]　CISPR 15　Limits and methods of measurement of radio disturbance characteristics of electrical lighting and similar equipment

[12]　GS1,General Specification:Global Trade Item Number,Version 7.0,published by the GS1, Avenue Louise 326; BE-1050 Brussels,Belgium; and GS1,1009 Lenox Drive,Suite 202, Lawrenceville,New Jersey,08648 USA.

ICS 29.140.50;29.140.99
K 74

中华人民共和国国家标准

GB/T 30104.205—2013/IEC 62386-205:2009

数字可寻址照明接口

第 205 部分：控制装置的特殊要求

白炽灯电源电压控制器（设备类型 4）

Digital addressable lighting interface—

Part 205：Particular requirements for control gear—

Supply voltage controller for incandescent lamps（device type 4）

（IEC 62386-205:2009,IDT）

2013-12-17 发布

2014-11-01 实施

中华人民共和国国家质量监督检验检疫总局
中国国家标准化管理委员会　发布

前　言

GB/T 30104《数字可寻址照明接口》分为 13 个部分：

——第 101 部分：一般要求　系统；

——第 102 部分：一般要求　控制装置；

——第 103 部分：一般要求　控制设备；

——第 201 部分：控制装置的特殊要求　荧光灯（设备类型 0）；

——第 202 部分：控制装置的特殊要求　自容式应急照明（设备类型 1）；

——第 203 部分：控制装置的特殊要求　放电灯（荧光灯除外）（设备类型 2）；

——第 204 部分：控制装置的特殊要求　低压卤钨灯（设备类型 3）；

——第 205 部分：控制装置的特殊要求　白炽灯电源电压控制器（设备类型 4）；

——第 206 部分：控制装置的特殊要求　数字信号转换成直流电压（设备类型 5）；

——第 207 部分：控制装置的特殊要求　LED 模块（设备类型 6）；

——第 208 部分：控制装置的特殊要求　开关功能（设备类型 7）；

——第 209 部分：控制装置的特殊要求　颜色控制（设备类型 8）；

——第 210 部分：控制装置的特殊要求　程序装置（设备类型 9）

本部分为 GB/T 30104 的第 205 部分。

本部分按照 GB/T 1.1—2009 和 GB/T 20000.2—2009 给出的规则起草。

本部分使用翻译法等同采用 IEC 62386-205：2009《数字可寻址照明接口　第 205 部分：控制装置的特殊要求　白炽灯电源电压控制器（设备类型 4）》。

本部分由中国轻工业联合会提出。

本部分由全国照明电器标准化技术委员会（SAC/TC 224）归口。

本部分起草单位：广东产品质量监督检验研究院、中山市古镇生产力促进中心、德清县新城照明器材有限公司、佛山市华全电气照明有限公司、北京电光源研究所。

本部分主要起草人：李自力、杨国政、易青、区志杨、江姗、段彦芳、赵秀荣。

引　言

　　本部分将与 GB/T 30104.101 和 GB/T 30104.102 同时出版。将 GB/T 30104 分为几部分单独出版便于将来修正和修订。如有需要,将添加附加要求。

　　引用 GB/T 30104.101 或 GB/T 30104.102 内的任何条款时,本部分和组成 GB/T 30104.2×× 系列的其他部分明确规定了条款的适用范围和测试的进行顺序。如有必要,本部分也包括附加要求。组成 GB/T 30104.200 系列的所有部分都是独立的,因此不包含彼此之间的引用。

　　GB/T 30104.101 或 GB/T 30104.102 的任何条款的要求在本部分中以"按照 GB/T 30104.101 第 'n' 章的要求"的句子形式引用,该句子可解释为涉及的第 101 部分或第 102 部分的条款的所有要求均适用,但不适用于第 205 部分包含的特定类型灯的控制装置除外。

　　除非另有说明,本部分中使用的数字均为十进制。十六进制数字采用 0xVV 的格式,其中 VV 为数值。二进制数字采用 XXXXXXXXb 或 XXXX XXXX 的格式,其中 X 为 0 或 1;"x"在二进制中表示"不作考虑"。

数字可寻址照明接口
第205部分:控制装置的特殊要求
白炽灯电源电压控制器(设备类型4)

1 范围

GB/T 30104 的本部分规定了与白炽灯相关的、电子控制装置的数字信号控制协议和测试程序。

2 规范性引用文件

下列文件对于本文件的应用是必不可少的。凡是注日期的引用文件,仅注日期的版本适用于本文件。凡是不注日期的引用文件,其最新版本(包括所有的修改单)适用于本文件。

GB/T 30104.101—2013 数字可寻址照明接口 第 101 部分:一般要求 系统(IEC 62386-101:2009,IDT)

GB/T 30104.102—2013 数字可寻址照明接口 第 102 部分:一般要求 控制装置(IEC 62386-102:2009,IDT)

3 术语和定义

GB/T 30104.101—2013 第 3 章和 GB/T 30104.102—2013 第 3 章界定的以及下列术语和定义适用于本文件。

3.1

基准测量 reference measurement

实际灯负载的测量。

注:控制装置用其内部程序和测量确定实际灯负载,而不是由本部分规定。

3.2

负载减小的检测 detection of load decrease

对实际灯负载明显低于在成功的"基准测量"期间所测得的负载的识别。

注:关于负载增大或减小是否属于明显的准则,只能由制造商决定,这些准则应在说明书中予以描述。

3.3

负载增大的检测 detection of load increase

对实际灯负载明显高于在成功的"基准测量"期间所测得的负载的识别。

注:关于负载增大或减小是否属于明显的准则,只能由制造商决定,这些准则应在说明书中予以描述。

3.4

热过载 thermal overload

控制装置超过最大允许温度的情形。

3.5

热停机 thermal shut-down

控制装置关闭灯,因为输出量的自动减少无法阻止持续的热过载。

3.6

因热过载而降低光输出等级　light level reduction due to thermal overload

降低光输出等级以降低控制装置的温度。

3.7

负载过流关闭　load over-current shut down

控制装置关闭灯,因为输出量的自动减少无法阻止持续的过流状态。

4　一般要求

按照 GB/T 30104.101—2013 第 4 章和 GB/T 30104.102—2013 第 4 章的要求。

5　电气规范

按照 GB/T 30104.101—2013 第 5 章和 GB/T 30104.102—2013 第 5 章的要求。

6　接口电源

如果电源与控制装置集成在一起,则按照 GB/T 30104.101—2013 第 6 章和 GB/T 30104.102—2013 第 6 章的要求。

7　传输协议结构

按照 GB/T 30104.101—2013 第 7 章和 GB/T 30104.102—2013 第 7 章的要求。

8　定时

按照 GB/T 30104.101—2013 第 8 章和 GB/T 30104.102—2013 第 8 章的要求。

9　运行方法

9.1　一般要求

按照 GB/T 30104.101—2013 第 9 章和 GB/T 30104.102—2013 第 9 章的要求,并有如下附加内容和修正:

无论是对数的还是线性的调光曲线,都应适用于控制装置所使用的灯类型以及适合的额定参数。

固定方式通用调光器情况下的调光模式只能通过开关或其他对调光器的物理控制来改变,而不能通过接口来改变。

注:这样可以排除在系统编程中由于失误造成的危险。

9.2　负载减小的检测

如果实际灯负载明显低于成功的"基准测量"期间测得的负载,如果是为了安全运行所必需的话,控制装置可能关闭灯。应设定标志位"负载减小"。

9.3 负载增大的检测

如果实际灯负载明显高于成功的"基准测量"期间测得的负载,如果是为了安全运行所必需的话,控制装置可能关断。应设定标志位"负载增大"。

9.4 灯替换对控制装置负载增大/减小的影响

如果用一个不同功率的灯进行更换灯,控制装置可能会错误地检测负载增大或负载减小。在这种情况下,为了正确地检测负载增大或负载减小,需要一个"基准系统功率"的成功测量。

注:在某些情况下,更换一个相同功率的灯仍要一个新的"基准系统测量"以便正确检测负载增大或负载减小。

10 变量声明

本设备类型变量按照 GB/T 30104.101—2013 第 10 章和 GB/T 30104.102—2013 第 10 章及表 1 的补充变量要求。

表 1 变量声明

变量	默认值	重置值	有效范围	存储器[a]
"调光曲线"	0	不变	0~1(2~255 为将来需要而保留)	1 字节
"调光器状态"	0000 0001[b]	Bit 4 重置,其他不变	0~255	RAM[c] 中 1 字节
"调光器特征"	工厂烧录	不变	每字节 0~255	ROM 中 3 字节
"故障状态字节 1"	UUU0 UUUU[b]	不变	0~255	RAM[c] 中 1 字节
"故障状态字节 2"	000U UUUU[b]	不变	0~255	RAM 中 1 字节
"调光器温度"	UUUU UUUU[b]	不变	0~254,255(掩码)	RAM 中 1 字节
"电源电压有效值"	UUUU UUUU[b]	不变	0~254,255(掩码)	RAM 中 1 字节
"电源频率"	UUUU UUUU[b]	不变	0~254,255(掩码)	RAM 中 1 字节
"负载电压有效值"	UUUU UUUU[b]	不变	0~254,255(掩码)	RAM 中 1 字节
"负载电流有效值"	UUUU UUUU[b]	不变	0~254,255(掩码)	RAM 中 1 字节
"实际负载功率"	UUUU UUUU[b]	不变	0~65534,65535(掩码)	RAM 中 2 个字节
"额定负载"	工厂烧录	不变	0~254,255(掩码)	ROM 中 1 字节
"设备类型"	4	不变	0~254	ROM 中 1 字节
"扩展版本号"	1	不变	0~255	ROM 中 1 字节

U 未定义。

[a] 如无特殊说明,均为固定存储器(存储时间不限)。

[b] 上电值,"故障状态字节 1"的 bit 7 和"调光器状态"的 bit 4 除外。

[c] "故障状态字节 1"的 bit 7 和"调光器状态"的 bit 4 应存储在固定存储器中。

11 指令定义

按照 GB/T 30104.101—2013 第 11 章和 GB/T 30104.102—2013 第 11 章的要求,但有如下例外:
对 GB/T 30104.101—2013 第 11 章的修正:

11.3.1 相关的状态信息查询

修正:

指令 144:YAAA AAA1 1001 0000 "查询状态"

按照 GB/T 30104.102—2013 中所给定义,但在本部分中 bit 0 有额外的可选含义:

bit 0 控制装置状态;"0"=正常

值为"1"时表明热问题、供电问题或者控制装置不正常。值为"0"不一定表示没有热问题或供电问题。

指令 146:YAAA AAA1 1001 0010"查询灯故障"

回答应为标准 GB/T 30104.102—2013 中所描述的,具有如下含义:

"是"代表下列含义之一:

——开路;

——负载增加;

——负载减小;

——电流过载关闭;

——降低光输出但负载电流仍过载;

——负载电压超限;

——负载与所选调光方式不匹配。

"否"不一定代表灯的状态正常。

指令 153:YAAA AAA1 1001 1001"查询设备类型"

回答应为 4。

11.3.4 应用扩展指令

替换:

指令 272"启用设备类型 4"应优先于应用扩展指令。控制装置的调光器类型不应先于指令 272"启用设备类型 X"(X≠4)对应用扩展指令产生响应。

注: 对于其他设备类型,可能以不同的方式使用这些指令。

11.3.4.1 应用扩展配置指令

在每一个配置指令(224~225)被执行之前,应在 100 ms 以内第二次收到这些指令,以减小接收不正确的可能性。在这两个指令之间不应发送对相同控制装置寻址的其他指令,否则,前一个指令就会被忽略,同时各自的配置序列被终止。

指令 272 需要在 2 次控制指令之前发出,但不应在二者之间重复(见图 1)。

图 1　应用扩展配置指令序列举例

指令 224：YAAA AAA1 1110 0000 基准系统功率

为了检测负载增加或负载减小，控制装置应测量和存储系统功率等级。

注：系统功率等级的数值是可选的，根据制造商确定每种类型的控制装置所需要测量的数值。

所测得的功率等级应存储在固定存储器中。除了查询指令和指令 256 外，在测量期间收到的其他指令都应被忽略。

最多在 15 分钟后，控制装置应完成测量过程并回到正常操作。测量过程中，如果收到指令 256"停止"，应终止测量过程。

指令 225：YAAA AAA1 1110 0001 "选择调光曲线"

控制装置的调光曲线应根据 DTR 值进行设定。

当 DTR=0 时，设定调光曲线输出为标准对数输出特征。

当 DTR=1 时，设定调光曲线为线性。这种情况下，光输出是根据下列公式由任何电弧功率控制指令给定的光度等级的线性函数。表达式如下：

$$X(n) = \frac{n}{254} \times 100\%$$

式中：

X ——光输出，用百分比表示；

n ——由电弧功率控制指令给定的光度等级。

DTR 的所有其他值为将来需要而保留，并且不应改变调光曲线。

这个设定将保存在非易变存储器中，并且应不会被"重置"指令清除。

指令 226～227：YAAA AAA1 1110 001X

为将来需要而保留，控制装置不应以任何方式作出响应。

指令 228～231：YAAA AAA1 1110 01XX

为将来需要而保留，控制装置不应以任何方式作出响应。

指令 232～235：YAAA AAA1 1110 10XX

为将来需要而保留，控制装置不应以任何方式作出响应。

指令 236～237：YAAA AAA1 1110 110X

为将来需要而保留，控制装置不应以任何方式作出响应。

11.3.4.2　应用扩展查询指令

指令 238：YAAA AAA1 1110 1110 "查询调光曲线"

回答应为正在使用的调光曲线：

0=标准对数曲线

1=线性曲线

注1：指令2～255均为将来需要而保留,在表1中规定。

指令239：YAAA AAA1 1110 1111"查询调光器状态"

回答应为如下信息:

bit 0 前沿模式运行   调光方式位,见指令240

bit 1 后沿模式运行   调光方式位,见指令240

bit 2 基准测量运行   "0"=否

bit 3 为将来需要而保留   "0"=默认值

bit 4 非对数调光曲线激活 "0"=否

bit 5 为将来需要而保留   "0"=默认值

bit 6 为将来需要而保留   "0"=默认值

bit 7 为将来需要而保留   "0"=默认值

应由控制装置根据实际情况来定期更新"查询调光器状态"字节。

指令240：YAAA AAA1 1111 0000"查询特征"

回答应为特征信息的第1个字节,特征信息的第2个字节应自动转移到DTR,特征信息的第3个字节在接收到本指令后应自动转入到DTR1。

特征字节1(反向通道)：

bit 0 "1"=可查询:负载过电流关闭   "0"=否

bit 1 "1"=可查询:开路(无负载)检测   "0"=否

bit 2 "1"=可查询:负载减小检测   "0"=否

bit 3 "1"=可查询:负载增大检测   "0"=否

bit 4 为将来需要而保留   "0"=默认值

bit 5 "1"=可查询:热关闭   "0"=否

bit 6 "1"=可查询:输出量减小时热过载   "0"=否

bit 7 "1"=支持物理选择   "0"=否

特征字节2(DTR)：

bit 0 可查询:温度   "0"=否

bit 1 可查询:电源电压   "0"=否

bit 2 可查询:电源频率   "0"=否

bit 3 可查询:负载电压   "0"=否

bit 4 可查询:负载电流   "0"=否

bit 5 可查询:实际负载功率   "0"=否

bit 6 可查询:额定负载   "0"=否

bit 7 可查询:输出量减小时电流过载 "0"=否

特征字节3(DTR1)：

bit 0 调光方式 bit 0   见表2

bit 1 调光方式 bit 1   见表2

bit 2 为将来需要而保留   "0"=默认值

bit 3 可选择:非对数调光曲线   "0"=否

bit 4 为将来需要而保留   "0"=默认值

bit 5 为将来需要而保留   "0"=默认值

bit 6　为将来需要而保留　　　　　　　　　　　　　　"0"＝默认值

bit 7　可查询：负载不匹配　　　　　　　　　　　　"0"＝否

调光方式位(特征字节 3 的 bit 0 和 bit 1)见表 2。

表 2　调光方式位

bit 1	bit 0	调节方式
0	0	前沿和后沿
0	1	仅前沿
1	0	仅后沿
1	1	正弦波

特征字节 1 的反向通道 bit 2 和 bit 3：如果 1 个或多个这些特征有效，则指令 224"基准系统功率"、指令 249"查询基准运行"和指令 250"查询基准测量失败"是必要的。

注 2：虽然能够查询热过载保护的实际状态，但用户还需遵守设备制造商提供的相关安全说明。

指令 241：YAAA AAA1 1111 0001 "查询故障状态"

回答应是故障状态信息的字节 1，故障状态信息的字节 2 在收到本指令后应自动转入到 DTR1。

故障状态 字节 1(反向通道)：

bit 0　负载电流过载关闭　　　　　　　　"0"＝否

bit 1　开路(无负载)检测　　　　　　　　"0"＝否

bit 2　负载减小检测　　　　　　　　　　"0"＝否

bit 3　负载增大检测　　　　　　　　　　"0"＝默认值

bit 4　为将来需要而保留　　　　　　　　"0"＝默认值

bit 5　热关闭　　　　　　　　　　　　　"0"＝否

bit 6　输出量减小时热过载　　　　　　　"0"＝否

bit 7　基准测量失败　　　　　　　　　　"0"＝否

故障状态 字节 2(DTR1)：

bit 0　负载不适合所选择的调光方式，导致关闭　"0"＝否

bit 1　电源电压超过限值　　　　　　　　"0"＝否

bit 2　电源频率超过限值　　　　　　　　"0"＝否

bit 3　负载电压超过限值　　　　　　　　"0"＝否

bit 4　输出减小时负载电流过载　　　　　"0"＝否

bit 5　为将来需要而保留　　　　　　　　"0"＝默认值

bit 6　为将来需要而保留　　　　　　　　"0"＝默认值

bit 7　为将来需要而保留　　　　　　　　"0"＝默认值

如果任何原因导致系统功率的基准测量失败，或者如果根本没有基准测量，反向通道 bit 7 应被设置 1，并应存入固定存储器中。

如果不支持基准测量，那该位应始终为 0。

DTR1 的 bit 1、bit 2 和 bit 3 表示电源或负载有问题，这些情况可能导致输出降低或者关闭。

导致输出降低的故障状态应只由控制装置重新上电或者只由产生输出关闭的指令来重置。输出电平不能在已降低的电平上上升，直到故障状态被清除。

导致关闭的故障状态应只由控制装置重新上电或者使用控制装置上的可选重置开关来重置。

注 3：关闭不应通过接口重置。

注 4：负载电流过载检测（反向通道 bit 0）是控制装置、制造商和可能的调光方式规定的。当控制装置减小输出仍不能保持负载电流在范围内时，需要进行此项检测。

"故障状态"应由控制装置根据实际情况定期更新。

如果反向通道 bit 0～3 或者 DTR1 中 bit 0、bit 3 和 bit 4 任一个被设定，则对指令 146"查询灯故障"的回答应为"是"，并且指令 144"查询状态"回答的 bit 1 应被置 1。

如果反向通道 bit 5、bit 6 或者 DTR1 中 bit 1 和 bit 2 任一个被设定，则对指令 144"查询状态"的回答的 bit 0 应被置 1。

如果反向通道中 bit 0、bit 1、bit 5、bit 6 或者 DTR1 中 bit 0、bit 4 任一个被设定，则对指令 160"查询实际电平"回答应为"掩码"。

指令 242：YAAA AAA1 1111 0010 "查询调光器温度"

回答应是分辨率为 1 ℃的调光器温度的显示值。值 0～254 表示温度为−40 ℃～+214 ℃；当低于−40 ℃时，返回 0 值；超过+214 ℃时返回 254，255 表示"未知"。

无此特征的控制装置不应作响应。

指令 243：YAAA AAA1 1111 0011 "查询供电电压有效值"

回答应为测得的供电电压。值 0～254 表示 0 V～508 V 有效值。电压超过 508 V 应返回为 254，255 表示"未知"。

无此特征的控制装置不应作响应。

指令 244：YAAA AAA1 1111 0100 "查询电源频率"

回答应为以 0.5 Hz 分辨率的电源频率值。值 0～254 表示 0 Hz～127 Hz。频率超过 127 Hz 应返回 254，255 表示"未知"。

无此特征的控制装置不应作响应。

指令 245：YAAA AAA1 1111 0101 "查询负载电压有效值"

回答应为测得的负载电压。值 0～254 表示 0 V～508 V 有效值。超过 508 V 应返回 254，255 表示未知。

无此特征的控制装置不应作响应。

指令 246：YAAA AAA1 1111 0110 "查询负载电流有效值"

回答应为测得的负载电流与指令 248 所得回复的额定负载电流值之比，分辨率 0.5%。值 0～254 表示 0%～127%。更高的电流应返回 254，255 表示"未知"。

无此特征的控制装置不应作响应。

指令 247：YAAA AAA1 1111 0111 "查询实际负载功率"

回答应为提供给负载的实际功率的高字节，提供给负载的实际功率的低字节应在收到本指令后自动转到 DTR。提供给负载的实际功率为一个 16-bit 值。值 0～65534 表示功率范围 0 W～16.383 5 kW，分辨率为 0.25 W。功率高出此范围应返回 65534，65535 表示"未知"。

无此特征的控制装置不应作响应。

指令 248：YAAA AAA1 1111 1000 "查询负载额定值"

回答应为负载额定电流的最大值，分辨率为 150 mA。值 0～254 表示 0 A～38.1 A。电流超过 38.1 A 应返回 254，255 表示"未知"。

无此特征的控制装置不应作响应。

指令249：YAAA AAA1 1111 1001 "查询基准运行"

查询在给定地址是否有"基准系统功率"测量在运行。回答为"是"或者"否"。

无此特征的控制装置不应作响应。

指令250：YAAA AAA1 1111 1010 "查询基准测量失败"

查询由指令224启动的"基准系统功率"测量是否失败。回答为"是"或者"否"。

无此特征的控制装置不应作响应。

指令251：YAAA AAA1 1111 1011

为将来需要而保留,控制装置不应以任何方式作出响应。

指令252~253：YAAA AAA1 1111 110X

为将来需要而保留,控制装置不应以任何方式作出响应。

指令254：YAAA AAA1 1111 1110

为将来需要而保留,控制装置不应以任何方式作出响应。

指令255：YAAA AAA1 1111 1111 "查询扩展版本号"

回答应为1。

11.4.4 扩展特殊指令

修正：

指令272：1100 0001 0000 0100 "启动设备类型4"

调光白炽灯控制装置的设备类型为4。

11.5 指令集一览表

替换内容：

表3中列出了本部分规定的应用扩展指令集。

表 3 应用扩展指令集一览表

指令号	指令代码	指令名
224	YAAA AAA1 1110 0000	基准系统功率
225	YAAA AAA1 1110 0001	选择调光曲线
226~227	YAAA AAA1 1110 001X	a
228~231	YAAA AAA1 1110 01XX	a
232~235	YAAA AAA1 1110 10XX	a
236~237	YAAA AAA1 1110 110X	a
238	YAAA AAA1 1110 1110	查询调光曲线
239	YAAA AAA1 1110 1111	查询调光状态
240	YAAA AAA1 1111 0000	查询特征
241	YAAA AAA1 1111 0001	查询故障状态
242	YAAA AAA1 1111 0010	查询调光器温度

表 3（续）

指令号	指令代码	指令名
243	YAAA AAA1 1111 0011	查询电源电压有效值
244	YAAA AAA1 1111 0100	查询电源频率
245	YAAA AAA1 1111 0101	查询负载电压有效值
246	YAAA AAA1 1111 0110	查询负载电流有效值
247	YAAA AAA1 1111 0111	查询实际负载功率
248	YAAA AAA1 1111 1000	查询额定负载
249	YAAA AAA1 1111 1001	查询基准运行
250	YAAA AAA1 1111 1010	查询基准测量失败
251	YAAA AAA1 1111 1011	a
252～253	YAAA AAA1 1111 110X	a
254	YAAA AAA1 1111 1110	a
255	YAAA AAA1 1111 1111	查询扩展版本号
272	1100 0001 0000 0100	启用设备类型 4

a 为将来需要而保留，控制装置不应以任何方式响应。

12 测试程序

按照 GB/T 30104.101—2013 第 12 章和 GB/T 30104.102—2013 第 12 章的要求，并有如下例外情况：

12.4 "物理地址分配"测试流程

修正：
本测试流程仅对支持此特征的控制装置具有强制性。
增加条款：

12.7 "设备类型 4 的应用扩展指令"测试流程

为设备类型 4 定义的应用扩展指令应采用下面的测试流程测试。这些测试流程也可用于测试其他设备类型对该指令的可能响应。

12.7.1 "应用扩展指令"测试流程

以下测试流程检查应用扩展指令 224～225、238～250 和指令 255。

12.7.1.1 "查询调光器状态"和"查询特征"测试流程

指令 239"查询调光器状态"、指令 240"查询特征"及指令 272"启用设备类型 4"都应进行测试，测试流程见图 2。

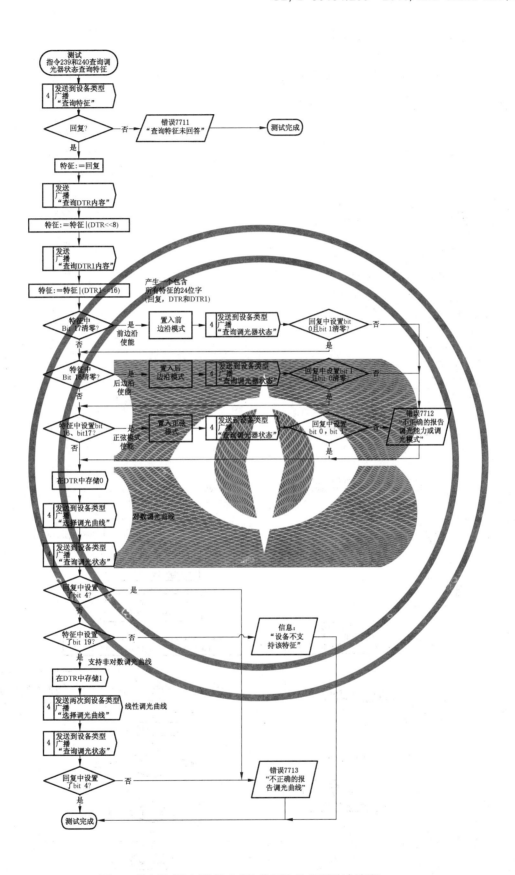

图 2 "查询调光器状态"和"查询特征"测试流程

12.7.1.2 "查询故障状态"测试流程

应对指令 241"查询故障状态"进行测试。测试流程见图 3,测试条件见表 4。

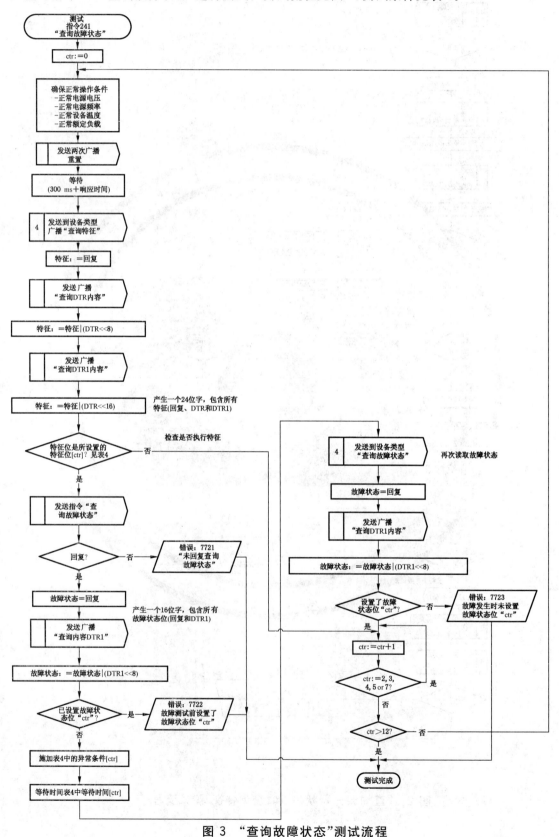

图 3 "查询故障状态"测试流程

表 4 指令241"查询故障状态"测试条件

ctr	特征位	故障 状态位	异常测试条件	等待时间	测试名称
0	0	0	依据说明书规定,施加负载 或短路负载	10 s	负载过流关闭
1	1	1	断开负载	10 s	开路(无负载)检测
2	2	2			负载减小检测
3	3	3			负载增大检测
4		4			为将来需要而保留
5	5	5	无测试可能性		热关闭
6	6	6	依据说明书规定,施加最大 额定负载并对装置限制冷 却空气	600 s	输出电平减小时的热过载
7		7			基准测量失败
8	23	8	施加调光方式,不适合的 负载	10 s	负载不适合所选调光方式,导 致短路
9	9	9	依据说明书规定,施加不适 合的电源电压	10 s	电源电压超过限值
10	10	10	依据说明书规定,施加不适 合的电源频率	10 s	电源频率超过限值
11	11	11	依据说明书规定,施加负载 使负载电压超限	10 s	负载电压超过限值
12	15	12	依据说明书规定,施加大于 最大额定值的负载	10 s	输出电平减小时负载电流 过载
13		13			为将来需要而保留
14		14			为将来需要而保留
15		15			为将来需要而保留

12.7.1.3 "指令242~248"测试流程

应测试"指令242~248"。测试流程见图4,查询指令见表5。

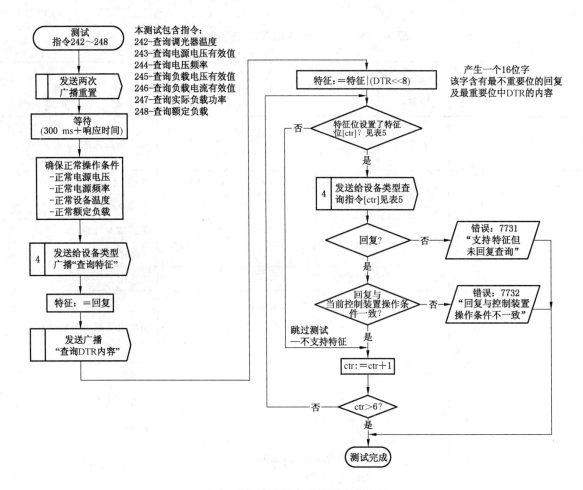

图 4 "指令242～248"测试流程

表 5 查询指令 242～248 测试表

ctr	特征位	查询指令
0	8	242"查询调光器温度"
1	9	243"查询电源电压有效值"
2	10	244"查询电源频率"
3	11	245"查询负载电压有效值"
4	12	246"查询负载电流有效值"
5	13	247"查询实际负载功率"
6	14	248"查询额定负载"

12.7.1.4 "选择调光曲线"、"查询调光曲线"和"查询调光器状态"测试流程

对指令 225"选择调光曲线"、指令 238"查询调光曲线"和指令 239"查询调光器状态"应进行测试。测试流程见图 5。

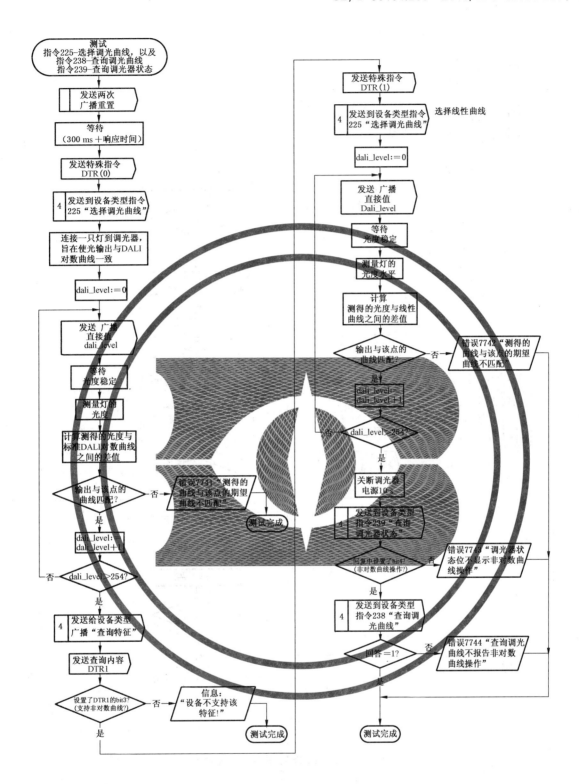

图 5　"选择调光曲线"、"查询调光曲线"和"查询调光器状态"测试流程

12.7.1.5 "基准系统功率"测试流程

对指令 224"基准系统功率"应进行测试,测试流程见图 6。

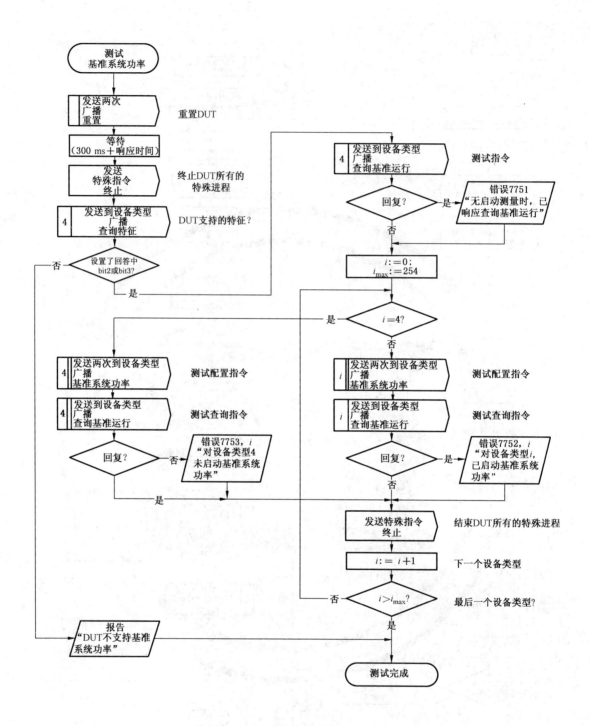

图 6 "基准系统功率"测试流程

12.7.1.6 "基准系统功率"15 分钟超时的测试流程

对指令 224"基准系统功率"的超时特征应进行测试,测试流程见图 7。

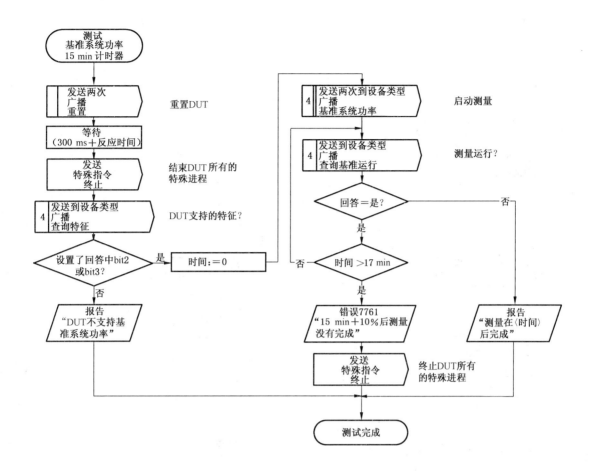

图 7 "基准系统功率"15 分钟超时的测试流程

12.7.1.7 "查询基准测量失败"测试流程

对指令 250"查询基准测量失败"应进行测试,测试流程见图 8。

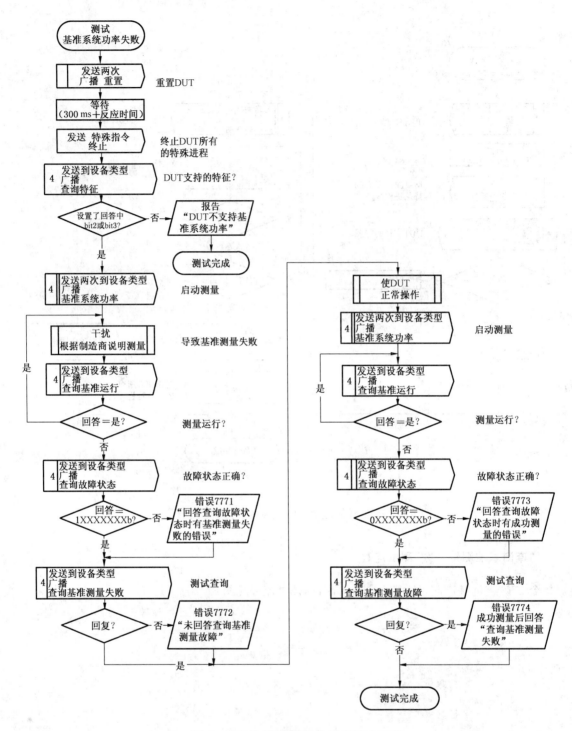

图 8 "查询基准测量失败"测试流程

12.7.1.8 "查询扩展版本号"测试流程

对指令 255"查询扩展类型编号"应进行测试,测试流程见图 9。

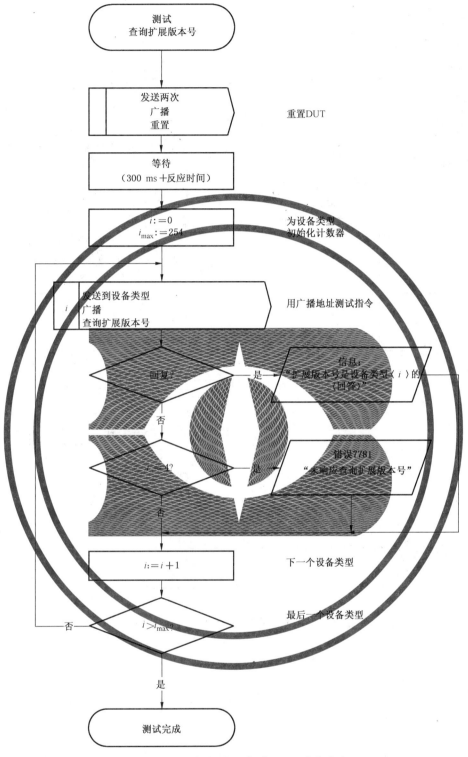

图 9 "查询扩展版本号"测试流程

12.7.1.9 "预留应用扩展指令"测试流程

下面的测试流程是检查对预留应用扩展指令的响应,控制装置不应以任何方式响应。测试流程见图 10。

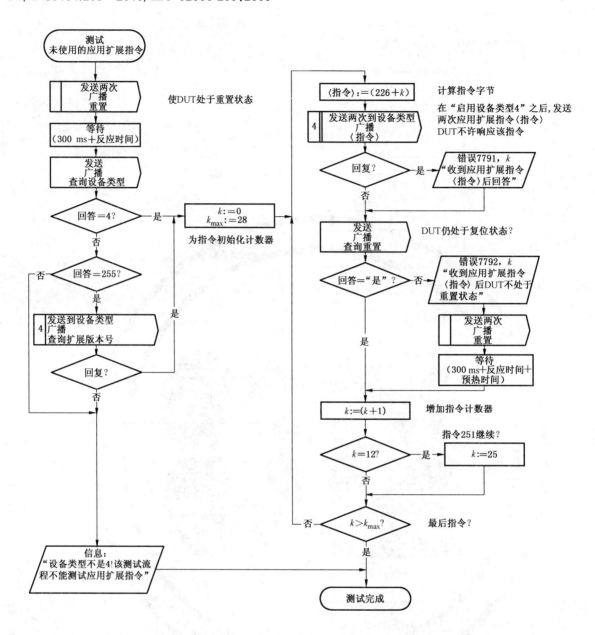

图 10 "预留应用扩展指令"测试流程

参 考 文 献

[1] IEC 60598-1   Luminaires—Part 1:General requirements and tests

[2] IEC 60669-2-1   Switches for household and similar fixed electrical installations—Part 2-1: Particular requirements—Electronic switches

[3] IEC 60921   Ballasts for tubular fluorescent lamps—Performance requirements

[4] IEC 60923   Auxiliaries for lamps—Ballasts for discharge lamps (excluding tubular fluorescent lamps)—Performance requirements

[5] IEC 60925   D. C.-supplied electronic ballasts for tubular fluorescent lamps—Performance requirements

[6] IEC 60929   A. C.-supplied electronic ballasts for tubular fluorescent lamps—Performance requirements

[7] IEC 61347-1   Lamp controlgear—Part 1:General and safety requirements

[8] IEC 61347-2-3   Lamp controlgear—Part 2-3:Particular requirements for a.c.supplied electronic ballasts for fluorescent lamps

[9] IEC 61547   Equipment for general lighting purposes—EMC immunity requirements.

[10] CISPR 15   Limits and methods of measurement of radio disturbance characteristics of electrical lighting and similar equipment

[11] GS1 ,"General Specification:Global Trade Item Number",Version 7.0,published by the GS1,Avenue Louise 326; BE-1050 Brussels; Belgium; and GS1,1009 Lenox Drive,Suite 202,Lawrenceville,New Jersey,08648 USA.

ICS 29.140.50；29.140.99
K 74

中华人民共和国国家标准

GB/T 30104.206—2013/IEC 62386-206：2009

数字可寻址照明接口　第 206 部分：
控制装置的特殊要求　数字信号转换
成直流电压（设备类型 5）

Digital addressable lighting interface—Part 206：Particular requirements

for control gear—Conversion from digital signal into d. c. voltage（device type 5）

（IEC 62386-206：2009，IDT）

2013-12-17 发布

2014-11-01 实施

中华人民共和国国家质量监督检验检疫总局
中国国家标准化管理委员会　发布

前　言

GB/T 30104《数字可寻址照明接口》分为 13 个部分：

——第 101 部分：一般要求　系统；

——第 102 部分：一般要求　控制装置；

——第 103 部分：一般要求　控制设备；

——第 201 部分：控制装置的特殊要求　荧光灯(设备类型 0)；

——第 202 部分：控制装置的特殊要求　自容式应急照明(设备类型 1)；

——第 203 部分：控制装置的特殊要求　放电灯(荧光灯除外)(设备类型 2)；

——第 204 部分：控制装置的特殊要求　低压卤钨灯(设备类型 3)；

——第 205 部分：控制装置的特殊要求　白炽灯电源电压控制器(设备类型 4)；

——第 206 部分：控制装置的特殊要求　数字信号转换成直流电压(设备类型 5)；

——第 207 部分：控制装置的特殊要求　LED 模块(设备类型 6)；

——第 208 部分：控制装置的特殊要求　开关功能(设备类型 7)；

——第 209 部分：控制装置的特殊要求　颜色控制(设备类型 8)；

——第 210 部分：控制装置的特殊要求　程序装置(设备类型 9)。

本部分为 GB/T 30104 的第 206 部分。

本部分按照 GB/T 1.1—2009 和 GB/T 20000.2—2009 给出的规则起草。

本部分使用翻译法等同采用 IEC 62386-206:2009《数字可寻址照明接口　第 206 部分：控制装置的特殊要求　数字信号转换成直流电压(设备类型 5)》。

本部分由中国轻工业联合会提出。

本部分由全国照明电器标准化技术委员会(SAC/TC 224)归口。

本部分起草单位：浙江上光照明有限公司、中山市古镇镇生产力促进中心、常州凯凯照明电器有限公司、杭州汉光照明有限公司、深圳市中电照明股份有限公司、佛山市华全电气照明有限公司、广东凯乐斯光电科技有限公司、东莞市品元光电科技有限公司、北京电光源研究所。

本部分主要起草人：柯建锋、陆军民、邓根成、连其坤、华鸣、宋金地、区志杨、伍永乐、黎锦洪、段彦芳、赵秀荣、江姗。

引　言

　　本部分将与 GB/T 30104.101 和 GB/T 30104.102 同时出版。将 GB/T 30104 分为几部分单独出版便于将来修正和修订。如有需要,将添加附加要求。

　　引用 GB/T 30104.101 或 GB/T 30104.102 内的任何条款时,本部分和组成 GB/T 30104.2××系列的其他部分明确规定了条款的适用范围和测试的进行顺序。如有必要,本部分也包括附加要求。组成 GB/T 30104.2××系列的所有部分都是独立的,因此不包含彼此之间的引用。

　　GB/T 30104.101 或 GB/T 30104.102 的任何条款的要求在本部分中以"按照 GB/T 30104.101 第'n'章的要求"的句子形式引用,该句子可解释为涉及的第 101 部分或第 102 部分的条款的所有要求均适用,但不适用于第 206 部分包含的特定类型灯的控制装置除外。

　　除非另有说明,本部分中使用的数字均为十进制。十六进制数字采用 0xVV 的格式,其中 VV 为数值。二进制数字采用 XXXXXXXXb 或 XXXX XXXX 的格式,其中 X 为 0 或 1;"x"在二进制中表示"不作考虑"。

数字可寻址照明接口 第206部分：
控制装置的特殊要求 数字信号转换
成直流电压（设备类型5）

1 范围

GB/T 30104的本部分规定了数字信号转换成直流电压的电子控制装置的数字信号控制协议和测试方法。

2 规范性引用文件

下列文件对于本文件的应用是必不可少的。凡是注日期的引用文件，仅注日期的版本适用于本文件。凡是不注日期的引用文件，其最新版本（包括所有的修改单）适用于本文件。

GB/T 30104.101—2013 数字可寻址照明接口 第101部分：一般要求 系统（IEC 62386-101:2009，IDT）

GB/T 30104.102—2013 数字可寻址照明接口 第102部分：一般要求 控制装置（IEC 62386-102:2009，IDT）

3 术语和定义

GB/T 30104.101—2013第3章和GB/T 30104.102—2013第3章界定的术语和定义适用于本文件。

4 一般要求

按照GB/T 30104.101—2013第4章和GB/T 30104.102—2013第4章的要求。

5 电气规范

按照GB/T 30104.101—2013第5章和GB/T 30104.102—2013第5章的要求。

6 接口电源

如果控制装置带有整体式电源，按照GB/T 30104.101—2013第6章和GB/T 30104.102—2013第6章的要求。

7 传输协议结构

按照GB/T 30104.101—2013第7章和GB/T 30104.102—2013第7章的要求。

8 定时

按照 GB/T 30104.101—2013 第 8 章和 GB/T 30104.102—2013 第 8 章的要求。

9 操作方法

按照 GB/T 30104.101—2013 第 9 章和 GB/T 30104.102—2013 第 9 章以及下列附加条款的要求。

9.9 改变物理最小等级

改变物理最小等级将强制最小等级和最大等级在一个有效的范围内。

以对数调光曲线运行时,物理最小等级调整为让连接的控制装置的最小电弧功率等级与 GB/T 30104.102—2103 中 9.1 的对数调光曲线一致。

一个物理最小电弧功率等级为 X ％的控制装置,规定"物理最小等级"设置如下:

$$n = \frac{253}{3}(\log_{10} X + 1) + 1$$

式中 n 取整为最接近的整数(1~253),存为"物理最小等级"。

以线性调光曲线运行时,物理最小等级调整为让连接的控制装置的最小电弧功率等级与下面描述的线性曲线一致。

一个物理最小电弧功率等级为 X ％的控制装置,规定"物理最小等级"设置如下:

$$n = \frac{253}{99.9}(X - 0.1) + 1$$

式中 n 取整为最接近的整数(1~253),存为"物理最小等级"。

如果电弧功率等级为 0(关断),输出电压应为 0 V(0 V~10 V 模式)或者 1 V(1 V~10 V 模式)。若控制装置包含输出开关除外。

10 变量声明

本设备类型变量按照 GB/T 30104.101—2013 第 10 章和 GB/T 30104.102—2013 第 10 章及表 1 中的补充变量要求。

表 1 变量声明

变量	默认值 (控制装置出厂设置)	重置值	有效范围	存储器[a]
"调光曲线"	0	不变	0~1 (2~255 为将来需要而保留)	1 字节
"转换装置特征"	"工厂烧录"	不变	0~255	1 字节 ROM
"故障状态"	0000 0000 [b]	不变	0~255	1 字节 RAM
"转换装置状态"	0000 0000	不变	0~255	1 字节
"扩展版本号"	1	不变	0~255	1 字节 ROM

表 1（续）

变量	默认值 （控制装置出厂设置）	重置值	有效范围	存储器[a]
"设备类型"	5	不变	0～254,255（"掩码"）	1 字节 ROM
"物理最小等级"	1	不变	1～253	1 字节

[a] 如未作说明，则为固定存储器（存储时间不限）。

[b] 上电值。

11 指令定义

按照 GB/T 30104.101—2013 第 11 章和 GB/T 30104.102—2013 第 11 章的要求，下述除外：

GB/T 30104.102—2013 第 11 章的修正部分：

11.3.1 与状态信息相关的查询

修正：

指令 146： **YAAA AAA1 1001 0010** "查询灯故障"

询问在给定的地址是否存在模拟输出问题，回答应为"是"或"否"。

"是"表示模拟输出不在正确的等级。"否"未必表示没有灯故障。

如果回答"是"，灯故障位（参见指令 144 "查询状态"）也应被设置。

指令 153： **YAAA AAA1 1001 1001** "查询设备类型"

回答应为 5。

应用扩展指令应随后于指令 272"启动设备类型 5"。控制装置起一个 1 V～10 V 信号转换装置的作用时，不应对随后于指令 272"启动设备类型 X"（X≠5）的应用扩展指令作出响应。

注：对于其他不是 5 的设备类型，这些指令会以不同的方式被使用。

11.3.4 应用扩展指令

替换：

11.3.4.1 应用扩展配置指令

在每一个配置指令（224～230）被执行之前，应在 100 ms 以内第二次收到这些指令，以减小接收不正确的可能性。在这两个指令之间不应发送对相同控制装置寻址的其他指令，否则，前一个指令就会被忽略，同时各自的配置序列被终止。

指令 272 需要在 2 次控制指令之前发出，但不应在二者之间重复（参见图 1）。

图 1 应用扩展配置指令流程实例

DTR 的所有值应与在第 10 章有效范围中提到的值进行核对。如果该值高于/低于第 10 章中定义的有效范围，将会被设置到上限值/下限值。

指令 224：　　　　**YAAA AAA1 1110 0000** "设置输出范围为 1 V～10 V"

本指令设置输出范围为 1 V～10 V。无此特征的转换装置不应作出响应。

指令 225：　　　　**YAAA AAA1 1110 0001** "设置输出范围为 0 V～10 V"

本指令设置输出范围为 0 V～10 V。无此特征的转换装置不应作出响应。

指令 226：　　　　**YAAA AAA1 1110 0010** "开通内部上拉"

控制电压输出的内部上拉应开通。内部上拉的电气特征由转换装置制造商定义。无此特征的转换装置不应作出响应。

指令 227：　　　　**YAAA AAA1 1110 0011** "关断内部上拉"

关断内部上拉。无此特征的转换装置不应作出响应。

指令 228：　　　　**YAAA AAA1 1110 0100** "将 **DTR** 存储为物理最小值"

改变物理最小等级为 DTR 中给定的值。

指令 229：　　　　**YAAA AAA1 1110 0101** "选择调光曲线"

根据 DTR 值设置控制装置的调光曲线。

DTR＝0 时，在 1 V～10 V 模式时，当以指定的制造商的 1 V～10 V 控制装置运行时，设置转换装置为电弧功率等级和光输出等级之间的标准对数曲线（GB/T 30104.102—2013 9.1）。标准对数曲线也可以用在 0 V～10 V 的输出范围，设置为指定的制造商的 0 V～10 V 产品的电弧功率等级和光输出等级之间的标准对数曲线。

DTR＝1 时，设置调光曲线为线性。在这种情况下，输出电压是由任一电弧功率控制指令给定等级的线性函数，公式如下：

$$V_{\text{out}} = 10 \left(\frac{n - P_{\min}}{254 - P_{\min}} \right) [伏特]\ 0\ V \sim 10\ V\ 线性模式$$

$$V_{\text{out}} = 1 + 9 \left(\frac{n - P_{\min}}{254 - P_{\min}} \right) [伏特]\ 1\ V \sim 10\ V\ 线性模式$$

式中：

V_{out} ——转换装置输出电压；

n　　——要求的电弧功率等级 $[范围\ P_{\min} - 254]$；

$P_{\min}$ ——物理最小等级。

若 n 为 0，输出为 0 V(0 V～10 V 模式) 或 1 V(1 V～10 V 模式)。

所有其他的 DTR 值为将来调光曲线需要而保留，不应改变设置。

这个设置保存在非易失存储器，不会被重置指令清除。

无此特征的转换装置不应作出响应。

指令 230：　　　　**YAAA AAA1 1110 0110** "重置转换装置设置"

所有不受重置指令影响的转换装置设置应被重置成第 10 章中给出的默认值。

指令 231：　　　　**YAAA AAA1 1110 0111**

为将来需要而保留。控制装置不应以任何方式作出响应。

指令 232～235：　　　　**YAAA AAA1 1110 10XX**

为将来需要而保留。控制装置不应以任何方式作出响应。

指令 236～237：　　　　**YAAA AAA1 1110 110X**

为将来需要而保留。控制装置不应以任何方式作出响应。

11.3.4.2　应用扩展查询指令

指令 238：　　　　**YAAA AAA1 1110 1110** "查询调光曲线"

回答应为目前使用的调光曲线：

0＝标准对数；

1＝线性；

2～255＝为将来需要而保留。

指令 239：   **YAAA AAA1 1110 1111**   **"查询输出等级"**

回答应为以 0.04 V 倍数的模拟输出等级,范围 0 V～10.16 V。

254＝10.16 V 或者更大。

255＝输出等级未知。

无此特征的转换装置不应作出响应。

指令 240：   **YAAA AAA1 1111 0000**   **"查询转换装置特征"**

回答应为如下"转换装置特征"字节：

bit 0	可选择 0 V～10 V 输出；	"0"＝否
bit 1	可选择内部上拉；	"0"＝否
bit 2	支持输出错误检测；	"0"＝否
bit 3	装置包含电源切换的电源继电器；	"0"＝否
bit 4	可查询输出等级；	"0"＝否
bit 5	支持非对数调光曲线；	"0"＝否
bit 6	支持无输出的物理选择/灯失效检测；	"0"＝否
bit 7	支持物理选择切换；	"0"＝否

"无输出的物理选择"发生在当转换装置在物理选择模式,在 1 V～10 V 运行范围,内部上拉失效以及测量到的输出电压低于 0.75 V 时。若转换装置没有工作在所有这些模式下,物理选择状态将不会由于测量的输出低于 0.75 V 而被触发。

注：在一些 1 V～10 V 的镇流器中允许物理选择,通过转换装置收到指令 270 物理选择之后电气断开灯。为了运行此特征,转换装置需要使自己的内部上拉无效。

指令 241：   **YAAA AAA1 1111 0001**   **"查询故障状态"**

回答应为如下"故障状态"字节：

bit 0	检测到输出故障；	"0"＝否
bit 1	为将来需要而保留	"0"＝默认值
bit 2	为将来需要而保留	"0"＝默认值
bit 3	为将来需要而保留	"0"＝默认值
bit 4	为将来需要而保留	"0"＝默认值
bit 5	为将来需要而保留	"0"＝默认值
bit 6	为将来需要而保留	"0"＝默认值
bit 7	为将来需要而保留	"0"＝默认值

"查询故障状态"字节应依据实际的情况通过转换装置定期更新。

指令 242：   **YAAA AAA1 1111 0010**   **"查询转换装置状态"**

回答应为如下"转换装置状态"字节：

bit 0	0 V～10 V 运行；	"0"＝否
bit 1	内部上拉开通；	"0"＝否
bit 2	非对数调光曲线激活	"0"＝否
bit 3	为将来需要而保留	"0"＝默认值
bit 4	为将来需要而保留	"0"＝默认值

bit 5　为将来需要而保留　　　　　　　　　　　　　　　　　　"0"=默认值

bit 6　为将来需要而保留　　　　　　　　　　　　　　　　　　"0"=默认值

bit 7　为将来需要而保留　　　　　　　　　　　　　　　　　　"0"=默认值

指令 243：　　　　　**YAAA AAA1 1111 0011**

为将来需要而保留。控制装置不应以任何方式作出响应。

指令 244～247：　　　**YAAA AAA1 1111 01XX**

为将来需要而保留。控制装置不应以任何方式作出响应。

指令 248～251：　　　**YAAA AAA1 1111 10XX**

为将来需要而保留。控制装置不应以任何方式作出响应。

指令 252～253：　　　**YAAA AAA1 1111 110X**

为将来需要而保留。控制装置不应以任何方式作出响应。

指令 254：　　　　　**YAAA AAA1 1111 1110**

为将来需要而保留。控制装置不应以任何方式作出响应。

指令 255：　　　　　**YAAA AAA1 1111 1111**　　"查询扩展版本号"

回答应为 1。

11.4.4　扩展特殊指令

修订：

指令 272：　　　　　**1100 0001 0000 0101**　　"启用设备类型 5"

输出直流控制电压的转换装置设备类型是 5。

11.5　指令集概述

附加：

表 2 显示了本部分中规定的应用扩展指令集概述。

表 2　应用扩展指令集概述

指令号	指令代码	指令名
224	YAAA AAA1　1110 0000	设置输出范围为 1～10 V
225	YAAA AAA1　1110 0001	设置输出范围为 0～10 V
226	YAAA AAA1　1110 0010	开通内部上拉
227	YAAA AAA1　1110 0011	关断内部上拉
228	YAAA AAA1　1110 0100	存储 DTR 为物理最小值
229	YAAA AAA1　1110 0101	选择调光曲线
230	YAAA AAA1　1110 0110	重置转换装置设置
231	YAAA AAA1　1110 0111	[a]
232～235	YAAA AAA1　1110 10XX	[a]
236～237	YAAA AAA1　1110 110X	[a]
238	YAAA AAA1　1110 1110	查询调光曲线
239	YAAA AAA1　1110 1111	查询输出等级

表2（续）

指令号	指令代码	指令名
240	YAAA AAA1　1111 0000	查询转换装置特征
241	YAAA AAA1　1111 0001	查询故障状态
242	YAAA AAA1　1111 0010	查询转换装置状态
243	YAAA AAA1　1111 0011	a
244～247	YAAA AAA1　1111 01XX	a
248～251	YAAA AAA1　1111 10XX	a
252～253	YAAA AAA1　1111 110X	a
254	YAAA AAA1　1111 1110	a
255	YAAA AAA1　1111 1111	查询扩展指令版本号
272	1100 0001 0000 0101	启用设备类型5

a 为将来需要而保留。控制装置不应以任何方式作出响应。

12 测试程序

按照 GB/T 30104.102—2013第12章的要求，以下除外。

12.4 "物理地址分配"测试流程

修订：

仅测试支持此特征的控制装置。

附加条款：

12.7 "设备类型5的应用扩展指令"测试流程

为设备类型5定义的应用扩展指令应采用下面的测试流程测试。这些流程也可检查其他设备类型对该指令的可能响应。

12.7.1 "应用扩展指令"测试流程

以下测试流程检查应用扩展指令224～230，指令238～242，及指令255。

12.7.1.1 "查询转换装置特征"测试流程

测试指令240"查询转换装置特征"和指令272"启用设备类型5"。测试流程如图2所示。

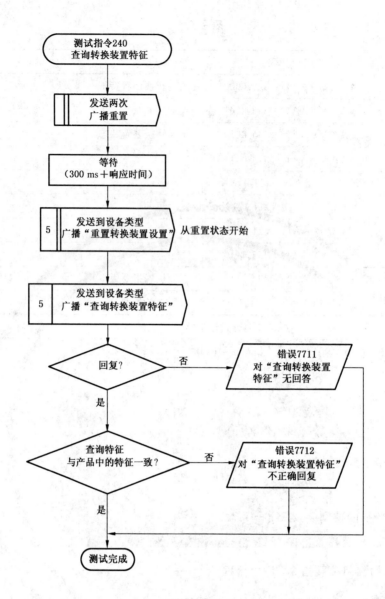

图 2 "查询转换装置特征"测试流程

12.7.1.2 "输出范围"测试流程

测试指令224"设置输出范围为 1 V～10 V"和指令225"设置输出范围为 0 V～10 V"。测试流程如图 3 所示。

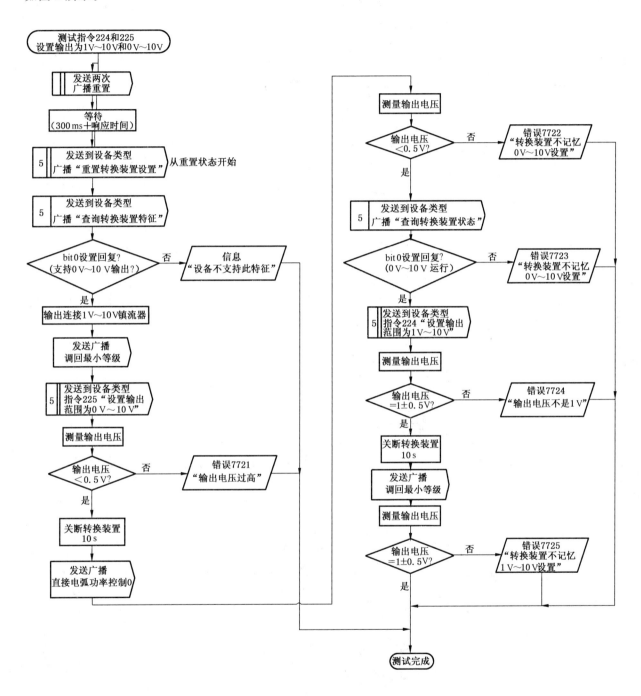

图 3 "输出范围"测试流程

12.7.1.3 "内部上拉"测试流程

测试指令 226"开通内部上拉"和指令 227"关断内部上拉"。测试流程如图 4 所示。

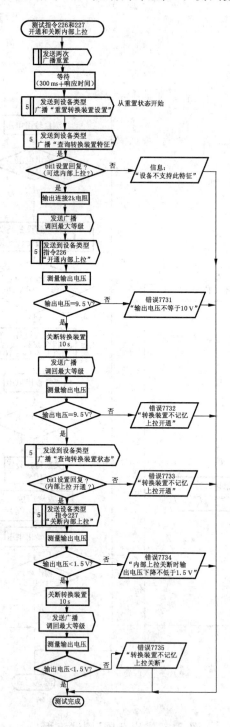

图 4 "内部上拉"测试流程

12.7.1.4 "物理最小值"测试流程

测试指令228"将DTR存储为物理最小值"。测试流程如图5所示。

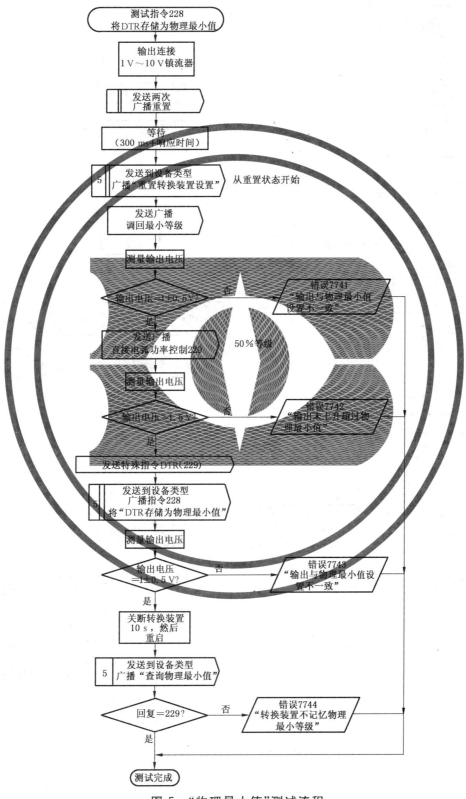

图 5 "物理最小值"测试流程

12.7.1.5 "调光曲线"测试流程

测试指令 229"选择调光曲线"和 238"查询调光曲线"。测试流程如图 6 所示。

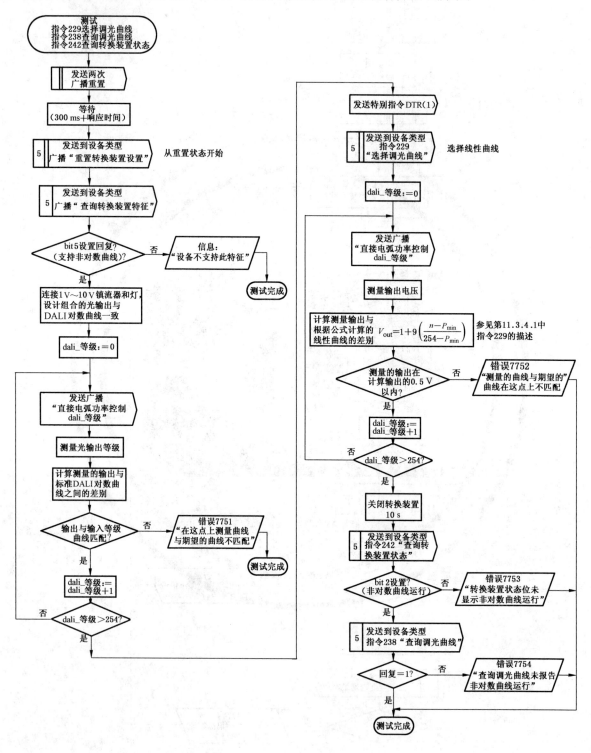

图 6 "调光曲线"测试流程

12.7.1.6 "重置转换装置设置"测试流程

测试指令230"重置转换装置设置"。测试流程如图7所示。

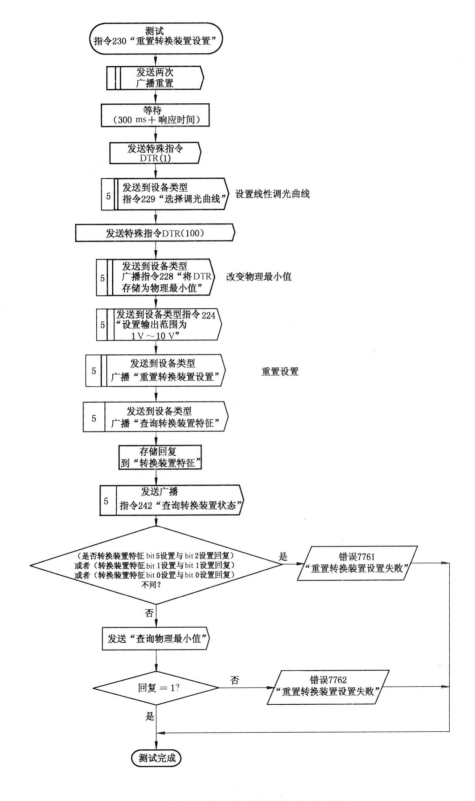

图7 "重置转换装置设置"测试流程

12.7.1.7 "查询输出等级"测试流程

测试指令 239"查询输出等级"。测试流程如图 8 所示。

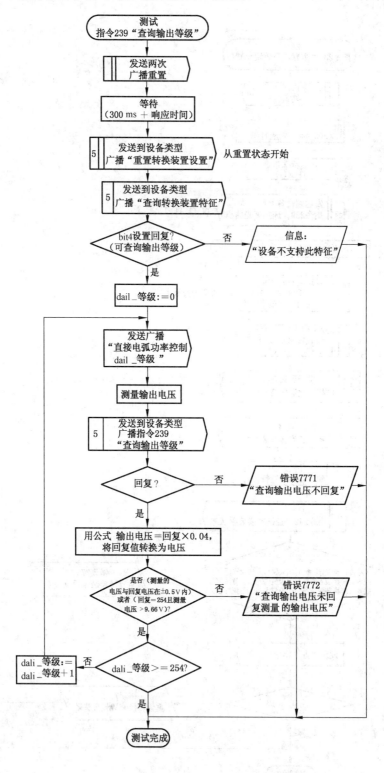

图 8 "查询输出等级"测试流程

12.7.1.8 "查询故障状态"测试流程

测试指令241"查询故障状态"。测试流程如图9所示。

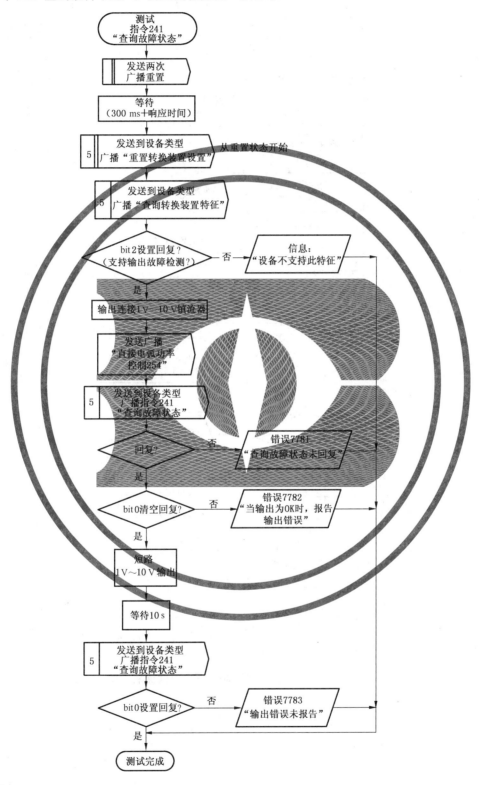

图 9 "查询故障状态"测试流程

12.7.1.9 "查询扩展版本号"测试流程

测试指令255"查询扩展版本号"。测试流程如图 10 所示。

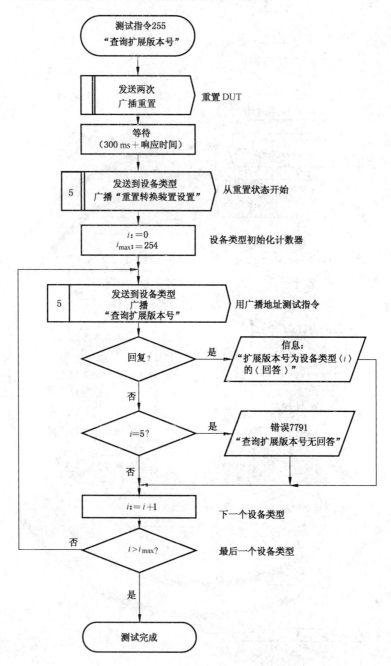

图 10 "查询扩展版本号"测试流程

12.7.2 "保留应用扩展指令"测试流程

图 11 所示为检查为将来需要而保留的应用扩展指令响应的测试流程。

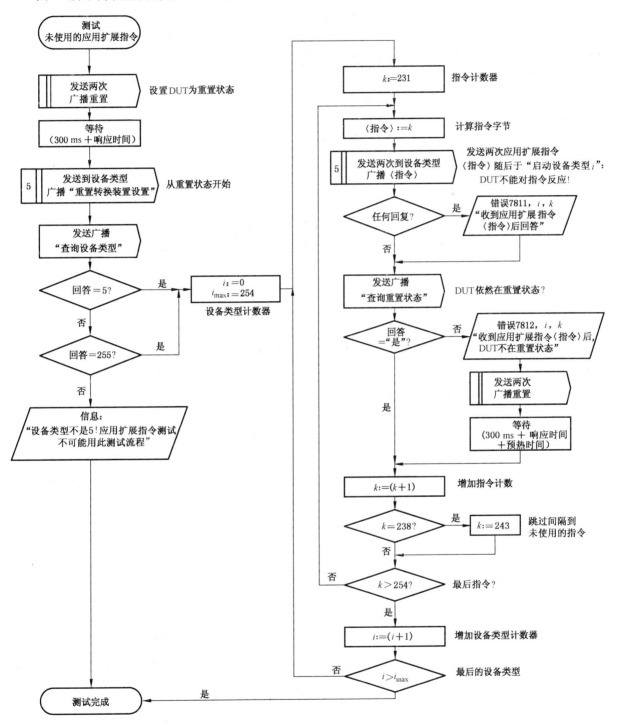

图 11 "预留的应用扩展指令"测试流程

参 考 文 献

[1]　IEC 60598-1　Luminaires—Part 1: General requirements and tests

[2]　IEC 60669-2-1　Switches for household and similar fixed electrical installations—Part 2-1: Particular requirements—Electronic switches

[3]　IEC 60921　Ballasts for tubular fluorescent lamps—Performance requirements

[4]　IEC 60923　Auxiliaries for lamps—Ballasts for discharge lamps (excluding tubular fluorescent lamps)—Performance requirements

[5]　IEC 60925　D.C.-supplied electronic ballasts for tubular fluorescent lamps—Performance requirements

[6]　IEC 60929　A.C.-supplied electronic ballasts for tubular fluorescent lamps—Performance requirements

[7]　IEC 61347-1　Lamp controlgear—Part 1: General and safety requirements

[8]　IEC 61347-2-3　Lamp controlgear—Part 2-3: Particular requirements for a.c.supplied electronic ballasts for fluorescent lamps

[9]　IEC 61547　Equipment for general lighting purposes—EMC immunity requirements

[10]　CISPR 15　Limits and methods of measurement of radio disturbance characteristics of electrical lighting and similar equipment

[11]　GS1 ,"General Specification: Global Trade Item Number", Version 7.0, published by the GS1, Avenue Louise 326; BE-1050 Brussels; Belgium; and GS1, 1009 Lenox Drive, Suite 202, Lawrenceville, New Jersey, 08648 USA.

ICS 29.140.50；29.140.99
K 74

中华人民共和国国家标准

GB/T 30104.207—2013/IEC 62386-207：2009

数字可寻址照明接口

第 207 部分：控制装置的特殊要求

LED 模块（设备类型 6）

Digital addressable lighting interface—

Part 207：Particular requirements for control gear—

LED modules（device type 6）

（IEC 62386-207：2009，IDT）

2013-12-17 发布   2014-11-01 实施

中华人民共和国国家质量监督检验检疫总局
中国国家标准化管理委员会   发 布

前 言

GB/T 30104《数字可寻址照明接口》分为 13 个部分：

——第 101 部分：一般要求　系统；

——第 102 部分：一般要求　控制装置；

——第 103 部分：一般要求　控制设备；

——第 201 部分：控制装置的特殊要求　荧光灯(设备类型 0)；

——第 202 部分：控制装置的特殊要求　自容式应急照明(设备类型 1)；

——第 203 部分：控制装置的特殊要求　放电灯(荧光灯除外)(设备类型 2)；

——第 204 部分：控制装置的特殊要求　低压卤钨灯(设备类型 3)；

——第 205 部分：控制装置的特殊要求　白炽灯用电源电压控制器(设备类型 4)；

——第 206 部分：控制装置的特殊要求　数字信号转换成直流电压(设备类型 5)；

——第 207 部分：控制装置的特殊要求　LED 模块(设备类型 6)；

——第 208 部分：控制装置的特殊要求　开关功能(设备类型 7)；

——第 209 部分：控制装置的特殊要求　颜色控制(设备类型 8)；

——第 210 部分：控制装置的特殊要求　程序装置(设备类型 9)。

本部分为 GB/T 30104 的第 207 部分。

本部分按照 GB/T 1.1—2009 和 GB/T 20000.2—2009 给出的规则起草。

本部分使用翻译法等同采用 IEC 62386−207:2009《数字可寻址照明接口　第 207 部分：控制装置的特殊要求-LED 模块(设备类型 6)》。

本部分由中国轻工业联合会提出。

本部分由全国照明电器标准化技术委员会(SAC/TC 224)归口。

本部分起草单位：佛山市华全电气照明有限公司、杭州菁蓝照明科技有限公司、杭州鼎盛科技仪器有限公司、苏州盟泰励宝光电有限公司、浙江上光照明有限公司、上海亚明灯泡厂有限公司、佛山市中照光电科技有限公司、杭州杭科光电有限公司、上虞菁华背光源有限公司、泰州亿嘉电子科技有限公司、常州市产品质量监督检验所、惠州雷士光电科技有限公司、中山市古镇镇生产力促进中心、广东凯乐斯光电科技有限公司、杭州安得电子有限公司、杭州中为光电技术股份有限公司、衢州三成照明电器有限公司、浙江捷莱照明有限公司、浙江长兴家宝电子有限公司、杭州固态照明有限公司、北京电光源研究所。

本部分主要起草人：区志杨、吴永强、侯民贤、张迎春、柯建锋、徐小良、柯柏权、严钱军、杭军、杨立功、杨静华、熊飞、黄志桐、伍永乐、伍兆兆、张九六、刘成功、戴军历、荆文明、郑为、杨小平、江姗、赵秀荣、段彦芳。

引　言

本部分将与 GB/T 30104.101 和 GB/T 30104.102 同时出版。将 GB/T 30104 分为几部分单独出版便于将来修正和修订。如有需要,将添加附加要求。

引用 GB/T 30104.101 或 GB/T 30104.102 内的任何条款时,本部分和组成 GB/T 30104.2×× 系列的其他部分明确规定了条款的适用范围和测试的进行顺序。如有必要,本部分也包括附加要求。组成 GB/T 30104.2×× 系列的所有部分都是独立的,因此不包含彼此之间的引用。

GB/T 30104.101 或 GB/T 30104.102 的任何条款的要求在本部分中以"按照 GB/T 30104.101 第 'n'章的要求"的句子形式引用,该句子可解释为涉及的第 101 部分或第 102 部分的条款的所有要求均适用,但不适用于第 207 部分包含的特定类型灯的控制装置除外。

除非另有说明,本部分中使用的数字均为十进制。十六进制数字采用 0xVV 的格式,其中 VV 为数值。二进制数字采用 XXXX XXXXb 或 XXXX XXXX 的格式,其中 X 为 0 或 1;"x"在二进制中表示"不作考虑"。

数字可寻址照明接口
第207部分：控制装置的特殊要求
LED模块（设备类型6）

1 范围

GB/T 30104的本部分规定了与LED模块相关的，使用交流/直流电源供电的电子控制装置的数字信号控制协议和测试程序。

注：本部分中的试验均为型式试验。生产期间单个控制装置的测试要求未包括在内。快速和快速动态变化不包含在此范围内。

2 规范性引用文件

下列文件对于本文件的应用是必不可少的。凡是注日期的引用文件，仅注日期的版本适用于本文件。凡是不注日期的引用文件，其最新版本（包括所有的修改单）适用于本文件。

GB/T 30104.101—2013 数字可寻址照明接口 第101部分：一般要求 系统（IEC 62386-101:2009,IDT）

GB/T 30104.102—2013 数字可寻址照明接口 第102部分：一般要求 控制装置（IEC 62386-102:2009,IDT）

3 术语和定义

GB/T 30104.101—2013第3章和GB/T 30104.102—2013第3章界定的以及下列术语和定义适用于本文件。

3.1

基准测量 reference measurement

控制装置用其内部程序和测量来确定实际LED负载的过程。

注：本过程的详细信息属于控制装置的详细设计，不在本标准范围之内。

3.2

负载减小的检测 detection of load decrease

对实际灯负载明显低于在成功的"基准测量"期间所测得的负载的识别。

注：关于负载增大或减小是否属于显著的准则，只能由制造商决定，这些准则应在说明书中予以描述。

3.3

负载增大的检测 detection of load increase

对实际灯负载明显高于在成功的"基准测量"期间所测得的负载的识别。

注：认为负载增大或减小是否属于显著的准则，只能由制造商决定，这些准则应在说明书中予以描述。

3.4

电流保护器 current protector

当实际LED负载与"基准测量"期间测试到的负载之间的差值超过ΔP时切断输出的保护装置。

注：ΔP数值仅可由控制装置的制造商规定，此数值指应在说明书中予以说明。

3.5

热过载　thermal overload

控制装置超过最大允许温度的情形。

3.6

热停机　thermal shut down

控制装置因持续热过载而关闭 LED 的情形。

3.7

因热过载而降低光输出等级　light level reduction due to thermal overload

降低光输出等级以降低控制装置的温度。

4　一般要求

按照 GB/T 30104.101—2013 第 4 章和 GB/T 30104.102—2013 第 4 章的要求。

5　电气规范

按照 GB/T 30104.101—2013 第 5 章和 GB/T 30104.102—2013 第 5 章的要求。

6　接口电源

如果控制装置带有整体式电源,则按照 GB/T 30104.101—2013 第 6 章和 GB/T 30104.102—2013 第 6 章的要求。

7　传输协议结构

按照 GB/T 30104.101—2013 第 7 章和 GB/T 30104.102—2013 第 7 章的要求。

8　定时

按照 GB/T 30104.101—2013 第 8 章和 GB/T 30104.102—2013 第 8 章的要求。

9　运行方法

按照 GB/T 30104.101—2013 第 9 章和 GB/T 30104.102—2013 第 9 章的要求。

9.9　负载减小的检测

如果实际 LED 负载明显低于成功的"基准测量"期间测得的负载,如果是为了安全运行所必需的话,控制装置可能关闭灯。应设定标志位"负载减小"。

9.10　负载增大的检测

如果实际 LED 负载明显高于成功的"基准测量"期间测得的负载,如果是为了安全运行所必需的话,控制装置可能关断。应设定标志位"负载增大"。

9.11 电流保护器

如果控制装置的实际 LED 负载与基准测量期间测试到的负载之间的差值超过规定的 ΔP，电流保护器就会激活，并关闭 LED。

电流保护器在没有基准测量之前，不应激活。

在两种可能的情况下，电流保护器会激活：

——过载：实际 LED 负载至少比基准测量期间测试到的负载高 ΔP；

——欠载：实际 LED 负载至少比基准测量期间测试到的负载低 ΔP。

电流保护器应在主电源电压中断或接到导致电弧功率等级为 0 的指令时处于非激活状态。如果重新接通之后，仍然存在导致电流保护器激活的情况，那么电流保护器就会再次激活。

利用指令 225"启用电流保护器"和指令 226"禁用电流保护器"，可启用和禁用电流保护器。

处于激活状态的电流保护器，应在接到指令 226"禁用电流保护器"时变为非激活状态。

如果电流保护器处于激活状态，应忽略指令 224"基准系统电源"。

9.12 在具有负载增大/减小或电流保护器功能的装置上更换 LED

如果更换一只功率不同的 LED 而未重新进行"基准系统功率"测量，则控制装置应进行负载增大或负载减小的测试。

注：如果更换一只功率相同的 LED，用户仅在制造商建议时，才应重新进行一次"基准系统功率"测量。

9.13 快速渐变时间

如果渐变时间等于 0，那么就使用快速渐变时间，而不是渐变时间。快速渐变时间可设置为 0，或者设置为表 1 中规定的"最小渐变时间"至 27 范围以内的任意值。

将快速渐变时间设置为 0，表示"无渐变"（尽可能快地改变光输出）。

表 1　快速渐变时间

编号	快速渐变时间 ms	编号	快速渐变时间 ms	编号	快速渐变时间 ms	编号	快速渐变时间 ms
0	< 25	7	175	14	350	21	525
1	25	8	200	15	375	22	550
2	50	9	225	16	400	23	575
3	75	10	250	17	425	24	600
4	100	11	275	18	450	25	625
5	125	12	300	19	475	26	650
6	150	13	325	20	500	27	675

"最小快速渐变时间"可利用指令 253"查询最小快速渐变时间"予以查询。

10　变量声明

本设备类型变量按照 GB/T 30104.102——2013 第 10 章及表 2 的补充变量要求。

表 2 变量声明

变量	默认值 (控制装置出厂设置)	重置值	有效范围	存储器[b]
"最小快速渐变时间"	工厂烧录	无变化	1～27	1 字节 ROM
"快速渐变时间"	0	0	最小快速渐变时间 ～27	1 字节
"装置类型"	工厂烧录	无变化	0～255	1 字节 ROM
"可用工作模式"	工厂烧录	无变化	0～255	1 字节 ROM
"特征"	工厂烧录	无变化	0～255	1 字节 ROM
"故障状态"	???? ????[c]	无变化	0～255	1 字节 ROM[a]
"工作模式"	0000 ????[c]	除 bit 4 重置为 0 之外,无变化	0～255	1 字节 ROM[a]
"调光曲线"	0	0	0～1	1 字节
"扩展版本号" (参见指令 255)	1	无变化	0～255	1 字节 ROM
"设备类型"	6	无变化	0～254	1 字节 ROM

? =未定义

[a] "故障状态"bit 7 和"工作模式"bit 4 应存储在固定存储器中。

[b] 如未作说明,则为固定存储器(存储时间不限)。

[c] 上电值,"故障状态"bit 7 和"工作模式"bit 4～bit 7 除外。

11 指令的定义

按照 GB/T 30104.102——2013 第 11 章的要求,但以下除外:

11.3.1 与状态信息有关的查询

指令 146:YAAA AAA1 1001 0010 "查询灯的故障"
替换为:
询问给定地址是否存在灯的故障。回答应为"是"或"否"。
"是"表示开路或短路,或负载增大或负载减小,或电流保护器处于激活状态。
"否"不一定说明没有灯出现故障。
指令 153:YAAA AAA1 1001 1001 "查询设备类型"
替换为:
回答应为 6。

11.3.4 应用扩展指令

替换为:
应用扩展指令应置于指令 272"启用设备类型 6"之前。对于除 6 以外的设备类型,这些指令可以不同的方式使用。LED 模块的控制装置不应对位于指令 272"启用设备类型 X"($X \neq 6$)之前的应用扩展指令作出响应。

11.3.4.1 应用扩展配置指令

在每一个配置指令(224～228)被执行之前,应在 100 ms 以内第二次收到这些指令,以减小接收不正确指令的可能性。在这两个指令之间不应发送对相同控制装置寻址的其他指令,否则,前一个指令就会被忽略,同时各自的配置序列被终止。

指令 272 需要在两次控制指令之前发出,但不应在二者之间重复(参见图 1)。

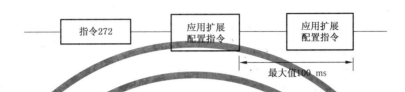

图 1 应用扩展配置指令流程实例

所有 DTR 数值均应对照第 10 章中提及的数值进行检查,即:数值如果高于/低于第 10 章中规定的有效范围,应设置为上限/下限。

指令 224:YAAA AAA1 1110 0000 "基准系统功率"

控制装置应测量和存储系统功率等级,以测试负载增大或负载减小,这是一种可选特征;每种装置应测量的系统功率等级的数量,由制造商决定。

测得的功率等级应存储在固定存储器中。测量期间接收的指令应予以忽略,但查询指令和指令256 除外。

最多 15 min 后,控制装置应完成测量过程,并应返回至正常运行状态。如果收到指令 256"终止",测量过程应予以中止。

如果电流保护器处于激活状态,此指令应予以忽略。在这种情况下,回答指令 241"查询故障状态"时应设定"基准测量失败"bit 7,而且,指令 249"查询基准测量失败"应回答"是"。

无此特征的控制装置不应作出响应(参见指令 240)。

指令 225:YAAA AAA1 1110 0001 "启用电流保护器"

启用控制装置的电流保护器。在利用指令 224 开始基准测量之后,电流保护器可变为激活状态。

装置的默认配置为"电流保护器已启用"。电流保护器的状态(启用/禁用)应存储在控制装置的固定存储器中。

电流保护器为可选特征。无此特征的控制装置不应作出响应(参见指令 240)。

指令 226:YAAA AAA1 1110 0010 "禁用电流保护器"

禁用控制装置的电流保护器。

电流保护器为可选特征。无此特征的控制装置不应以任何方式作出响应(参见指令 240)。

指令 227:YAAA AAA1 1110 0011 "选择调光曲线"

控制装置的调光曲线应按照 DTR 数值来设定。

DTR=1,可将调光曲线设置为线性曲线。在这种情况下,光输出应为电弧功率等级的线性函数,光输出则由符合以下公式的电弧功率控制指令给出:

$$X(n) = \frac{n}{254} \times 100\%$$

DTR=0,可将调光曲线设置为标准对数输出特征曲线。

DTR 的所有其他数值均为将来需要而保留,不应更改调光曲线。

调光曲线被更改时,物理最小等级也应调节至与物理最小光输出相对应,后者不应受调光曲线的选择的影响。

> 注1：更改调光曲线时,无需重新计算可编程电弧功率等级。

> 注2：建议在对电弧功率等级(如:场景、最小等级、最大等级等)进行编程之前选择调光曲线。

指令228：YAAA AAA1 1110 0100"将DTR存储为快速渐变时间"

如果DTR内容为0,或处于最小快速渐变时间至27范围以内,那么它应存储为快速渐变时间。如果DTR内容大于0,但小于最小快速渐变时间,那么最小快速渐变时间应存储为快速渐变时间。如果DTR内容大于27,那么27应存储为快速渐变时间。

控制装置只有在标准渐变时间为0时,才可使用快速渐变时间。

指令229：YAAA AAA1 1110 0101

为将来需要而保留。控制装置不应以任何方式作出响应。

指令230-231：YAAA AAA1 1110 011X

为将来需要而保留。控制装置不应以任何方式作出响应。

指令232-235：YAAA AAA1 1110 10XX

为将来需要而保留。控制装置不应以任何方式作出响应。

11.3.4.2 应用扩展查询指令

指令236：YAAA AAA1 1110 1100

为将来需要而保留。控制装置不应以任何方式作出响应。

指令237：YAAA AAA1 1110 1101"查询装置类型"

回答应为以下"装置类型"字节：

bit 0	整体式LED电源	"0"＝ 否
bit 1	整体式LED模块	"0"＝ 否
bit 2	可用交流电源	"0"＝ 否
bit 3	可用直流电源	"0"＝ 否
bit 4	未使用	"0"＝ 默认值
bit 5	未使用	"0"＝ 默认值
bit 6	未使用	"0"＝ 默认值
bit 7	未使用	"0"＝ 默认值

指令238：YAAA AAA1 1110 1110"查询调光曲线"

回答应为目前使用的调光曲线：

——0 表示标准对数调光曲线；

——1 表示线性调光曲线。

指令239：YAAA AAA1 1110 1111"查询可用工作模式"

回答应为以下"可用工作模式"字节：

bit 0	可用PWM模式	"0"＝ 否
bit 1	可用模拟(AM)模式	"0"＝ 否
bit 2	输出为可控电流	"0"＝ 否
bit 3	高电流脉冲模式	"0"＝ 否
bit 4	未使用	"0"＝ 默认值
bit 5	未使用	"0"＝ 默认值
bit 6	未使用	"0"＝ 默认值
bit 7	未使用	"0"＝ 默认值

指令240：YAAA AAA1 1111 0000"查询特征"

回答应为以下"特征"字节,同时给出与状态可从控制装置中查询到的已实施可选特征有关的信息：

bit 0	可查询:短路测试	"0"= 否
bit 1	可查询:开路测试	"0"= 否
bit 2	可查询:负载减小测试	"0"= 否
bit 3	可查询:负载增大测试	"0"= 否
bit 4	可查询:电流保护器启动	"0"= 否
bit 5	可查询:热停机	"0"= 否
bit 6	可查询:光输出因过热而降低	"0"= 否
bit 7	可查询:支持物理选择	"0"= 否

字节的 bit 2、bit 3 和 bit 4:如果以上特征均可用,那么指令 224"基准系统功率"、指令 249"查询基准运行"和指令 250"查询基准测量失败"均为强制性指令。

注:热过载保护已实施,且其实际状态可查询到,这并未解除用户遵守制造商给出的与安装有关的相关安全信息的义务。关于此影响的注释应包括在说明书之中。

指令 241:YAAA AAA1 1111 0001 "查询故障状态"

回答应为以下"故障状态"字节:

bit 0	短路	"0"= 否
bit 1	开路	"0"= 否
bit 2	负载减小	"0"= 否
bit 3	负载增大	"0"= 否
bit 4	电流保护器激活	"0"= 否
bit 5	热停机	"0"= 否
bit 6	伴随光输出减小的热过载	"0"= 否
bit 7	基准测量失败	"0"= 否

"故障状态"应可从控制装置的 RAM 中查到,并应由控制装置按照实际情况定期更新。

bit 0,短路,表示严重短路或物理控制装置过载(大于标称负载的 100%)。

如果 bit 0 至 bit 4 中任意一个被设置,那么对指令 146"查询灯的故障"的回答应为"是",且应设置对指令 144"查询状态"的回答为 bit 1。

如果系统功率的基准测量由于某种原因失败了或者根本没有进行基准测量,此时 bit 7 应被设置且应被存储到固定存储器中。

如果基准测量未得到支持,那么此位应始终为"0"。

指令 242:YAAA AAA1 1111 0010 "查询短路"

询问是否在指定地址测试到短路。回答应为"是"或"否"。

如果测试到短路,对指令 146"查询灯的故障"的回答应为"是",且应设置对指令 144"查询状态"的回答中的位 1。

无此特征的控制装置不应作出响应(参见指令 240)。

指令 243:YAAA AAA1 1111 0011 "查询开路"

询问是否在指定地址测试到开路。回答应为"是"或"否"。

如果测试到开路,对指令 146"查询灯的故障"的回答应为"是",且应设置对指令 144"查询状态"的回答为 bit 1。

无此特征的控制装置不应作出响应(参见指令 240)。

指令 244:YAAA AAA1 1111 0100 "查询负载减小"

询问是否在指定地址测试到显著的负载减小(与系统基准功率相比)。回答应为"是"或"否"。

如果询问的回答为"是",则对指令 146"查询灯的故障"的回答应为"是",且指令 144"查询状态"应答值的 bit 1 应被置为 1。

无此特征的控制装置不应作出响应(参见指令240)。

指令245：**YAAA AAA1 1111 0101**"查询负载增大"

询问是否在指定地址测试到显著的负载增大(与系统基准功率相比)。回答应为"是"或"否"。

如果询问的回答为"是"，则对指令146"查询灯的故障"的回答应为"是"，且指令144"查询状态"应答值的bit 1应被置为1。

无此特征的控制装置不应作出响应(参见指令240)。

指令246：**YAAA AAA1 1111 0110**"查询电流保护器激活"

询问指定地址的电流保护是否激活。回答应为"是"或"否"。

如果询问的回答为"是"，则对指令146"查询灯的故障"的回答应为"是"，且指令144"查询状态"应答值的bit 1应被置为1。

无此特征的控制装置不应作出响应(参见指令240)。

指令247：**YAAA AAA1 1111 0111**"查询热停机"

询问是否在指定地址测试到热停机。回答应为"是"或"否"。

无此特征的控制装置不应作出响应(参见指令240)。

指令248：**YAAA AAA1 1111 1000**"查询热过载"

询问是否在指定地址测试到伴随光输出减小的热过载。回答应为"是"或"否"。

无此特征的控制装置不应作出响应(参见指令240)。

指令249：**YAAA AAA1 1111 1001**"查询基准测量运行"

询问是否在指定地址有"基准系统功率"测量在运行。回答应为"是"或"否"。

无此特征的控制装置不应作出响应(参见指令240)。

指令250：**YAAA AAA1 1111 1010**"查询基准测量失败"

询问利用指令224"基准系统功率"开始的基准测量是否失败。回答应为"是"或"否"。

无此特征的控制装置不应作出响应(参见指令240)。

指令251：**YAAA AAA1 1111 1011**"查询电流保护器启用"

询问电流保护器是否启用。回答应为"是"或"否"。

电流保护器为可选特征。无此特征的控制装置不应以任何方式作出响应(参见指令240)。

指令252：**YAAA AAA1 1111 1100**"查询工作模式"

回答应为以下"工作模式"字节：

bit 0　PWM模式激活　　　　　　　　"0"=否
bit 1　AM模式激活　　　　　　　　"0"=否
bit 2　输出为可控电流　　　　　　　"0"=否
bit 3　高电流脉冲模式激活　　　　　"0"=否
bit 4　非对数调光曲线激活　　　　　"0"=否
bit 5　未使用　　　　　　　　　　"0"=默认值
bit 6　未使用　　　　　　　　　　"0"=默认值
bit 7　未使用　　　　　　　　　　"0"=默认值

指令253：**YAAA AAA1 1111 1101**"查询快速渐变时间"

回答应为一个8位数值的快速渐变时间。

指令254：**YAAA AAA1 1111 1110**"查询最小快速渐变时间"

回答应为一个8位数值的最小快速渐变时间。

指令255：**YAAA AAA1 1111 1111**"查询扩展版本号"

回答应为1。

11.4.4 扩展特殊指令

修正：

指令 272：1100 0001 0000 0110 "启用设备类型 6"

LED 模块用控制装置的设备类型为 6。

11.5 指令集一览

设备类型 6 的指令按照 GB/T 30104.102—2013 的 11.5 及表 3 的补充指令要求。

表 3 应用扩展指令集一览表

指令编号	指令代码	指令名称
224	YAAA AAA1 1110 0000	基准系统功率
225	YAAA AAA1 1110 0001	启用电流保护器
226	YAAA AAA1 1110 0010	禁用电流保护器
227	YAAA AAA1 1110 0010	选择调光曲线
228	YAAA AAA1 1110 0100	将 DTR 存储为快速渐变时间
229	YAAA AAA1 1110 0101	a
230～231	YAAA AAA1 1110 011X	a
232～235	YAAA AAA1 1110 10XX	a
236	YAAA AAA1 1110 1100	a
237	YAAA AAA1 1110 1101	查询装置类型
238	YAAA AAA1 1110 1110	查询调光曲线
239	YAAA AAA1 1110 1111	查询可用工作模式
240	YAAA AAA1 1111 0000	查询特征
241	YAAA AAA1 1111 0001	查询故障状态
242	YAAA AAA1 1111 0010	查询短路
243	YAAA AAA1 1111 0011	查询开路
244	YAAA AAA1 1111 0100	查询负载减小
245	YAAA AAA1 1111 0101	查询负载增大
246	YAAA AAA1 1111 0110	查询电流保护器激活
247	YAAA AAA1 1111 0111	查询热停机
248	YAAA AAA1 1111 1000	查询热过载
249	YAAA AAA1 1111 1001	查询基准运行
250	YAAA AAA1 1111 1010	查询基准测量失败
251	YAAA AAA1 1111 1011	查询电流保护器是否启用
252	YAAA AAA1 1111 1100	查询工作模式
253	YAAA AAA1 1111 1101	查询快速渐变时间
254	YAAA AAA1 1111 1110	查询最小快速渐变时间
255	YAAA AAA1 1111 1111	查询扩展版本号
272	1100 0001 0000 0110	启用设备类型 6
a 为将来需要而保留。控制装置不应以任何方式作出响应。		

12 测试程序

按照 GB/T 30104.102——2013 第 12 章的一般要求,但以下除外:

12.4 "物理地址分配"测试流程

修正:

物理选择是设备类型为 6 的控制装置的可选特征。因此,此测试流程并非强制性。

补充子条款:

12.7 "设备类型 6 的应用扩展指令"测试流程

为设备类型 6 定义的应用扩展指令是采用以下测试流程来进行测试的。这些流程也可检查其他类型设备上指令的可能响应。

12.7.1 "应用扩展查询指令"测试流程

以下测试流程(参见图 2～图 11)检查应用扩展查询指令 238～250。

12.7.1.1 "查询特征"测试流程

测试指令 240"查询特征"和指令 272"启用设备类型 6"。此"查询特征"测试流程如图 2 所示。

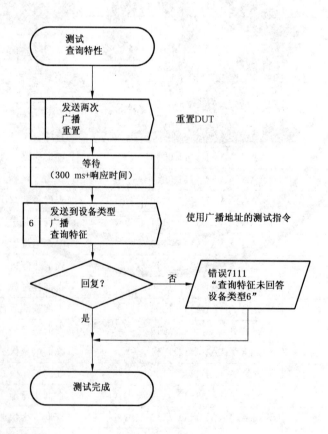

图 2 "查询特征"

12.7.1.2 "查询短路"测试流程

测试指令 242"查询短路"、指令 241"查询故障状态"的回答 bit 0、指令 144"查询状态"的回答 bit 1 和 bit 2 以及短路条件下指令 146"查询灯的故障"、指令 147"查询灯的通电"和指令 160"查询实际光输出"是否正确作用。"查询短路"测试流程如图 3 所示。

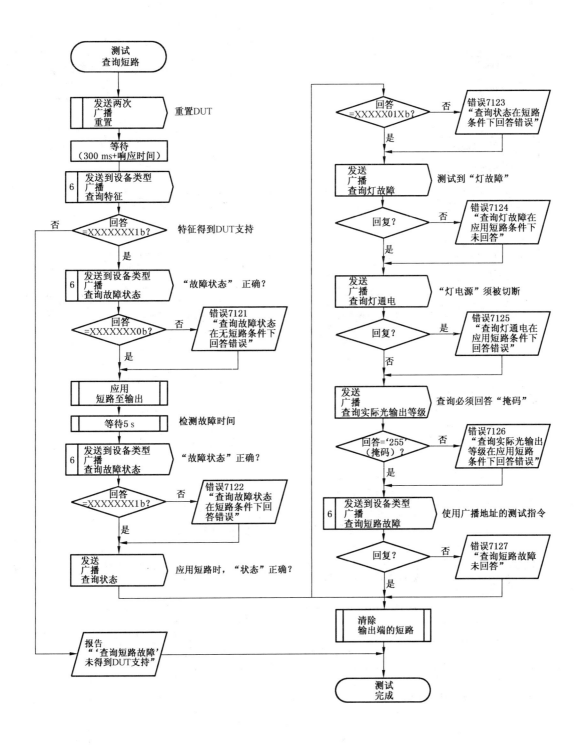

图 3 "查询短路"

12.7.1.3 "查询开路"测试流程

测试指令243"查询开路"以及指令241"查询故障状态"的回答 bit 1 和指令160"查询实际光输出"是否正确回答。"查询开路"测试流程如图4所示。

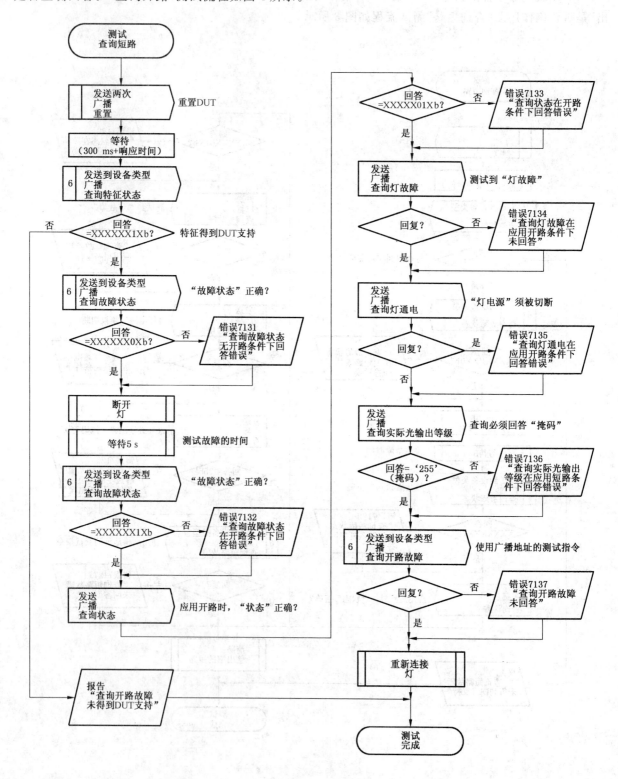

图 4 "查询开路"

12.7.1.4 "查询负载减小"测试流程

测试指令244"查询负载减小"以及指令241"查询故障状态"的回答 bit 2。应利用测试流程12.7.2.1确保指令224"基准系统功率"和指令241"查询故障状态"是否正确作用。"查询负载减小"测试流程如图5所示。

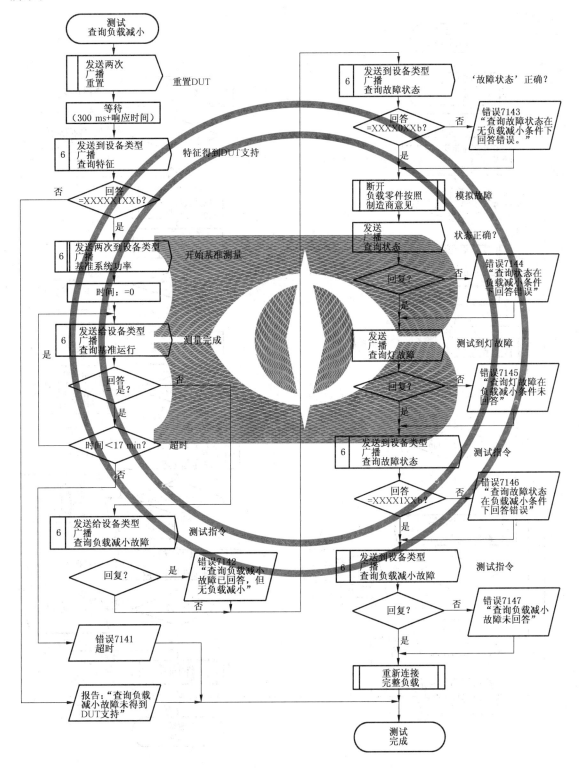

图 5 "查询负载减小"

12.7.1.5 "查询负载增大"测试流程

测试指令245"查询负载增大"以及指令241"查询故障状态"的回答 bit 3。应利用测试流程12.7.2.1确保指令224"基准系统功率"和指令241"查询故障状态"是否正确作用。"查询负载增大"测试流程如图 6 所示。

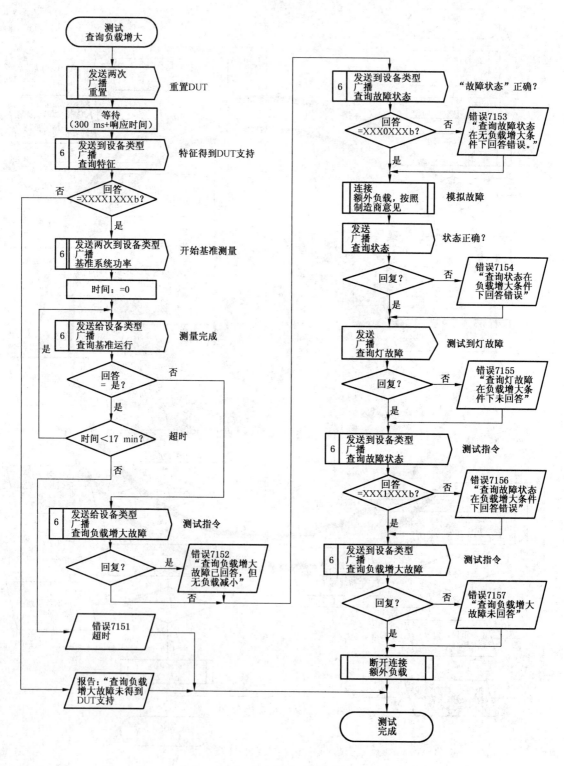

图 6 "查询负载增大"

12.7.1.6 "查询电流保护器是否激活:欠载"测试流程

在欠载情况下测试指令246"查询电流保护器是否激活"以及指令241"查询故障状态"的回答bit 4。应利用测试流程12.7.2.1确保指令224"基准系统功率"和指令241"查询故障状态"是否正确作用。"查询电流保护器是否激活:欠载"测试流程如图7所示。

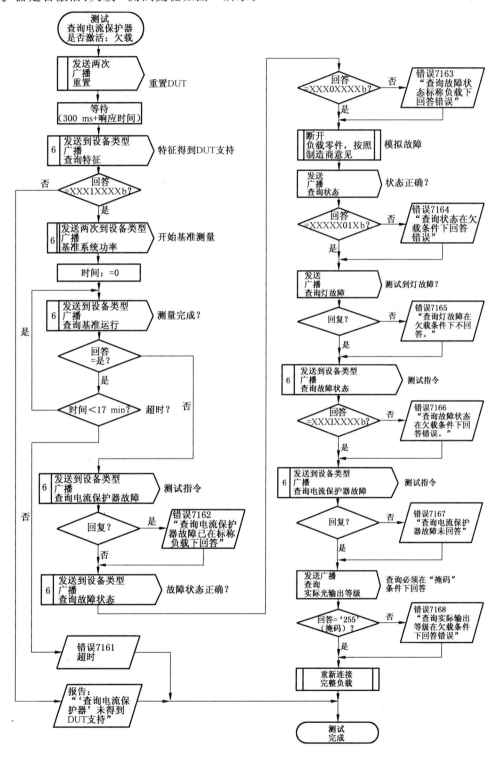

图 7 "查询电流保护器是否激活:欠载"

12.7.1.7 "查询电流保护器是否激活:过载"测试流程

在过载情况下测试指令246"查询电流保护器是否激活"以及指令241"查询故障状态"的回答bit 4。应利用测试流程12.7.2.1确保指令224"基准系统功率"和指令241"查询故障状态"是否正确作用。"查询电流保护器是否激活:过载"测试流程如图8所示。

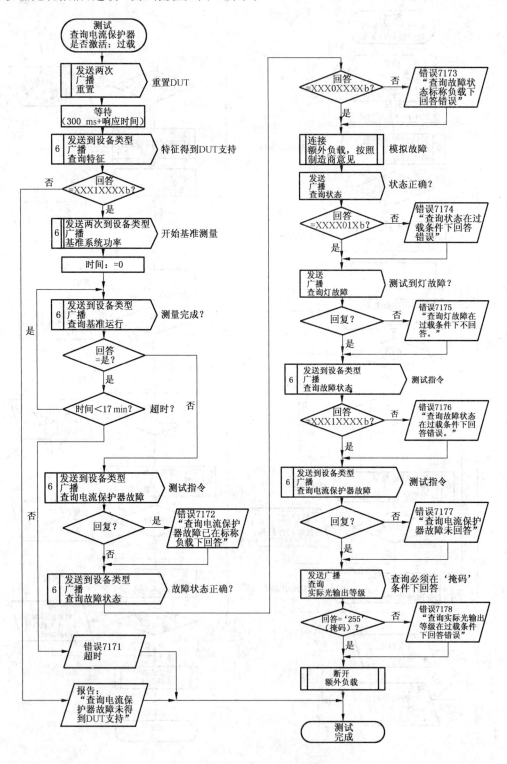

图 8 "查询电流保护器是否激活:过载"

12.7.1.8 "查询热停机"测试流程

测试指令 247"查询热停机"以及指令 241"查询故障状态"的回答 bit 5。应利用此测试流程来测试确保指令 144"查询状态"、指令 146"查询灯的故障"、指令 147"查询灯的通电"和指令 160"查询实际光输出"的回答是否正确。"查询热停机"测试流程如图 9 所示。

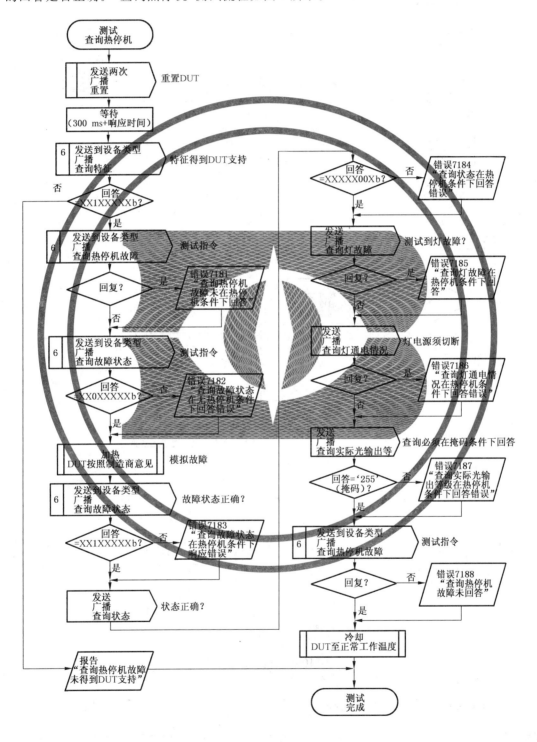

图 9 "查询热停机"

12.7.1.9 "查询热过载"测试流程

测试指令248"查询热过载"以及指令241"查询故障状态"的回答 bit 6。由于光输出减小,指令160"查询实际光输出"应回答"掩码"。"查询热过载"测试流程如图10所示。

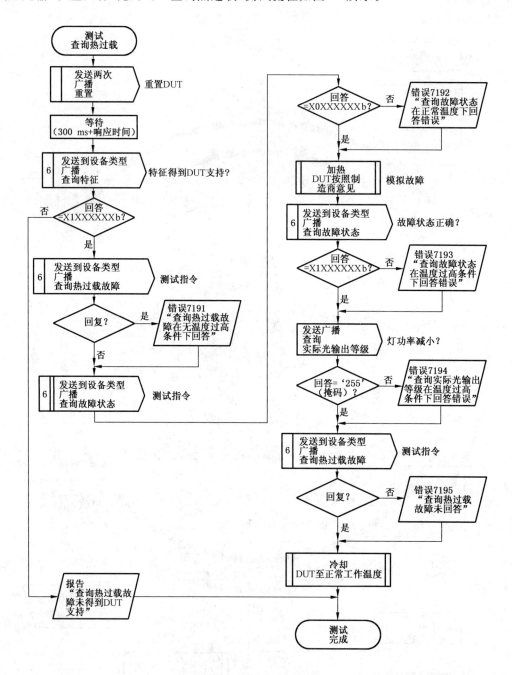

图 10 "查询热过载"

12.7.1.10 "查询控制装置信息"测试流程

测试指令237"查询装置类型"、指令239"查询可用工作模式"和指令252"查询工作模式"。

如果控制装置支持一种以上的工作模式,那么应对所有可用工作模式反复进行此测试,以确保指令252"查询工作模式"的回答正确。"查询控制装置信息"测试流程如图11所示。

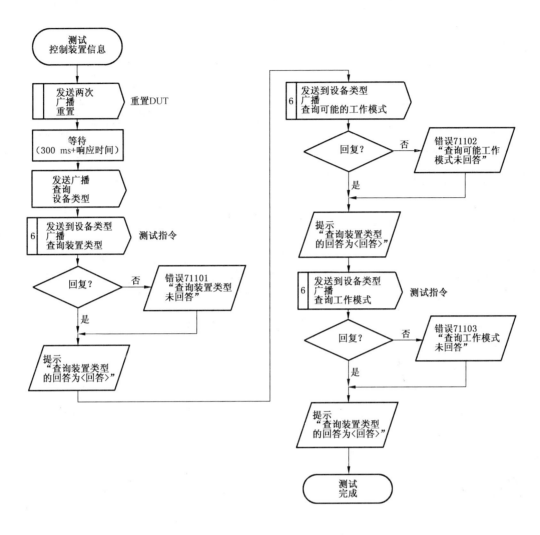

图 11 "查询控制装置信息"

12.7.2 "应用扩展配置指令"测试流程

利用以下测试流程(参见图 12～图 20),检查应用扩展配置指令 224～228。

12.7.2.1 "基准系统功率"测试流程

测试指令 224"基准系统功率"以及指令 249"查询基准运行"。"基准系统功率"测试流程如图 12
所示。

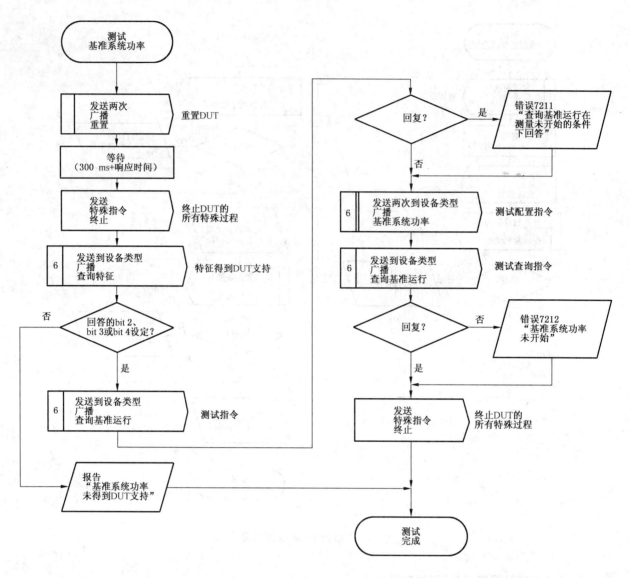

图 12 "基准系统功率"

12.7.2.2 "基准系统功率:100 ms-超时"测试流程

在此流程中,基准测量是通过发送两次配置指令 224"基准系统功率"及 150 ms 的超时来开始的。另外,如果指令 256"终止"停止基准测量时的响应需予以控制。"基准系统功率:100 ms-超时"测试流程如图 13 所示。

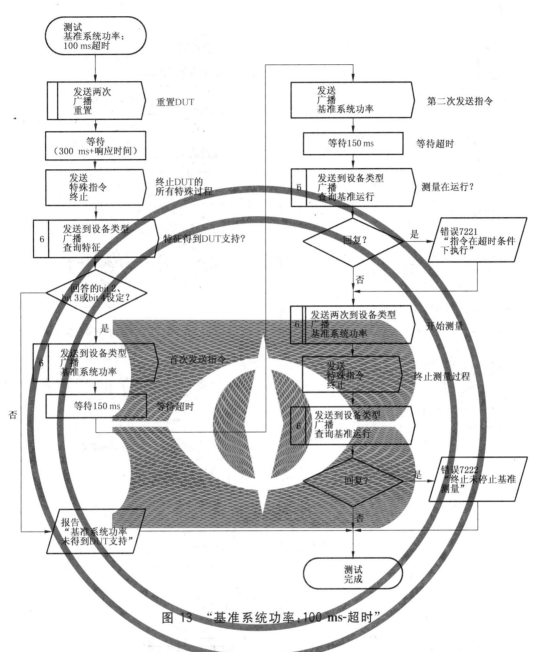

图 13 "基准系统功率:100 ms-超时"

12.7.2.3 "基准系统功率:中间指令"测试流程

在此流程中,基准测量是利用两个指令 224"基准系统功率"中间的指令来开始的。两个指令 224 和中间指令应在 100 ms 以内发送。"基准系统功率:中间指令"测试流程如图 14 所示,测试用参数列于表 4 中。

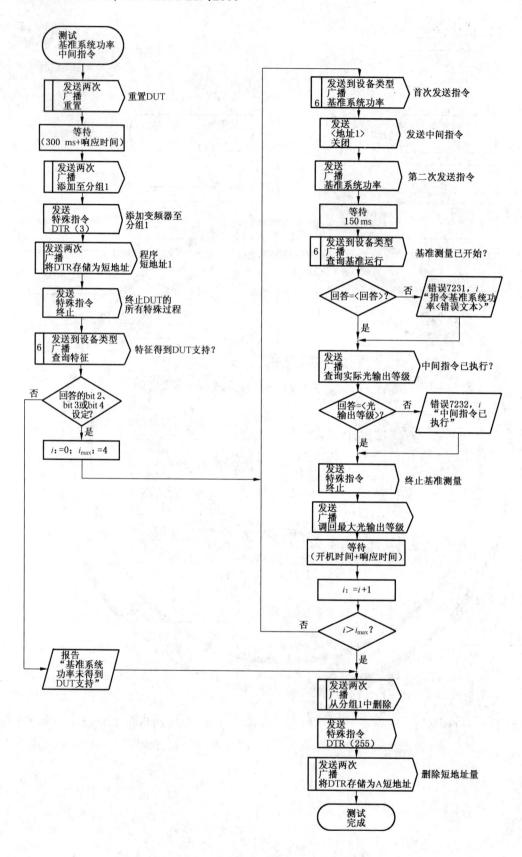

图 14 "基准系统功率:中间指令"

表 4 测试"基准系统功率:中间指令"用参数

i	〈地址 1〉	〈回答〉	〈等级〉	〈错误文本〉
0	短地址 1	'否'	254	已执行
1	分组 1	'否'	254	已执行
2	广播	'否'	254	已执行
3	短地址 2	'是'	≠0	未执行
4	分组 2	'是'	≠0	未执行

12.7.2.4 "基准系统功率:15 min 定时器"测试流程

测量应不迟于收到指令 224"基准系统功率"后 15 min 结束,控制装置应返回至正常工作状态。"基准系统功率:15 min 定时器"测试流程如图 15 所示。

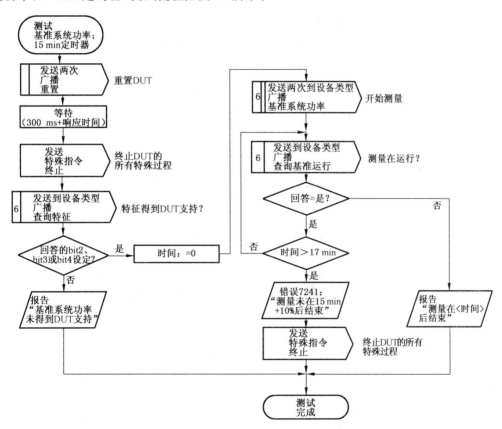

图 15 "基准系统功率:15 min 定时器"

12.7.2.5 "基准系统功率:失败"测试流程

测试指令 241"查询故障状态"以及指令 250"查询基准测量失败"的回答 bit 7。"基准系统功率:失败"测试流程如图 16 所示。

基准测量之所以失败,其原因比如,欠压。

注:关于如何造成测量失败的意见,可由制造商提供。

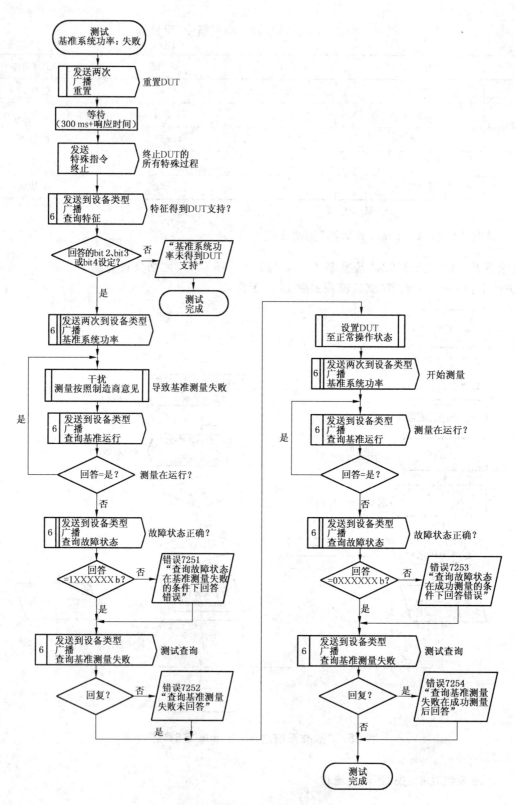

图 16 "基准系统功率:失败"

12.7.2.6 "启用/禁用电流保护器"测试流程

测试指令 225"启用电流保护器"、指令 226"禁用电流保护器"和指令 251"查询电流保护器是否已启用"。也可利用此流程来测试配置在固定存储器中的存储情况。基准测量之后,电流保护器会因为额外负载而被激活。确保总负载不超过控制装置的最大输出负载。"启用/禁用电流保护器"测试流程如图 17 所示。

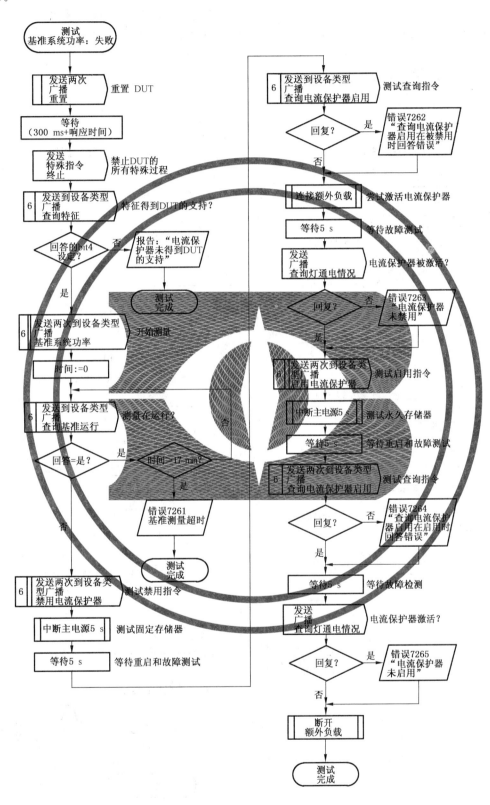

图 17 "启用/禁用电流保护器"

12.7.2.7 "选择调光曲线"测试流程

此流程测试指令227"选择调光曲线"、指令252"查询工作模式"的回答 bit 4 和指令238"查询调光曲线"。也可检查线性调光曲线。"选择调光曲线"测试流程如图18所示,测试用参数列于表5中。

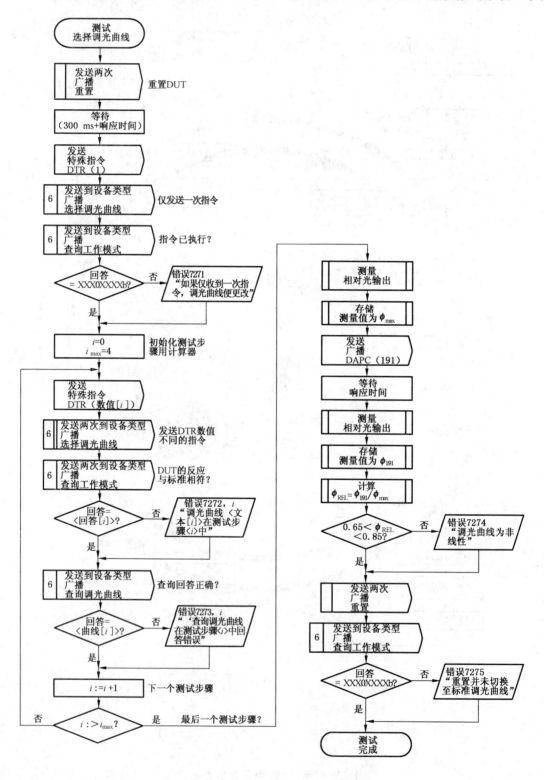

图 18 "选择调光曲线"

表 5   测试"选择调光曲线"用参数

i	〈值(i)〉	〈回答(i)〉	〈曲线(i)〉	〈文本(i)〉
0	1	xxx1 xxxxb	xxx1 xxxxb	未变化
1	255	xxx1 xxxxb	xxx1 xxxxb	已变化
2	0	xxx0 xxxxb	xxx0 xxxxb	未变化
3	255	xxx0 xxxxb	xxx0 xxxxb	已变化
4	1	xxx1 xxxxb	xxx1 xxxxb	未变化

12.7.2.8   "快速渐变时间"测试流程

此流程测试指令228"将 DTR 存储为快速渐变时间"和指令253"查询快速渐变时间"。"快速渐变时间"测试流程如图19所示,测试用参数列于表6中。

表 6   测试"快速渐变时间"用参数

i	0	1	2	3	4	5	6	7	8	9	10	11	12	13	14
〈值〉	1	2	3	4	5	6	7	8	9	10	11	12	13	14	15
〈回答〉	1	2	3	4	5	6	7	8	9	10	11	12	13	14	15
t_{min}/ms	13	38	63	88	113	138	163	188	213	238	263	288	313	338	363
t_{max}/ms	37	62	87	112	137	162	187	212	237	262	287	312	337	362	387

i	15	16	17	18	19	20	21	22	23	24	25	26	27	28
〈值〉	16	17	18	19	20	21	22	23	24	25	26	27	0	254
〈回答〉	16	17	18	19	20	21	22	23	24	25	26	27	0	27
t_{min}/ms	388	413	438	463	488	513	538	563	588	613	638	663	0	663
t_{max}/ms	412	437	462	487	512	537	562	587	612	637	662	687	26	687

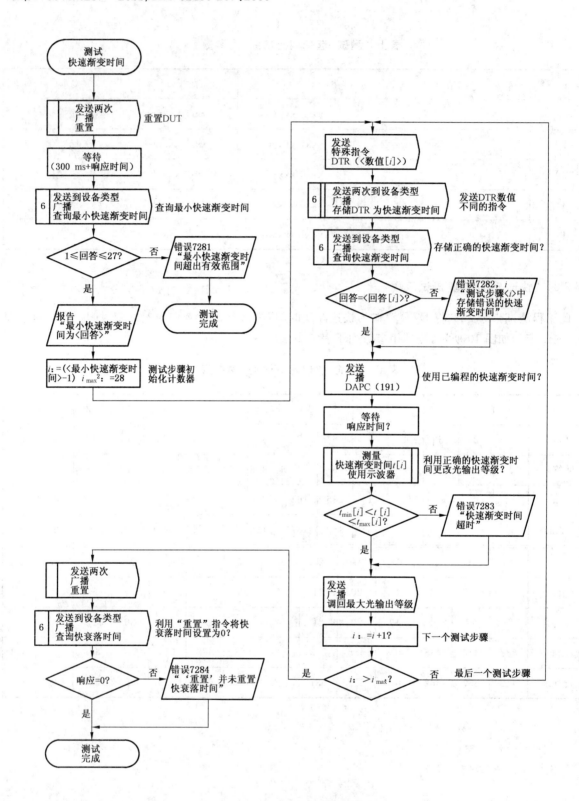

图 19 "快速渐变时间"

12.7.2.9 "重置状态/固定存储器"测试流程

利用已编程"快速渐变时间"或线性调光曲线来测试指令 144"查询状态"和指令 149"查询重置状态"的回答是否正确。"重置状态/固定存储器"测试流程如图 20 所示。

此流程也可测试固定存储器中快速渐变时间存储和调光曲线选择的情况。

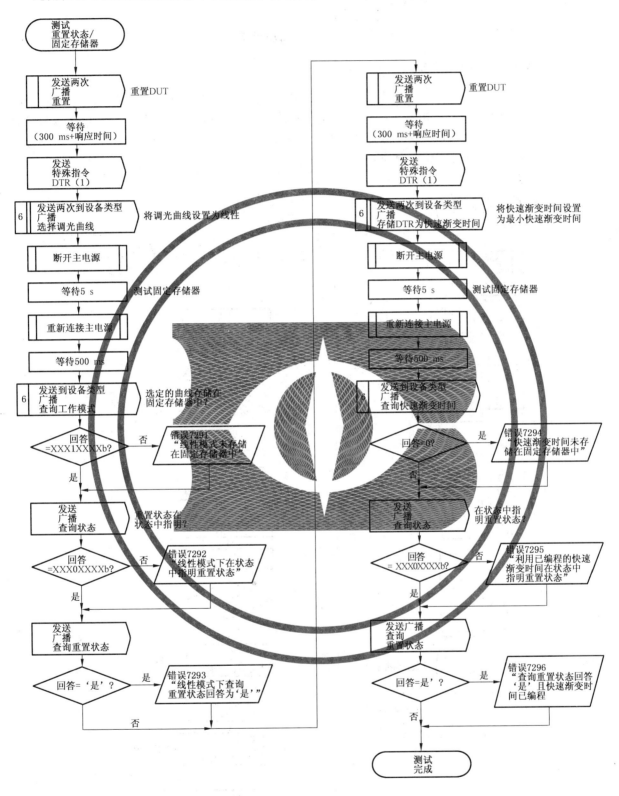

图20 "重置状态/固定存储器"

12.7.3 "启用设备类型"测试流程

利用以下流程(参见图 21～图 23)测试指令 272"启用设备类型"是否正确作用。

12.7.3.1 "启用设备类型:应用扩展指令"测试流程

如果指令 272"启用设备类型 6"在前,应执行应用扩展指令。如果指令 272 和应用扩展指令之间有一个中间指令,那么应忽略应用扩展指令,但给另一台控制装置寻址的中间指令除外。测试流程采用指令 6"调回最小等级"作为中间指令,采用指令 240"查询特征"作为应用扩展指令。"启用设备类型:应用扩展指令"测试流程如图 21 所示,测试用参数列于表 7 中。

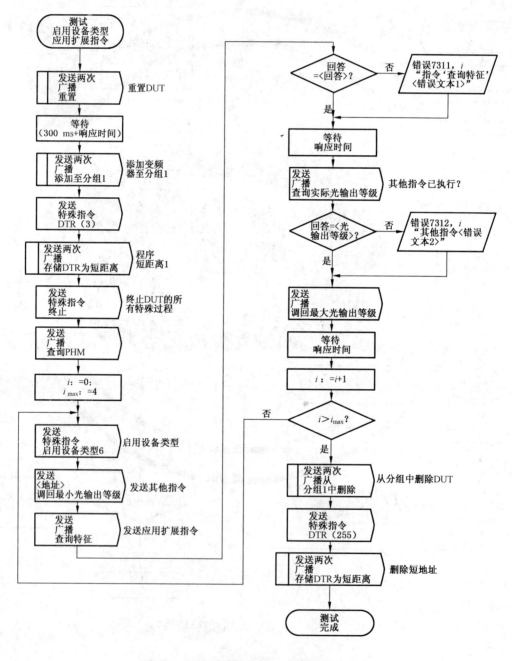

图 21 "启用设备类型:应用扩展指令"

表 7 测试"启用设备类型:应用扩展指令"用参数

i	〈地址〉	〈回答〉	〈等级〉	〈错误文本 1〉	〈错误文本 2〉
0	广播	'否'	PHM	已执行	未执行
1	短地址 1	'否'	PHM	已执行	未执行
2	短地址 2	XXXXXXXXb	254	未执行	已执行
3	分组 1	'否'	PHM	已执行	未执行
4	分组 2	XXXXXXXXb	254	未执行	已执行

12.7.3.2 "启用设备类型:应用扩展配置指令 1"测试流程

如果指令 272"启用设备类型 6"在前,且 100 ms 以内收到应用扩展配置指令两次,那么应执行应用扩展配置指令。如果指令 272 和为相同控制装置寻址的应用扩展配置指令之间存在一个中间指令,那么应用扩展配置指令应予以忽略。测试流程采用指令 6"调回最小等级"作为中间指令,采用指令 224"基准系统功率"作为应用扩展配置指令。"启用设备类型:应用扩展配置指令 1"测试流程如图 22 所示,测试用参数列于表 8 中。

表 8 测试"启用设备类型:应用扩展配置指令 1"用参数

i	〈地址〉	〈回答〉	〈等级〉	〈错误文本 1〉	〈错误文本 2〉
0	广播	'否'	0	已执行	未执行
1	短地址 1	'否'	0	已执行	未执行
2	短地址 2	'是'	$\neq 0$	未执行	已执行
3	分组 1	'否'	0	已执行	未执行
4	分组 2	'是'	$\neq 0$	未执行	已执行

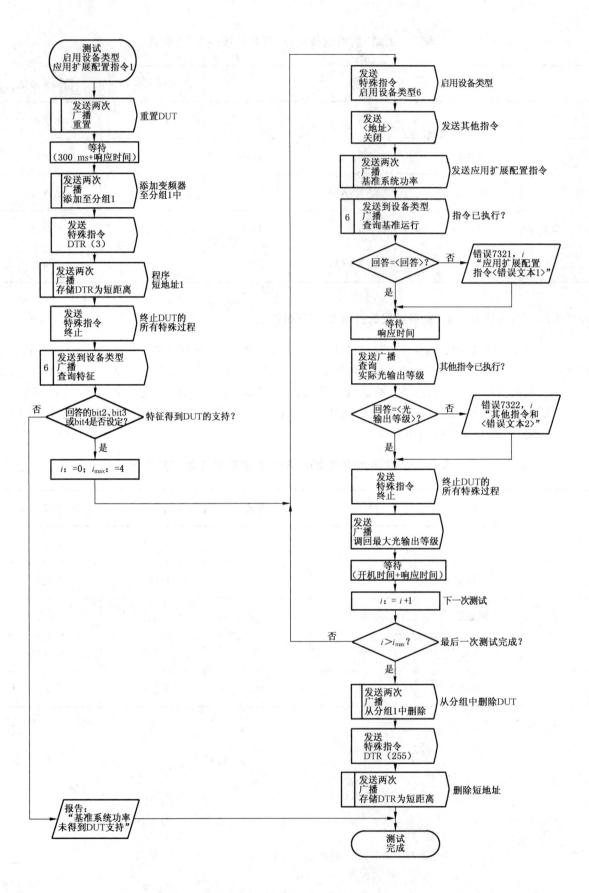

图 22 "启用设备类型:应用扩展配置指令 1"

12.7.3.3 "启用设备类型:应用扩展配置指令2"测试流程

如果指令272"启用设备类型6"处于前面,且100 ms以内收到两次应用扩展配置指令,则应执行应用扩展配置指令。如果在两条应用扩展配置指令之间收到第二条指令272"启用设备类型",则应忽略应用扩展配置指令。两条应用扩展配置指令应在100 ms以内发送。"启用设备类型:应用扩展配置指令2"测试流程如图23所示。

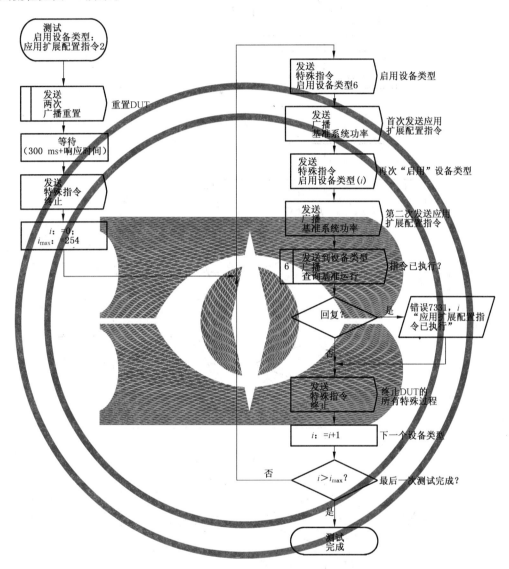

图23 "启用设备类型:应用扩展配置指令2"

12.7.4 标准应用扩展指令用测试流程

12.7.4.1 "查询扩展版本号"测试流程

对于指令272"启用设备类型X"中X的所有可能数值,测试指令255"查询扩展版本号"。"查询扩展版本号"测试流程如图24所示。

注:属于一种以上设备类型的控制装置也将回答X不等于6的查询。

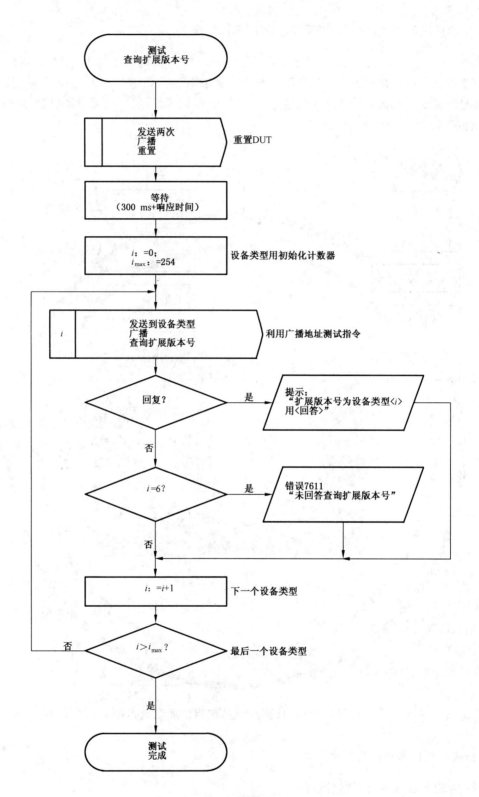

图 24 "查询扩展版本号"

12.7.4.2 "保留应用扩展指令"测试流程

以下测试流程可检查对保留应用扩展指令的响应。控制装置不应以任何方式作出响应。"保留应用扩展指令"测试流程如图 25 所示。

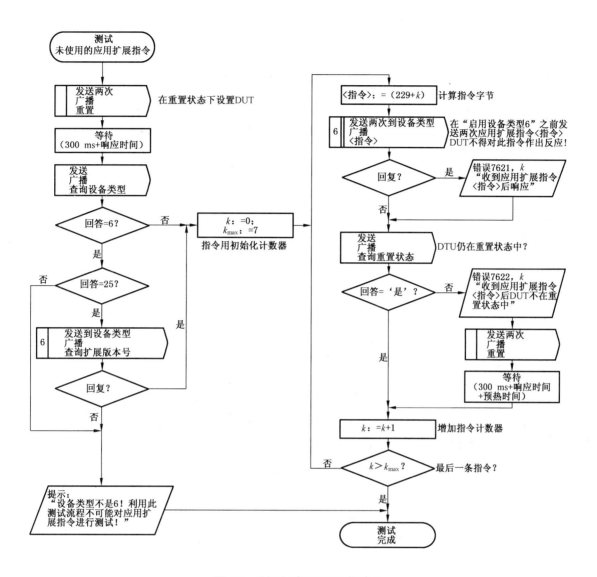

图 25 "保留应用扩展指令"

附　录　A
（规范性附录）
算法实例

按照 GB/T 30104.102—2013 附录 A 和以下条款的要求：

A.3　通过物理选择实现地址分配

增加：
只有系统中的所有控制装置都支持此功能时，才建议通过物理选择来实现地址分配。
补充条款：

A.5　基准系统功率测量

按照以下步骤来进行基准系统功率测量：
a)　控制设备发送指令 224"基准系统功率"，以开始测量；
b)　基于特定的算法，控制装置实时测量并存储系统功率等级。测量程序应不超过 15 min；
c)　同时，控制设备定期发送指令 249"查询基准运行"；
d)　当控制设备不再收到回答时，所有控制装置均应完成其测量，并已恢复至正常工作状态；
e)　控制设备可利用指令 250"查询基准测量失败"来检查测量是否成功。

参 考 文 献

[1]　IEC 60598-1　Luminaires—Part 1：General requirements and tests

[2]　IEC 60669-2-1　Switches for household and similar fixed electrical installations—Part 2-1：Particular requirements—Electronic switches

[3]　IEC 60921　Ballasts for tubular fluorescent lamps—Performance requirements

[4]　IEC 60923　Auxiliaries for lamps—Ballasts for discharge lamps (excluding tubular fluorescent lamps)—Performance requirements

[5]　IEC 60925　DC-supplied electronic ballasts for tubular fluorescent lamps—Performance requirements

[6]　IEC 60929　AC-supplied electronic ballasts for tubular fluorescent lamps—Performance requirements

[7]　IEC 61347-1　Lamp controlgear—Part 1：General and safety requirements

[8]　IEC 61347-2-3　Lamp controlgear—Part 2-3：Particular requirements for a.c. supplied electronic ballasts for fluorescent lamps

[9]　IEC 61547　Equipment for general lighting purposes—EMC immunity requirements

[10]　IEC 62034　Automatic test systems for battery powered emergency escape lighting

[11]　CISPR 15　Limits and methods of measurement of radio disturbance characteristics of electrical lighting and similar equipment

[12]　GS1, General Specification：Global Trade Item Number, Version 7.0, published by the GS1, Avenue Louise 326；BE-1050 Brussels，Belgium；and GS1 1009 Lenox Drive, Suite 202, Lawrenceville, New Jersey, 08648 USA.

ICS 29.140.50;29.140.99
K 74

中华人民共和国国家标准

GB/T 30104.208—2013/IEC 62386-208:2009

数字可寻址照明接口 第 208 部分：
控制装置的特殊要求 开关功能
（设备类型 7）

Digital addressable lighting interface—
Part 208：Particular requirements for control gear—Switching function
（device type 7）

（IEC 62386-208:2009,IDT）

2013-12-17 发布   2014-11-01 实施

中华人民共和国国家质量监督检验检疫总局
中国国家标准化管理委员会   发布

前　言

GB/T 30104《数字可寻址照明接口》分为13个部分：

——第101部分：一般要求　系统；

——第102部分：一般要求　控制装置；

——第103部分：一般要求　控制设备；

——第201部分：控制装置的特殊要求　荧光灯（设备类型0）；

——第202部分：控制装置的特殊要求　自容式应急照明（设备类型1）；

——第203部分：控制装置的特殊要求　放电灯（荧光灯除外）（设备类型2）；

——第204部分：控制装置的特殊要求　低压卤钨灯（设备类型3）；

——第205部分：控制装置的特殊要求　白炽灯电源电压控制器（设备类型4）；

——第206部分：控制装置的特殊要求　数字信号转变成直流电压（设备类型5）；

——第207部分：控制装置的特殊要求　LED模块（设备类型6）；

——第208部分：控制装置的特殊要求　开关功能（设备类型7）；

——第209部分：控制装置的特殊要求　颜色控制（设备类型8）；

——第210部分：控制装置的特殊要求　程序装置（设备类型9）。

本部分为GB/T 30104的第208部分。

本部分按照GB/T 1.1—2009和GB/T 20000.2—2009给出的规则起草。

本部分使用翻译法等同采用IEC 62386-208:2009《数字可寻址照明接口　第208部分：控制装置的特殊要求　开关功能（设备类型7）》。

本部分由中国轻工业联合会提出。

本部分由全国照明电器标准化技术委员会（SAC/TC 224）归口。

本部分起草单位：广东产品质量监督检验研究院、广州广日电气设备有限公司、佛山市托维环境亮化工程有限公司、杭州中为光电技术股份有限公司、上海亚明灯泡厂有限公司、佛山市华全电气照明有限公司、中山市古镇镇生产力促进中心、广东凯乐斯光电科技有限公司、东莞市华宇光电科技有限公司、北京电光源研究所。

本部分主要起草人：李自力、罗婉霞、周巧仪、张九六、徐小良、区志杨、黄志桐、伍永乐、苏浩林、赵秀荣、段彦芳、江姗。

引　言

　　本部分将与 GB/T 30104.101 和 GB/T 30104.102 同时出版。将 GB/T 30104 分为几部分单独出版便于将来修正和修订。如有需要,将添加附加要求。

　　引用 GB/T 30104.101 或 GB/T 30104.102 内的任何条款时,本部分和组成 GB/T 30104.2×× 系列的其他部分明确规定了条款的适用范围和测试的进行顺序。如有必要,本部分也包括附加要求。组成 GB/T 30104.2×× 系列的所有部分都是独立的,因此不包含彼此之间的引用。

　　GB/T 30104.101 或 GB/T 30104.102 的任何条款的要求在本部分中以"按照 GB/T 30104.101 第 'n'章的要求"的句子形式引用,该句子可解释为涉及的第 101 部分或第 102 部分的条款的所有要求均适用,但不适用于第 208 部分包含的特定类型灯的控制装置除外。

　　除非另有说明,本部分中使用的数字均为十进制。十六进制数字采用 0xVV 的格式,其中 VV 为数值。二进制数字采用 XXXXXXXXb 或 XXXX XXXX 的格式,其中 X 为 0 或 1;"x"在二进制中表示"不作考虑"。

数字可寻址照明接口 第 208 部分：
控制装置的特殊要求 开关功能
（设备类型 7）

1 范围

GB/T 30104 的本部分规定了由电子控制装置的数字信号进行控制的协议和测试方法，其输出只是"开通/关断"。

2 规范性引用文件

下列文件对于本文件的应用是必不可少的。凡是注日期的引用文件，仅注日期的版本适用于本文件。凡是不注日期的引用文件，其最新版本（包括所有的修改单）适用于本文件。

GB/T 30104.101—2013 数字可寻址照明接口 第 101 部分：一般要求 系统（IEC 62386-101：2009，IDT）

GB/T 30104.102—2013 数字可寻址照明接口 第 102 部分：一般要求 控制装置（IEC 62386-102:2009，IDT）

3 术语和定义

GB/T 30104.101—2013 和 GB/T 30104.102—2013 界定的以及下列术语和定义适用于本文件。

3.1

虚拟电弧功率等级 virtual arc power level

虚拟调光期间，由控制装置计算所得的值。它与可调光控制装置的实际值相对应。

3.2

虚拟调光 virtual dimming

控制装置具有与可调光控制装置以相同方式处理电弧功率指令的特性。它根据适当的渐变定义计算虚拟电弧功率等级以提供虚拟调光。由此，当虚拟电弧功率等级达到或超过阈值时，要求其改变输出状态。

3.3

上行开通阈值 up switch-on threshold

其值不断被虚拟电弧功率等级比对，一旦虚拟电弧功率等级上升至达到或超过这个等级时，控制装置的输出开通。

3.4

上行关断阈值 up switch-off threshold

其值不断被虚拟电弧功率等级比对，一旦虚拟电弧功率等级上升至达到或超过这个等级时，控制装置的输出关断。

3.5

下行开通阈值 down switch-on threshold

其值不断被虚拟电弧功率等级比对，一旦虚拟电弧功率等级下降至达到或低于这个等级时，控制装置的输出接通。

3.6

下行关断阈值 **down switch-off threshold**

其值不断被(与)虚拟电弧功率等级比对,一旦虚拟电弧功率等级下降至达到或低于这个等级时,控制装置的输出关断。

4 一般要求

按照 GB/T 30104.101—2013 第 4 章和 GB/T 30104.102—2013 第 4 章的要求。

5 电气规范

按照 GB/T 30104.101—2013 第 5 章和 GB/T 30104.102—2013 第 5 章的要求。

6 接口电源

如果供电电源单元是集成在开关控制装置中,则按照 GB/T 30104.101—2013 第 6 章和 GB/T 30104.102—2013第 6 章的要求。

7 传输协议结构

按照 GB/T 30104.101—2013 第 7 章和 GB/T 30104.102—2013 第 7 章的要求。

8 定时

按照 GB/T 30104.101—2013 第 8 章和 GB/T 30104.102—2013 第 8 章的要求。

9 操作方法

按照 GB/T 30104.101—2013 第 9 章和 GB/T 30104.102—2013 第 9 章的要求,并有如下例外。
GB/T 30104.102—2013 第 9 章的修正:

9.2 上电

附加:

如果主电源上电后的 0.6 s 之内没有接收到影响功率等级的指令,控制装置应立即无渐变地将"虚拟电弧功率等级(VAPL)"设置为"上电等级"。

在这种情况下,VAPL 应与两个上行阈值参数比对以确定输出状态。如果输出状态由于 VAPL 低于这两个阈值而无法确定,那么输出应为关断,除非"上行开通阈值"被设置为"掩码",这时输出应为开通。

如果上电等级存储为"掩码",VAPL 将被设置为主电源下电前的最后一个 VAPL。同时,根据所达到或所超过("开关状态"字节的 bit 2 和 bit 3 所示)的最后一个阈值来确定输出状态。

9.3 接口故障

附加条款:

如果"系统故障等级"存储为"掩码",控制装置应停留在它所处的状态(虚拟电弧功率等级不变,没有开通或关断)。如果任何其他值被存储,控制装置应立即无渐变地达到这个虚拟电弧功率等级。恢复空闲电压时,控制装置的状态应不改变。

注:实际输出状态也将取决于调光方向。这在某些阈值配置中是应考虑的(例如开关滞后现象)。

9.4 最小等级和最大等级

附加条款:

"最小等级"和"最大等级"用于定义虚拟调光的范围:

在虚拟调光执行前,控制装置应参考"最小等级"和"最大等级"检测每一个接收到的"电弧功率等级"。

如果编制设定的"最小等级"大于虚拟电弧功率等级或者"最大等级"小于虚拟电弧功率等级,则应设置使虚拟电弧功率等级立即无渐变地达到新的"最小等级"和"最大等级"。如果这导致虚拟电弧功率等级达到或超过阈值,输出状态应相应地改变。

如果编制设定的"最小等级"小于虚拟电弧功率等级或者"最大等级"大于虚拟电弧功率等级,则不应影响虚拟电弧功率等级。

存储于控制装置中的电弧功率等级不应被"最小等级"和"最大等级"的设定所限制。但是,如果所存储的值低于"最小等级"或高于"最大等级",这些等级值应致使虚拟电弧功率被设置为"最小等级"或"最大等级"。

"最小等级"和"最大等级"设定值不应影响电弧功率等级"0"(关断)和"255"(掩码)。

如果控制装置不支持可编程的阈值,"最小等级"和"最大等级"将被固定为默认值。

附加条款:

9.9 开关特性

通过编辑"上行开通阈值""上行关断阈值""下行开通阈值"和"下行关断阈值"的参数值,可以得到不同的开关特性。

控制装置应不断地把虚拟电弧功率等级(VAPL)与上述4个阈值参数进行比较。根据比较的结果和当前的调光方向来确定输出是开通或关断(见表1)。

表 1 虚拟电弧功率等级(VAPL)

调光方向(虚拟)	比较的结果	动作
向上	VAPL≥上行开通阈值	开通输出
向上	VAPL≥上行关断阈值	关断输出
向下	VAPL≤下行开通阈值	开通输出
向下	VAPL≤下行关断阈值	关断输出

值为"掩码"的阈值不应用于比较。

如果一对阈值("上行对"或"下行对")配置为相同值,那么开通具有优先级。

编辑设定一个阈值时应不会启动比较,输出应保持不变。

如果控制装置不支持可编程阈值,阈值将被固定为默认值。

图1为一种可能的配置例子。更多的例子见附录A。

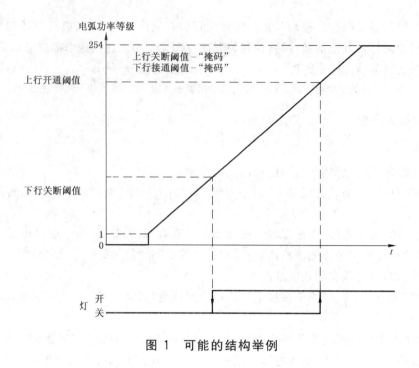

图 1　可能的结构举例

10　变量声明

按照 GB/T 30104.101—2013 第 10 章和 GB/T 30104.102—2013 第 10 章的要求,并且对于该设备类型有下列改编和附加变量,见表 2。

表 2　变量声明

变量	默认值 (控制装置的出厂设置)	重置值	有效范围	存储器[a]
"物理等级"	254	不变	254	1 字节 ROM
"最小等级"	254	254	1～最大等级	1 字节
"最大等级"	254	254	最小等级～254	1 字节
"上行开通阈值"	1	1	1～254,255("掩码")	1 字节
"上行关断阈值"	255	255	1～254,255("掩码")	1 字节
"下行开通阈值"	255	255	0～254,255("掩码")	1 字节
"下行关断阈值"	0	0	0～254,255("掩码")	1 字节
"错误延迟时间"	0	0	0～255	1 字节
"特征值"	工厂烧录	不变	0～255	1 字节 ROM
"设备类型"	工厂烧录	不变	0～255	1 字节 ROM
"开关状态"	U000 0UUU[b]	不变	0～255	RAM 中 1 字节[c]

U＝未定义。

[a]　如无特殊说明,均为固定存储器(存储时间不限)。

[b]　上电值。

[c]　字节的 bit 2、bit 3 存储于固定存储器。

11 指令定义

按照 GB/T 30104.101—2013 第 11 章和 GB/T 30104.102—2013 第 11 章的要求,并有如下例外:

11.1 电弧功率控制指令

附加内容:

对于电弧功率控制指令,以下规则适用:实际电弧功率等级＝虚拟电弧功率等级。

一个接收到的电弧功率控制指令将影响虚拟电弧功率等级。

一旦一个电弧功率控制指令要求灯(负载)关断,虚拟电弧功率等级将被置为 0。如果虚拟电弧功率等级为 0,而且接收到指令 8"开通和步进上行",虚拟电弧功率等级应被设为"最小等级"。

实际电弧功率等级(输出状态)只在虚拟电弧功率等级达到、超过或保持一个阈值时改变。

11.2.1 通用配置指令

修正:

指令 33:　　　YAAA AAA1 0010 0001　　　"在 DTR 存入实际等级"

存储虚拟电弧功率等级于 DTR。

11.3.1 查询相关状态信息

指令 144:　　　YAAA AAA1 1001 0000　　　"查询状态"

在调光期间,设置 Bit 4"渐变运行"。

指令 153:　　　YAAA AAA1 1001 1001　　　"查询设备类型"

值应为 7。

11.3.2 查询相关电弧功率参数设定值

修正:

指令 160:　　　YAAA AAA1 1010 0000　　　"查询实际等级"

如果负载被关断,回答值应为"0";如果负载被开通,回答值应为"254"。在预热期间(如果是预热型)或者检测到负载出错,回答值应为"掩码"。

11.3.4 应用扩展指令

替换:

指令 272"启用设备类型 7"应优先于应用扩展指令。

注:对于设备类型 7 以外的设备,可能以不同的方式使用这些指令。

一个只有开关功能的开关控制装置不应先于指令 272"启用设备类型 X"(X≠ 7)对应用扩展指令进行响应。

11.3.4.1 应用扩展配置指令

为了减少错误接收的可能性,在执行每个配置指令(224～239)之前,该指令应在 100 ms 内收到第二次。在这两个指令之间,寻址同一控制装置的其他指令不应发送,否则,第一次发送的配置指令应被忽略,同时各自的配置序列被终止。

指令 272 应在 2 次配置指令之前发出,但不能在它们之间重复。见图 2。

图 2　应用扩展配置指令序列举例

所有 DTR 值应与第 10 章"有效范围"中的值比较来检查,如果它高于/低于第 10 章定义的有效范围,该值应被设置为更高/更低限值。

指令 244：　　**YAAA AAA1 1110 0000**　　**"基准系统功率"**

为了检测负载错误,开关控制装置应测量和存储系统功率等级。测得的功率等级应存储在固定存储器中。除查询指令和指令 256 之外,在测量期间接收到的指令应被忽略。

最多 15 min 后,控制装置应完成测量过程,然后返回到正常操作。如果接收到指令 256"终止",测量过程应被忽略。

当有不成功的基准测量或最近的基准测量不成功,则对指令 240"查询失败状态"的回答值 bit7 基准测量失败应被设置,同时应以"是"回答指令 249"查询基准测量失败"。

这是一个可选特征。没有该项特征的控制器应无响应(见指令 240),并且"故障状态"中的 bit7 应一直为 0。

指令 225：　　**YAAA AAA1 1110 0001**　　**"在 DTR 存入上行开通阈值"**

存储 DTR 内容为新的上行开通阈值。

如果 255("掩码")被存储,阈值不应被用于比较。

这是一个可选特性,没有该项特性的开关控制器应不响应。

指令 226：　　**YAAA AAA1 1110 0010**　　**"在 DTR 存入上行关断阈值"**

存储 DTR 内容为新的上行关断阈值。

如果 255("掩码")被存储,阈值不应被用于比较。

这是一个可选特性,没有该项特性的开关控制器应不响应。

指令 227：　　**YAAA AAA1 1110 0011**　　**"在 DTR 存入下行开通阈值"**

存储 DTR 内容为新的下行开通阈值。

如果 255("掩码")被存储,阈值不应被用于比较。

这是一个可选特性,没有该项特性的开关控制器应不响应。

指令 228：　　**YAAA AAA1 1110 0100**　　**"在 DTR 存入下行关断阈值"**

存储 DTR 内容为新的下行关断阈值。

如果 255("掩码")被存储,阈值不应被用于比较。

这是一个可选特性,没有该项特性的开关控制器应不响应。

指令 229：　　**YAAA AAA1 1110 0101**　　**"在 DTR 存入错误延续时间"**

在 DTR 存入新的、以 10s 为单位的错误延续时间值。

为了被显示,错误延续时间规定了一个错误应连续呈现的最小时间。

如果存储 0,应立即显示负载错误。

如果存储 255("掩码"),不应显示负载错误。

这是一个可选特性,没有该项特性的开关控制器应不响应。

指令 230~231：　　**YAAA AAA1 1110 011X**

预留作为将来需要。开关控制装置不许以任何方式响应。

指令 232~239：　　**YAAA AAA1 1110 1XXX**

预留作为将来需要。开关控制装置不许以任何方式响应。

11.3.4.2 应用扩展查询指令

指令240： **YAAA AAA1 1111 0000** **"查询特征"**

回答值应是下列显示由开关控制装置所支持的特征的特征字节。

bit 0	可查询：负载错误	"0"＝否
bit 1	未使用	"0"＝默认值
bit 2	未使用	"0"＝默认值
bit 3	可调阈值	"0"＝否
bit 4	可调延续时间	"0"＝否
bit 5	未使用	"0"＝默认值
bit 6	支持基准系统功率	"0"＝否
bit 7	支持物理选择	"0"＝否

bit 3：如果该位被置1，指令225～228、指令42"在DTR存入最大等级"和指令423"在DTR存入最小等级"是强制的。

bit 4：如果该位被置1，指令231"在DTR存入错误延续时间"是强制的。

bit 6：如果该位被置1，指令224"基准系统功率"、指令249"查询基准运行"和指令250"查询基准测量失败"是强制的。

指令241： **YAAA AAA1 1111 0001** **"查询开关状态"**

回答值应为下列"开关状态"字节：

bit 0	检测到负载错误	"0"＝否
bit 1	错误检测在延续	"0"＝否
bit 2～bit 3	对上一次阈值起作用	"00"＝上行开通
		"01"＝上行关断
		"10"＝下行开通
		"11"＝下行关断
bit 4	未使用	"0"＝默认值
bit 5	未使用	"0"＝默认值
bit 6	未使用	"0"＝默认值
bit 7	基准测量失败	"0"＝否

"开关状态"在开关控制装置的RAM中可得到，同时应由开关控制装置根据实际情况定期更新。

如果bit 0被置1，指令146"查询灯失败"的回答值应为"是"，指令144"查询状态"的回答值bit 1应被置1。

bit 2和bit 3应存储于固定存储器。

如果由于任何原因导致系统功率基准测量失败，Bit 7应被置1。它应被存储于固定久内存中。如果bit 6为0(意味着不支持基准测量)，则该位也应是0。

指令242： **YAAA AAA1 1111 0010** **"查询上行开通阈值"**
回答值应为一个8 bit数的上行开通阈值等级。

指令243： **YAAA AAA1 1111 0011** **"查询上行关断阈值"**
回答值应为一个8 bit数的上行关断阈值等级。

指令244： **YAAA AAA1 1111 0100** **"查询下行开通阈值"**
回答值应为一个8 bit数的下行开通阈值等级。

指令245： **YAAA AAA1 1111 0101** **"查询下行关断阈值"**

回答值应为一个 8 bit 数的下行关断阈值等级。

指令 246: **YAAA AAA1 1111 0110** "查询错误延续时间"

回答值应为一个 8 bit 数的"错误延续时间"。

指令 247: **YAAA AAA1 1111 0111** "查询装置类型"

回答值应为下列"装置类型"字节:

bit 0	输出为电气开关;	"0"=否
bit 1	输出为常开继电器;	"0"=否
bit 2	输出为常闭继电器;	"0"=否
bit 3	输出有一个瞬变抑制器;	"0"=否
bit 4	集成有负载浪涌电流限制器;	"0"=否
bit 5	未使用;	"0"=默认值
bit 6	未使用;	"0"=默认值
bit 7	未使用;	"0"=默认值

如果 bit 1 和 bit 2 都被置 1,则输出为封闭型的。去除电源时,封闭状态不会改变。

指令 248: **YAAA AAA1 1111 1000**

为将来需要而保留。开关型控制装置不许以任何方式作出响应。

指令 249: **YAAA AAA1 1111 1001**

查询在给定地址是否有基准系统功率测量运行中。回答值应为"是"或"否"。

没有该项特性的开关控制装置不应响应。(见指令 240)

指令 250: **YAAA AAA1 1111 1010** "查询基准测量失败"

查询在给定地址上由指令 224 基准系统功率启动的基准测量是否失败。回答值应为"是"或"否"。

没有该项特性的开关控制器不应响应。(见指令 240)

指令 251: **YAAA AAA1 1111 1011**

为将来需要而保留。开关控制装置不许以任何方式作出响应。

指令 252~253: **YAAA AAA1 1111 110X**

为将来需要而保留。开关控制装置不许以任何方式作出响应。

指令 254: **YAAA AAA1 1111 1110**

为将来需要而保留。开关控制装置不许以任何方式作出响应。

指令 255: **YAAA AAA1 1111 1111** "查询扩展类型编号"

回答值为 1。

11.4.4 扩展特殊指令

修正:

指令 272: **1100 0001 0000 0111** "启用设备类型 7"

带开关功能的控制装置的设备类型是 7。

11.5 指令集

按照 GB/T 30104.101—2013 和 GB/T 30104.102—2013 中的 11.5 所列指令以及表 3 所示设备类型 7 附加指令的要求。

表 3　应用扩展指令集一览表

指令序号	指令编码	指令名称
224	YAAA AAA1 1110 0000	基准系统功率
225	YAAA AAA1 1110 0001	在 DTR 存入上行开通阈值
226	YAAA AAA1 1110 0010	在 DTR 存入上行关断阈值
227	YAAA AAA1 1110 0011	在 DTR 存入下行开通阈值
228	YAAA AAA1 1110 0100	在 DTR 存入下行关断阈值
229	YAAA AAA1 1110 0101	在 DTR 存入错误延续时间
230～231	YAAA AAA1 1110 011X	
232～239	YAAA AAA1 1110 1XXX	a
240	YAAA AAA1 1111 0000	查询特征
241	YAAA AAA1 1111 0001	查询开关状态
242	YAAA AAA1 1111 0010	查询上行开通阈值
243	YAAA AAA1 1111 0011	查询上行关断阈值
244	YAAA AAA1 1111 0100	查询下行开通阈值
245	YAAA AAA1 1111 0101	查询下行关断阈值
246	YAAA AAA1 1111 0110	查询错误延续时间
247	YAAA AAA1 1111 0111	查询装置类型
248	YAAA AAA1 1111 1000	
249	YAAA AAA1 1111 1001	查询基准运行
250	YAAA AAA1 1111 1010	查询基准测量失败
251	YAAA AAA1 1111 1011	
252～253	YAAA AAA1 1111 110X	a
254	YAAA AAA1 1111 1110	a
255	YAAA AAA1 1111 1111	查询扩展版本号
272	1100 0001 0000 0111	启用设备类型 7
a 为将来需要而保留,开关控制装置不应以任何方式作出响应。		

12　测试规程

按照 GB/T 30104.102—2013 第 12 章的要求并有如下例外:

12.3　"电弧功率控制指令"测试规程

修正:

应按下面 12.7.4 的定义来测试电弧功率控制指令。因此,GB/T 30104.102—2013 中 12.3 定义的测试规程不适用。

12.4 "物理地址分配"测试规程

修正：

物理选择是开关控制器的一个可选特征,测试规程不是强制性的。

附加条款：

12.7 "设备类型 7 的应用扩展指令"测试规程

用下列测试规程对开关控制装置(设备类型 7)定义的应用扩展指令进行测试。规程还用于检测其他设备类型对指令的可能响应。

12.7.1 "应用扩展查询指令"测试流程

下列测试规程检查应用扩展查询指令 238～250。

12.7.1.1 "查询特征"测试流程

指令 240"查询特征"和指令 272"启用设备类型 7"以及指令 154"查询物理最小值"都被测试。测试流程如图 3 所示。

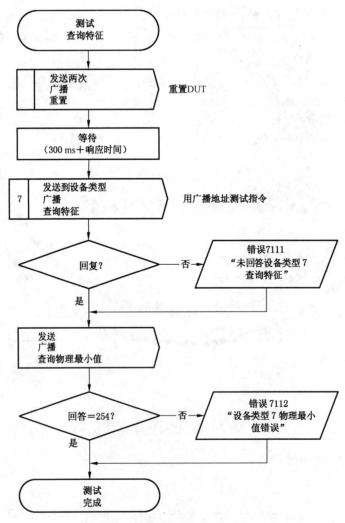

图 3 "查询特征"测试流程

12.7.1.2 "重置状态/固定存储器"测试流程

在该测试流程中,所有的应用扩展用户可编程参数都设置为非重置值。在发送"重置"指令后,参数的重置值被检测。进而,DUT 固定存储器的这些参数被测试。测试流程如图 4 所示,参数如表 4 所示。

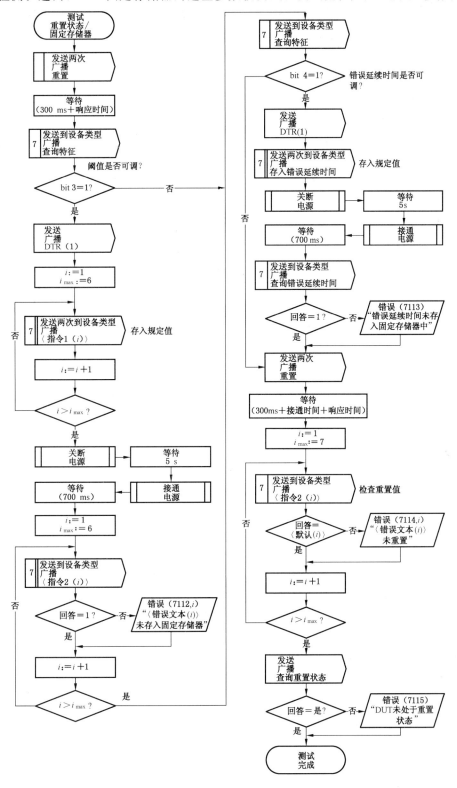

图 4 "重置状态/固定存储器"测试流程

表 4　"状态/固定存储器"测试流程参数

i	〈指令1(i)〉	〈指令2(i)〉	〈默认(i)〉	〈错误文本(k)〉
1	在DTR存入上行开通阈值	查询上行开通阈值	1	上行开通阈值
2	在DTR存入上行关断阈值	查询上行关断阈值	255	上行关断阈值
3	在DTR存入下行开通阈值	查询下行开通阈值	255	下行开通阈值
4	在DTR存入下行关断阈值	查询下行关断阈值	255	下行关断阈值
5	存储DTR最小等级	查询最小等级	254	最小等级
6	存储DTR最大等级	查询最大等级	254	最大等级
7	在DTR存入错误延续时间	查询错误延续时间	0	错误延续时间

12.7.1.3　"查询负载错误"测试流程

对指令241"查询开关状态"回答值和指令144"查询状态"、指令146"查询灯故障"、指令147"查询灯上电"以及指令160"查询实际值"的正确回答值的bit1进行测试。测试流程如图5所示。

用于该测试流程的参数〈错误检测时间〉应由制造商给予规定。

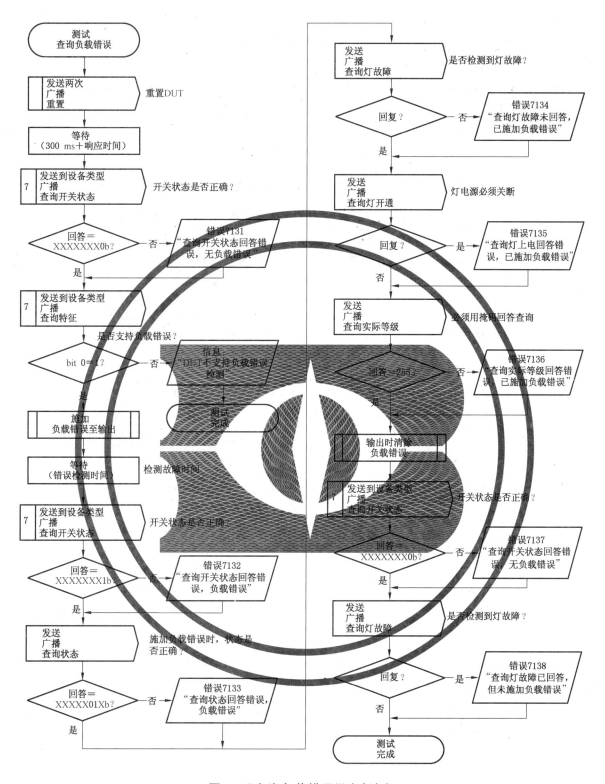

图 5 "查询负载错误"测试流程

12.7.1.4 "用延续时间的查询负载错误"测试流程

用一个 10 s 和 20 s 的"错误延续时间"来测试正确状态显示。用于该测试流程的参数"错误检测时间"应由制造商给予规定。测试流程如图 6 所示,测试步骤如表 5 所示。

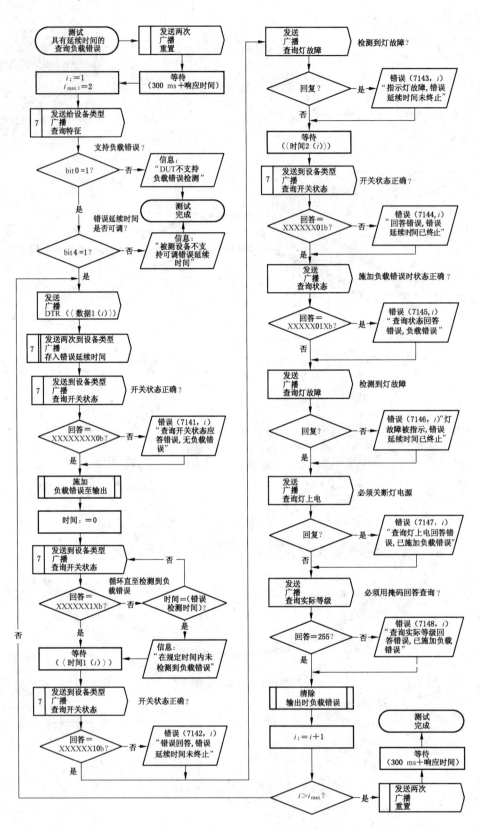

图 6 "用延续时间的查询负载错误"测试流程

表 5 "用延续时间的查询负载错误"测试步骤

测试步骤(i)	〈数据 1(i)〉	〈时间 1(i)〉	〈数据 2(i)〉
1	1	8 s	4 s
2	2	16 s	8 s

12.7.1.5 "用不确定延续时间的查询负载错误"测试流程

用一个不确定的错误延续时间来测试正确状态显示。用于该测试流程的参数"错误检测时间",应由制造商给出说明。测试流程如图 7 所示。

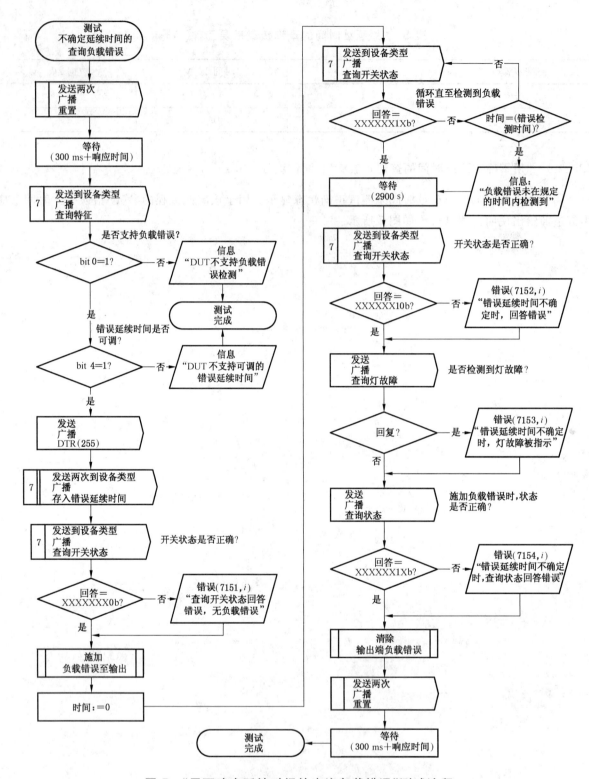

图 7 "用不确定延续时间的查询负载错误"测试流程

12.7.1.6 "查询控制装置信息"测试流程

对指令247"查询装置类型"进行测试,控制装置信息应报告。测试流程如图8。

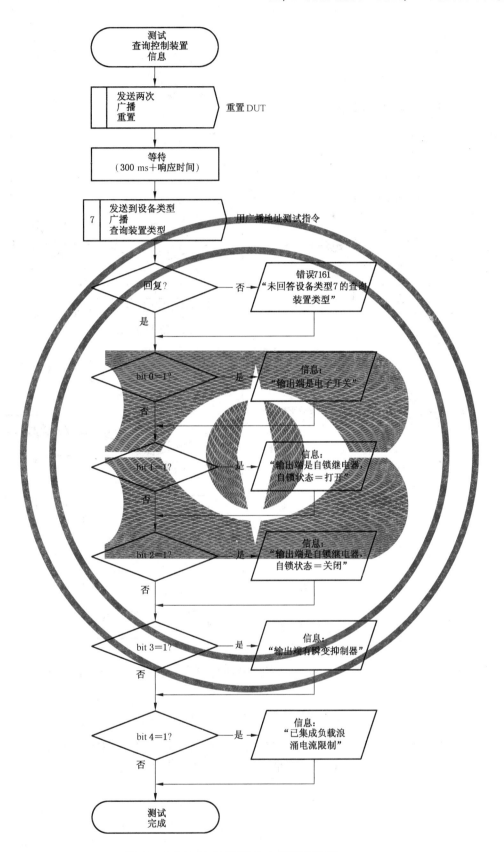

图 8 "查询控制装置信息"测试流程

12.7.2 "应用扩展配置指令"测试流程

下列测试流程检查应用扩展指令224～231。

12.7.2.1 "基准系统功率"测试流程

用不同的设备类型来测试指令224"基准系统功率"及指令249"查询基准运行"。测试流程如图9所示。

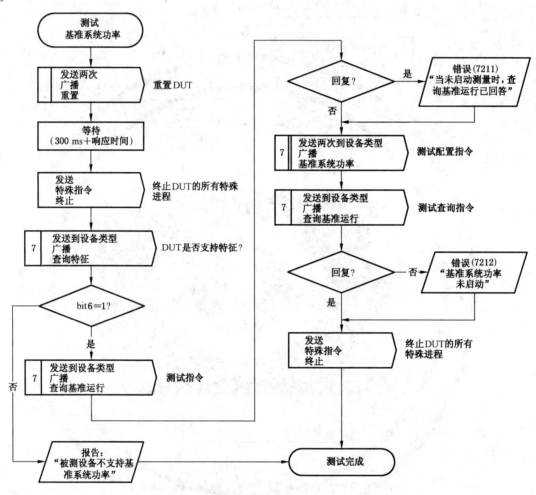

图9 "基准系统功率"测试流程

12.7.2.2 "基准系统功率:100 ms超时"测试流程

在该流程中,基准测量由配置指令224"基准系统功率"(在150 ms的时间间隔内发送两次)启动。它也检测指令256"终止"是否停止基准测量。测试流程如图10所示。

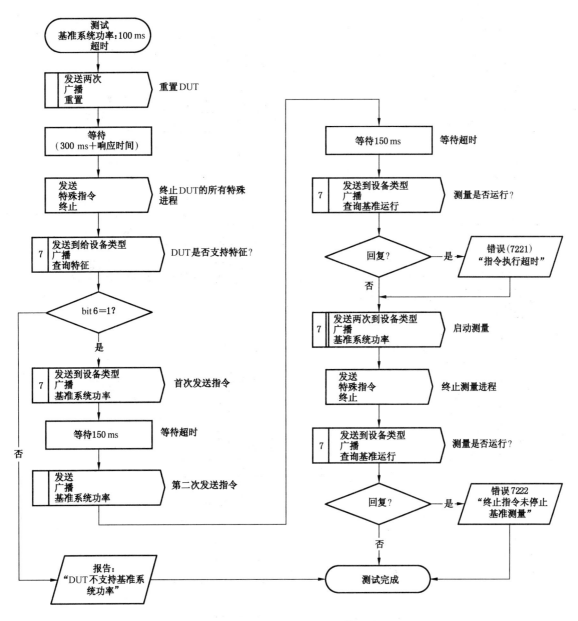

图 10 "基准系统功率:100 ms 超时"测试流程

12.7.2.3 "基准系统功率:中间指令"测试流程

在该流程中,基准测量由在两个指令 224"基准系统功率"之间的指令启动。这两个指令 224 和中间指令在 100 ms 内发出。测试流程如图 11 所示。测试步骤如表 6 所示。

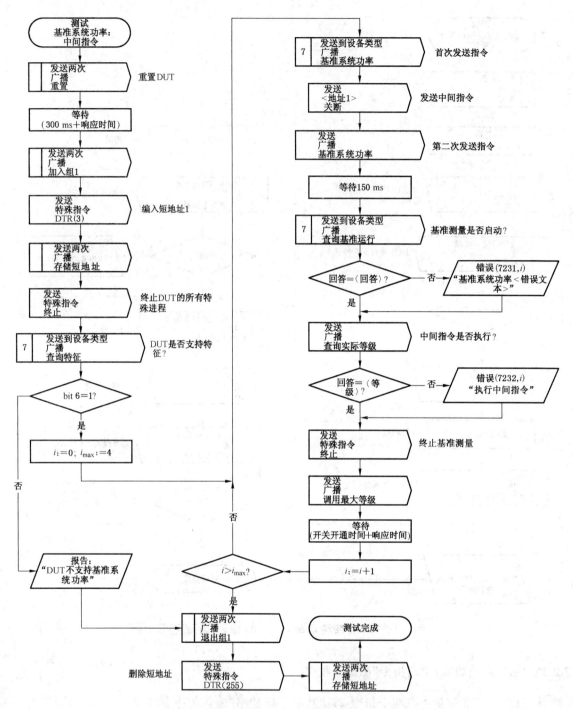

图 11 "基准系统功率:中间指令"测试流程

表 6 "基准系统功率:中间指令"测试步骤

i	〈地址 1〉	〈回答〉	〈等级〉	〈错误文本〉
0	短地址 1	"否"	254	执行
1	组 1	"否"	254	执行
2	广播	"否"	254	执行
3	短地址 2	"是"	$\neq 0$	未执行
4	组 2	"是"	$\neq 0$	未执行

12.7.2.4 "基准系统功率:15 min 定时器"测试流程

接收到指令224"基准系统功率"后15 min 内,测量应完成,转换器应回到正常操作。测试流程如图12所示。

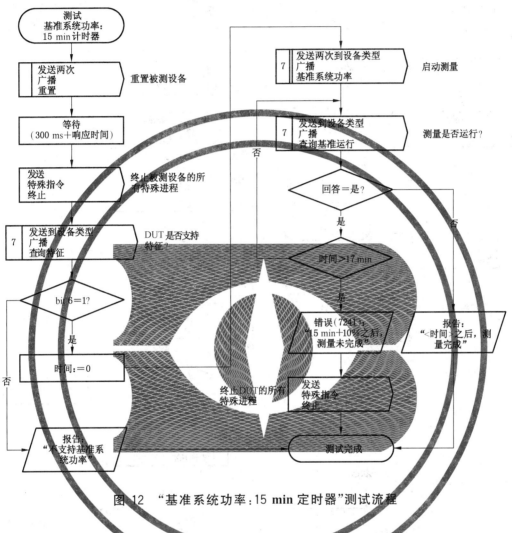

图 12 "基准系统功率:15 min 定时器"测试流程

12.7.2.5 "基准系统功率:失败"测试流程

根据图13所示测试流程,对指令241"查询开关状态"指令250"查询基准测量失败"回答值的 bit 7进行测试。

例如由欠电压导致的基准测量失败,导致测量失败的途径应由 DUT 制造商说明。

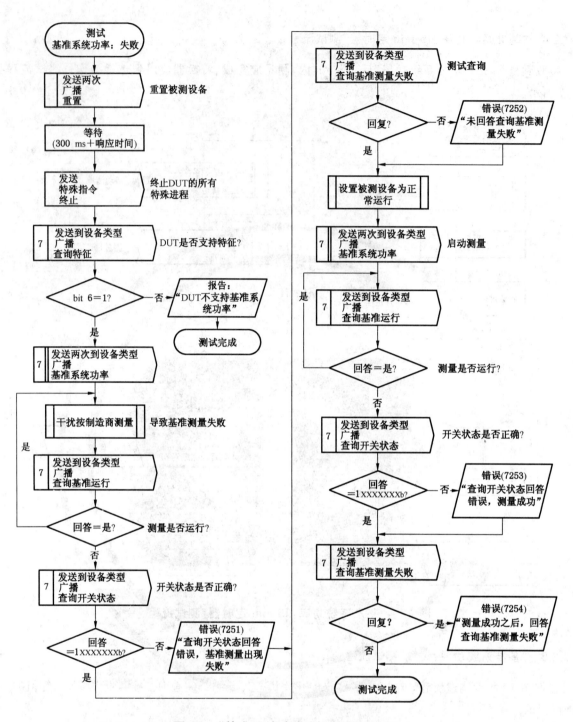

图 13 "基准系统功率:失败"测试流程

12.7.2.6 "阈值:配置序列"测试流程

在该流程中,在 150 ms 间隔内发送两次适当的配置指令,以及由这两个适当的配置指令之间的中间指令来改变四个阈值。这两个指令和中间指令应在 100 ms 内发送。测试流程如图 14,参数见表 7、表 8 和表 9。

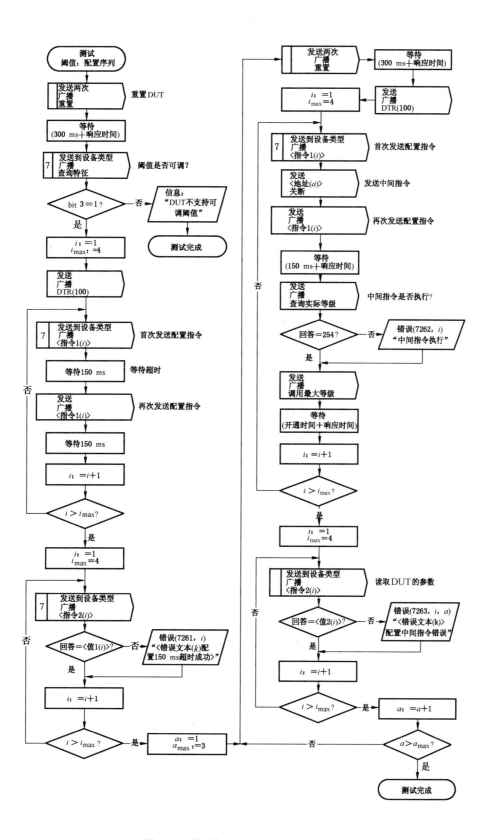

图 14 "阈值:配置序列"测试流程

表 7 "阈值:配置序列"测试参数和步骤 1

i	〈指令 1(i)〉	〈指令 2(i)〉
1	在 DTR 存入上行开通阈值	查询上行开通阈值
2	在 DTR 存入上行关断阈值	查询上行关断阈值
3	在 DTR 存入下行开通阈值	查询下行开通阈值
4	在 DTR 存入下行关断阈值	查询下行关断阈值

表 8 "阈值:配置序列"测试参数和测试步骤 2

i	〈值 1(i)〉	〈值 2(i)〉		〈错误文本(i)〉
		$a=1$	$a\neq1$	
1	1	1	100	上行开通阈值
2	255	255	100	上行关断阈值
3	255	255	100	下行开通阈值
4	0	0	100	下行关断阈值

表 9 "阈值:配置序列"测试参数和测试步骤 3

a	〈地址(a)〉
1	广播
2	短地址 5
3	组 15

12.7.2.7 "错误延续时间:配置序列"测试流程

在该流程中,"错误延续时间"随 150 ms 间隔内发送的两次配置指令 229 以及在两个配置指令 229 之间的指令而变化。两个指令 229 和中间指令应在 100 ms 内发送。测试流程如图 15 所示,测试步骤 如表 10 所示。

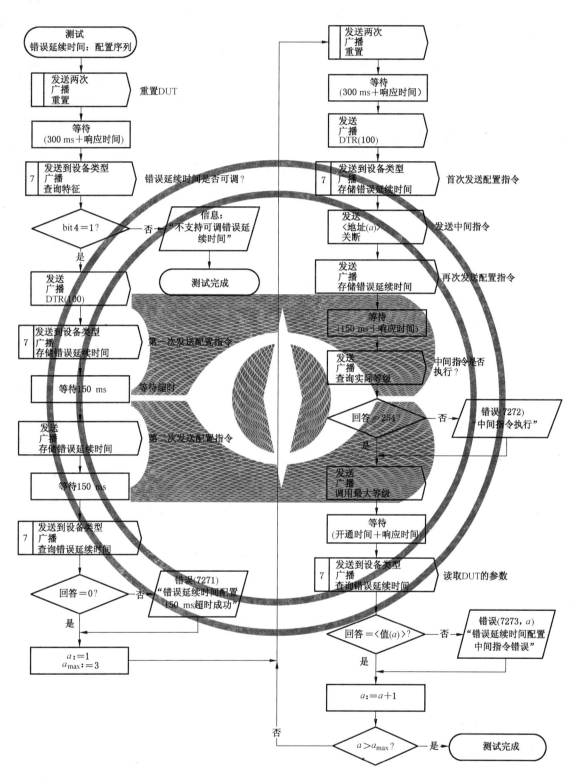

图 15 "错误延续时间:配置序列"测试序列

表 10 "错误延续时间:配置序列"测试步骤

a	〈地址(a)〉	〈值(a)〉
1	广播	0
2	短地址 5	100
3	组 15	100

12.7.2.8 "在 DTR 存入阈值 X"测试流程

在该测试流程中,对四个阈值有效值范围程序编制进行测试。测试流程如图 16 所示,测试步骤如表 11 所示。

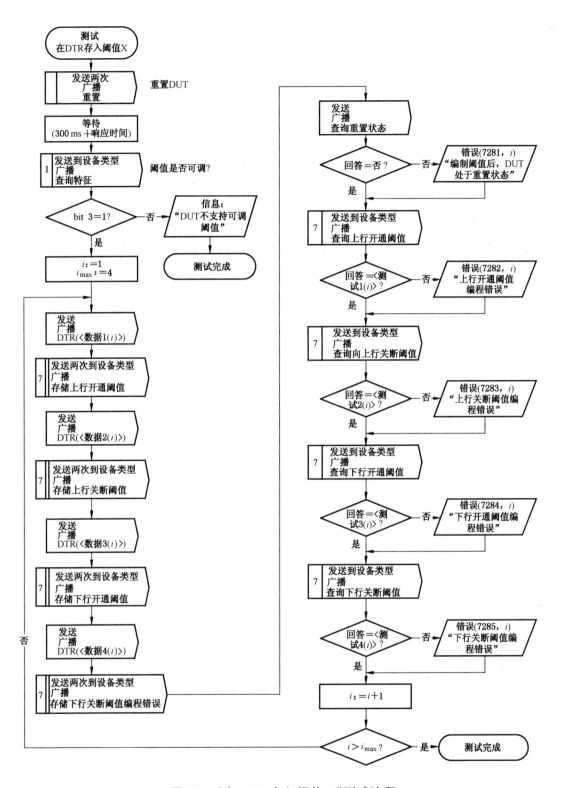

图 16 "在 DTR 存入阈值 X"测试流程

表 11 "在 DTR 存入阈值 X"测试步骤

i	〈数据 1(i)〉	〈数据 2(i)〉	〈数据 3(i)〉	〈数据 4(i)〉	〈测试 1(i)〉	〈测试 2(i)〉	〈测试 3(i)〉	〈测试 4(i)〉
1	255	0	1	170	255	1	1	170
2	1	170	255	0	1	170	255	1
3	170	1	0	255	170	1	0	170
4	0	255	170	1	0	255	170	1

12.7.2.9 "在 DTR 存入最小/最大等级"测试流程

该流程中,对最小等级和最大等级的有效值范围程序编制进行测试。测试流程如图 17 所示,测试步骤如表 12 所示。

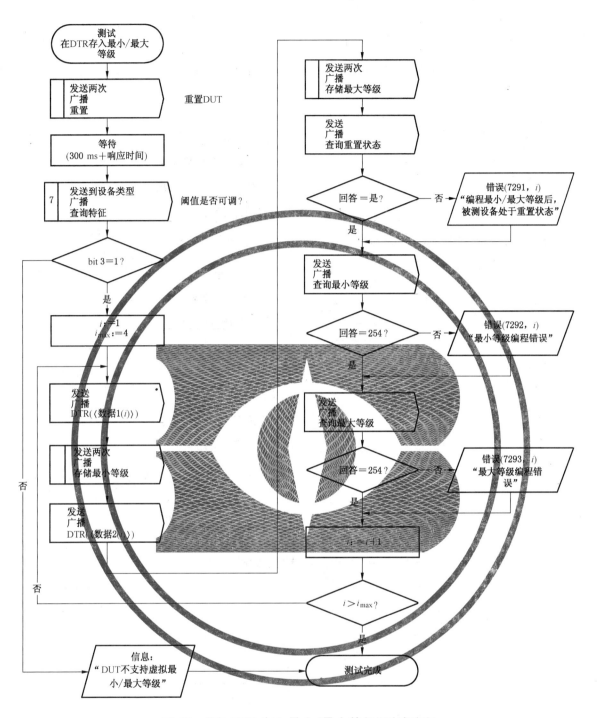

图 17 "在 DTR 存入最小/最大等级"测试流程

表 12 "在 DTR 存入最小/最大等级"测试步骤

i	〈数据 1(i)〉	〈数据 2(i)〉	〈测试 1(i)〉	〈测试 2(i)〉
1	0	170	1	170
2	255	1	170	170
3	85	255	85	254
4	2	0	2	2

12.7.2.10 "在 DTR 存入错误延续时间"测试流程

该测试流程中,对错误延续时间的有效值范围程序编制进行测试。测试流程如图 18 所示,测试步骤如表 13 所示。

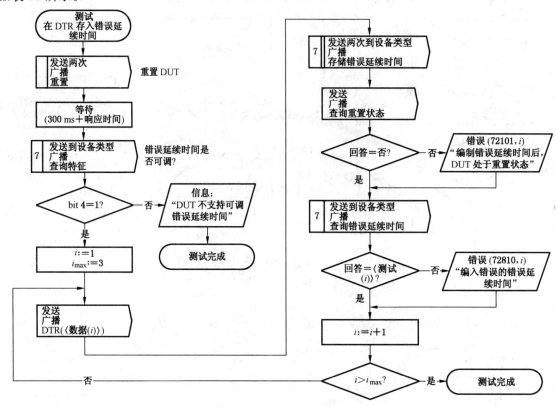

图 18 "在 DTR 存入错误延续时间"测试流程

表 13 "在 DTR 存入错误延续时间"测试步骤

i	〈数据(i)〉	〈测试(i)〉
1	10	10
2	170	170
3	255	255

12.7.3 "启用设备类型"测试流程

指令 272"启用设备类型"的正确功能用下列流程进行测试。

12.7.3.1 "启用设备类型:应用扩展查询指令"测试流程

如果指令 272"启用设备类型 7"进行中,应执行应用扩展查询指令。如果在指令 272 和应用扩展查询指令之间有一个指令,应用扩展查询指令应忽略,除非这个中间指令寻址到另一个控制装置。测试流程如图 19 所示。测试步骤如表 14。

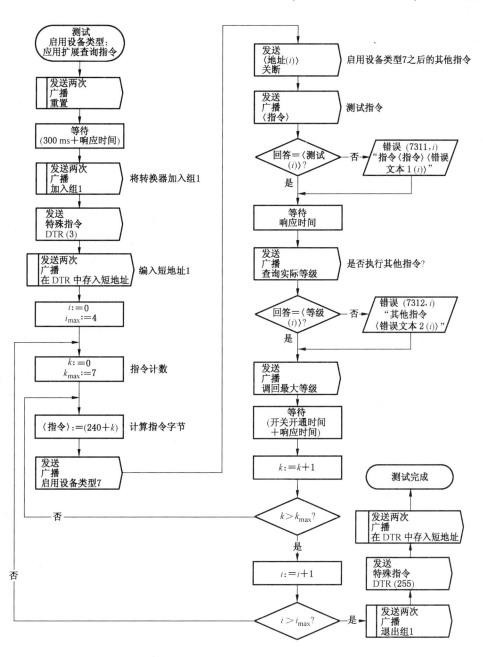

图 19 "启用设备类型:应用扩展查询指令"测试流程

表 14 "启用设备类型:应用扩展查询指令"测试步骤

i	〈地址(i)〉	〈测试(i)〉	〈等级(i)〉	〈错误文本 1(i)〉	〈错误文本 2(i)〉
0	广播	无回答	0	执行	未执行
1	短地址 1	无回答	0	执行	未执行
2	短地址 2	任何回复	254	未执行	执行
3	组 1	无回答	0	执行	未执行
4	组 2	任何回复	254	未执行	执行

12.7.3.2 "启用设备类型:基准系统功率"测试流程

如果指令272"启用设备类型7"进行中,而且应用扩展配置指令在100 ms内接收到第二次,应执行应用扩展配置指令。如果在指令272和应用扩展配置指令之间的指令寻址到同一个控制装置,应用扩展配置指令应忽略。测试流程把指令224"基准系统功率"作为应用扩展配置指令一样使用。测试流程如图20所示,测试步骤如表15。

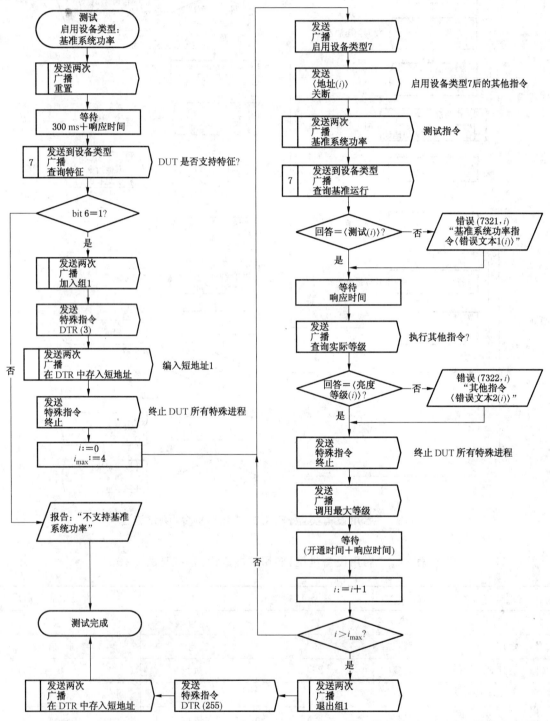

图 20 "启用设备类型:基准系统功率"测试流程

表 15 "启用设备类型:基准系统功率"测试步骤

i	〈地址(i)〉	〈测试(i)〉	〈等级(i)〉	〈错误文本$1(i)$〉	〈错误文本$2(i)$〉
0	广播	"否"	0	执行	未执行
1	短地址1	"否"	0	执行	未执行
2	短地址2	"是"	254	未执行	执行
3	组1	"否"	0	执行	未执行
4	组2	"是"	254	未执行	执行

12.7.3.3 "启用设备类型:其他应用扩展配置指令"测试流程

如果指令272"启用设备类型7"进行中,而且应用扩展配置指令在100 ms接收到第二次,应执行应用扩展配置指令。如果在指令272和应用扩展配置指令之间有一个指令寻址同一个控制装置,应用扩展配置指令应忽略。测试流程把指令225～228作为应用扩展配置指令使用。测试流程如图21所示,测试步骤如表16～表18所示。

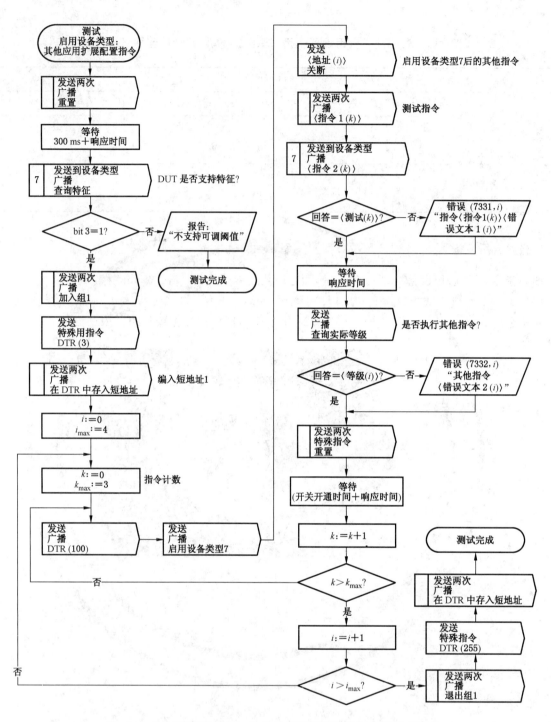

图 21 "启用设备类型:其他应用扩展配置指令"测试流程

表 16 "启用设备类型:其他应用扩展配置指令"测试步骤 1

k	〈指令 1(k)〉	〈指令 2(k)〉
0	在 DTR 存入上行开通阈值	查询上行开通阈值
1	在 DTR 存入上行关断阈值	查询上行关断阈值
2	在 DTR 存入下行开通阈值	查询下行开通阈值
3	在 DTR 存入下行关断阈值	查询下行关断阈值

表 17 "启用设备类型:其他应用扩展配置指令"测试步骤 2

k	〈测试(k)〉	
	a=0,a=1,a=3	a=2,a=4
0	1	100
1	255	100
2	255	100
3	0	100

表 18 "启用设备类型:其他应用扩展配置指令"测试步骤 3

i	〈地址(i)〉	〈等级(i)〉	〈错误文本 1(i)〉	〈错误文本 2(i)〉
0	广播	0	执行	未执行
1	短地址 1	0	执行	未执行
2	短地址 2	254	未执行	执行
3	组 1	0	执行	未执行
4	组 2	254	未执行	执行

12.7.3.4 "启用设备类型:错误延续时间"测试流程

如果指令 272"启用设备类型 7"进行中,而且应用扩展配置指令在 100 ms 内接收第二次,应执行应用扩展配置指令。如果在指令 272 和应用扩展配置指令之间有一个指令寻址到同一个控制装置,应用扩展配置指令应忽略。测试流程把指令 229"在 DTR 存入错误延续时间"作为应用扩展配置指令使用。测试流程如图 22 所示,测试步骤如表 19 所示。

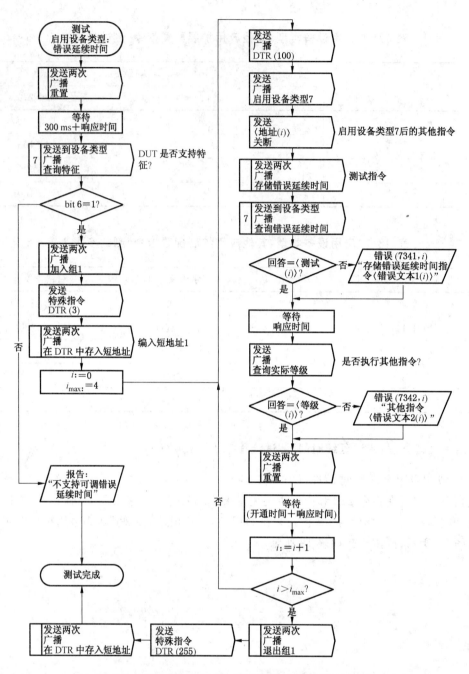

图 22　"启用设备类型:错误延续时间"测试流程

表 19　"启用设备类型:错误延续时间"测试步骤

i	〈地址(i)〉	〈测试(i)〉	〈等级(i)〉	〈错误文本 1(i)〉	〈错误文本 2(i)〉
0	广播	0	0	执行	未执行
1	短地址 1	0	0	执行	未执行
2	短地址 2	100	254	未执行	执行
3	组 1	0	0	执行	未执行
4	组 2	100	254	未执行	执行

12.7.3.5　"启用设备类型:应用扩展配置指令 2"测试流程

如果指令 272"启用设备类型 7"进行中,而且应用扩展配置指令在 100 ms 内接收到两次,应执行应用扩展配置指令。如果在两个应用扩展配置指令之间收到第二次指令 272,应用扩展配置指令应忽略。这两个应用扩展配置指令应在 100 ms 内发送。测试流程如图 23 所示,测试步骤如表 20 和表 21 所示。

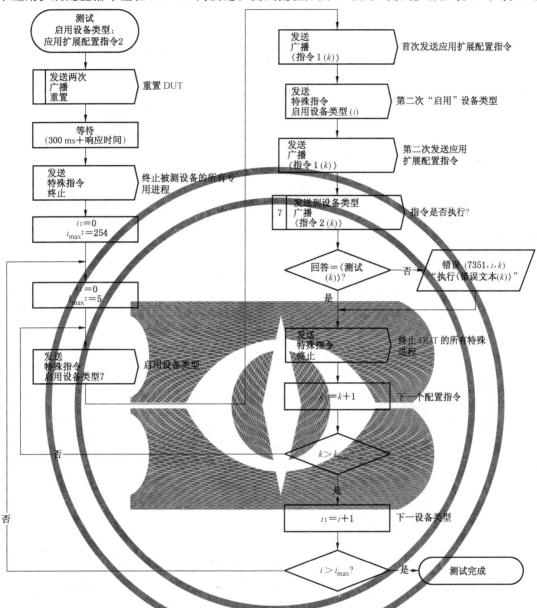

图 23 "启用设备类型:应用扩展配置指令 2"测试流程

表 20 "启用设备类型:应用扩展配置指令 2"测试步骤 1

k	〈指令 1(k)〉	〈指令 2(k)〉
0	基准系统功率	查询基准运行
1	在 DTR 存入上行开通阈值	查询上行开通阈值
2	在 DTR 存入上行关断阈值	查询上行关断阈值
3	在 DTR 存入下行开通阈值	查询下行开通阈值
4	在 DTR 存入下行关断阈值	查询下行关断阈值
5	在 DTR 存入错误延续时间	查询错误延续时间

表 21 "启用设备类型:应用扩展配置指令 2"测试步骤 2

k	〈测试(k)〉	〈错误文本(k)〉
0	否	基准系统功率
1	1	上行开通阈值
2	255	上行关断阈值
3	255	下行开通阈值
4	0	下行关断阈值
5	0	错误延续时间

12.7.4 "应用扩展开关特性"测试流程

下列测试流程用各种阈值和虚拟调光来检测开关特性。

12.7.4.1 "默认开通和关断"测试流程

该流程中,用默认阈值对电弧功率指令的响应进行测试。根据默认设定值,每个电弧功率控制指令 >0 应开通 DUT,等于 0 则应关断 DUT。测试流程如图 24 所示,测试步骤如表 22。

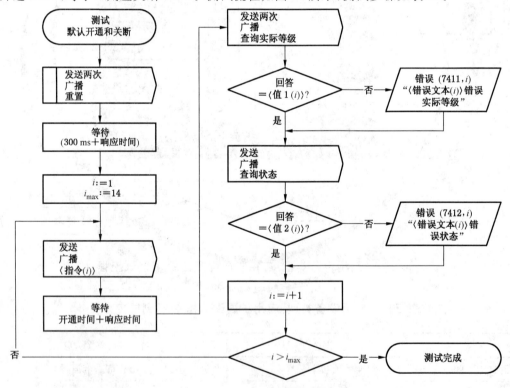

图 24 "默认开通和关断"测试流程

表 22　"默认开通和关断"测试步骤

i	〈指令(i)〉	〈值 1(i)〉	〈值 2(i)〉	〈错误文本(i)〉
1	关断	0	XXXXX0XXb	关断
2	直接电弧功率控制(254)	254	XXXXX1XXb	直接电弧功率控制(254)
3	直接电弧功率控制(0)	0	XXXXX0XXb	直接电弧功率控制(0)
4	直接电弧功率控制(1)	254	XXXXX1XXb	直接电弧功率控制(1)
5	直接电弧功率控制(0)	0	XXXXX0XXb	直接电弧功率控制(0)
6	上行	0	XXXXX0XXb	上行
7	步进上行	0	XXXXX0XXb	步进上行
8	调回最大等级	254	XXXXX1XXb	调回最大等级
9	下行	254	XXXXX1XXb	下行
10	步进下行	254	XXXXX1XXb	步进下行
11	步进下行并关断	0	XXXXX0XXb	步进下行并关断
12	调回最小等级	254	XXXXX1XXb	调回最小等级
13	关断	0	XXXXX0XXb	关断
14	开通并步进上行	254	XXXXX1XXb	开通并步进上行

12.7.4.2　"默认渐变关断"测试流程

该测试流程用 DAPC'S,SCENCES 和默认阈值(为了计算渐变时间,应考虑从最小等级到关断的步骤)关断 DUT 检测可编程渐变时间的精确度。测试序列如图 25 所示,测试步骤如表 23 和表 24 所示。

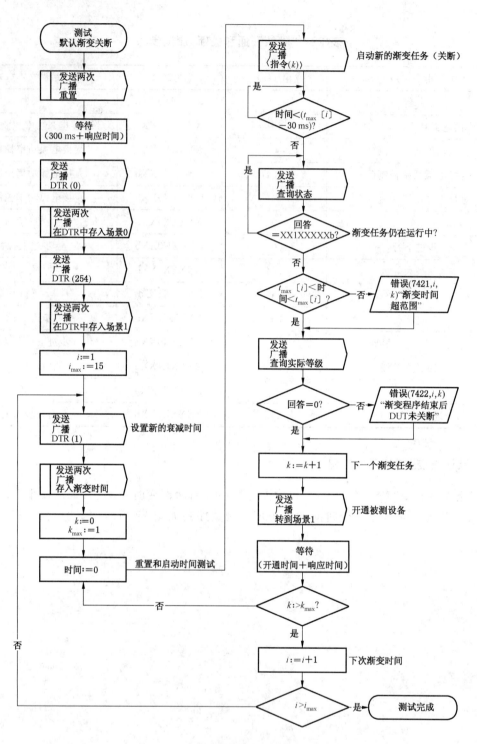

图 25 "默认渐变关断"测试流程

表 23 "默认渐变关断"测试步骤 1

i	1	2	3	4	5	6	7	8	9	10	11	12	13	14	15
$T_{min}(i)$ s	0.64	0.90	1.27	1.8	2.55	3.6	5.09	7.20	10.18	14.40	20.36	28.80	40.73	57.60	81.46
$T_{max}(i)$ s	0.78	1.1	1.56	2.20	3.11	4.40	6.22	8.80	12.45	17.60	24.89	35.20	49.78	70.40	99.56

表 24 "默认渐变关断"测试步骤 2

测试步骤 k	0	1
〈指令(k)〉	直接电弧功率控制（0）	进入场景 0

12.7.4.3 "开通和关断 全范围"测试流程

该测试流程中,由程序编制不同阈值得到的各种开关特性对电弧功率指令的响应进行测试。由程序编制最小等级和最大等级覆盖整个虚拟调光范围。测试流程如图 26 所示,测试步骤如表 25～表 29 所示。

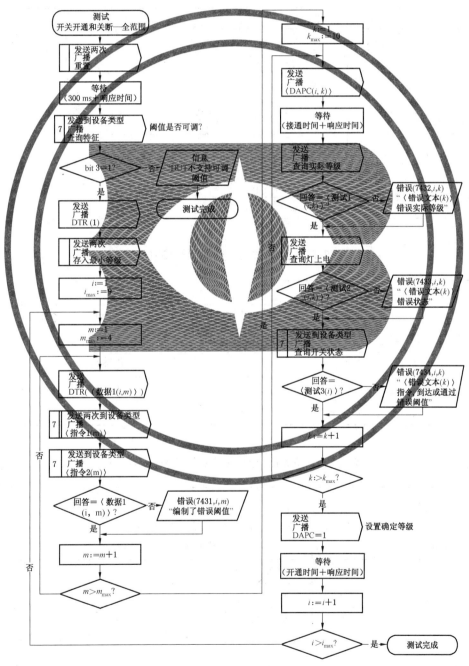

图 26 "开通和关断 全范围"测试流程

表 25 "开通和关断 全范围"测试步骤和参数 1

m	〈指令 1(m)〉	〈指令 2(m)〉
1	在 DTR 存入上行开通阈值	查询上行开通阈值
2	在 DTR 存入上行关断阈值	查询上行关断阈值
3	在 DTR 存入下行开通阈值	查询下行开通阈值
4	在 DTR 存入下行关断阈值	查询下行关断阈值

表 26 "开通和关断 全范围"测试步骤和参数 2

i,m	〈数据 1(i,m)〉	i,m	〈数据 1(i,m)〉	i,m	〈数据 1(i,m)〉	i,m	〈数据 1(i,m)〉
1,1	200	3,2	150	5,3	255	7,4	190
1,2	255	3,3	160	5,4	200	8,1	130
1,3	255	3,4	50	6,1	2	8,2	180
1,4	150	4,1	255	6,2	220	8,3	185
2,1	100	4,2	254	6,3	219	8,4	135
2,2	180	4,3	254	6,4	3	9,1	150
2,3	180	4,4	255	7,1	90	9,2	150
2,4	100	5,1	85	7,2	100	9,3	0
3,1	60	5,2	255	7,3	200	9,4	0

表 27 "开通和关断 全范围"测试步骤和参数 3

k	<错误文本(k)>	k	<错误文本(k)>
1	直接电弧功率控制 0	6	直接电弧功率控制 254
2	未通过上行开通阈值	7	未通过下行开通阈值
3	已通过上行开通阈值	8	已通过下行开通阈值
4	未通过上行关断阈值	9	未通过下行关断阈值
5	已通过上行关断阈值	10	已通过下行关断阈值

表 28 "开通和关断 全范围"测试步骤和参数 4

k	$i=1$				$i=2$			
	直接电弧功率控制(i,k)	测试 1(i,k)	测试 2(i,k)	测试 3(i,k)	直接电弧功率控制(i,k)	测试 1(i,k)	测试 2(i,k)	测试 3(i,k)
1	0	0	否	XXXX11XXb	0	0	否	XXXX11XXb
2	199	0	否	XXXX11XXb	99	0	否	XXXX11XXb
3	200	254	是	XXXX00XXb	100	254	是	XXXX00XXb
4	201	254	是	XXXX00XXb	179	254	是	XXXX00XXb
5	254	254	是	XXXX00XXb	180	0	否	XXXX01XXb
6	255	254	是	XXXX00XXb	254	0	否	XXXX01XXb

表 28（续）

k	$i=1$				$i=2$			
	直接电弧功率控制(i,k)	测试1(i,k)	测试2(i,k)	测试3(i,k)	直接电弧功率控制(i,k)	测试1(i,k)	测试2(i,k)	测试3(i,k)
7	254	254	是	XXXX00XXb	181	0	否	XXXX01XXb
8	253	254	是	XXXX00XXb	180	254	是	XXXX10XXb
9	151	254	是	XXXX00XXb	101	254	是	XXXX10XXb
10	150	0	否	XXXX11XXb	100	0	否	XXXX11XXb

k	$i=3$				$i=4$			
	直接电弧功率控制(i,k)	测试1(i,k)	测试2(i,k)	测试3(i,k)	直接电弧功率控制(i,k)	测试1(i,k)	测试2(i,k)	测试3(i,k)
1	0	0	否	XXXX11XXb	0	254	是	XXXX10XXb
2	59	0	否	XXXX11XXb	85	254	是	XXXX10XXb
3	60	254	是	XXXX00XXb	170	254	是	XXXX10XXb
4	149	254	是	XXXX00XXb	220	254	是	XXXX10XXb
5	150	0	否	XXXX01XXb	254	0	否	XXXX01XXb
6	254	0	否	XXXX01XXb	255	0	否	XXXX01XXb
7	161	0	否	XXXX01XXb	254	0	否	XXXX01XXb
8	160	254	是	XXXX10XXb	253	254	是	XXXX10XXb
9	51	254	是	XXXX10XXb	151	254	是	XXXX10XXb
10	50	0	否	XXXX11XXb	0	254	是	XXXX10XXb

表 29 "开通和关断 全范围"测试步骤和参数 5

k	$i=5$				$i=6$			
	直接电弧功率控制(i,k)	测试1(i,k)	测试2(i,k)	测试3(i,k)	直接电弧功率控制(i,k)	测试1(i,k)	测试2(i,k)	测试3(i,k)
1	0	0	否	XXXX11XXb	0	0	否	XXXX11XXb
2	84	0	否	XXXX11XXb	1	0	否	XXXX11XXb
3	85	254	是	XXXX00XXb	2	254	是	XXXX00XXb
4	200	254	是	XXXX00XXb	219	254	是	XXXX00XXb
5	201	254	是	XXXX00XXb	220	0	否	XXXX01XXb
6	254	254	是	XXXX00XXb	254	0	否	XXXX01XXb
7	201	254	是	XXXX00XXb	220	0	否	XXXX01XXb
8	200	0	否	XXXX11XXb	219	254	是	XXXX10XXb
9	85	0	否	XXXX11XXb	4	254	是	XXXX10XXb
10	84	0	否	XXXX11XXb	3	0	否	XXXX11XXb

表 29（续）

k	i=7 直接电弧功率控制(i,k)	测试1 (i,k)	测试2 (i,k)	测试3(i,k)	i=8 直接电弧功率控制(i,k)	测试1 (i,k)	测试2 (i,k)	测试3(i,k)
1	0	0	否	XXXX11XXb	0	0	否	XXXX11XXb
2	89	0	否	XXXX11XXb	129	0	否	XXXX11XXb
3	90	254	是	XXXX00XXb	130	254	是	XXXX00XXb
4	99	254	是	XXXX00XXb	179	254	是	XXXX00XXb
5	100	0	否	XXXX01XXb	180	0	否	XXXX01XXb
6	254	0	否	XXXX01XXb	254	0	否	XXXX01XXb
7	201	0	否	XXXX01XXb	186	0	否	XXXX01XXb
8	200	254	是	XXXX10XXb	185	254	是	XXXX10XXb
9	191	254	是	XXXX10XXb	136	254	是	XXXX10XXb
10	190	0	否	XXXX11XXb	135	0	否	XXXX11XXb

k	i=9[a] 直接电弧功率控制(i,k)	测试1 (i,k)	测试2 (i,k)	测试3(i,k)				
1	0	254	是	XXXX10XXb				
2	149	254	是	XXXX10XXb				
3	150	254	是	XXXX00XXb				
4	151	254	是	XXXX00XXb				
5	254	254	是	XXXX00XXb				
6	255	254	是	XXXX00XXb				
7	151	254	是	XXXX00XXb				
8	150	254	是	XXXX00XXb				
9	1	254	是	XXXX00XXb				
10	0	254	是	XXXX10XXb				

[a] 在本测试中，给阈值对都编入了相同值；开通优先。

12.7.4.4 "开通和关断 有限范围"测试流程

该流程中，用不同的最小等级和最大等级对电弧功率指令的响应进行测试，但阈值在虚拟调光范围之外。测试流程如图 27 所示。测试步骤和参数如表 30～表 34 所示。

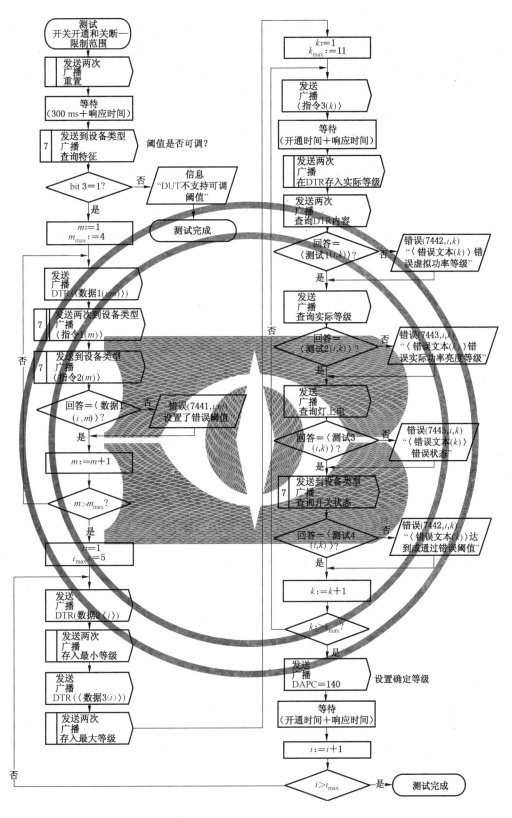

图 27 "开通和关断 有限范围"测试流程

表 30 "开通和关断 有限范围"测试步骤和参数 1

m	〈指令 1(m)〉	〈指令 2(m)〉	〈数据 1(m)〉
1	在 DTR 存入上行开通阈值	查询上行开通阈值	100
2	在 DTR 存入上行关断阈值	查询上行关断阈值	180
3	在 DTR 存入下行开通阈值	查询下行开通阈值	100
4	在 DTR 存入下行关断阈值	查询下行关断阈值	180

表 31 "开通和关断 有限范围"测试步骤和参数 2

i	〈数据 2(i)〉	〈数据 3(i)〉		
1	1	254		
2	99	181		
3	100	180		
4	101	179		
5	120	160		

表 32 "开通和关断 有限范围"测试步骤和参数 3

k	〈指令 3(k)〉	〈错误文本(k)〉
1	关断	关断
2	开通并步进上行	开通并步进上行
3	步进上行	步进上行
4	直接电弧功率控制＝140	直接电弧功率控制＝140
5	调用最大等级	调用最大等级
6	步进上行	步进上行
7	步进下行	步进下行
8	直接电弧功率控制＝140	直接电弧功率控制＝140
9	调用最小等级	调用最小等级
10	步进下行	步进下行
11	步进下行并关断	步进下行并关断

表 33 "开通和关断 有限范围"测试步骤和参数 4

k	$i=1$				$i=2$			
	测试 1 (i,k)	测试 2 (i,k)	测试 3 (i,k)	测试 4 (i,k)	测试 1 (i,k)	测试 2 (i,k)	测试 3 (i,k)	测试 4 (i,k)
1	0	0	否	XXXX11XXb	0	0	否	XXXX11XXb
2	1	0	否	XXXX11XXb	99	0	否	XXXX11XXb
3	2	0	否	XXXX11XXb	100	254	是	XXXX00XXb
4	140	254	是	XXXX00XXb	140	254	是	XXXX00XXb
5	254	0	否	XXXX01XXb	181	0	否	XXXX01XXb
6	254	0	否	XXXX01XXb	181	0	否	XXXX01XXb
7	253	0	否	XXXX01XXb	180	254	是	XXXX10XXb
8	140	254	是	XXXX10XXb	140	254	是	XXXX10XXb
9	1	0	否	XXXX11XXb	99	0	否	XXXX11XXb
10	1	0	否	XXXX11XXb	99	0	否	XXXX11XXb
11	0	0	否	XXXX11XXb	0	0	否	XXXX11XXb

表 34 "开通和关断 有限范围"测试步骤和参数 5

k	$i=3$				$i=4$			
	测试 1 (i,k)	测试 2 (i,k)	测试 3 (i,k)	测试 4 (i,k)	测试 1 (i,k)	测试 2 (i,k)	测试 3 (i,k)	测试 4 (i,k)
1	0	0	否	XXXX11XXb	0	0	否	XXXX11XXb
2	100	254	是	XXXX00XXb	101	254	是	XXXX00XXb
3	101	254	是	XXXX00XXb	102	254	是	XXXX00XXb
4	140	254	是	XXXX00XXb	140	254	是	XXXX00XXb
5	180	0	否	XXXX01XXb	179	254	是	XXXX00XXb
6	180	0	否	XXXX01XXb	179	254	是	XXXX00XXb
7	179	254	是	XXXX10XXb	178	254	是	XXXX10XXb
8	140	254	是	XXXX10XXb	140	254	是	XXXX10XXb
9	100	0	否	XXXX11XXb	101	254	是	XXXX10XXb
10	100	0	否	XXXX11XXb	101	254	是	XXXX10XXb
11	0	0	否	XXXX11XXb	0	0	否	XXXX11XXb

表 34（续）

	$i=5$						
k	测试 1 (i,k)	测试 2 (i,k)	测试 3 (i,k)	测试 4 (i,k)			
1	0	0	否	XXXX11XXb			
2	120	254	是	XXXX00XXb			
3	121	254	是	XXXX00XXb			
4	140	254	是	XXXX00XXb			
5	160	254	是	XXXX00XXb			
6	160	254	是	XXXX00XXb			
7	159	254	是	XXXX00XXb			
8	140	254	是	XXXX00XXb			
9	120	254	是	XXXX00XXb			
10	120	254	是	XXXX00XXb			
11	0	0	否	XXXX11XXb			

12.7.4.5 "虚拟调光 渐变时间"测试流程

该测试流程,用 DAPC'S 和 SCENCES 对 1% 至 100% 的虚拟调光范围的可编程渐变时间进行检测。在虚拟调光过程中,DUT 输出为关断。测试流程如图 28 所示,测试步骤和参数如表 35～表 37 所示。

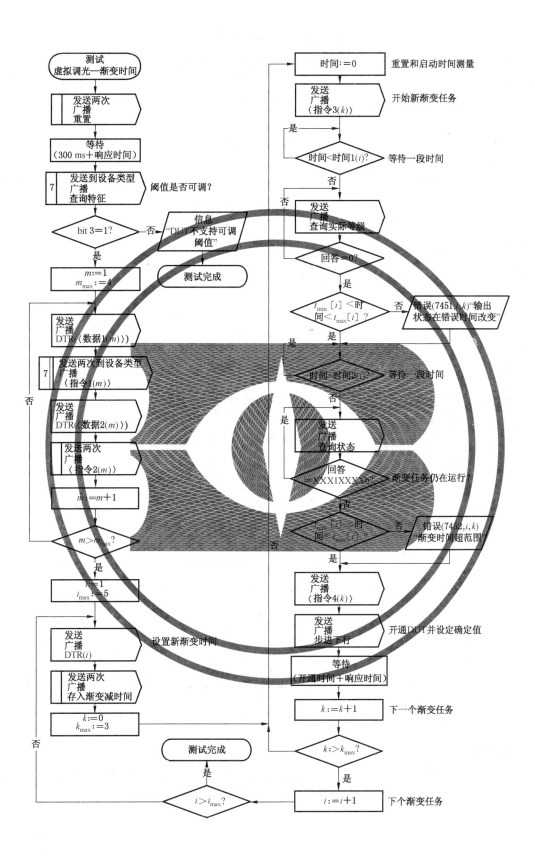

图 28 "虚拟调光 渐变时间"测试流程

表 35 "虚拟调光 渐变时间"测试步骤和参数 1

m	〈指令 1(m)〉	〈指令 2(m)〉	〈数据 1(m)〉	〈数据 2(m)〉
1	在 DTR 存入上行开通阈值	在 DTR 中存入最小等级	1	85
2	在 DTR 存入上行关断阈值	在 DTR 中存入最大等级	170	254
3	在 DTR 存入下行开通阈值	在 DTR 中存入场景 0	254	85
4	在 DTR 存入下行关断阈值	在 DTR 中存入场景 1	170	254

表 36 "虚拟调光 渐变时间"测试步骤和参数 2

i	1	2	3	4	5	6	7	8	9	10	11	12	13	14	15
时间 1(i)	0.20	0.25	0.30	0.60	1.0	1.5	2.2	3.3	4.8	6.9	9.9	14.1	20.0	28.5	40.4
时间 2(i)	0.50	0.70	1.0	1.5	2.2	3.3	4.8	6.9	9.9	14.1	20.0	28.5	40.4	57.3	81.1
$tS_{min}(i)$ s	0.32	0.45	0.63	0.90	1.27	1.8	2.54	3.6	5.09	7.2	10.18	14.4	20.36	28.8	40.73
$tS_{max}(i)$ s	0.39	0.55	0.78	1.10	1.56	2.2	3.11	4.4	6.23	8.8	12.45	17.6	24.89	35.2	49.78
$t_{min}(i)$ s	0.64	0.90	1.27	1.8	2.55	3.6	5.09	7.20	10.18	14.40	20.36	28.80	40.73	57.60	81.46
$t_{max}(i)$ s	0.78	1.1	1.56	2.20	3.11	4.40	6.22	8.80	12.45	17.60	24.89	35.20	49.78	70.40	99.56

表 37 "虚拟调光 渐变时间"测试步骤和参数 3

测试步骤 k	〈指令 3(k)〉	〈指令 4(k)〉
0	直接电弧功率控制(85)	调用最小等级
1	直接电弧功率控制(254)	调用最大等级
2	转到场景 0	调用最小等级
3	转到场景 1	调用最大等级

12.7.4.6 "虚拟调光 渐变速率"测试流程

该测试流程用"上行"和"下行"对 1％至 100％虚拟调光范围的可编程渐变速率进行检测。"上行/下行"指令重复多次。DUT 已渐变的步进数由查询虚拟电弧功率等级来检测。测试流程如图 29 所示,测试步骤如表 38 所示。

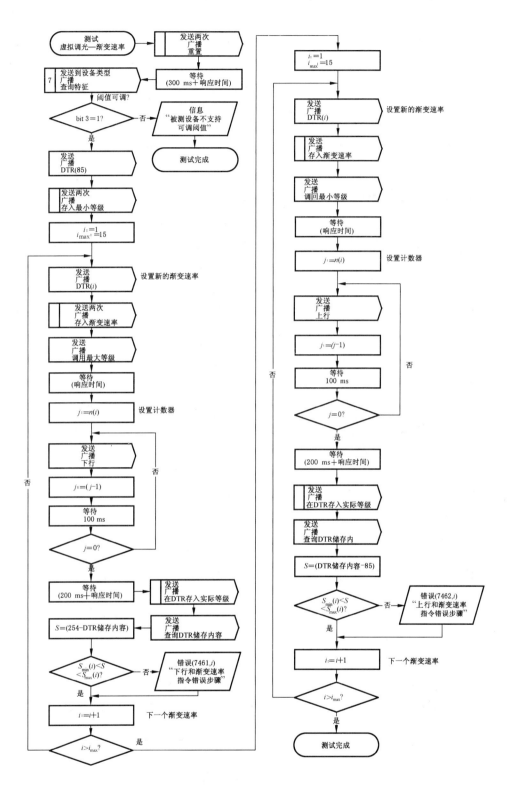

图 29 "虚拟调光 渐变速率"测试流程

表 38 "虚拟调光 渐变速率"测试步骤

i	1	2	3	4	5	6	7	8	9	10	11	12	13	14	15
测试 $2(i,k)$	1	2	3	5	7	11	15	22	31	45	63	90	127	181	255
$S_{min}(i)[s]$	64	68	64	68	64	67	63	64	62	63	61	60	58	55	51
$S_{max}(i)[s]$	78	83	78	83	79	84	79	81	80	82	81	83	85	88	91

12.7.4.7 "开通和关断 IAPC"测试流程

该流程检测：当达到或超过一个阈值时，对间接电弧功率指令的响应。测试流程如图 30 所示，测试步骤如表 39 所示。

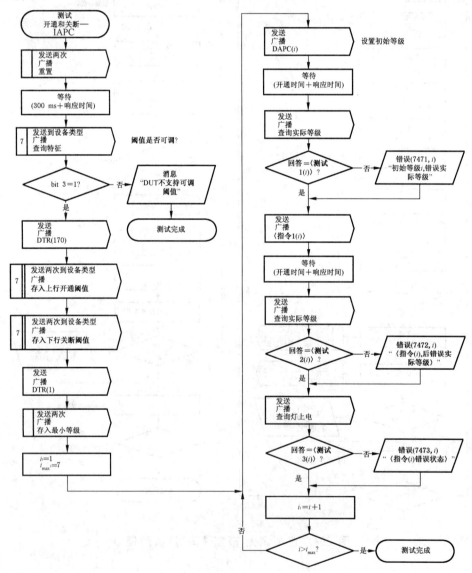

图 30 "开通和关断 IAPC"测试流程

表 39 "开通和关断 IAPC"测试步骤

i	〈间接电弧功率控制(i)〉	〈指令 1(i)〉	〈测试 1(i)〉	〈测试 2(i)〉	〈测试 3(i)〉
1	200	关断	254	0	否
2	168	上行	0	254	是
3	172	下行	254	0	否
4	169	步进上行	0	254	是
5	171	步进下行	254	0	否
6	171	步进下行并关断	254	0	否
7	169	开通并步进上行	0	254	是

12.7.4.8 "开通和关断 可调阈值"测试流程

该流程:当编程调节一个阈值时,凭借新的阈值"越过"虚拟电弧功率等级,检测 DUT 的响应。输出应保持不变直到虚拟电弧功率等级改变。测试流程如图 31 所示,测试步骤和参数如表 40～表 42所示。

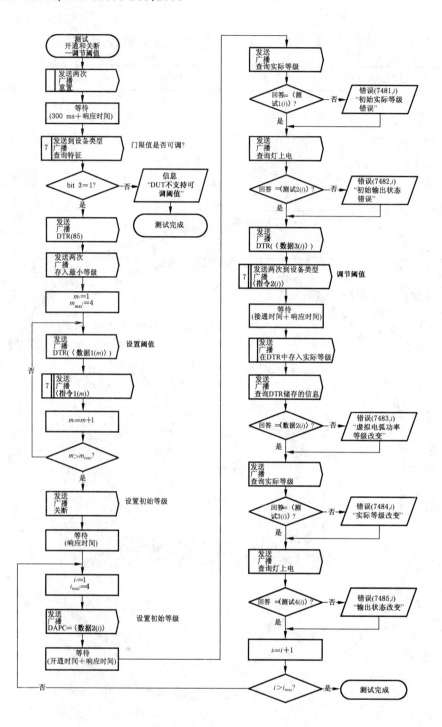

图 31 "开通和关断 可调阈值"测试流程

表 40 "开通和关断 可调阈值"测试步骤和参数 1

m	〈指令 $1(m)$〉	〈数据 $1(m)$〉	
1	在 DTR 存入上行开通阈值	90	
2	在 DTR 存入上行关断阈值	100	
3	在 DTR 存入下行开通阈值	200	
4	在 DTR 存入下行关断阈值	190	

表 41 "开通和关断 可调阈值"测试步骤和参数 2

i	〈指令 $2(i)$〉	〈数据 $2(i)$〉	〈数据 $3(i)$〉
1	在 DTR 存入上行开通阈值	88	85
2	在 DTR 存入上行关断阈值	98	95
3	在 DTR 存入下行开通阈值	202	205
4	在 DTR 存入下行关断阈值	192	195

表 42 开通和关断 可调阈值"测试步骤和参数 3

i	〈测试 $1(i)$〉	〈测试 $2(i)$〉	〈测试 $3(i)$〉	〈测试 $4(i)$〉
1	0	否	0	否
2	254	是	254	是
3	0	否	0	否
4	254	是	254	是

12.7.4.9 "开通和关断 可调最小/最大"测试流程

该流程由调节虚拟电弧功率等级的方式来对程序编制的最小等级和最大等级进行检测。由此 VAPL 超过一个阈值会导致输出开通或关断。测试流程如图 32 所示,测试步骤和参数如表 43、表 44、表 45 所示。

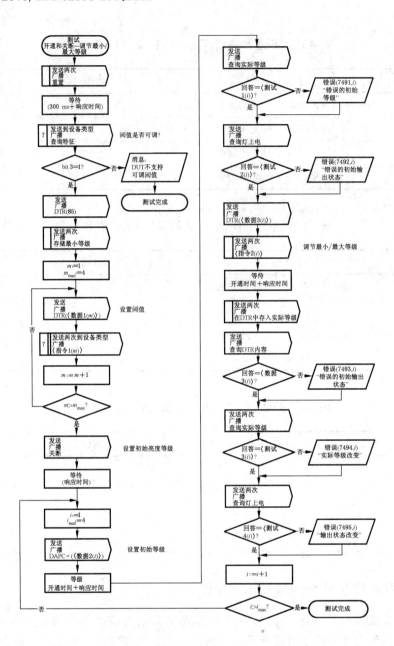

图 32 "开通和关断 可调最小/最大"测试流程

表 43 "开通和关断 可调最小/最大"测试步骤和参数 1

m	〈指令 1(m)〉	〈数据 1(m)〉	
1	在 DTR 存入上行开通阈值	90	
2	在 DTR 存入上行关断阈值	100	
3	在 DTR 存入下行开通阈值	200	
4	在 DTR 存入下行关断阈值	190	

表 44 "开通和关断 可调最小/最大"测试步骤和参数 2

i	〈指令 $2(i)$〉	〈数据 $2(i)$〉	〈数据 $3(i)$〉
1	存储最小等级	1	95
2	存储最小等级	96	105
3	存储最大等级	254	195
4	存储最大等级	194	185

表 45 "开通和关断 可调最小/最大"测试步骤和参数 3

i	〈测试 $1(i)$〉	〈测试 $2(i)$〉	〈测试 $3(i)$〉	〈测试 $4(i)$〉
1	0	否	254	是
2	254	是	0	否
3	0	否	254	是
4	254	是	0	否

12.7.4.10 "开通和关断 默认上电等级/系统"测试流程

该测试流程用默认的阈值编制不同的"上电等级"和不同的"系统故障"来检测 DUT 的响应。测试流程如图 33 所示,测试步骤和参数如表 46 和表 47 所示。

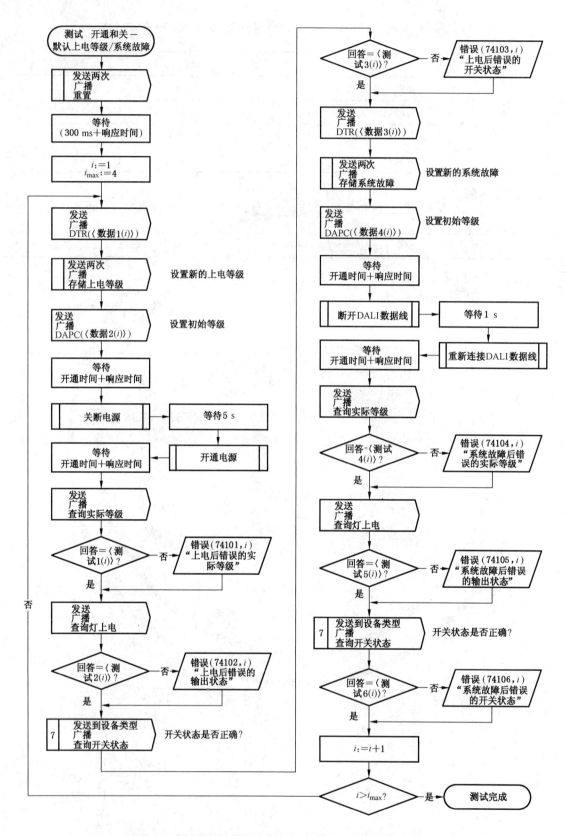

图 33 "开通和关断 默认上电等级/系统"测试流程

表 46 "开通和关断 默认上电等级/系统"测试步骤和参数 1

i	〈数据 1(i)〉	〈数据 2(i)〉	〈测试 1(i)〉	〈测试 2(i)〉	〈测试 3(i)〉	
1	170	0	254	是	XXXX00XXb	
2	0	170	0	否	XXXX00XXb [a]	
3	255	170	254	是	XXXX00XXb	
4	255	0	0	否	XXXX11XXb [a]	
[a] 这些都是下电前的值,因为上电后没有达到或超过阈值。						

表 47 "开通和关断 默认上电等级/系统"测试步骤和参数 2

i	〈数据 3(i)〉	〈数据 4(i)〉	〈测试 4(i)〉	〈测试 5(i)〉	〈测试 6(i)〉	
1	170	0	254	是	XXXX00XXb	
2	0	170	0	否	XXXX11XXb	
3	255	0	0	是	XXXX11XXb	
4	255	170	254	否	XXXX00XXb	

12.7.4.11 "开通和关断 上电"测试流程

该测试流程用编制不同的上电等级对 DUT 的响应进行检测。测试流程如图 34 所示,测试步骤和参数如表 48 和表 49 所示。

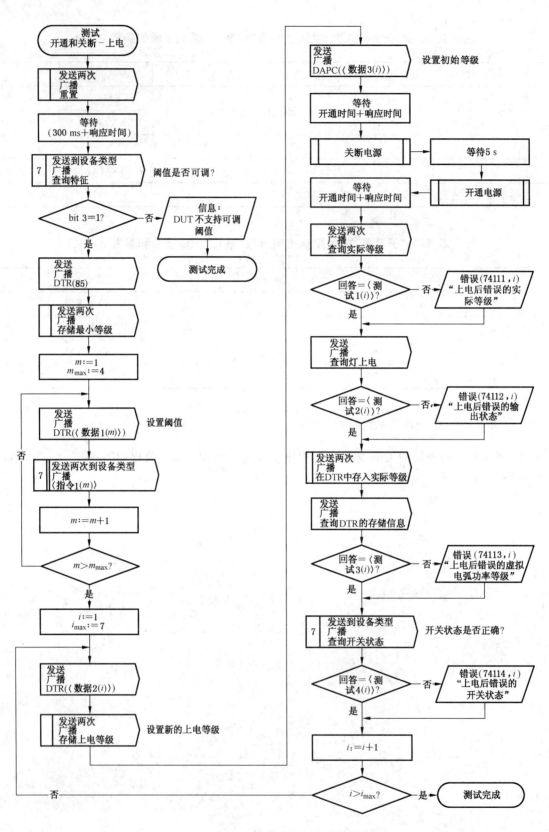

图 34 "开通和关断 上电"测试流程

表 48 "开通和关断 上电"测试步骤和参数 1

i	〈指令 1(m)〉	〈数据 1(m)〉
1	在 DTR 存入上行开通阈值	100
2	在 DTR 存入上行关断阈值	200
3	在 DTR 存入下行开通阈值	150
4	在 DTR 存入下行关断阈值	0

表 49 "开通和关断 上电"测试步骤和参数 2

i	〈数据 2(i)〉	〈数据 3(i)〉	〈测试 1(i)〉	〈测试 2(i)〉	〈测试 3(i)〉	〈测试 4(i)〉
1	0	85	0	否	0	XXXX10XXb [a]
2	85	120	0	否	85	XXXX00XXb [a]
3	150	170	254	是	150	XXXX00XXb
4	220	85	0	否	220	XXXX01XXb
5	255	85	254	是	85	XXXX10XXb
6	255	170	254	是	170	XXXX00XXb
7	255	220	0	否	220	XXXX01XXb

[a] 这些都是下电前的值,因为上电后没有达到或超过阈值。

12.7.4.12 "开通和关断－系统故障"测试流程

该测试流程用编制不同的系统故障等级对 DUT 的响应进行检测。测试流程如图 35,测试步骤和参数如表 50 和表 51 所示。

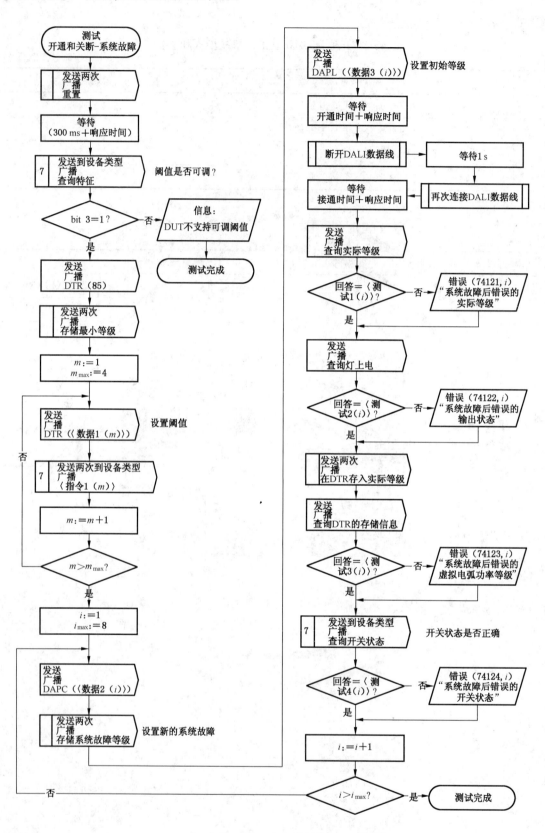

图 35 "开通和关断 系统故障"测试流程

表 50 "开通和关断 系统故障"测试步骤和参数 1

i	〈指令 $1(m)$〉	〈数据 $1(m)$〉
1	在 DTR 存入上行开通阈值	120
2	在 DTR 存入上行关断阈值	200
3	在 DTR 存入下行开通阈值	180
4	在 DTR 存入下行关断阈值	100

表 51 "开通和关断 系统故障"测试步骤和参数 2

i	〈数据 $2(i)$〉	〈数据 $3(i)$〉	〈测试 $1(i)$〉	〈测试 $2(i)$〉	〈测试 $3(i)$〉	〈测试 $4(i)$〉
1	0	254	0	否	0	XXXX11XXb
2	110	254	254	是	110	XXXX10XXb
3	190	254	0	否	190	XXXX01XXb
4	255	150	254	是	150	XXXX10XXb
5	0	85	0	否	0	XXXX11XXb
6	110	85	0	否	110	XXXX11XXb
7	190	85	254	是	190	XXXX00XXb
8	255	220	0	否	220	XXXX01XXb

12.7.6 标准应用扩展指令测试流程

12.7.6.1 "查询扩展版本号"测试流程

该流程用查询指令 272"启用设备类型 X"中所有可能的 X 值对指令 255"查询扩展版本号"进行测试。测试流程如图 36 所示。

注：如果控制装置属于多个设备类型,仍需回答其查询不等于 7 的 X 值。

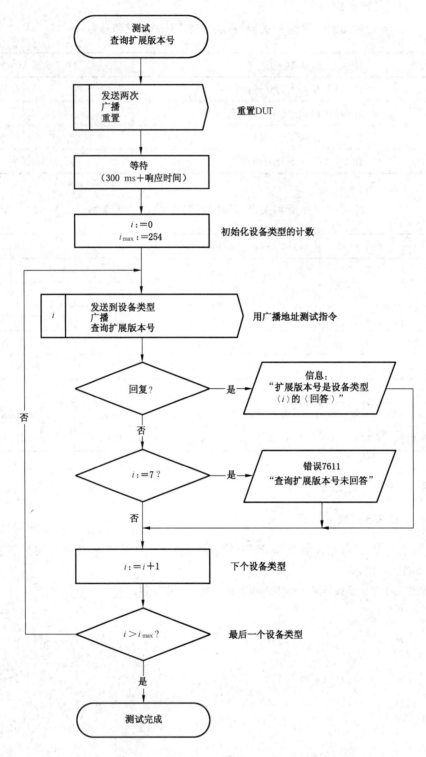

图 36 "查询扩展版本号"测试流程

12.7.6.2 "预留应用扩展指令"测试流程

下列测试流程对预留应用扩展指令的响应进行检测。控制装置不许以任何方式响应。测试流程如图 37 所示,测试步骤如表 52 所示。

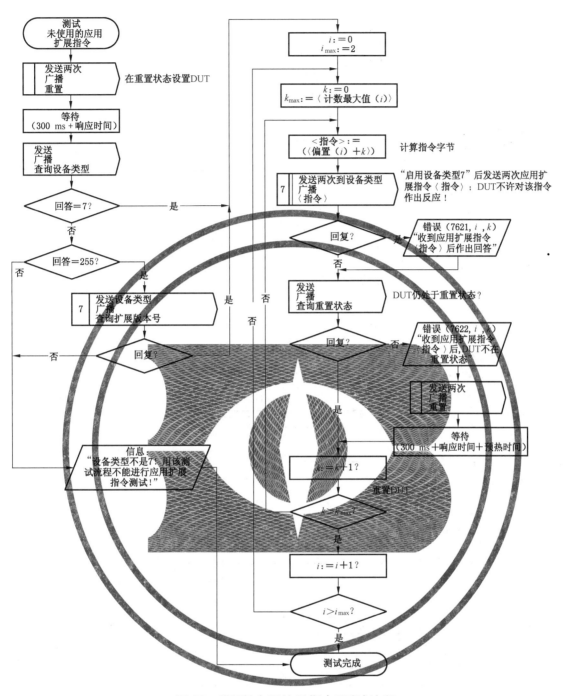

图 37 "预留应用扩展指令"测试流程

表 52 "预留应用扩展指令"测试步骤

i	〈偏置(i)〉	〈计数最大值(i)〉
0	230	9
1	248	0
2	251	3

附　录　A

（资料性附录）

算法举例

开关特性的例子如图 A.1 所示。

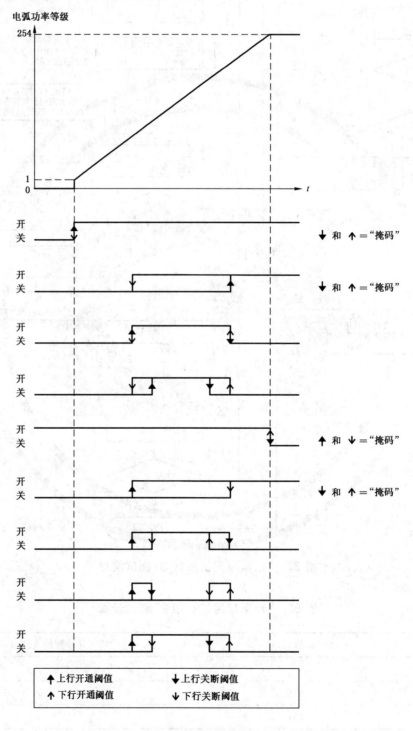

图 A.1　开关特性示例

参 考 文 献

[1]　IEC 60598-1　Luminaires—Part 1：General requirements and tests

[2]　IEC 60669-2-1　Switches for household and similar fixed electrical installations—Part 2-1：Particular requirements—Electronic switches

[3]　IEC 60921　Ballasts for tubular fluorescent lamps—Performance requirements

[4]　IEC 60923　Auxiliaries for lamps—Ballasts for discharge lamps(excluding tubular fluorescent lamps)— Performance requirements

[5]　IEC 60925　D.C.-supplied electronic ballasts for tubular fluorescent lamps—Performance requirements

[6]　IEC 60929　A.C.-supplied electronic ballasts for tubular fluorescent lamps—Performance requirements

[7]　IEC 61347-1　Lamp controlgear—Part 1：General and safety requirements

[8]　IEC 61347-2-3　Lamp controlgear—Part 2-3：Particular requirements for a.c.supplied electronic ballasts for fluorescent lamps

[9]　IEC 61547　Equipment for general lighting purposes—EMC immunity requirements

[10]　CISPR 15　Limits and methods of measurement of radio disturbance characteristics of electrical lighting and similar equipment

[11]　GS1　"General Specification：Global Trade Item Number",Version 7.0,published by the GS1,Avenue Louise 326；BE-1050 Brussels；Belgium；and GS1,1009 Lenox Drive,Suite 202,Lawrenceville,New Jersey,08648 USA

ICS 29.140.50；29.140.99
K 74

中华人民共和国国家标准

GB/T 30104.209—2013/IEC 62386-209：2011

数字可寻址照明接口
第 209 部分：控制装置的特殊要求
颜色控制（设备类型 8）

Digital addressable lighting interface—
Part 209：Particular requirements for control gear—
Colour control（device type 8）

（IEC 62386-209：2011，IDT）

2013-12-17 发布

2014-11-01 实施

中华人民共和国国家质量监督检验检疫总局
中国国家标准化管理委员会　发 布

前　言

GB/T 30104《数字可寻址照明接口》分为 13 个部分：

——第 101 部分：一般要求　系统；

——第 102 部分：一般要求　控制装置；

——第 103 部分：一般要求　控制设备；

——第 201 部分：控制装置的特殊要求　荧光灯（设备类型 0）；

——第 202 部分：控制装置的特殊要求　自容式应急照明（设备类型 1）；

——第 203 部分：控制装置的特殊要求　放电灯（荧光灯除外）（设备类型 2）；

——第 204 部分：控制装置的特殊要求　低压卤钨灯（设备类型 3）；

——第 205 部分：控制装置的特殊要求　白炽灯电源电压控制器（设备类型 4）；

——第 206 部分：控制装置的特殊要求　数字信号转变成直流电压（设备类型 5）；

——第 207 部分：控制装置的特殊要求　LED 模块（设备类型 6）；

——第 208 部分：控制装置的特殊要求　开关功能（设备类型 7）；

——第 209 部分：控制装置的特殊要求　颜色控制（设备类型 8）；

——第 210 部分：控制装置的特殊要求　程序装置（设备类型 9）。

本部分为 GB/T 30104 的第 209 部分。

本部分按照 GB/T 1.1—2009 和 GB/T 20000.2—2009 给出的规则起草。

本部分使用翻译法等同采用 IEC 62386-209:2011《数字可寻址照明接口　第 209 部分：控制装置的特殊要求　颜色控制（设备类型 8）》。

本部分由中国轻工业联合会提出。

本部分由全国照明电器标准化技术委员会（SAC/TC 224）归口。

本部分起草单位：广东产品质量监督检验研究院、佛山市托维环境亮化工程有限公司、广州广日电气设备有限公司、四川省产品质量监督检验检测院、中山市古镇镇生产力促进中心、杭州中为光电技术股份有限公司、上海亚明灯泡厂有限公司、佛山市华全电气照明有限公司、广东凯乐斯光电科技有限公司、东莞市华宇光电科技有限公司、北京电光源研究所。

本部分起草人：李自力、周巧仪、张凌云、艾劼、黄志桐、张九六、徐小良、区志杨、伍永乐、苏浩林、段彦芳、江姗、赵秀荣。

引　言

　　本部分将与 GB/T 30104.101 和 GB/T 30104.102 同时出版。将 GB/T 30104 分为几部分单独出版便于将来修正和修订。如有需要,将添加附加要求。

　　引用 GB/T 30104.101 或 GB/T 30104.102 内的任何条款时,本部分和组成 GB/T 30104.2×× 系列的其他部分明确规定了条款的适用范围和测试的进行顺序。如有必要,本部分也包括附加要求。组成 GB/T 30104.2×× 系列的所有部分都是独立的,因此不包含彼此之间的引用。

　　GB/T 30104.101 或 GB/T 30104.102 的任何条款的要求在本部分中以"按照 GB/T 30104.101 第'n'章的要求"的句子形式引用,该句子可解释为涉及的第 101 部分或第 102 部分的条款的所有要求均适用,但不适用于第 209 部分包含的特定类型灯的控制装置除外。

　　除非另有说明,本部分中使用的数字均为十进制。十六进制数字采用 0xVV 的格式,其中 VV 为数值。二进制数字采用 XXXXXXXXb 或 XXXX XXXX 的格式,其中 X 为 0 或 1;"x"在二进制中表示"不作考虑"。

数字可寻址照明接口
第 209 部分：控制装置的特殊要求
颜色控制（设备类型 8）

1 范围

GB/T 30104 的本部分规定了电子控制装置的数字信号控制可变发光颜色的协议和测试程序。

注：本部分的试验指型式试验。标准规定的特殊要求不包括生产线上单独的控制装置的试验。

2 规范性引用文件

下列文件对于本文件的应用是必不可少的。凡是注日期的引用文件，仅注日期的版本适用于本文件。凡是不注日期的引用文件，其最新版本（包括所有的修改单）适用于本文件。

GB/T 30104.101—2013 数字可寻址照明接口 第 101 部分：一般要求 系统（IEC 62386-101：2009，IDT）

GB/T 30104.102—2013 数字可寻址照明接口 第 102 部分：一般要求 控制装置（IEC 62386-102：2009，IDT）

CIE(1932) 国际照明委员会会议资料汇编 1931 剑桥大学出版社 剑桥

CIE17-4：1987 国际照明词汇 ISBN 978 3 900734 07 7

3 术语和定义

GB/T 30104.101—2013 第 3 章和 GB/T 30104.102—2013 第 3 章界定的以及下列术语和定义适用于本文件。

3.1

颜色类型 colour type

以适当的方式设置颜色的机理。

3.2

xy 色品 xy chromaticity

颜色类型：根据国际照明委员会（CIE）1931 色品基准所表达的标准观察者的颜色匹配功能。

3.3

色温 colour temperature

T_c

颜色类型：根据普朗克定律，表示一个与黑体辐射体的温度相匹配的光源的颜色。

3.4

相关色温 correlated colour temperature；CCT

在相同视亮度和规定的观测条件下，普朗克辐射体的知觉色与给定色刺激的知觉色最接近时，普朗克辐射体的色温度，即为该色刺激的相关色温（源自 CIE 17-4：1987）。

3.5

原色 N primary N

颜色类型：表示控制装置单一的输出通道。

3.6

RGBWAF

颜色类型:其控制装置的输出通道与红色(R)、绿色(G)、蓝色(B)、白色(W)、琥珀色(A)或自由色(F)相关联。

3.7

RGBWAF 调光度　RGBWAF dimlevel

规定红色调光度、绿色调光度、蓝色调光度、白色调光度、琥珀色调光度和自由色调光度设置的术语。

3.8

颜色值　colour value

用描述一个颜色类型内容的数字或一组数字来规定一种颜色。

3.9

TY

在 xy 颜色空间,代表一种颜色的亮度的数字。

注:x 和 y 是从三刺激值 XYZ 中计算出来的色品坐标,TY 等同于三刺激值 Y。

3.10

颜色设置　colour setting

颜色类型和颜色值的组合。

3.11

总输出光强　total output light intensity

控制装置取决于它自身电弧功率等级和颜色的可见光输出。

3.12

控制类型　control type

针对颜色类型 RGBWAF 的电弧功率控制指令的处理方法。

3.13

颜色空间　colour space

以 x 和 y 两坐标值来度量任何颜色的一个平面系统,其中 x 和 y 值在 0 至 1 之间。

3.14

可获取的颜色空间　attainable colour space

一个控制装置/光源组合可以提供的颜色空间部分。

3.15

临时颜色设置　temporary colour setting

临时颜色类型和临时颜色值的组合,仅供控制装置内部处理使用。

注:临时颜色设置对于光输出没有明显的效果。

3.16

临时颜色类型　temporary colour type

以适当方式设置颜色的机理,仅供控制装置内部处理使用。

注:临时颜色设置对于光输出没有明显的效果。

3.17

临时颜色值　temporary colour value

用描述一个临时颜色类型相关联的数字或一组数字来规定一种颜色,仅供控制装置内部处理使用。

注:临时颜色值对于光输出没有明显的效果。

3.18

报告颜色设置 report colour setting

报告颜色类型和报告颜色值的组合,仅用于查询控制装置状态。

注:报告颜色设置对于光输出没有明显的效果。

3.19

报告颜色类型 report colour type

一种颜色类型,仅用于查询已储存的或实际的颜色类型。

注:报告颜色类型对于光输出没有明显的效果。

3.20

报告颜色值 report colour value

用描述一个报告颜色类型相关联的数字或一组数字来规定一种颜色。

注:报告颜色类型对于光输出没有明显的效果。

3.21

颜色过渡 colour transition

在规定的时间内,从一种颜色设置变为另外一种颜色设置。

3.22

临时 RGBWAF 调光度 temporary RGBWAF dimlevel

临时 R 调光度、临时 G 调光度、临时 B 调光度、临时 W 调光度、临时 A 调光度、临时 F 调光度的简略表示法。

4 一般要求

按照 GB/T 30104.101—2013 第 4 章和 GB/T 30104.102—2013 第 4 章的要求,下列内容除外。

附加条款:

4.4 颜色类型

4.4.1 概要

任何时刻应只激活四个之中的一个颜色类型。

如果控制装置支持一个颜色类型,所有该颜色类型的相关指令(见表14)应被执行。一些应用扩展指令(见11.3.4)仅适用于一个颜色类型,而其他的指令具有更多的共同特征。如果一个应用扩展指令与一个所支持的颜色类型相关或者部分相关,那么这些相关部分应被执行。

4.4.2 颜色类型:xy 坐标

输出颜色应尽可能靠近 x 和 y 坐标确定的颜色空间的那个点,如图 1 所示。总输出光强应取决于所要求的 x 和 y 坐标以及电弧功率等级。

如果控制装置有可替换的光源,并且不支持自动校准,那么控制装置也应支持颜色类型原色 N。

4.4.3 颜色类型:色温 T_c

随着黑体(理想的发光体)温度的升高,其颜色由红色到黄色再到白色变化。(BBL 表示黑体的轨迹)。黑体的绝对温度 T(开尔文)就是色温 T_c(见图1)。

总输出光强应取决于所要求的色温 T_c 和电弧功率等级。

许多光源发出的光色不是由光源本身的温度产生的,它们不准确地遵从黑体轨迹,比如与钨丝灯相对应的 LED 或荧光灯。从光源发出被人眼所知觉的并最接近黑体轨迹的颜色被称为相关色温,如 3.4

所述。输出光的相关色温应尽可能地接近所要求的色温值。

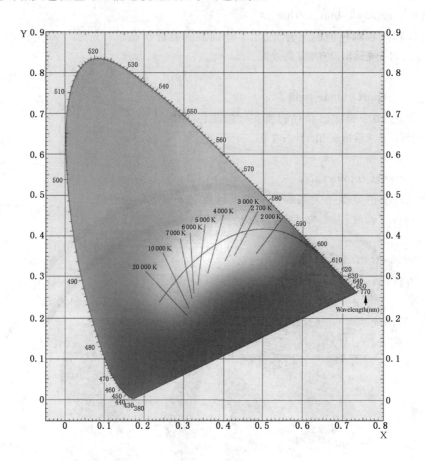

图 1　CIE 颜色空间色品图（1931 剑桥大学出版）

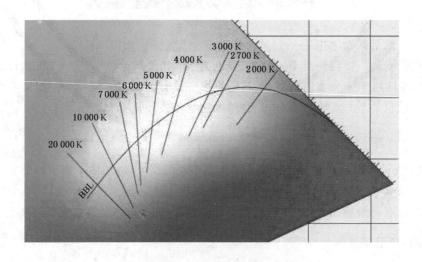

图 2　黑体轨迹

　　米尔克（Mirek）是用来表达色温 T_c 的度量单位，如图 3 所示。米尔克等于色温 T（开尔文）的倒数值乘以 10 000 00。

$$Mirek = \frac{1\ 000\ 000}{T}$$

20 000 K .... 1 000 K

50 Mirek .... 1 000 Mirek

图 3　色温图示

4.4.4　颜色类型:原色 N

原色 N 直接控制着每个可用输出通道的光强。

4.4.5　颜色类型:RGBWAF

RGBWAF 包含一种方法,即至少 1 个输出通道和最多 6 个输出通道,每次与一个光源(例如不同颜色的)连接,可通过电弧功率等级独立控制。

一个输出通道应分配给专用的颜色 R(红色)、G(绿色)、B(蓝色)、W(白色)、A(琥珀色)或者 F(自由色)。多个通道能分配给相同的或者不同的颜色。输出通道可以由系统默认分配给特殊的颜色,但是可以再重新分配给红色、绿色、蓝色、白色、琥珀色和自由色。

通道可以连接或者不连接,更详细情况见 9.1。

直接或者间接的电弧功率控制指令可以通过下列控制类型的方法处理:

——通道控制(电弧功率控制指令用于已连接的输出通道);

——颜色控制(电弧功率控制指令用于分配给已连接颜色的输出通道);

——标准化颜色控制(电弧功率控制指令用于强度控制,此时颜色保持不变)。

注:只有"标准化颜色控制"RGBWAF 可用于获取恒定的颜色输出。

5　电气规范

按照 GB/T 30104.101—2013 第 5 章和 GB/T 30104.102—2013 第 5 章的要求。

6　接口电源

如果电源与控制装置为一体化,则按照 GB 30104.101—2013 第 6 章和 GB/T 30104.102—2013 第 6 章的要求。

7　传输协议结构

按照 GB/T 30104.101—2013 第 7 章和 GB/T 30104.102—2013 第 7 章的要求。

8　定时

按照 GB/T 30104.101—2013 第 8 章和 GB/T 30104.102—2013 第 8 章的要求。

9　操作方法

按照 GB/T 30104.101—2013 第 9 章和 GB/T 30104.102—2013 第 9 章的要求,有下列例外:

9.1 对数调光曲线、电弧功率等级和精确度

附加内容：

9.1.1 对应电弧功率等级的颜色光输出

对大多数影响电弧功率等级的指令，颜色输出可自动变换。使用"激活"指令能触发颜色之间有选择性地变换。自动激活位决定了激活是自动的还是直接的。这个概念在本条款将进一步解释。表5和表6是系统对电弧功率等级变化的响应和与颜色的关系的概括。

9.1.2 直接电弧功率等级

光输出取决于正在使用的颜色类型以及由电弧功率等级给定的值。

值为255（"掩码"）的"直接电弧功率控制"指令对于所有颜色类型应"停止渐变"。

值为0的"直接电弧功率控制"指令应关闭所有颜色类型的光。

值为1～254的"直接电弧功率控制"指令应开通光，并且由4种颜色类型所创建的光输出应进一步受电弧功率等级的影响，如下所示：

——xy坐标：电弧功率等级控制光输出的强度。

——T_c：电弧功率等级控制光输出的强度。

——原色N：光输出强度不受电弧功率等级控制。

——RGBWAF：应首先基于"临时RGBWAF控制"字节，更新"RGBWAF控制"类型，然后根据"RGBWAF"控制类型的结果而定：

- "通道控制"和"颜色控制"控制类型
  - ◆ 已连接的通道/颜色：按照GB/T 30104.102—2013中9.1的要求，已连接的通道不应对RGBWAF调光度作出响应。
  - ◆ 未连接的通道/颜色：光输出不受电弧功率等级的控制。未连接的通道应对"RGBWAF"调光度作出响应。
- "标准化颜色控制"控制类型
  - ◆ 已连接的颜色：按照GB/T 30104.102—2013中9.1的要求。已连接的颜色不应对"RGBWAF"调光度作出响应。
  - ◆ 未连接的颜色：光输出应根据下列公式度量。

$$\begin{pmatrix} C_R \\ C_G \\ C_B \\ C_W \\ C_A \\ C_F \end{pmatrix} = \begin{cases} \begin{pmatrix} R \\ G \\ B \\ W \\ A \\ F \end{pmatrix} \cdot \dfrac{电弧功率电平}{MAX(R,G,B,W,A,F)} & 当 MAX(R,G,B,W,A,F)=0 \\[2em] \begin{pmatrix} 1 \\ 1 \\ 1 \\ 1 \\ 1 \\ 1 \end{pmatrix} \cdot 电弧功率电平 & 当 MAX(R,G,B,W,A,F)=0 \end{cases}$$

注1：$MAX(R、G、B、W、A、F)$是"RGBWAF"调光度的最大值。

注2：C_X是对分配给颜色X的输出通道处理的值。

注3：$R、G、B、W、A、F$代表调光度。

9.1.3 间接电弧功率等级

对于间接电弧功率等级来说,控制装置的响应应如直接电弧功率级指令一样,例外情况是值为255("掩码")应指"不改变"。

9.2 上电

9.2.1 一般要求

控制装置应根据 GB/T 30104.102—2013 中 9.2 作出响应,并考虑下述附加内容:

上电颜色的设置应如下所述。此外,如果触发"上电等级",则上电颜色设置应被激活(见 9.12.5)。

当"上电颜色值"为"掩码"时,上电等级的颜色设置应为时间上最近的颜色。

当并非所有的"上电颜色值"为"掩码"时,"掩码"颜色值的颜色设置应为时间上最近的值,并且设置的颜色值应按所要求的值进行变化。

9.2.2 储存上电颜色

颜色设置应被储存在收到的指令 45 上("在 DTR 存入上电等级")。

下列数据应进行储存(如表1所示):

"上电颜色类型"(应被用到的颜色类型);

"上电颜色值"(应被用到的颜色值);

"上电等级"(数据转移寄存器 DTR);

"临时颜色类型"(见 9.12.4)应由最新变化生成的临时颜色值自动产生。

表 1 上电

"临时颜色类型"	"上电颜色类型"	"上电颜色值"	"上电等级"(102 部分)
xy 坐标	xy 坐标	"临时 xy 坐标"	DTR 值(强度)
色温 T_c	色温 T_c	"临时色温 T_c"	DTR 值(强度)
原色 N	原色 N	"临时原色 N 调光度"	DTR 值
RGBWAF	RGBWAF	"临时 RGBWAF 调光度"和"临时 RGBWAF 控制"	DTR 值
255("掩码")	不变	不变	DTR 值

注 1:当"临时颜色类型"为"掩码"时,上电等级颜色设置不变。

注 2:为获得使用最新颜色的上电颜色设置效果,"上电颜色值"需设置为"掩码"。

9.2.3 查询上电颜色

当接收到指令 164(查询系统故障等级)时,应把"系统故障"的颜色设置复制到报告颜色类型及相应的报告颜色值中。使用指令 250(查询颜色值),可以查询"报告颜色类型"和"报告颜色值"。

9.3 接口故障

9.3.1 一般要求

控制装置应根据 GB/T 30104.102—2013 中 9.3 作出响应,并考虑下述附加内容:

应按如下所述来使用系统故障颜色设置。此外,如果触发"系统故障等级",则系统故障颜色设置应

被激活。（见9.12.5）

当"系统故障颜色值"为"掩码"时，控制装置不应改变颜色。

当不是所有"系统故障颜色值"都为"掩码"时，对颜色值为"掩码"的颜色设置不应改变，并且设置的颜色值应改变为所要求的值。

9.3.2 储存系统故障颜色

系统故障颜色设置应储存到收到的指令44中（在DTR存入系统故障等级）。

应储存下列数据（见表2）：

"系统故障颜色类型"（应被用到的颜色类型）；

"系统故障颜色值"（应被用到的颜色值）；

"系统故障等级"（DTR）；

"临时颜色类型"（见9.12.4）应自动变为已改变的最新临时颜色值。

表 2 接口故障

"临时颜色类型"	"系统故障颜色类型"	"系统故障颜色值"	"系统故障等级"（102部分）
xy 坐标	xy 坐标	"临时 xy 坐标"	DTR 值（强度）
色温 T_c	色温 T_c	"临时色温 T_c"	DTR 值（强度）
原色 N	原色 N	"临时原色 N 调光度"	DTR 值
RGBWAF	RGBWAF	"临时 RGBWAF 调光度"和"临时 RGBWAF 控制"	DTR 值
255（"掩码"）	不变	不变	DTR 值

注1：当"临时颜色类型"为"掩码"时对系统故障态的颜色设置不变。

注2：为获得颜色不随接口故障而变的效果，"系统故障颜色值"应设为"掩码"。

9.3.3 查询系统故障颜色

当接收到164指令（查询系统故障等级）时，应把"系统故障"的颜色设置复制到报告颜色类型和相应的报告颜色值中。使用250指令（查询颜色值）可以查询"报告颜色类型"和"报告颜色值"。

9.4 最小和最大等级

GB/T 30104.102—2013中9.4对电弧功率等级所描述的"最小等级"和"最大等级"的影响应取决于激活的颜色类型（见表3）。

表 3 最小和最大等级

激活颜色类型	影响
xy 坐标	限制电弧功率等级
色温 T_c	限制电弧功率等级
原色 N	无影响
RGBWAF	限制每个输出通道/颜色的电弧功率等级

9.5 渐变时间和渐变速率

控制装置应能按电弧功率等级变化的相同方式处理颜色的变化。渐变应同步改变颜色值和/或电弧功率等级。当接收到值为"掩码"的直接电弧功率指令时,应停止渐变处理。见表5和表6。

注:同一时间每个控制装置只能存在一个渐变。

9.6 错误状态下对指令的响应

如果控制装置处于一个或者多个光源不能工作的错误状态(例如光源故障)时,控制装置应以下列方式对指令作出响应:

——对于光源不能工作的,控制装置应计算"虚拟"电弧功率等级和根据适当定义的响应,当故障修复(光源能够工作)时,控制装置应建立实际的"虚拟"等级。

——对于光源能正常工作的,控制装置应以正常方式响应。

——如果一个或多个光源故障,应在"状态"字节中显示光源故障。

附加条款:

9.9 应用扩展控制指令的 16 位数据转换

对于前向帧和后向帧,数据转换的方式应相同。

转换的 16 位数据应分为 2 个字节。最重要的字节(MSB)应放在 DTR1 中,最不重要的字节应放在 DTR 中。

查询应使用这种数据转换方式,并且用 DTR1 的数值进行回答。

应按上述方法进行数据转换,除非另有明确规定。

注:控制设备可把一个固定值存入 DTR,并只改变 DTR1 的值去模拟 8 位的数据。控制设备需考虑一些指令可更改 DTR 的内容。

9.10 多颜色类型控制装置

一个控制装置应能支持至少 1 种、最多 4 种颜色类型。可通过指令 249(查询颜色类型特征)查询所支持的颜色类型。每种颜色类型都有自己的颜色设置。

4 种颜色类型的定义如下:

——xy 坐标;

——色温 T_c;

——原色 N;

——RGBWAF。

9.11 颜色场景

9.11.1 一般要求

颜色场景应按 GB/T 30104.102—2013 第 11 章所描述的相同方式进行储存和调用,并有如下附加内容:

9.11.2 储存颜色场景××××

接收到的指令 64～指令 79(在 DTR 存入场景),应储存颜色场景。应储存下列数据(见表 4):

——"场景 0～场景 15 颜色类型"(应被用到的颜色类型);

——"场景 0～场景 15 颜色值"(应被用到的颜色值);

——"场景 0～场景 15"(DTR);

——临时颜色类型由已改变的最新临时颜色值自动产生。

表 4　颜色场景

"临时颜色类型"	"场景 0～场景 15 颜色类型"	"场景 0～场景 15 颜色值"	"场景 0～场景 15"(102 部分)
xy 坐标	xy 坐标	"临时 xy 坐标"	DTR 值(强度)
色温 T_c	色温 T_c	"临时色温 T_c"	DTR 值(强度)
原色 N	原色 N	"临时原色 N 调光度"	DTR 值
RGBWAF	RGBWAF	"临时 RGBWAF 调光度"和 "临时 RGBWAF 控制"	DTR 值
255("掩码")	不变	不变	DTR 值

注 1：当用指令 64～指令 79 储存一个新场景时，属于这个场景的颜色也将被临时颜色设置所重写。

注 2：当在场景寄存器××××中存储"掩码"时，临时颜色设置会储存在颜色场景中。这种场景将改变颜色但不会改变电弧功率等级。

注 3：当"临时颜色类型"为"掩码"时，场景的颜色设置不改变。

9.11.3　清除颜色场景××××

接收到指令 80～指令 95(清除场景)，应清除颜色场景。应在"场景 0～场景 15"和"场景 0～场景 15 颜色类型"中存入"掩码"。

储存在"场景 0～场景 15 颜色值"相应的数据应因此失效。

9.11.4　转到颜色场景××××

收到指令 16～指令 31(转到场景)，应把属于该场景的颜色设置复制到临时颜色设置中，然后调用"场景 0～场景 15"值。颜色场景的激活取决于"自动激活"位(见 9.12.5)。

如果为场景寄存器××××储存的电弧功率等级包括了"掩码"，如果"场景 0～场景 15 颜色类型"不包含"掩码"，应调用颜色场景。

如果"场景 0～场景 15 颜色类型"包含"掩码"时，应调用属于该场景的电弧功率等级。

如果"场景 0～场景 15 颜色类型"和为场景寄存器××××储存的电弧功率等级两者都包含"掩码"，则控制装置不属于这个场景，控制装置应保持在它现在所处的状态。

9.11.5　查询颜色场景××××

当接收到指令 176～指令 191(查询场景等级"场景 0～场景 15")时，颜色场景的颜色设置应被复制到报告颜色类型和相对应的报告颜色值中。使用 250 指令(查询颜色值)可以查询"报告颜色类型"和"报告颜色值"。

9.12　颜色变化

9.12.1　颜色类型 xy 坐标

当颜色属于可获取的颜色空间范围内时，从当前的 xy 坐标到新的 xy 坐标的变化应沿颜色空间的直线(两点之间的最短距离)进行。

9.12.2　颜色类型色温 T_c

从当前的色温 T_c 变化到新的色温 T_c 应尽量靠近黑体线，需要时使用 CCT 线。

9.12.3 颜色类型变化

当从激活的颜色类型变化到另一种颜色类型时,颜色的变化应遵循新的颜色类型运作方法。如果控制装置不能从激活颜色类型的当前颜色值到新的颜色类型的颜色值进行重新计算,那么控制装置应无渐变地调节到带有新颜色值的新颜色类型。

9.12.4 临时颜色设置

为保持所有颜色类型的颜色过渡一致性,颜色值应作为临时值进行保存。这允许控制装置为此提供一个组合的颜色和电弧功率等级渐变,并确保与场景的一致性。

应根据最新设置的"临时颜色值"来设置"临时颜色类型",并在激活或者使用后,"临时颜色类型"应设置为"掩码"。

在激活或者使用后,"临时颜色值"应设置为"掩码"。如果为一个支持的颜色类型而设置了一种临时颜色值,那么其他所有支持的颜色类型所设置的所有临时颜色值均应设置为"掩码"。

对于改变"临时颜色值",控制装置应按下述方法改变"临时颜色类型":

——临时 x 坐标或临时 y 坐标

- 临时颜色类型应被设置为 xy。
- 如果不支持临时颜色类型 xy,"临时颜色类型"应被设置为原色 N。

——临时色温 T_c

- "临时颜色类型"应被设置为 T_c。

——临时原色 N 调光度

- "临时颜色类型"应被设置为原色 N。

——临时 RGBWAF 调光度或临时 RGBWAF 控制。

- "临时颜色类型"应被设置为"RGBWAF"。

如果作为结果的"临时颜色类型"为一个不支持的颜色类型,则"临时颜色值"和"临时颜色类型"均应被设置为"掩码"。

9.12.5 激活颜色设置

一旦临时值被设置,则应以下列方式之一对过渡进行激活:

如果"自动激活"位被设置,除了"启用直接电弧功率控制 DAPC 序列",任何电弧功率控制指令应中止正在运行的渐变,并应激活一个与所要求的电弧功率变化结合的颜色变化。作为过渡的渐变应按照电弧功率控制指令进行。这应被视作为与跟随激活"后,电弧功率控制指令进行相同的渐变。

指令"激活":此指令应中止一个正在进行的渐变并且启动一个只改变颜色的新渐变。

在激活期间,应按所要求的颜色值来使用"临时颜色值",这导致控制装置使用实际的渐变时间(如果可能)按颜色值的要求来设置输出。在渐变期间,"状态信息"的 bit 4 应显示"渐变正在进行"。

"临时颜色值"之一中的一个值为"掩码",意味着相对应的值没有变化。

"临时颜色类型"之一中的一个值为"掩码",意味着使用这个变量的任何指令不产生颜色变化。任何其他数值应更新"颜色状态"来反映激活的颜色类型。

对于电弧功率等级的值"掩码",意味着电弧功率等级和"中止渐变"不会改变,如果渐变正在进行的话。如果使"临时颜色值"与电弧功率等级"掩码"进行组合,一个只有渐变的新颜色应启动。如果"临时颜色类型"和电弧功率等级均包含"掩码",则不应启动新的渐变。

表 5 和表 6 给出系统响应的概况。

表 5　系统对"直接电弧功率控制 DAPC"和"临时颜色类型"的响应

"自动激活"位	临时颜色类型[a]	直接电弧功率控制 DAPC	
		0～254	"掩码"
设置("1")	0×10、0×20、0×40、0×80	设置颜色目标点,然后 DAPC 0～254 和颜色渐变(单独渐变)。所有的临时值设置为"掩码"	中止渐变,然后只启动颜色渐变。所有的临时值设置为"掩码"
	"掩码"	DAPC 0～254,无颜色变化	中止渐变,无颜色变化
不设置("0")	0×10、0×20、0×40、0×80	DAPC 0～254,无颜色变化 临时值无变化	中止渐变,无颜色变化 临时值无变化
	"掩码"	DAPC 0～254,无颜色变化	中止渐变,无颜色变化

[a] 支持控制装置的颜色类型:

0×10:xy 坐标

0×20:色温 T_c

0×40:原色 N

0×80:RGBWAF

表 6　系统对指令和颜色类型的响应

"自动激活"位	动作/指令	临时或已储存的颜色类型	颜色类型	
			0×10、0×20、0×40、0×80	"掩码"
不设置	除转到场景外的任何电弧功率控制指令	—	无颜色变化	无颜色变化
	转到场景	已储存	无颜色变化 临时值设置到场景颜色设置	渐变转到场景,无颜色变化
设置	关断	临时	设置颜色目标点,然后无渐变地关断,临时值设置为"掩码"	无渐变地关断
	上行	临时	设置颜色目标点,然后 200 ms 渐变上行,临时值设置为"掩码"	200 ms 渐变上行,无颜色变化
	下行	临时	设置颜色目标点,200 ms 渐变下行,临时值设置为"掩码"	200 ms 渐变下行,无颜色变化
	步进上行	临时	设置颜色目标点,然后无渐变地步进上行,临时值设置为"掩码"	无渐变地步进上行,无颜色变化
	步进下行	临时	设置颜色目标点,然后无渐变地步进下行,临时值设置为"掩码"	无渐变地步进下行,无颜色变化
	调用最大等级	临时	设置颜色目标点,然后无渐变地调用最大等级,临时值设置为"掩码"	无渐变地调用最大等级,无颜色变化
	调用最小等级	临时	设置颜色目标点,然后无渐变地调用最小等级,临时值设置为"掩码"	无渐变地调用最小等级,无颜色变化

表6（续）

"自动激活"位	动作/指令	临时或已储存的颜色类型	颜色类型	
			0×10、0×20、0×40、0×80	"掩码"
设置	步进下行和关断	临时	设置颜色目标点,然后无渐变地步进下行和关断,临时值设置为"掩码"	无渐变地步进下行和关断,无颜色变化
	开通和步进上行	临时	设置颜色目标点,然后无渐变地开通和步进上行,临时值设置为"掩码"	无渐变地开通和步进上行,无颜色变化
	转到场景	已储存	临时值设置为场景颜色设置,然后无渐变地转到场景,临时值设置为"掩码"	渐变地转到场景,无颜色变化
不理会	触发上电等级	已储存	设置颜色目标点,然后无渐变地转至上电等级,临时值设置为"掩码"	不适用
	触发系统故障等级	已储存	设置颜色目标点,然后无渐变地转至系统故障等级,临时值设置为"掩码"	不适用
	在DTR存入场景	临时	无明显影响,更新颜色场景,临时值设置为"掩码"	无明显影响,颜色场景无变化
	储存上电等级	临时	无明显影响,更新上电颜色设置,临时值设置为"掩码"	无明显影响,上电颜色设置无变化
	储存系统故障等级	临时	无明显影响,更新系统故障颜色设置,临时值设置为"掩码"	无明显影响,系统故障颜色设置无变化
	分配颜色到已连接的通道	临时	分配颜色到已连接的通道,临时值设置为"掩码"	无变化

基于"临时颜色类型",对于激活应发生下述动作:

——"临时颜色类型"xy:

- "颜色类型xy坐标激活"位,即"颜色状态"的bit 4应被设置,"颜色状态"的bit 1、bit 5、bit 6、bit 7位应被重置。
- 如果在颜色过渡期间或之后,应已到达的颜色值处于可到达的颜色空间之外,那么应由"xy坐标颜色超范围"位清晰显示,本指示位为"颜色状态"bit 0。当处于xy模式时,bit 0应始终代表实际的状态。

——"临时颜色类型"T_c:

- "颜色类型色温T_c激活"位,即"颜色状态"bit 5应被设置,"颜色状态"的bit 0、bit 4、bit 6、bit 7应被重置。
- 如果在颜色过渡期间或之后,应已到达的颜色值处于可到达的颜色空间之外,那么应由"色温T_c超范围"位清晰显示,本指示位为"颜色状态"bit 1。当处于T_c模式时,bit 1应始终代表实际的状态。

——"临时颜色类型"原色N:

- "颜色类型原色 N 激活"位，即"颜色状态"bit 6 应被设置，"颜色状态"的 bit 0、bit 1、bit 4、bit 5 和 bit 7 应被重置。
- 原色 N 调光度之一中的"0"值，应导致该原色被关断。

——"临时颜色类型"RGBWAF：

- "颜色类型 RGBWAF 激活"位，即"颜色状态"bit 7 应被设置，"颜色状态"的 bit 0、bit 1、bit 4、bit 5 和 bit 6 应被重置。
- "临时 RGBWAF 控制"应被处理。
- 每种"红色调光度、绿色调光度、蓝色调光度、白色调光度、琥珀色调光度、自由色调光度"应被处理分派给相应颜色的所有输出通道。
- 每种"红色调光度、绿色调光度、蓝色调光度、白色调光度、琥珀色调光度、自由色调光度"代表对应激活调光曲线的直接电弧功率控制等级，应按"RGBWAF 控制"状态进行处理，见 9.1。

激活后，临时颜色设置应被设置为"掩码"。

9.12.6 报告颜色设置

一套报告颜色值和报告颜色类型与报告颜色设置相适应。

在收到下列指令时，应对这些值进行设置：

指令 33（"在 DTR 中存入实际等级"）

指令 160（"查询实际等级"）

指令 163（"查询上电等级"）

指令 164（"查询系统故障等级"）

指令 176～指令 191["查询场景等级（场景 0～场景 15)"]

根据被查询的颜色设置，应对"报告颜色类型"进行设置：

bit 0～bit 3：为将来需要而保留；"0"＝否

bit 4：颜色类型 xy 坐标；"0"＝否

bit 5：颜色类型色温 T_c；"0"＝否

bit 6：颜色类型原色 N；"0"＝否

bit 7：颜色类型 RGBWAF；"0"＝否

"报告变量"应仅适用于"报告颜色类型"，所有不属于"报告颜色类型"的"报告变量"均应设置为"掩码"。

9.12.7 把报告复制到临时变量

当接收到指令 238（即"复制报告到临时值"），应把报告颜色设置复制到临时颜色设置。

9.13 色温 T_c 限值

应由"色温 T_c 物理最暖值"和"色温 T_c 物理最冷值"来设置物理 T_c 范围。这些变量可以被用于设置实际的物理参数值。如果这些变量用作其他方面，可能会产生不可预料的结果。

应由"色温 T_c 物理最暖值"和"色温 T_c 物理最冷值"来限制所描述的 T_c 范围。

它们的数学关系是："色温 T_c 物理最暖值"≥"色温 T_c 最暖值"≥"色温 T_c 最冷值"≥"色温 T_c 物理最冷值"。

因此，改变其中一个限值可能会影响其他限值。它们之间的关系如表7所示。

表 7　T_c 限值变化行为

限值	上/下变化	限值	可能的影响	效果
"色温 T_c 物理最暖值"	上	65534	无	无
	下	1	所有其他的值	如果所设置的这个值低于所有其他值中的一个或多个值,则这些比设置值高的值应成为设置值
"色温 T_c 最暖值"	上	"色温 T_c 物理最暖值"	无	无
	下	"色温 T_c 物理最冷值"	"色温 T_c 最冷值"	如果所设置的值低于"色温 T_c 最冷值",则"色温 T_c 最冷值"应成为设置值
"色温 T_c 最冷值"	上	"色温 T_c 物理最暖值"	"色温 T_c 最暖值"	如果所设置的值高于"色温 T_c 最暖值",则"色温 T_c 最暖值"应成为设置值
	下	"色温 T_c 物理最冷值"	无	无
"色温 T_c 物理最冷值"	上	65534	所有其他的值	如果所设置的值高于所有其他值中的一个或多个值,则这些比设置值低的值应成为设置值
	下	1	无	无

　　"掩码"值对于"色温 T_c 物理最冷值"或"色温 T_c 物理最暖值"来说,意味着物理值是不可调的。如果其中一个物理值被设置为"掩码",则控制装置也应把其他值设置为"掩码"。

　　如果"色温 T_c 物理最暖值"由"掩码"变为一个新值,那么"色温 T_c 最暖值"应成为这个新值。

　　如果"色温 T_c 物理最冷值"由"掩码"变为一个新值,那么"色温 T_c 最冷值"应成为这个新值。

　　当控制装置正在使用"已储存 xy 坐标原色 N"来定义它的颜色空间时,"色温 T_c 物理最暖值"和"色温 T_c 物理最冷值"应被限于可获取的颜色空间。

　　改变限值后,如果实际的色温 T_c 超出范围,则该色温值应立即无渐变地被设置为最近的临界值。

10　变量声明

　　本设备类型变量按照 GB/T 30104.102—2013 第 10 章及表 8 的补充变量要求。

表 8　变量声明

变量	随颜色类型所使用的[a]	默认值(控制装置出厂值)[d]	重置值	有效范围	储存器[bd]
"临时 x 坐标"	0.2	65535 ("掩码")	65535 ("掩码")	0～65534,65535 ("掩码")	2 字节 RAM
"报告 x 坐标"	0	65535 ("掩码")	65535 ("掩码")	0～65534,65535 ("掩码")	2 字节 RAM
"x 坐标"	0	?	无变化	0～65534,65535 ("掩码")	2 字节 RAM
"临时 y 坐标"	0.2	65535 ("掩码")	65535 ("掩码")	0～65534,65535 ("掩码")	2 字节 RAM

表 8（续）

变量	随颜色类型所使用的[a]	默认值（控制装置出厂值）[d]	重置值	有效范围	储存器[bd]
"报告 y 坐标"	0	65535（"掩码"）	65535（"掩码"）	0～65534,65535（"掩码"）	2 字节 RAM
"y 坐标"	0	?	无变化	0～65534,65535（"掩码"）	2 字节 RAM
"临时色温 T_c"	1	65535（"掩码"）	65535（"掩码"）	1～65534,65535（"掩码"）	2 字节器 RAM
"报告色温 T_c"	1	65535（"掩码"）	65535（"掩码"）	1～65534,65535（"掩码"）	2 字节 RAM
"色温 T_c"	1	?	无变化	1～65534,65535（"掩码"）	2 字节 RAM
"色温 T_c 最冷值"	1	?	色温 T_c 物理最冷值	色温 T_c 物理最冷值～色温 T_c 最暖值，65535（"掩码"）	2 字节
"色温 T_c 最暖值"	1	?	色温 T_c 物理最暖值	色温 T_c 最冷值～色温 T_c 物理最暖值，65535（"掩码"）	2 字节
"色温 T_c 物理最冷值"	1	?	无变化	1～色温 T_c 物理最暖值，65535（"掩码"）	2 字节
"色温 T_c 物理最暖值"	1	?	无变化	色温 T_c 物理最冷值～65534,65535（"掩码"）	2 字节
"临时原色 N 调光度"	2	65535（"掩码"）	65535（"掩码"）	0～65534,65535（"掩码"）	小于 12 字节 RAM
"报告原色 N 调光度"	2	65535（"掩码"）	65535（"掩码"）	0～65534,65535（"掩码"）	小于 12 字节 RAM
"原色 N 调光度"	2	?	无变化	0～65534,65535（"掩码"）	小于 12 字节 RAM
"x 坐标 原色 N"	0.2	?	无变化	0～65534,65535（"掩码"）	小于 12 字节 RAM
"y 坐标 原色 N"	0.2	?	无变化	0～65534,65535（"掩码"）	小于 12 字节 RAM
"TY 原色 N"	0.2	?	无变化	0～65534,65535（"掩码"）	小于 12 字节 RAM
"临时红色 调光度"	3	255（"掩码"）	65535（"掩码"）	0～254,255（"掩码"）	1 字节 RAM
"报告红色 调光度"	3	255（"掩码"）	255（"掩码"）	0～254,255（"掩码"）	1 字节 RAM

表 8（续）

变量	随颜色类型所使用的[a]	默认值（控制装置出厂值）[d]	重置值	有效范围	储存器[bd]
"红色调光度"	3	?	无变化	0～254,255（"掩码"）	1字节 RAM
"临时绿色调光度"	3	255（"掩码"）	255（"掩码"）	0～254,255（"掩码"）	1字节 RAM
"报告绿色调光度"	3	255（"掩码"）	255（"掩码"）	0～254,255（"掩码"）	1字节 RAM
"绿色调光度"	3	?	无变化	0～254,255（"掩码"）	1字节 RAM
"临时蓝色调光度"	3	255（"掩码"）	255（"掩码"）	0～254,255（"掩码"）	1字节 RAM
"报告蓝色调光度"	3	255（"掩码"）	255（"掩码"）	0～254,255（"掩码"）	1字节 RAM
"蓝色调光度"	3	?	无变化	0～254,255（"掩码"）	1字节 RAM
"临时白色调光度"	3	255（"掩码"）	255（"掩码"）	0～254,255（"掩码"）	1字节 RAM
"报告白色调光度"	3	255（"掩码"）	255（"掩码"）	0～254,255（"掩码"）	1字节 RAM
"白色调光度"	3	?	无变化	0～254,255（"掩码"）	1字节 RAM
"临时琥珀色调光度"	3	255（"掩码"）	255（"掩码"）	0～254,255（"掩码"）	1字节 RAM
"报告琥珀色调光度"	3	255（"掩码"）	255（"掩码"）	0～254,255（"掩码"）	1字节 RAM
"琥珀色调光度"	3	?	无变化	0～254,255（"掩码"）	1字节 RAM
"临时自由色调光度"	3	255（"掩码"）	255（"掩码"）	0～254,255（"掩码"）	1字节 RAM
"报告自由色调光度"	3	255（"掩码"）	255（"掩码"）	0～254,255（"掩码"）	1字节 RAM
"自由色调光度"	3	?	无变化	0～254,255（"掩码"）	1字节 RAM
"临时RGBWAF控制"	3	255（"掩码"）	255（"掩码"）	0～255	1字节 RAM
"报告RGBWAF控制"	3	255（"掩码"）	255（"掩码"）	0～255	1字节 RAM
"RGBWAF控制"	3	63[c]	无变化	0～255	1字节 RAM

表 8（续）

变量	随颜色类型所使用的[a]	默认值(控制装置出厂值)[d]	重置值	有效范围	储存器[bd]
"分配的颜色" 通道 0 通道 1 通道 2 通道 3 通道 4 通道 5	3	0×0102 0304 0506 红色 绿色 蓝色 白色 琥珀色 自由色	0×0102 0304 0506 红色 绿色 蓝色 白色 琥珀色 自由色	0×0000 0000 0000～ 0×0606 0606 0606 (每通道 0～6)	6 字节 (每通道 3 位)
"临时颜色类型"	0、1、2、3	255 ("掩码")	255 ("掩码")	0×10,0×20、 0×40,0×80、 0×FF("掩码")	1 字节 RAM
"报告颜色类型"	0、1、2、3	255 ("掩码")	255 ("掩码")	0×10,0×20、 0×40,0×80、 0×FF("掩码")	1 字节 RAM
"场景 0～场景 15 颜色类型"	0、1、2、3	65535 ("掩码")	65535 ("掩码")	0×10,0×20、 0×40,0×80、 0×FF("掩码")	16 字节
"场景 0～场景 15 颜色值"	0、1、2、3	65535 ("掩码")	65535 ("掩码")	0～65534, 65535 ("掩码")	32～192 字节
"上电颜色类型"	0、1、2、3	工厂烧录[e]	工厂烧录[e]	0×10,0×20、 0×40,0×80	1 字节
"上电颜色值"	0、1、2、3	工厂烧录[e]	工厂烧录[e]	0～65534,65535 ("掩码")	2～12 字节
"系统故障 颜色类型"	0、1、2、3	工厂烧录[e]	工厂烧录[e]	0×10,0×20、 0×40,0×80	1 字节
"系统故障颜色值"	0、1、2、3	工厂烧录[e]	工厂烧录[e]	0～65534,65535 ("掩码")	2～12 字节
"控制装置特 征/状态"	0、1、2、3	?? 00 0001	?? 00 0001	?? 000000b, ?? 000001b	1 字节 RAM
"颜色状态"	0、1、2、3	?	无变化	0～255	1 字节 RAM

? ＝未定义。

[a] 对支持控制装置的颜色类型有强制要求：

    0：xy 坐标

    1：色温 T_c

    2：原色 N

    3：RGBWAF

[b] 固定储存器(存储时间不限)，除非另有说明。

[c] 支持的输出通道应被连接。

[d] 对于储存器类型的随机存储器，功率上升值应为默认值。

[e] 工厂烧录的颜色设置应使用所支持的颜色类型。

11 指令定义

除下列内容外,按照 GB/T 30104.102—2013 第 11 章的要求。

11.1 电弧功率控制指令

11.1.1 直接电弧功率控制指令

修改:

指令:YAAA AAA0 XXXX XXXX "直接电弧功率控制"

作为 GB/T 30104.102—2013 中 11.1.1 的补充,如果"自动激活"位被设置(见 9.12.5),本指令将激活颜色过渡。

11.1.2 间接电弧功率控制指令

作为 GB/T 30104.102—2013 中 11.1.2 的补充,如果"自动激活"位被设置(见 9.12.5),除指令 9 ("启用 DAPC 序列")外,所有的间接电弧功率控制指令应激活颜色过渡。临时颜色设置应设置为"掩码"。

指令 1:YAAA AAA1 0000 0001 "上行"

作为 GB/T 30104.102—2013 中 11.1.2 的补充,如果"自动激活"位被设置,本指令应激活颜色过渡。应通过渐变速率来计算行进的步数。颜色渐变应使用所计算的步数进行,但如果不能与所给的渐变速率保持一致的话,允许使用的更少的步数。临时颜色设置应设置为"掩码"。

指令 2:YAAA AAA1 0000 0010 "下行"

作为 GB/T 30104.102—2013 中 11.1.2 的补充,如果"自动激活"位被设置,本指令应激活颜色过渡。应通过渐变速率来计算行进的步数。颜色渐变应使用所计算的步数进行,但如果不能与所给的渐变速率保持一致的话,允许使用的更少的步数但不能小于 1 步。临时颜色设置应设置为"掩码"。

注:因为渐变只有 200 ms,所以步数可以通过将设置的渐变速率(步数/秒)除以 5 来计算,然后取最接近的整数值。

指令 9:YAAA AAA1 0000 1001 "启用 DAPC 序列"

本指令应根据 GB/T 30104.102—2013 中 11.1.2 的规定进行处理。临时颜色设置应无变化。

注:第一个 DAPC 指令用合适的渐变时间触发合适的颜色过渡。

指令 16～指令 31:YAAA AAA1 0001 XXXX "转到场景"

本指令应把属于场景××××的颜色设置复制到临时颜色设置,然后应按照 GB/T 30104.102—2013 中 11.1.2 的规定来运作。

如果"自动激活"位被设置,本指令应使用实际的渐变时间来激活颜色设置。临时颜色设置应被设置为"掩码"。

如果"自动激活"位未被设置,临时颜色设置不应改变(即颜色设置属于场景××××)。

11.2 配置指令

11.2.1 通用配置指令

修订:

指令 33:YAAA AAA1 0010 0001 "在 DTR 中存入实际等级"

作为 GB/T 30104.102—2013 中 11.2.1 的补充,本指令应把实际的颜色类型和相应的颜色值复制到"报告颜色类型"和"报告颜色值"中。

11.2.2　电弧功率参数设置

修订：

指令 44：YAAA AAA1 0010 1100　"在 DTR 存入系统故障等级"

作为 GB/T 30104.102—2013 中 11.2.2 的补充,本指令应把临时颜色类型和相应的临时颜色值复制到"系统故障颜色类型"和"系统故障颜色值"中。临时颜色设置应被设置为"掩码"。

指令 45：YAAA AAA1 0010 1101　"在 DTR 存入上电等级"

作为 GB/T 30104.102—2013 中 11.2.2 的补充,本指令应把临时颜色类型和相应的临时颜色值复制到"上电颜色类型"和"上电颜色值"中。临时颜色设置应被设置为"掩码"。

指令 46：YAAA AAA1 0010 1110　"在 DTR 存入渐变时间"

作为 GB/T 30104.102—2013 中 11.2.2 的补充,为了颜色过渡也应使用渐变时间。渐变应同时改变电弧功率等级和颜色。

在接收到下一个电弧功率控制指令或下一个颜色激活之后,新的渐变时间应有效。如果在进行渐变处理期间存入新的渐变时间,那么在使用新的值之前应完成这个处理过程。

指令 64～指令 79：YAAA AAA1 0100 ××××　"在 DTR 存入场景"

作为 GB/T 30104.102—2013 中 11.2.2 的补充,本指令应把临时颜色类型和相应临时颜色值复制到"场景 0～场景 15 颜色类型"和"场景 0～场景 15 颜色值"中。临时颜色设置应设置为"掩码"。

11.2.3　系统参数设置

修订：

指令 80～指令 95：YAAA AAA1 0101 ××××　"清除场景"

作为 GB/T 30104.102—2013 中 11.2.3 的补充,本指令应清除颜色场景。

从场景××××中清除颜色场景意味着在"场景 0～场景 15 颜色类型"中存入"掩码"。

11.3　查询指令

11.3.1　状态信息的查询

指令 144：YAAA AAA1 1001 0000　"查询状态"

作为 GB/T 30104.102—2013 中 11.3.1 的补充,如果一个或多个光源失效,本指令应设置"状态信息字节"的 bit 1。

指令 146：YAAA AAA1 1001 0010　"查询光源故障"

作为 GB/T 30104.102—2013 中 11.3.1 的补充,本指令应回答在给定地址是否存在多个灯故障。回答应为"是"或"否"。

指令 153：YAAA AAA1 1001 1001　"查询设备类型"

回答应为 8,或者如果控制装置支持多个设备类型则应为 255("掩码")。

11.3.2　电弧功率参数设置的查询

指令 160：YAAA AAA1 1010 0000　"查询实际等级"

如果激活的颜色类型是 xy 坐标、色温 T_c、原色 N 或 RGBWA F(只跟一个输出通道连接的或 RGBWAF 具有"标准化颜色控制"激活),回答应是根据 GB/T 30104.102—2013 中 11.3.2 的实际电弧功率等级,否则回答应为"掩码"。

基于"颜色状态",在"报告颜色类型"中应设置激活的颜色类型,并且应把相应的颜色值复制到"报告颜色值"中。

指令 163：YAAA AAA1 1010 0011 "查询上电等级"

作为 GB/T 30104.102—2013 中 11.3.2 的补充,本指令应把储存的上电颜色类型和储存的上电颜色值复制到"报告颜色类型"和相应"报告颜色值"中。

指令 164：YAAA AAA1 1010 0100 "查询系统故障等级"

作为 GB/T 30104.102—2013 中 11.3.2 的补充,本指令应把系统故障颜色类型和系统故障颜色值复制到"报告颜色类型"和相应"报告颜色值"中。

11.3.3 系统参数设置的查询

指令 176～指令 191：YAAA AAA1 1000 XXXX "查询场景等级(场景 0～场景 15)"

作为 GB/T 30104.102—2013 中 11.3.3 的补充,本指令应把储存的场景××××颜色类型和储存的场景××××颜色值复制到"报告颜色类型"和相应"报告颜色值"中。

11.3.4 应用扩展指令

替换:

$X=8$ 的指令 272(启用设备类型 X)应优先于应用扩展指令。对于除 8 以外的设备类型,可以不同的方式使用这些指令。

所有应用扩展指令的数据转换描述在 9.9 中。

11.3.4.1 应用扩展控制指令

指令 224：YAAA AAA1 1110 0000 "设置临时 x 坐标"

应在此值存入"临时 x 坐标"

此值以 1/65536 为单位表示。

最大的 x 坐标值是 0.999 97。

指令 225：YAAA AAA1 1110 0001 "设置临时 y 坐标"

应在此值存入"临时 y 坐标"

此值以 1/65 536 为单位表示。

最大的 y 坐标值是 0.999 97。

指令 226：YAAA AAA1 1110 0010 "激活"

如果正在运行的渐变,本指令应终止运行的渐变,并启动一个只针对颜色的新渐变。详见 9.12.5。

指令 227：YAAA AAA1 1110 0011 "x 坐标步进上行"

在"颜色类型 xy 坐标激活"位即"颜色状态"bit 4 被设置时,仅执行本指令。

"x 坐标"应立即无渐变地被设置为高于 256 步(256/65 536)。如果新的颜色值与控制装置可获取的颜色不相适应,应在"xy 坐标颜色超范围指示"位(即"颜色状态"bit 0)显示出来。

指令 228：YAAA AAA1 1110 0100 "x 坐标步进下行"

在"颜色类型 xy 坐标激活"位即"颜色状态"bit 4 被设置时,仅执行本指令。

"x 坐标"应立即无渐变地被设置为低于 256 步(256/65 536)。如果新的颜色值与控制装置可获取的颜色不相适应,应在"xy 坐标颜色超范围指示"位(即"颜色状态"bit 0)显示出来。

指令 229：YAAA AAA1 1110 0101 "y 坐标步进上行"

在"颜色类型 xy 坐标激活"位即"颜色状态"bit 4 被设置时,仅执行本指令。

"y 坐标"应立即无渐变地被设置为高于 256 步(256/65 536)。如果新的颜色值与控制装置可获取的颜色不相适应,应在"xy 坐标颜色超范围指示"位(即"颜色状态"bit 0)显示出来。

指令 230：YAAA AAA1 1110 0110 "y 坐标步进下行"

在"颜色类型 xy 坐标激活"位即"颜色状态"bit 4 被设置时,仅执行本指令。

"y 坐标"应立即无渐变地被设置为低于 256 步(256/65 536)。如果新的颜色值与控制装置可获取的颜色不相适应,应在"xy 坐标颜色超范围指示"位(即"颜色状态"bit 0)显示出来。

指令 231:YAAA AAA1 1110 0111 "设置临时色温 T_c"

应在此值存入"临时色温 T_c"。

此值以 1 Mirek 为单位表示。

T_c 值为 0 时应忽略,因此不存入存储器中。

注:色温 T_c 可在 1 Mirek(1 000 000 K)到 65 534 Mirek(1 526 K)之间变化。

指令 232:YAAA AAA1 1110 1000 "色温 T_c 步进更冷"

在"颜色类型色温 T_c 激活"位即"颜色状态"bit 5 被设置时,仅执行本指令。

"色温 T_c"应立即无渐变地被设置为低于 1 Mirek。如果"色温 T_c"已经处在"色温 T_c 最冷值"时,则不应发生任何变化。如果新的颜色值与控制装置可获取的颜色不相适应,应在"色温 T_c 超范围"位(即"颜色状态"bit 1)显示出来。

指令 233:YAAA AAA1 1110 1001 "色温 T_c 步进更暖"

在"颜色类型色温 T_c 激活"位即"颜色状态"bit 5 被设置时,仅执行本指令。

"色温 T_c"应立即无渐变地被设置为高于 1 Mirek。如果"色温 T_c"已经处在"色温 T_c 最暖值"时,则不应发生任何变化。如果新的颜色值与控制装置可获取的颜色不相适应,应在"色温 T_c 超范围"位(即"颜色状态"bit 1)显示出来。

指令 234:YAAA AAA1 1110 1010 "设置临时原色 N 调光度"

应在此值存入"临时原色 N 调光度"。

此值以 1/65 536 为单位。

最大的"原色 N 调光度"值是 0.999 97,而且应为线性。

N 取决于 DTR2,并且 N 处于 0～5 之间,取决于可用的原色号。对于 DTR2 的任何其他值,指令应被忽略。

指令 235:YAAA AAA1 1110 1011 "设置临时 RGB 调光度"

DTR 中的数据应被设置为"临时红色调光度"。DTR1 中的数据应被设置为"临时绿色调光度"。DTR2 中的数据应被设置为"临时蓝色调光度"。

指令 236:YAAA AAA1 1110 1100 "设置临时 WAF 调光度"

DTR 中的数据应被设置为"临时白色调光度"。DTR1 中的数据应被设置为"临时琥珀色调光度"。DTR2 中的数据应被设置为"临时自由色调光度"。

指令 237:YAAA AAA1 1110 1101 "设置临时 RGBWAF 控制"

DTR 中的数据应被存储为"临时 RGBWAF 控制"。

DTR 中的数据应被解读为:

bit 0:输出通道 0/红色　　　　"0"=不连接,"1"=连接

bit 1:输出通道 1/绿色　　　　"0"=不连接,"1"=连接

bit 2:输出通道 2/蓝色　　　　"0"=不连接,"1"=连接

bit 3:输出通道 3/白色　　　　"0"=不连接,"1"=连接

bit 4:输出通道 4/琥珀色　　　"0"=不连接,"1"=连接

bit 5:输出通道 5/自由色　　　"0"=不连接,"1"=连接

bit 7～bit 6:控制类型　　　　"00"=按通道控制

　　　　　　　　　　　　　　"01"=颜色控制

　　　　　　　　　　　　　　"10"=标准化颜色控制

　　　　　　　　　　　　　　"11"=为将来需要而保留

bit 0～bit 5 使适当的输出通道/颜色进行连接或者不连接。

bit 6～bit 7：控制类型定义控制装置应如何对电弧功率指令作出响应。详见9.1。

所有的已连接的通道应设为：不与任何带颜色类型 xy 坐标、色温 T_c、原色 N 的颜色激活相连接。

注：同一时间，可连接多个通道。

指令238：YAAA AAA1 1110 1110 "复制报告到临时值"

报告颜色设置应被复制到临时颜色设置中。

11.3.4.2 应用扩展配置指令

在每一个配置指令（239至246）被执行之前，应在100 ms以内第二次收到这些指令，以减小接收不正确的可能性。在这两个指令之间不应发送对相同控制装置寻址的其他指令，否则，前一个指令就会被忽略，同时各自的配置序列被终止。

指令272需要在2次控制指令之前发出，但不应在二者之间重复（参见图4）。

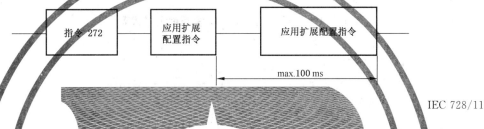

IEC 728/11

图4 应用扩展配置指令序列图例

DTRx的所有值应根据第10章提到的数值进行核查，即如果此值高于或低于第10章定义的有效范围，则应设置此值为更高/更低的限值。

指令239：YAAA AAA1 1110 1111

为将来需要而保留，控制装置不应以任何方式作出响应。

指令240：YAAA AAA1 1111 0000 "储存 TY 原色 N"

应在此值存入"TY 原色 N"。

此值以0.5流明为单位的数值来表达，可能的范围为 TYmin＝0 流明到 TYmax＝32767 流明之间。值为65535（"掩码"）表示未知数。

N 取决于DTR2，并且N处于0到5之间，取决于可用的原色号。对于 DTR2 的任何其他值，指令应被忽略。

值为"掩码"表示原色值未定义，需要进行校准。

指令241：YAAA AAA1 1111 0001 "存储 xy 坐标原色 N"

指令224和指令225给出的"临时 x 坐标"和"临时 y 坐标"应储存为"x 坐标原色 N"和DTR2数值给出的原色 N 对应的"y 坐标原色 N"，并应处于0到5之间，取决于可用的原色号。对于 DTR2 的任何其他值，指令应被忽略。

当"临时颜色值"中的一个值为"掩码"，此值应被储存，它意味着原色值未定义而且需要进行校准。

注1：本指令旨在保存属于原色的准确 xy 坐标值。其他用途将导致不可意料的结果（颜色）产生。

注2：CIE1931颜色空间色品图（4.4.2）之外的 xy 坐标没有任何意义。

指令242：YAAA AAA1 1111 0010 "储存色温 T_c 限值"

应在此值存入表9"限值"栏中规定的一个变量，该变量取决于 DTR2 中储存的值。对于其他的 DTR2 值，本指令应被忽略。

表 9　储存色温 T_c 限值

DTR2 值	限值	描述（以 Mirek 为单位的数值）
0000 0000	色温 T_c 最冷值	可能的最低值,但始终等于或暖于可能的最低物理值
0000 0001	色温 T_c 最暖值	可能的最高值,但始终等于或冷于可能的最高物理值
0000 0010	色温 T_c 物理最冷值	可能的最低物理值
0000 0011	色温 T_c 物理最暖值	可能的最高物理值

补充解释见 9.13。

指令 243:YAAA AAA1 1111 0011　"储存控制装置特征/状态"

DTR 中的数据应被解读如下:

bit 0:　自动激活;"0"=否;

bit 1~bit 7:为将来需要而保留;　"0"=否;

如果 bit 0 即"自动激活"位被设置为 1,除了"启用 DAPC 序列",所有的电弧功率控制指令应自动触发一个颜色过渡,见 9.5;

如果设置了"自动激活"位,则"控制装置特征/状态"字节的 bit 0 也应被设置。

指令 244:YAAA AAA1 1111 0100

为将来需要而保留。控制装置不应以任何方式作出响应。

指令 245:YAAA AAA1 1111 0101　"分配颜色到已连接的通道"

保存在 DTR 中数值范围从 0 至 6 的数据应被用于分配任何/所有已连接输出通道给表 10 指定的颜色。对于 DTR 的其他值,本指令应被忽略。

由保持在"临时 RGBWAF 控制"中的 bit 0 至 bit 5 给予已连接的通道。如果"临时 RGBWAF 控制"保持"掩码",则通道分配不作改变。

使用本指令后,"临时颜色设置"被设置为"掩码"。

表 10　给颜色分配通道

数据传送寄存器 DTR		给颜色分配通道
0000 0000	0	没有分配颜色
0000 0001	1	红色
0000 0010	2	绿色
0000 0011	3	蓝色
0000 0100	4	白色
0000 0101	5	琥珀色
0000 0110	6	自由色

指令指令 246:YAAA AAA1 1111 0110　"启动自动校准"

本指令应启动或重新触发一个 15 min 计时器。当计时器工作时,"颜色状态"的 bit 2 应被设置为"1"。当计时器中断最新的颜色类型,应立刻恢复颜色值和电弧功率等级。

当计时器工作时,控制装置应运行一个校准程序以便测量所有支持原色的 x 坐标、y 坐标和 TY

值,此时,"颜色状态"bit 3 应被设置为"0"。当校准程序运行时,除了"终止"、"查询颜色状态"和"启动自动校准"指令以外,控制装置不应对任何指令作出响应。

"终止"指令应使校准程序中止和计时器停止运行。

如果校准成功,那么"颜色状态"bit 3 应被设置为"1",计时器停止工作。

如果校准不成功("颜色状态"bit 3 为"0"),并且控制装置能恢复最后成功校准的数据的话,则控制装置应恢复它。这种情况下,"颜色状态"bit 3 应被设置为"1"。恢复最后的成功校准数据的这种能力是控制装置的特征,见指令 247。

自动校准是控制装置的特征,见指令 247。如果不支持这个特征,则控制装置不应以任何方式作出响应。

注:由于校准处理可能需要运行超过 15 min,控制设备应定时通过指令 248("查询颜色状态")检查自动校准的状态,必要时,通过指令 246("启动自动校准")重新触发校准处理计时器。

11.3.4.3　应用扩展查询指令

指令 247:YAAA AAA1 1111 0111　"查询控制装置特征/状态"

回答应是 8 位"控制装置特征/状态"信息字节:

bit 0:	自动激活;	"0"＝否
bit 1～bit 5:	预留;	"0"＝系统默认值
bit 6:	支持自动校准;	"0"＝0～6
bit 7:	支持自动校准恢复	"0"＝0～6

如果控制装置支持自动校准,则 bit 6 应被设置,并且支持指令 246。如果既支持自动恢复又支持自动校准,则 bit 7 应被设置。

指令 248:YAAA AAA1 1111 1000　"查询颜色状态"

回答应是 8 位"颜色状态"信息字节:

bit 0:	xy 坐标颜色超范围指示	"0"＝否
bit 1:	色温 T_c 超范围	"0"＝否
bit 2:	自动校准正在运行	"0"＝否
bit 3:	自动校准成功	"0"＝否
bit 4:	颜色类型 xy 坐标激活	"0"＝否
bit 5:	颜色类型色温 T_c 激活	"0"＝否
bit 6:	颜色类型原色 N 激活	"0"＝否
bit 7:	颜色类型 RGBWAF 激活	"0"＝否

指令 249:YAAA AAA1 1111 1001　"查询颜色类型特征"

回答应是涉及控制装置所支持颜色类型的 8 位"颜色类型特征"信息字节。

bit 0:	有 xy 坐标能力	"0"＝否
bit 1:	有色温 T_c 能力	"0"＝否
bit 2～ bit 4:	原色号	"0"＝否
bit 5～ bit 7:	RGBWAF 通道号	"0"＝否

备注:原色号的值或 RGBWAF 通道号的值为 0,表示这些颜色类型不被支持。

指令 250:YAAA AAA1 1111 1010　"查询颜色值"

回答取决于 DTR 的值(见表 11)。

如果所要求颜色值的颜色类型是激活的(见指令 248)或者如果控制装置能从激活颜色类型重新计算所要求颜色值进入到另一个颜色类型的颜色值,那么与一个激活颜色类型相关的 DTR 值相符合的回答是仅仅有效的。如果不能重新计算,则应显示"掩码"作为回答。

原色、x 坐标、y 坐标和原色 N 的 TY 的查询数值应与执行的颜色类型无关。如果控制装置不知道坐标或原色不在那里,则回答应为"掩码"。

表 11　查询颜色值

数据传送寄存器 DTR		变量或指令	相关的激活颜色类型
0000 0000	0	"x 坐标"	是
0000 0001	1	"y 坐标"	是
0000 0010	2	"色温 T_c"	是
0000 0100	3	"原色 N 调光度"0	是
0000 0100	4	"原色 N 调光度"1	是
0000 0101	5	"原色 N 调光度"2	是
0000 0110	6	"原色 N 调光度"3	是
0000 0111	7	"原色 N 调光度"4	是
0000 1000	8	"原色 N 调光度"5	是
0000 1001	9	"红色调光度"	是
0000 1010	10	"绿色调光度"	是
0000 1011	11	"蓝色调光度"	是
0000 1100	12	"白色调光度"	是
0000 1101	13	"琥珀色调光度"	是
0000 1110	14	"自由色调光度"	是
0000 1111	15	"RGBWAF 控制"	是
0100 0000	64	"x 坐标原色 N"0	否
0100 0001	65	"y 坐标原色 N"0	否
0100 0010	66	"TY 原色 N"0	否
0100 0011	67	"x 坐标原色 N"1	否
0100 0100	68	"y 坐标原色 N"1	否
0100 0101	69	"TY 原色 N"1	否
0100 0110	70	"x 坐标原色 N"2	否
0100 0111	71	"y 坐标原色 N"2	否
0100 1000	72	"TY 原色 N"2	否
0100 1001	73	"x 坐标原色 N"3	否
0100 1010	74	"y 坐标原色 N"3	否
0100 1011	75	"TY 原色 N"3	否
0100 1100	76	"x 坐标原色 N"4	否
0100 1101	77	"y 坐标原色 N"4	否
0100 1110	78	"TY 原色 N"4	否
0100 1111	79	"x 坐标原色 N"5	否

表 11（续）

数据传送寄存器 DTR		变量或指令	相关的激活颜色类型
0101 0000	80	"y 坐标原色 N"5	否
0101 0001	81	"TY 原色 N"5	否
0101 0010	82	"原色号"	否
1000 0000	128	"色温 T_c 最冷值"	否
1000 0001	129	"色温 T_c 物理最冷值"	否
1000 0010	130	"色温 T_c 最暖值"	否
1000 0011	131	"色温 T_c 物理最暖值"	否
1100 0000	192	"临时 x 坐标"	否
1100 0001	193	"临时 y 坐标"	否
1100 0010	194	"临时色温 T_c"	否
1100 0011	195	"临时原色 N 调光度"0	否
1100 0100	196	"临时原色 N 调光度"1	否
1100 0101	197	"临时原色 N 调光度"2	否
1100 0110	198	"临时原色 N 调光度"3	否
1100 0111	199	"临时原色 N 调光度"4	否
1100 1000	200	"临时原色 N 调光度"5	否
1100 1001	201	"临时红色调光度"	否
1100 1010	202	"临时绿色调光度"	否
1100 1011	203	"临时蓝色调光度"	否
1100 1100	204	"临时白色调光度"	否
1100 1101	205	"临时琥珀色调光度"	否
1100 1110	206	"临时自由色调光度"	否
1100 1111	207	"临时 GRBWAF 控制"	否
1101 0000	208	"临时颜色类型"	否
1110 0000	224	"报告 x 坐标"	否
1110 0001	225	"报告 y 坐标"	否
1110 0010	226	"报告色温 T_c"	否
1110 0011	227	"报告原色 N 调光度"0	否
1110 0100	228	"报告原色 N 调光度"1	否
1110 0101	229	"报告原色 N 调光度"2	否
1110 0110	230	"报告原色 N 调光度"3	否
1110 0111	231	"报告原色 N 调光度"4	否
1110 1000	232	"报告原色 N 调光度"5	否
1110 1001	233	"报告红色调光度"	否

表 11（续）

数据传送寄存器 DTR		变量或指令	相关的激活颜色类型
1110 1010	234	"报告绿色调光度"	否
1110 1011	235	"报告蓝色调光度"	否
1110 1100	236	"报告白色调光度"	否
1110 1101	237	"报告琥珀色调光度"	否
1110 1110	238	"报告自由色调光度"	否
1110 1111	239	"报告 RGBWAF 控制"	否
1111 0000	240	"报告颜色类型"	否

对于颜色类型 RGBWAF,如果分配了多个通道给一个颜色(红色、绿色、蓝色、白色、琥珀色、或自由色),并且这些输出通道的实际等级都不同,则对这些查询的回答应为"掩码"。

对所有其他的 DTR 值和对不支持的颜色类型,应不发送回答。DTR1 和 DTR 应都不改变。

注1:一个通道的实际等级可由仅连接这个输出通道及发送查询实际等级来查询。

注2:在查询之前,控制设备应总是使用指令 160("查询实际等级")来更新报告颜色设置。

注3:对于任何"x 坐标原色 N"、"y 坐标原色 N"或"TY 原色 N",值"掩码"都意味着这个原色未定义且需校准。

指令 251:YAAA AAA1 1111 1011 "查询 RGBWAF 控制"

回答应是 8 位"GRBWAF 控制"字节:

bit 0: 输出通道 0/红色; "0"=未连接,"1"=已连接

bit 1: 输出通道 1/绿色; "0"=未连接,"1"=已连接

bit 2: 输出通道 2/蓝色; "0"=未连接,"1"=已连接

bit 3: 输出通道 3/白色; "0"=未连接,"1"=已连接

bit 4: 输出通道 4/琥珀色; "0"=未连接,"1"=已连接

bit 5: 输出通道 5/自由色; "0"=未连接,"1"=已连接

bit 6～bit 7: 控制类型; "00"=通道控制

"01"=通道控制

"10"=标准化颜色控制

"11"=预留

如果不支持输出通道/颜色,相应的位应读为"0"。

指令 252:YAAA AAA1 1111 1100 "查询分配的颜色"

回答应是 DTR 给出的输出通道所分配颜色的数字(见表 12)。DTR 应包含通道号 0～通道号 5 中之一(见指令 237)。对于 DTR 的所有其他数值和不支持的通道号,回答应是"掩码"。

表 12 查询已分配的颜色

回复		已分配通道给颜色
0000 0000	0	不分配颜色
0000 0001	1	红色
0000 0010	2	绿色
0000 0011	3	蓝色
0000 0100	4	白色
0000 0101	5	琥珀色
0000 0110	6	自由色

指令253：**YAAA AAA**1 1111 1101

为将来需要而预留。控制装置不应以任何方式作出响应。

指令254：**YAAA AAA**1 1111 1110

为将来需要而预留。控制装置不应以任何方式作出响应。

指令255：**YAAA AAA**1 1111 1111 "查询扩展版本号"

回答应为2。

11.4 特殊指令

11.4.4 扩展特殊指令

指令272：1100 0001 0000 1000 "启用设备类型8"

补充：

作为颜色控制的控制装置的设备类型为8。

11.5 指令集一览表

补充：

按照GB/T 30104.102—2013中11.5所列的指令及下列表13中设备类型8附加的指令要求。

11.5.1 扩展应用指令设置概要

表13给出扩展应用指令集一览表。

表 13　扩展应用指令集一览表

指令号	指令代码	指令名称
224	YAAA AAA1 1110 0000	设置临时 x 坐标
225	YAAA AAA1 1110 0001	设置临时 y 坐标
226	YAAA AAA1 1110 0010	激活
227	YAAA AAA1 1110 0011	x 坐标步进上行
228	YAAA AAA1 1110 0100	x 坐标步进下行
229	YAAA AAA1 1110 0110	y 坐标步进上行
230	YAAA AAA1 1110 0111	y 坐标步进下行
231	YAAA AAA1 1110 1000	设置临时色温 T_c
232	YAAA AAA1 1110 1001	色温 T_c 步进更冷
233	YAAA AAA1 1110 1001	色温 T_c 步进更暖
234	YAAA AAA1 1110 1010	设置临时原色 N 调光度
235	YAAA AAA1 1110 1011	设置临时 RGB 调光度
236	YAAA AAA1 1110 1100	设置临时 WAF 调光度
237	YAAA AAA1 1110 1101	设置临时 RGBWAF 控制
238	YAAA AAA1 1110 1110	复制报告到临时值
239	YAAA AAA1 1110 1111	a
240	YAAA AAA1 1111 0000	储存 TY 原色 N

表 13（续）

指令号	指令代码	指令名称
241	YAAA AAA1 1111 0001	储存 xy 坐标原色 N
242	YAAA AAA1 1111 0010	储存色温 T_c 限值
243	YAAA AAA1 1111 0011	储存控制装置特征/状态
244	YAAA AAA1 1111 0100	a
245	YAAA AAA1 1111 0101	分配颜色到已连接的通道
246	YAAA AAA1 1111 0110	启动自动校准
247	YAAA AAA1 1111 0111	查询控制装置特征/状态
248	YAAA AAA1 1111 1000	查询颜色状态
249	YAAA AAA1 1111 1001	查询颜色类型特征
250	YAAA AAA1 1111 1010	查询颜色值
251	YAAA AAA1 1111 1011	查询 RGBWAF 控制
252	YAAA AAA1 1111 1100	查询分配的颜色
253	YAAA AAA1 1111 1101	a
254	YAAA AAA1 1111 1110	a
255	YAAA AAA1 1111 1111	查询扩展版本号
272	1100 0001 0000 1000	启用设备类型 8
a 为将来需要而预留。控制装置不应以任何方式作出响应。		

11.5.2　指令与颜色类型的相互对照

表 14 给出指令与颜色类型的相互对照

表 14　指令与颜色类型的相互对照

指令		支持的颜色类型			
		xy 坐标	T_c	原色 N	RGBWAF
224	设置临时 x 坐标	×		×	
225	设置临时 y 坐标	×		×	
226	激活	×	×	×	×
227	x 坐标步进上行	×			
228	x 坐标步进下行	×			
229	y 坐标步进上行	×			
230	y 坐标步进下行	×			
231	设置临时色温 T_c		×		
232	色温 T_c 步进更冷		×		
233	色温 T_c 步进更暖		×		

表 14（续）

指　令		支持的颜色类型			
		xy 坐标	T_c	原色 N	RGBWAF
234	设置临时原色 N 调光度			×	
235	设置临时 RGB 调光度				×
236	设置临时 WAF 调光度				×
237	设置临时 RGBWAF 控制				×
238	复制报告到临时值	×	×	×	×
239	a				
240	储存 TY 原色 N			×	
241	储存 xy 坐标原色 N			×	
242	储存色温 T_c 限值		×		
243	储存控制装置特征/状态	×	×	×	×
244	a				
245	分配颜色到已连接的通道				×
246	启动自动校准	×[b]	×[b]	×[b]	×[b]
247	查询控制装置特征/状态	×	×	×	×
248	查询颜色状态	×	×	×	×
249	查询颜色类型特征	×	×	×	×
250	查询颜色值	×	×	×	×
251	查询 RGBWAF 控制				×
252	查询分配的颜色				×
253					
254					
255	查询扩展版本号	×	×	×	×

　ª 为将来需要而预留。控制装置不应以任何方式作出响应。

　ᵇ 可选项。

11.5.3　指令与 DTR、DTR1、DTR2 的相互对照

表 15 给出指令与 DTR、DTR1、DTR2 的相互对照

表 15　指令与 DTR、DTR1 和 DTR2 相互对照

指令		前向			后向		
		DTR	DTR1	DTR2	DTR	DTR1	返回
224	设置临时 x 坐标	LSB	MSB				
225	设置临时 y 坐标	LSB	MSB				

表 15（续）

指令		前向			后向		
		DTR	DTR1	DTR2	DTR	DTR1	返回
226	激活						
227	x 坐标步进上行						
228	x 坐标步进下行						
229	y 坐标步进上行						
230	y 坐标步进下行						
231	设置临时色温 T_c	LSB	MSB				
232	色温 T_c 步进更冷						
233	色温 T_c 步进更暖						
234	设置临时原色 N 调光度	LSB	MSB	原色 N			
235	设置临时 RGB 调光度	红色	绿色	蓝色			
236	设置临时 WAF 调光度	白色	琥珀色	自由色			
237	设置临时 RGBWAF 控制	控制					
238	复制报告到临时值						
239	a						
240	储存 TY 原色 N	LSB	MSB	原色 N			
241	储存 xy 坐标原色 N			原色 N			
242	储存色温 T_c 限值	LSB	MSB	限制类型			
243	储存控制装置特征/状态	可选项					
244	a						
245	分配颜色到已连接的通道	控制					
246	启动自动校准						
247	查询控制装置特征/状态						特征
248	查询颜色状态						状态
249	查询颜色类型特征						颜色类型特征
250	查询颜色值	指令			LSB	MSB	MSB
251	查询 RGBWAF 控制						控制
252	查询分配的颜色						分配颜色
253	a						
254	a						
255	查询扩展版本号						2
a 为将来需要而预留。控制装置不应以任何方式作出响应。							

12 测试程序

按照 GB/T 30104.102—2013 第 12 章的要求,下述除外:

12.2 "配置指令"测试流程

12.2.1 "通用配置指令"测试流程

12.2.1.1 "重置"测试流程

替换:

本测试验证:上电后,所有相关值根据规定,正用与颜色类型无关的变量进行启动。测试流程如图 5 所示。

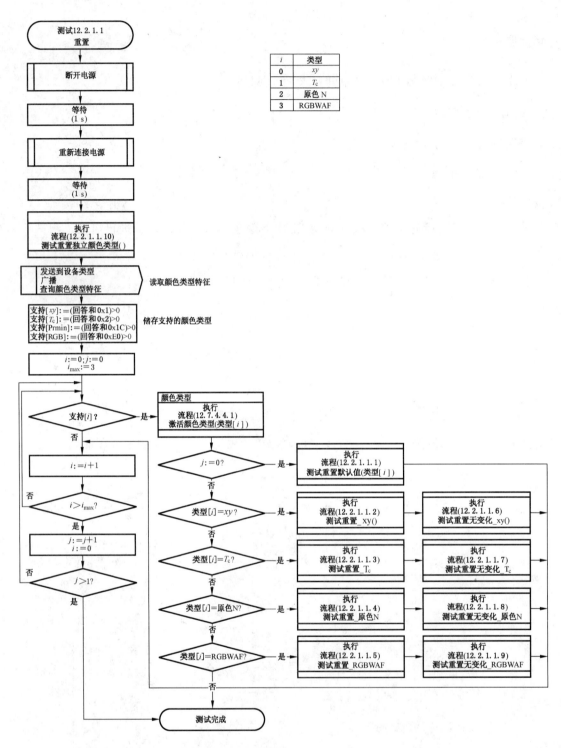

图 5 "重置"测试流程

12.2.1.1.1 "测试重置默认值(颜色类型)"测试流程

本测试流程检查激活颜色类型的重置值。测试流程如图 6 所示。

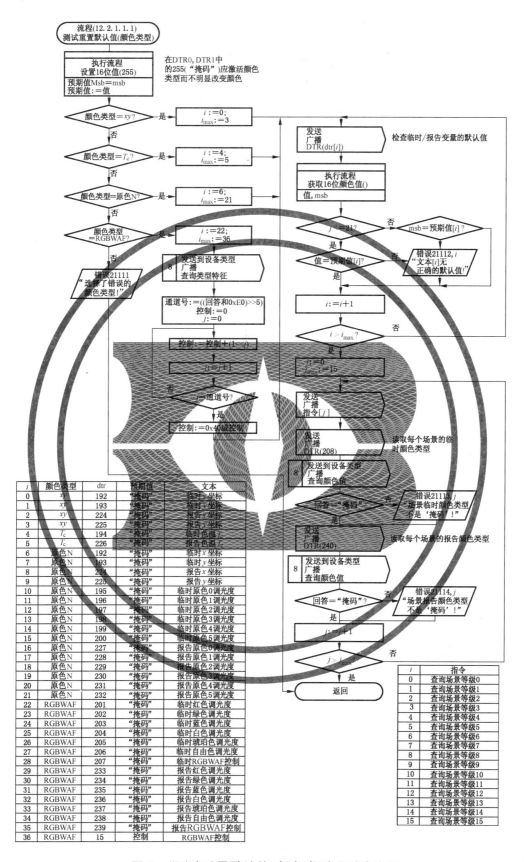

图6 "测试重置默认值(颜色类型)"测试流程

i	颜色类型	dtr	预期值	文本
0	xy	192	"掩码"	临时x坐标
1	xy	193	"掩码"	临时y坐标
2	xy	224	"掩码"	报告x坐标
3	xy	225	"掩码"	报告y坐标
4	T_c	194	"掩码"	临时色温T_c
5	T_c	226	"掩码"	报告色温T_c
6	原色N	192	"掩码"	临时x坐标
7	原色N	193	"掩码"	临时y坐标
8	原色N	224	"掩码"	报告x坐标
9	原色N	225	"掩码"	报告y坐标
10	原色N	195	"掩码"	临时原色0调光度
11	原色N	196	"掩码"	临时原色1调光度
12	原色N	197	"掩码"	临时原色2调光度
13	原色N	198	"掩码"	临时原色3调光度
14	原色N	199	"掩码"	临时原色4调光度
15	原色N	200	"掩码"	临时原色5调光度
16	原色N	227	"掩码"	报告原色0调光度
17	原色N	228	"掩码"	报告原色1调光度
18	原色N	229	"掩码"	报告原色2调光度
19	原色N	230	"掩码"	报告原色3调光度
20	原色N	231	"掩码"	报告原色4调光度
21	原色N	232	"掩码"	报告原色5调光度
22	RGBWAF	201	"掩码"	临时红色调光度
23	RGBWAF	202	"掩码"	临时绿色调光度
24	RGBWAF	203	"掩码"	临时蓝色调光度
25	RGBWAF	204	"掩码"	临时白色调光度
26	RGBWAF	205	"掩码"	临时琥珀色调光度
27	RGBWAF	206	"掩码"	临时自由色调光度
28	RGBWAF	207	"掩码"	临时RGBWAF控制
29	RGBWAF	233	"掩码"	报告红色调光度
30	RGBWAF	234	"掩码"	报告绿色调光度
31	RGBWAF	235	"掩码"	报告蓝色调光度
32	RGBWAF	236	"掩码"	报告白色调光度
33	RGBWAF	237	"掩码"	报告琥珀色调光度
34	RGBWAF	238	"掩码"	报告自由色调光度
35	RGBWAF	239	"掩码"	报告RGBWAF控制
36	RGBWAF	15	控制	RGBWAF控制

i	指令
0	查询场景等级0
1	查询场景等级1
2	查询场景等级2
3	查询场景等级3
4	查询场景等级4
5	查询场景等级5
6	查询场景等级6
7	查询场景等级7
8	查询场景等级8
9	查询场景等级9
10	查询场景等级10
11	查询场景等级11
12	查询场景等级12
13	查询场景等级13
14	查询场景等级14
15	查询场景等级15

12.2.1.1.2　"测试重置_xy"测试流程

本流程在 xy 模式下测试:此模式下有固定重置值的相关变量被设置为不是重置值的值。完成重置,并针对重置值进行变量检查。测试流程如图 7 所示。

12.2.1.1.3　"测试重置_T_c"测试流程

本流程在 T_c 模式下测试:此模式下有固定重置值的相关变量被设置为不是重置值的值。完成重置,并针对重置值进行变量检查。测试流程如图 8 所示。

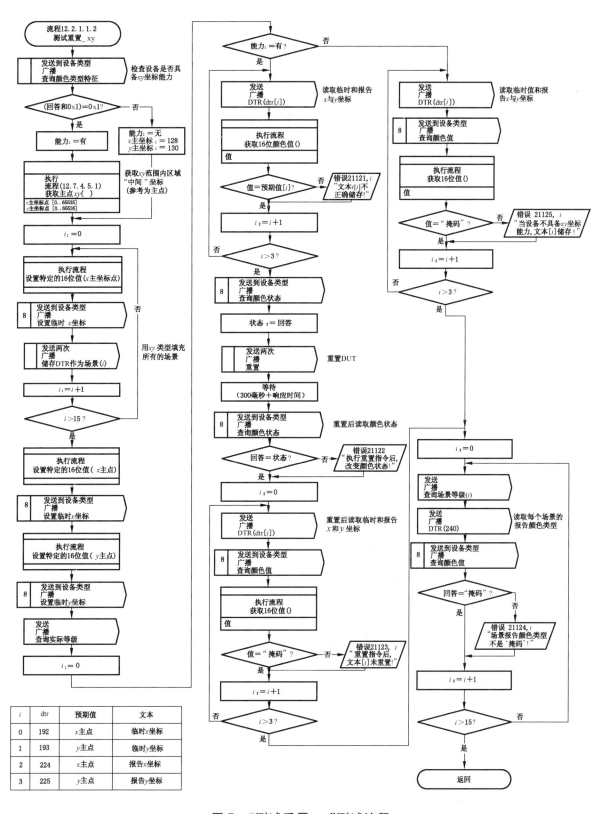

i	dtr	预期值	文本
0	192	x主点	临时x坐标
1	193	y主点	临时y坐标
2	224	x主点	报告x坐标
3	225	y主点	报告y坐标

图7 "测试重置_xy"测试流程

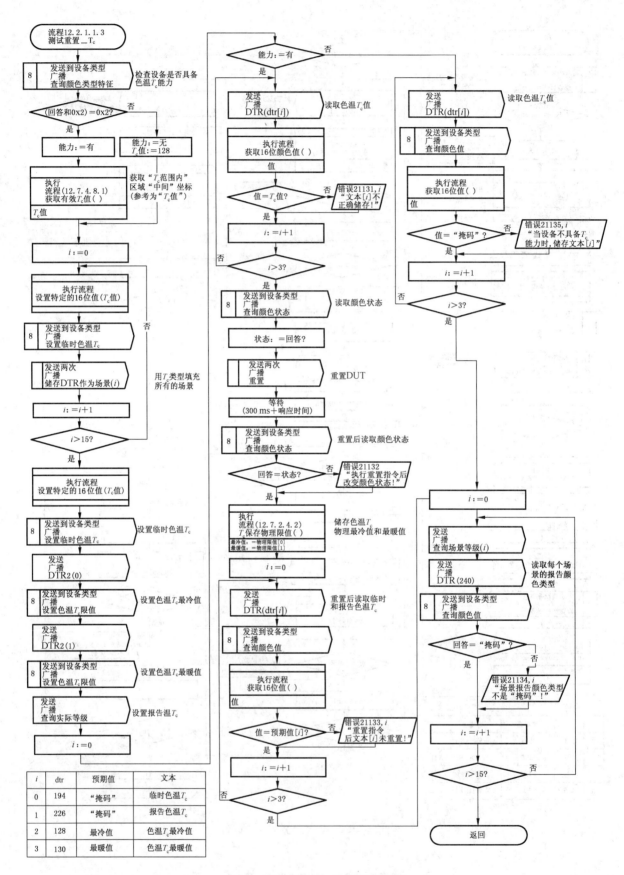

图 8 "测试重置_T_c"测试流程

12.2.1.1.4 "测试重置_原色 N"测试流程

本流程在原色 N 模式下测试:此模式下有固定重置值的相关变量被设置为不是重置值的值。完成重置,并针对重置值进行变量检查。测试流程如图 9 所示。

12.2.1.1.5 "测试重置_RGBWAF"测试流程

本流程在 RGBWAF 模式下测试:此模式下有固定重置值的相关变量被设置为不是重置值的值。完成重置,并针对重置值进行变量检查。测试流程如图 10 所示。

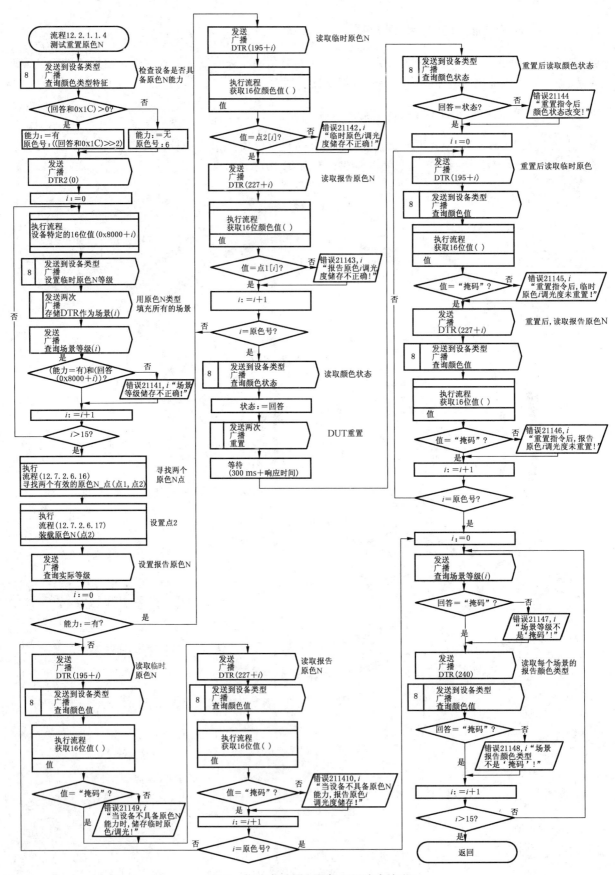

图 9 "测试重置_原色 N"测试流程

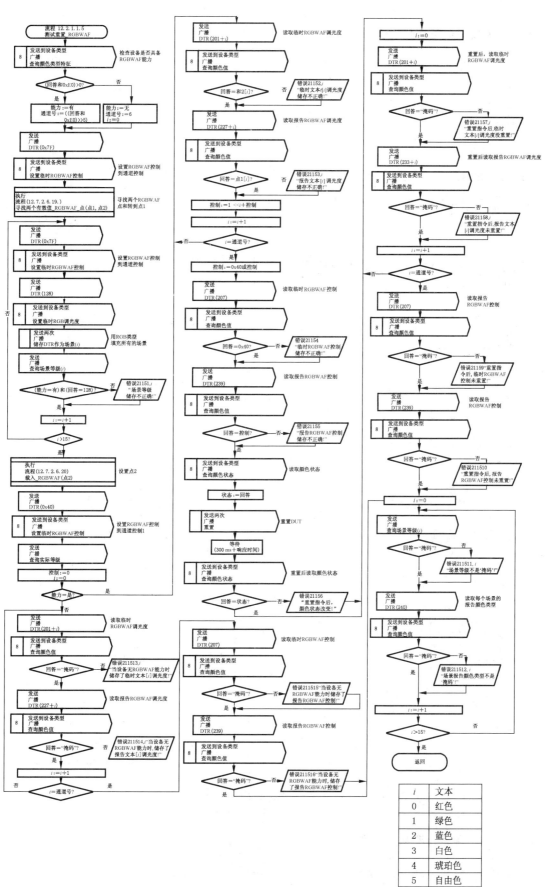

图 10 "测试重置_RGBWAF"测试流程

i	文本
0	红色
1	绿色
2	蓝色
3	白色
4	琥珀色
5	自由色

12.2.1.1.6 "测试重置无变化_xy"测试流程

本流程在 xy 模式下测试:对于此模式有一个"不变"值的相关变量被设置为一个已知的值。完成重置,并针对已知的值进行变量检查。测试流程如图 11 所示。

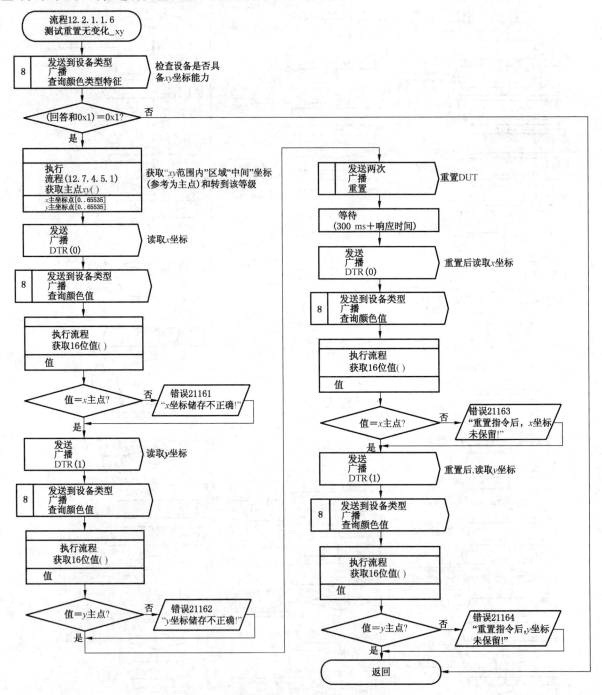

图 11 "测试重置无变化_xy"测试流程

12.2.1.1.7 "测试重置无变化_T。"测试流程

本流程在 T_c 模式下测试:对于此模式有一个"不变"值的相关变量被设置为一个已知的值。完成重置,并针对已知的值进行变量检查。测试流程如图 12 所示。

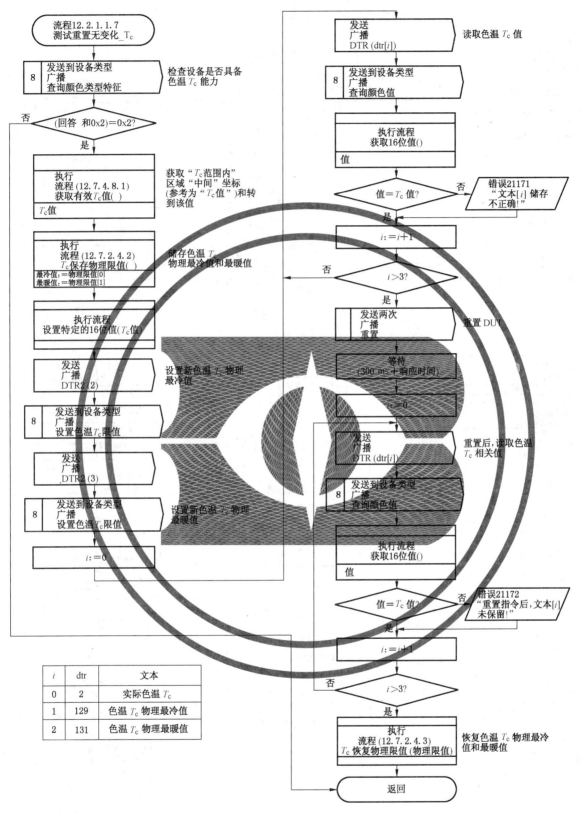

图 12 "测试重置无变化_T_c"测试流程

12.2.1.1.8 "测试重置不变_原色 N"测试流程

本流程在原色 N 模式下测试:对于此模式有一个"不变"值的相关变量被设置为一个已知的值。完成重置,并针对已知的值进行变量检查。测试流程如图 13 所示。

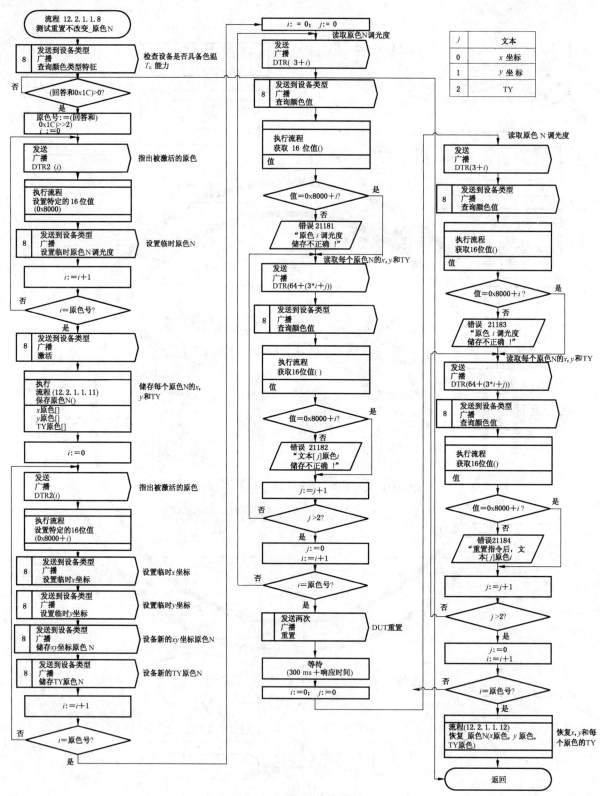

图 13　"测试重置不变_原色 N"测试流程

12.2.1.1.9 "测试重置不变_RGBWAF"测试流程

本流程在 RGBWAF 模式下测试:对于此模式有一个"不变"值的相关变量被设置为一个已知的值。完成重置,并针对已知的值进行变量检查。测试流程如图 14 所示。

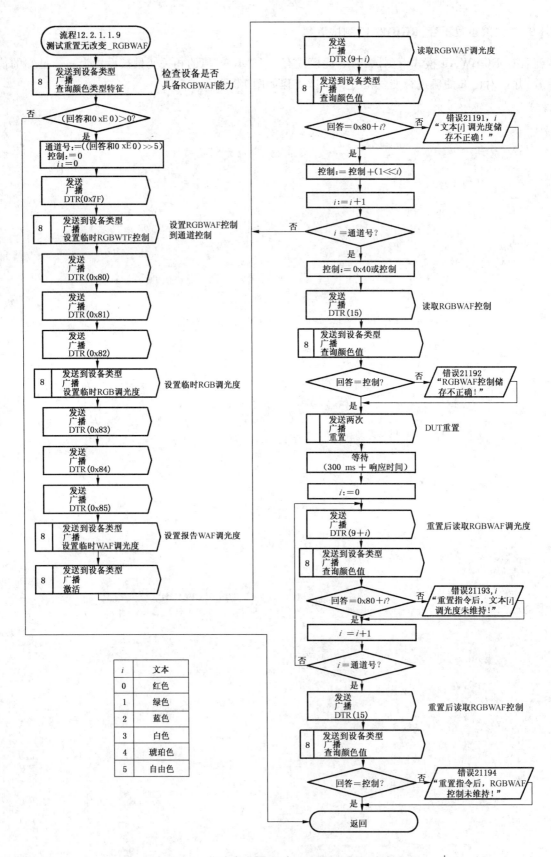

图 14 "测试重置不变_RGBWAF"测试流程

12.2.1.1.10 "测试重置独立颜色类型"测试流程

本流程验证上电后所有独立于颜色类型的变量。测试流程如图15所示。

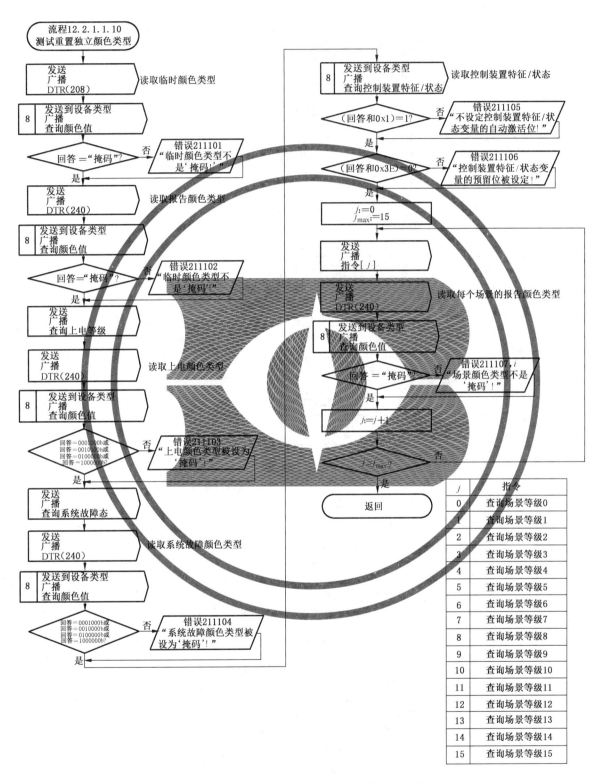

图15 "测试重置独立颜色类型"测试流程

j	指令
0	查询场景等级0
1	查询场景等级1
2	查询场景等级2
3	查询场景等级3
4	查询场景等级4
5	查询场景等级5
6	查询场景等级6
7	查询场景等级7
8	查询场景等级8
9	查询场景等级9
10	查询场景等级10
11	查询场景等级11
12	查询场景等级12
13	查询场景等级13
14	查询场景等级14
15	查询场景等级15

12.2.1.1.11 "保存_原色 N"测试流程

本流程保存所有原色 N 数据(x,y,TY),以便这些数据能被恢复。测试流程如图 16 所示。

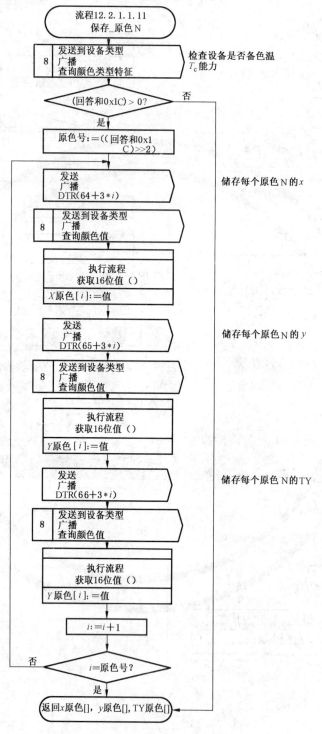

图 16 "保存原色 N"测试流程

12.2.1.1.12 "恢复_原色 N(x 原色,y 原色,TY 原色)"测试流程

本流程测试储存所有原色 N 信息(x,y,TY)。测试流程如图 17 所示。

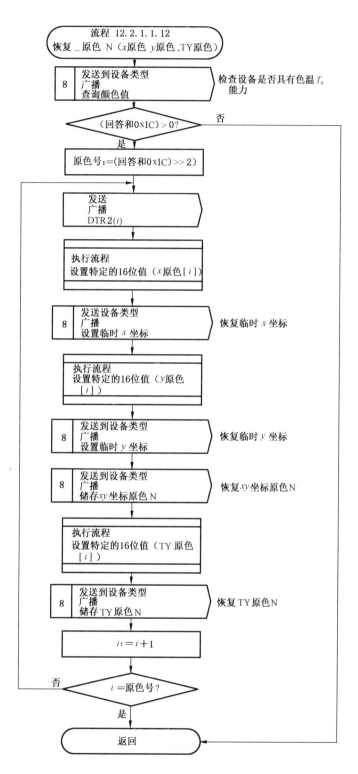

图 17 "恢复原色 N(x 原色、y 原色、TY 原色)"测试流程

12.7 "设备类型8的应用扩展指令"测试流程

12.7.1 "应用扩展查询指令"的测试流程

12.7.1.1 "查询控制装置特征/状态"测试流程

对指令247"查询控制装置特征/状态"进行测试。从回复中只能产生一个报告。测试流程如图18所示。

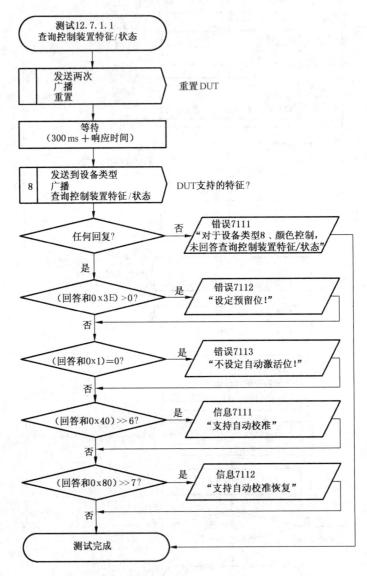

图 18 "查询控制装置特征/状态"测试流程

12.7.1.2 "查询颜色状态"测试流程

对指令248"查询颜色状态"进行测试。首先,确定当前激活的并支持的报告颜色类型,然后对非激活的支持类型进行激活,以及检查是否已经恰当地设置激活位。之后,检查所有支持的颜色类型的激活及"激活"位显示。最后,检查 xy 坐标颜色点和色温 T_c 的"超范围"行为。"查询颜色状态"测试流程如图19所示。

注:此处不测试"自动校准"(因耗费时间)。12.7.2.8 单独测试"自动校准"。

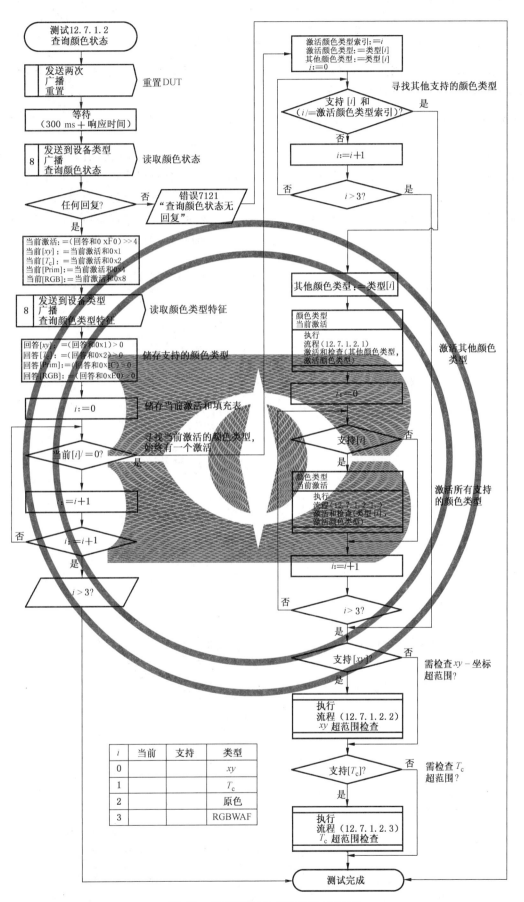

图 19 "查询颜色状态"测试流程

12.7.1.2.1 "激活和检查(颜色类型,当前激活)"测试流程

本流程激活颜色类型,该颜色类型获得的作为输入参数,然后检查颜色状态的"激活"指示位是否变为适当的颜色类型。测试流程如图 20 所示。

12.7.1.2.2 "xy 超范围检查( )"测试流程

本流程检查超范围的 xy 坐标颜色点。它通过控制该控制装置到达 xy 区域内的主点来实现。在这个主点将不设置"xy 坐标超范围颜色点"位,因为控制装置可以控制到达它。基于这个原因,控制装置被命令至超出最大 y 值的原色坐标之外。由于控制装置被命令以直线穿过原色坐标,当到达原色坐标时,"xy 坐标超范围颜色点"位将被设置,并且渐变在原色坐标上停止。渐变停止所在的坐标需在离原色 10％的范围内。测试流程如图 21 所示。

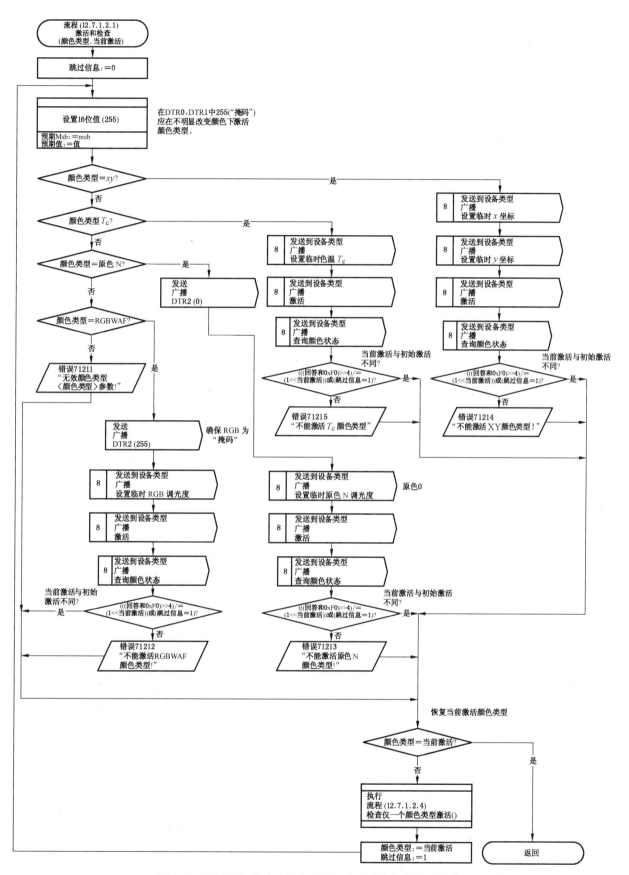

图 20 "激活和检查（颜色类型、当前激活）"测试流程

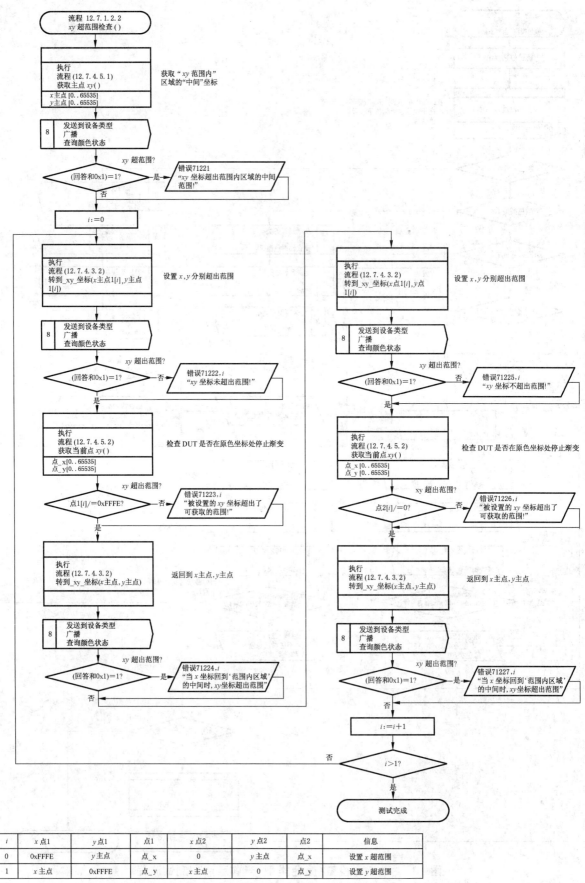

图 21 "xy 超范围检查( )"测试流程

i	x 点1	y 点1	点1	x 点2	y 点2	点2	信息
0	0xFFFE	y 主点	点_x	0	y 主点	点_x	设置 x 超范围
1	x 主点	0xFFFE	点_y	x 主点	0	点_y	设置 y 超范围

12.7.1.2.3 "T_c超范围检查"测试流程

本流程检查"色温T_c超范围"行为。它将开始检索"色温T_c物理最暖值"并使控制装置到达此T_c值。然后执行"色温T_c步进更暖"来触发"色温T_c超范围"状态。测试流程如图 22 所示。

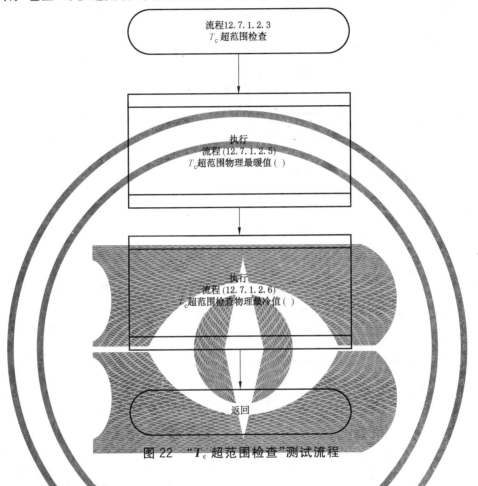

图 22 "T_c超范围检查"测试流程

12.7.1.2.4 "检查仅一个颜色类型激活"测试流程

本流程检查是否当前仅一个颜色类型指示为被"激活"。测试流程如图 23 所示。

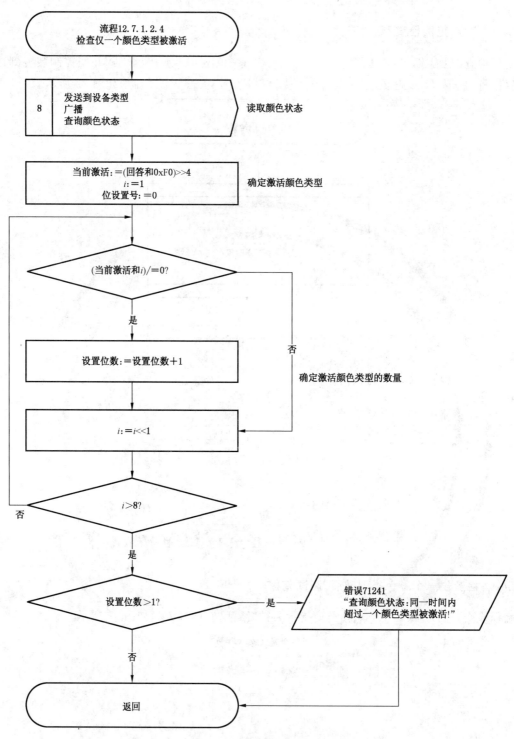

图 23 "检查仅一个颜色类型激活"测试流程

12.7.1.2.5 "T_c 超范围物理最暖值"测试流程

本流程测试当移动到超出物理最暖值限值范围时是否触发 T_c 的超范围位。测试流程如图 24 所示。

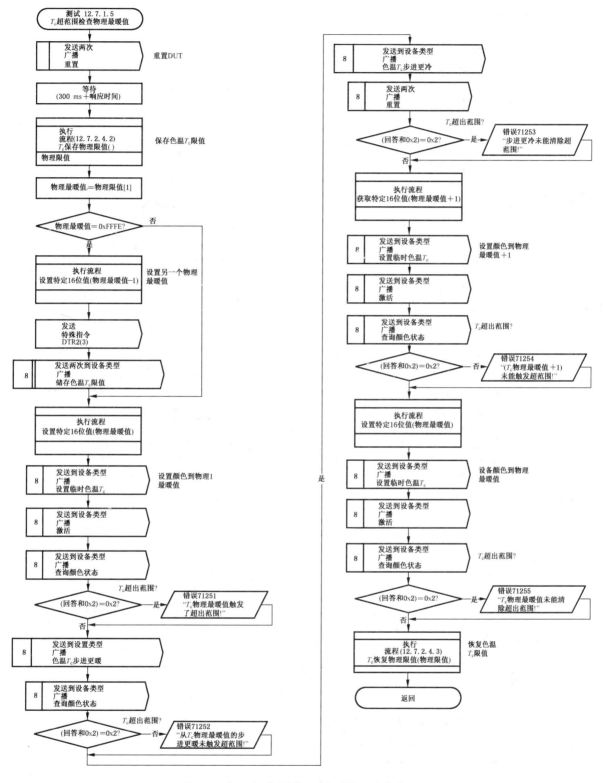

图24 "T_c超范围物理最暖值"测试流程

12.7.1.2.6 "T_c超范围检查物理最冷值"测试流程

本流程测试当移动到低于物理最冷值限值范围时是否触发 T_c 的超范围位。测试流程如图25所示。

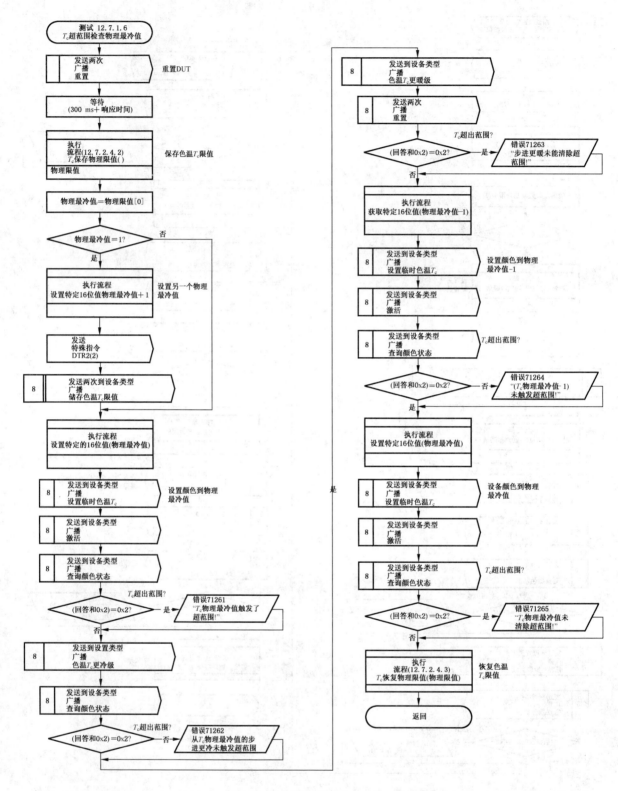

图 25 "T_c 超范围检查物理最冷值"测试流程

12.7.1.3 "查询颜色类型特征"测试流程

对指令 249"查询颜色类型特征"进行测试。由于颜色类型特征储存在只读存储器中,测试首先检查是否有响应,并产生一个报告。然后检查原色号和 RGBWAF 通道是否在范围内。测试流程如图 26

所示。

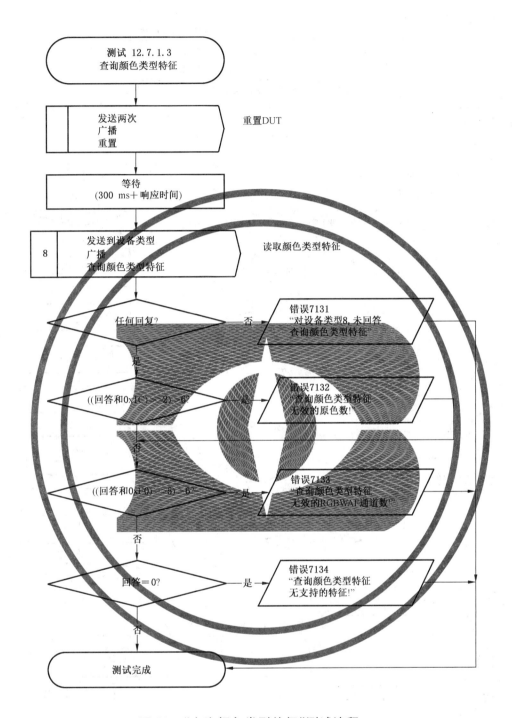

图 26 "查询颜色类型特征"测试流程

12.7.1.4 "查询颜色值"测试流程

对指令 250 "查询颜色值"进行测试。本节测试检查指令是否根据表 16 作出回答。测试流程如图 27 所示。

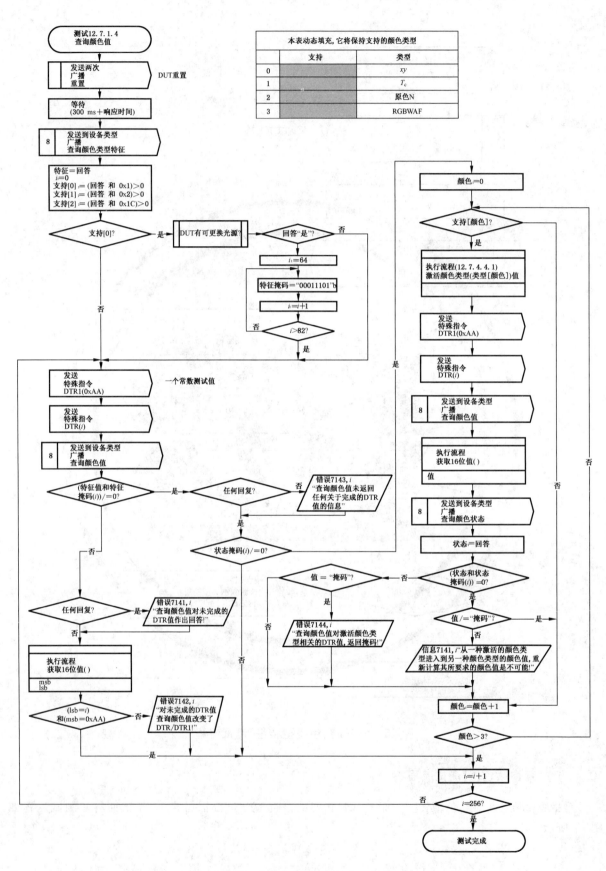

图 27 "查询颜色值"测试流程

表 16 返回测试流程"查询颜色值"的指令

i		特征掩码	状态掩码
0000 0000	0	"00000001"b	"00010000"b
0000 0001	1	"00000001"b	"00010000"b
0000 0010	2	"00000010"b	"00100000"b
0000 0011	3	"00011100"b	"01000000"b
0000 0100	4	"00011100"b	"01000000"b
0000 0101	5	"00011100"b	"01000000"b
0000 0110	6	"00011100"b	"01000000"b
0000 0111	7	"00011100"b	"01000000"b
0000 1000	8	"00011100"b	"01000000"b
0000 1001	9	"11100000"b	"10000000"b
0000 1010	10	"11100000"b	"10000000"b
0000 1011	11	"11100000"b	"10000000"b
0000 1100	12	"11100000"b	"10000000"b
0000 1101	13	"11100000"b	"10000000"b
0000 1110	14	"11100000"b	"10000000"b
0000 1111	15	"11100000"b	"10000000"b
0100 0000	64	"00011100"b	"00000000"b
0100 0001	65	"00011100"b	"00000000"b
0100 0010	66	"00011100"b	"00000000"b
0100 0011	67	"00011100"b	"00000000"b
0100 0100	68	"00011100"b	"00000000"b
0100 0101	69	"00011100"b	"00000000"b
0100 0110	70	"00011100"b	"00000000"b
0100 0111	71	"00011100"b	"00000000"b
0100 1000	72	"00011100"b	"00000000"b
0100 1001	73	"00011100"b	"00000000"b
0100 1010	74	"00011100"b	"00000000"b
0100 1011	75	"00011100"b	"00000000"b
0100 1100	76	"00011100"b	"00000000"b
0100 1101	77	"00011100"b	"00000000"b
0100 1110	78	"00011100"b	"00000000"b
0100 1111	79	"00011100"b	"00000000"b
0101 0000	80	"00011100"b	"00000000"b
0101 0001	81	"00011100"b	"00000000"b

表 16（续）

i		特征掩码	状态掩码
0101 0010	82	"00011100"b	"00000000"b
1000 0000	128	"00000010"b	"00000000"b
1000 0001	129	"00000010"b	"00000000"b
1000 0010	130	"00000010"b	"00000000"b
1000 0011	131	"00000010"b	"00000000"b
1100 0000	192	"00011101"b	"00000000"b
1100 0001	193	"00011101"b	"00000000"b
1100 0010	194	"00000010"b	"00000000"b
1100 0011	195	"00011100"b	"00000000"b
1100 0100	196	"00011100"b	"00000000"b
1100 0101	197	"00011100"b	"00000000"b
1100 0110	198	"00011100"b	"00000000"b
1100 0111	199	"00011100"b	"00000000"b
1100 1000	200	"00011100"b	"00000000"b
1100 1001	201	"11100000"b	"00000000"b
1100 1010	202	"11100000"b	"00000000"b
1100 1011	203	"11100000"b	"00000000"b
1100 1100	204	"11100000"b	"00000000"b
1100 1101	205	"11100000"b	"00000000"b
1100 1110	206	"11100000"b	"00000000"b
1100 1111	207	"11100000"b	"00000000"b
1101 0000	208	"11111111"b	"00000000"b
1110 0000	224	"00000001"b	"00000000"b
1110 0001	225	"00000001"b	"00000000"b
1110 0010	226	"00000010"b	"00000000"b
1110 0011	227	"00011100"b	"00000000"b
1110 0100	228	"00011100"b	"00000000"b
1110 0101	229	"00011100"b	"00000000"b
1110 0110	230	"00011100"b	"00000000"b
1110 0111	231	"00011100"b	"00000000"b
1110 1000	232	"00011100"b	"00000000"b
1110 1001	233	"11100000"b	"00000000"b
1110 1010	234	"11100000"b	"00000000"b
1110 1011	235	"11100000"b	"00000000"b

表 16（续）

i		特征掩码	状态掩码
1110 1100	236	"11100000"b	"00000000"b
1110 1101	237	"11100000"b	"00000000"b
1110 1110	238	"11100000"b	"00000000"b
1110 1111	239	"11100000"b	"00000000"b
1111 0000	240	"11111111"b	"00000000"b
其他		"00000000"b	"00000000"b

12.7.1.5 "查询 RGBWAF 控制"测试流程

对指令 251"查询 RGBWAF 控制"连同指令 237"设置 RGBWAF 控制"一起进行测试。测试检查是否能(去)激活所有支持的通道以及是否没有一个是按"标准化"颜色控制来激活的。测试流程如图 28 所示。

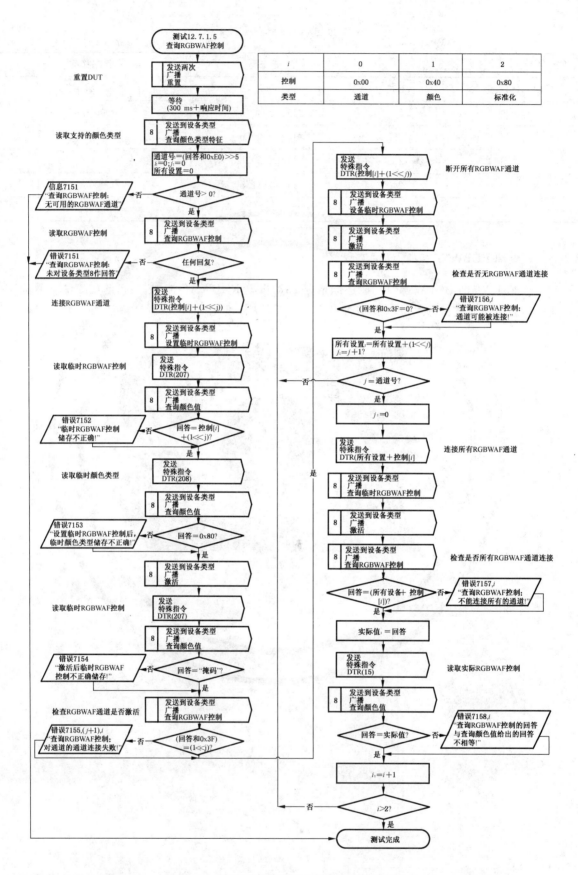

图 28 "查询 RGBWAF 控制"测试流程

12.7.1.6 "查询分配的颜色"测试流程

对指令 252"查询分配的颜色"进行测试。测试:当无通道被激活时是否返回"0";当给相同的颜色分配了多于一个通道时是否返回"掩码";当一种颜色仅分配一个通道时是否返回适当的颜色数字。测试流程如图 29 所示。

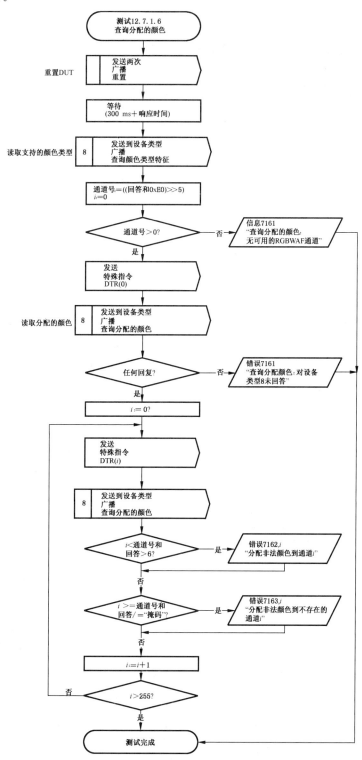

图 29 "查询分配的颜色"测试流程

12.7.2 "应用扩展配置指令"的测试流程

12.7.2.1 通用规则

流程 12.7.2.2~12.7.2.11.1 提供了"应用扩展配置指令"的测试流程

12.7.2.2 "储存 TY 原色 N"测试流程

指令 240:由确定可使用的原色的数字和储存一个对它们有代表性的数字来对"储存 TY 原色 N"进行测试,然后通过"查询颜色值"读取已储存的值。最后测试检查是否通过给 DTR2 一个超范围的值来触发改变已储存的原色值。测试结束时,在原色中恢复原始 TY 值。测试流程如图 30 所示。

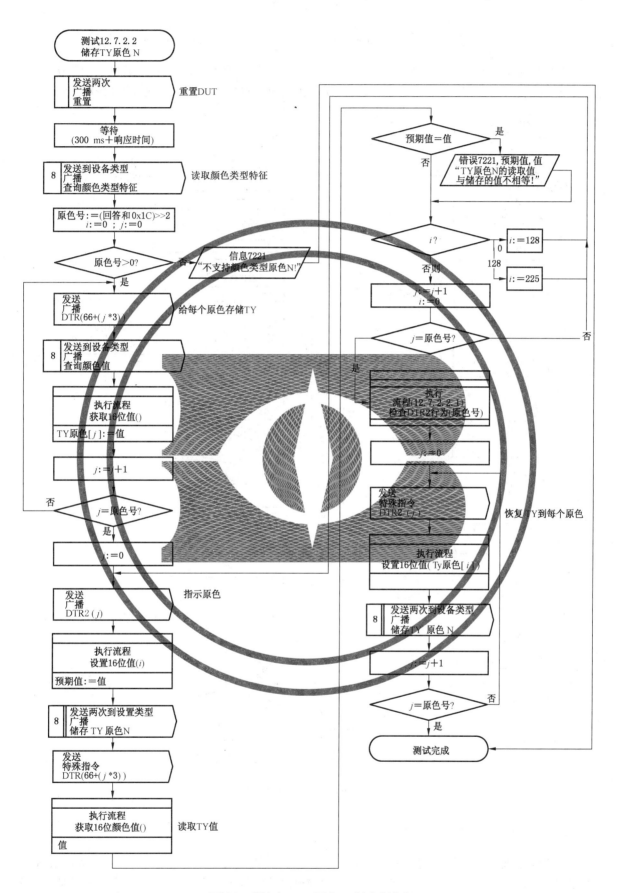

图 30　"储存 TY 原色 N"测试流程

12.7.2.2.1 "检查 DTR2 行为(原色号)"测试流程

本流程首先设置所有支持的原色为一个不同的值。然后根据指令 240"储存 TY 原色 N",让 DTR2 使用超范围的值,看是否引起指令"查询颜色值"所读出的已储存值变化。本测试流程如图 31 所示。

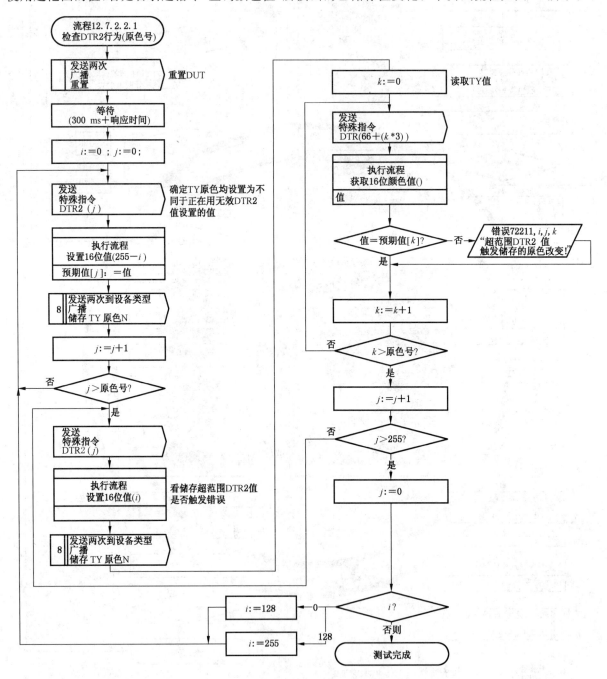

图 31 "检查 DTR2 行为 8(原色号)"测试流程

12.7.2.3 "储存 xy 坐标原色 N"测试流程

指令 241:由储存一个在所有可使用的原色中有代表性值的数字并用指令 250"查询颜色值"读出它们来对"储存 xy 坐标原色 N"进行测试。最后检查通过给 DTR2 一个超范围的值来触发已储存的原色值是否改变。测试结束时,在原色中恢复原始 TY 值。测试流程如图 32 所示。

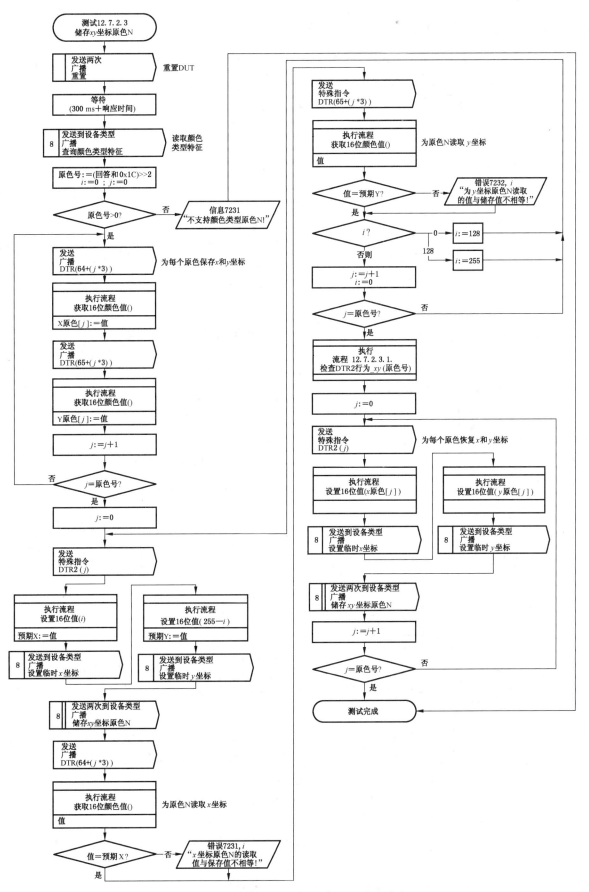

图 32 "储存 *xy* 坐标原色 N"测试流程

12.7.2.3.1 "检查 DTR2 行为_XY(原色号)"测试流程

本流程通过指令 241"储存 xy 原色 N"检查在 DTR2 中使用超范围的值是否引起原色 N 的 xy 坐标已储存值的改变。测试流程如图 33 所示。

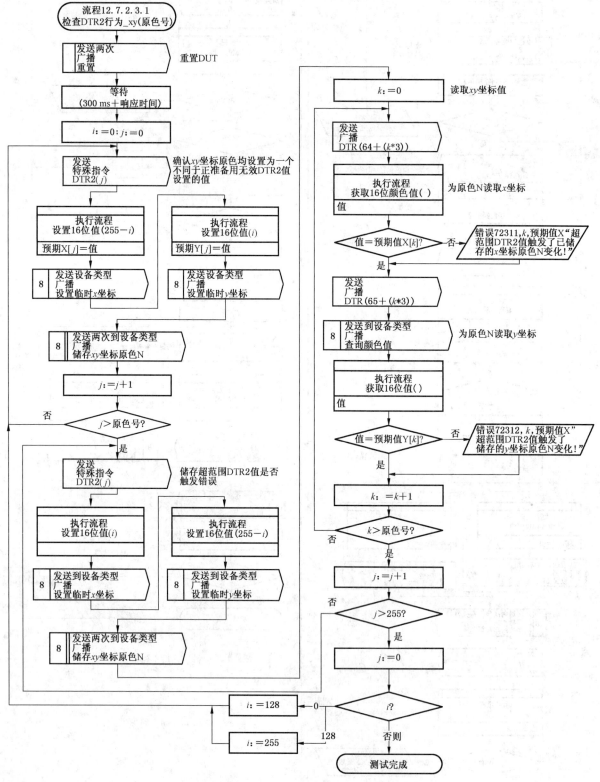

图 33 "检查 DTR2 行为_XY(原色号)"测试流程

12.7.2.4 "储存色温 T_c 限值"测试流程

指令 242:通过把值写入 4 个 T_c 限值,并使用指令"查询颜色值"读出它们来对"储存色温 T_c 限值"进行测试。首先,保存物理值。针对四个限值,完成一个设置这些限值之一的组合数字,然后验证无效的 DTR2 值。测试结束时恢复原始的物理限值。测试流程如图 34 所示。

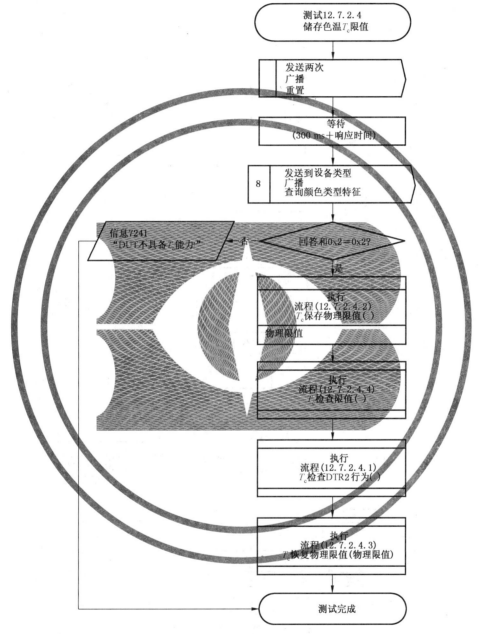

图 34　"储存色温 T_c 限值"测试流程

12.7.2.4.1 "T_c 检查 DTR2 行为（　）"测试流程

本流程首先设置所有的 T_c 限值为 0,然后通过指令 242"储存色温 T_c 限值",在 DTR2 中使用超范围的值是否改变用指令"查询颜色值"读出来的已储存值。测试流程如图 35 所示。

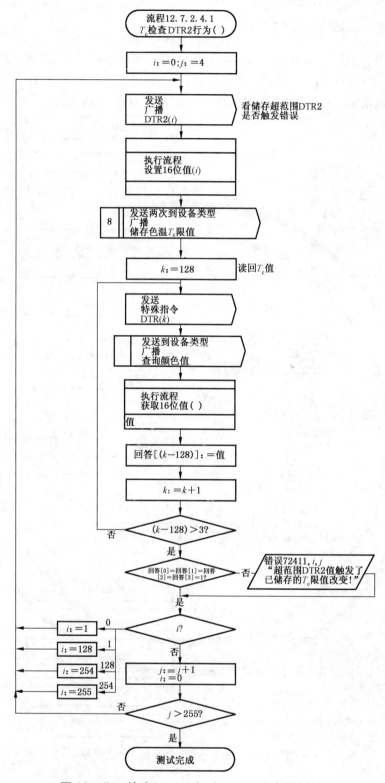

图 35 "T_c 检查 DTR2 行为（ ）"测试流程

12.7.2.4.2 "T_c 保存物理限值" 测试流程

本流程保存 T_c 物理限值，以便测试后能恢复物理限值。测试流程如图 36 所示。

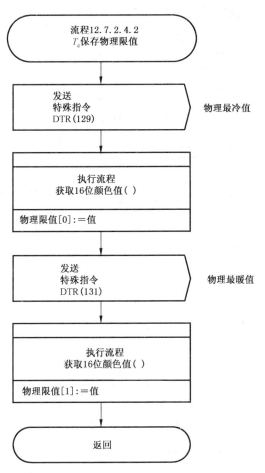

图 36 "T_c 保存物理限值"测试流程

12.7.2.4.3 "T_c 恢复物理限值(物理限值)"测试流程

本流程恢复之前保存的 T_c 物理限值。测试流程如图 37 所示。

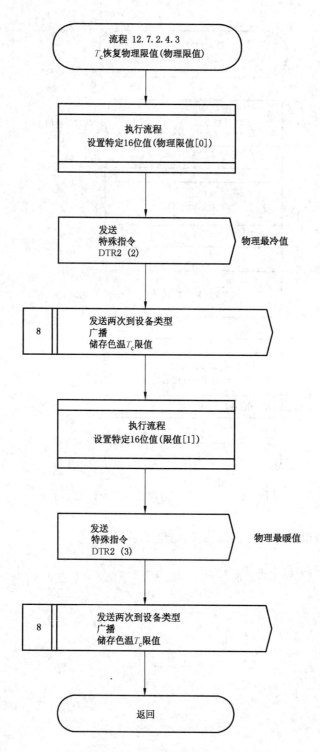

图 37 "T_c 恢复物理限值(物理限值)"测试流程

12.7.2.4.4 "T_c 检查限值"测试流程

本流程验证改变其中一个限值会对所有的限值有预期的效果。测试流程如图 38 所示。

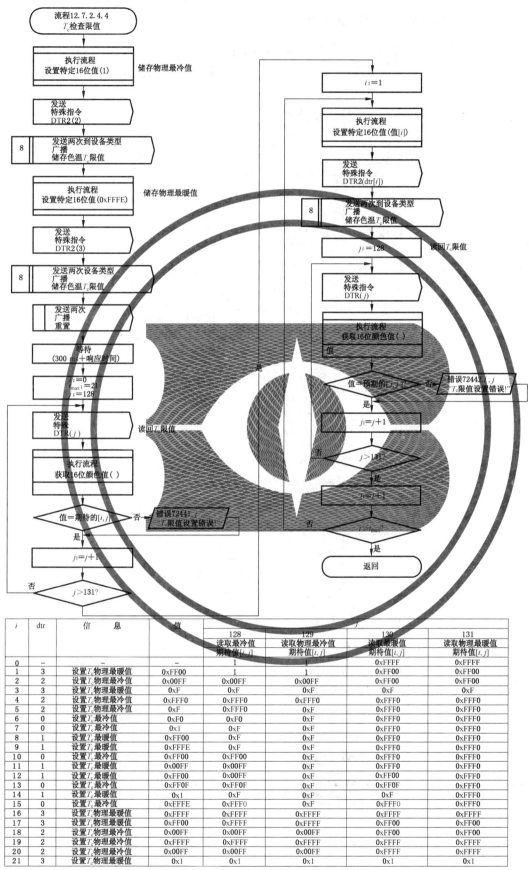

图38 "T_c检查限值"测试流程

i	dtr	信 息	值	j			
				128 读取最冷值 期待值[i,j]	129 读取物理最冷值 期待值[i,j]	130 读取最暖值 期待值[i,j]	131 读取物理最暖值 期待值[i,j]
0	–	–	–	1	1	0xFFFF	0xFFFF
1	3	设置T_c物理最暖值	0xFF00	1	1	0xFF00	0xFF00
2	2	设置T_c物理最冷值	0x00FF	0x00FF	0x00FF	0xFF00	0xFF00
3	3	设置T_c物理最暖值	0xF	0xF	0xF	0xF	0xF
4	2	设置T_c物理最冷值	0xFFF0	0xFFF0	0xFFF0	0xFFF0	0xFFF0
5	2	设置T_c物理最冷值	0xF	0xFFF0	0xF	0xFFF0	0xFFF0
6	0	设置T_c最冷值	0xF0	0xF0	0xF	0xFFF0	0xFFF0
7	0	设置T_c最冷值	0x1	0xF	0xF	0xFFF0	0xFFF0
8	1	设置T_c最暖值	0xFF00	0xF	0xF	0xFFF0	0xFFF0
9	1	设置T_c最暖值	0xFFFE	0xF	0xF	0xFFF0	0xFFF0
10	0	设置T_c最冷值	0xFF00	0xFF00	0xF	0xFFF0	0xFFF0
11	1	设置T_c最暖值	0x00FF	0x00FF	0xF	0xFFF0	0xFFF0
12	1	设置T_c最暖值	0xFF00	0x00FF	0xFF00	0xFFF0	0xFFF0
13	0	设置T_c最冷值	0xFF0F	0xFF0F	0xF	0xFF0F	0xFFF0
14	1	设置T_c最暖值	0x1	0xF	0xF	0xF	0xFFF0
15	0	设置T_c最冷值	0xFFFE	0xFFF0	0xF	0xFFF0	0xFFF0
16	3	设置T_c物理最暖值	0xFFFF	0xFFFF	0xFFFF	0xFFFF	0xFFFF
17	3	设置T_c物理最暖值	0xFF00	0xFFFF	0xFFFF	0xFF00	0xFF00
18	2	设置T_c物理最冷值	0x00FF	0x00FF	0x00FF	0xFF00	0xFF00
19	2	设置T_c物理最冷值	0xFFFF	0xFFFF	0xFFFF	0xFFFF	0xFFFF
20	2	设置T_c物理最冷值	0x00FF	0x00FF	0x00FF	0xFFFF	0xFFFF
21	3	设置T_c物理最暖值	0x1	0x1	0x1	0x1	0x1

12.7.2.5 "储存控制装置特征/状态"测试流程

指令 243:通过检查重置后的初始值以及两次触发"自动校准"位来对"储存控制装置特征/状态"进行测试,所有这些通过指令 247"查询控制装置特征/状态"进行验证。测试流程如图 39 所示。

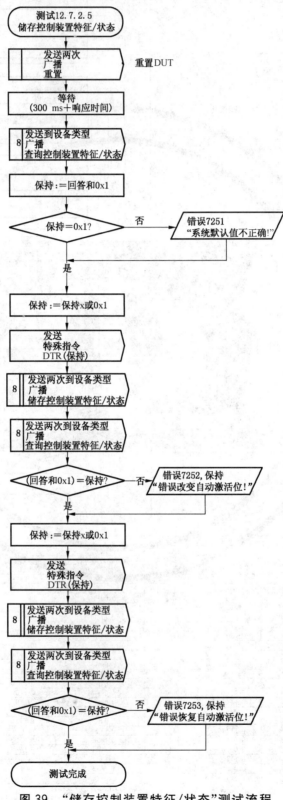

图 39 "储存控制装置特征/状态"测试流程

12.7.2.6 "自动激活"测试流程

本测试验证自动激活为表格所列的所有指令工作,为所有支持的颜色类型工作。然后它关闭"自动激活"位,验证颜色不被激活。测试流程如图 40 所示。

12.7.2.6.1 "自动激活_xy(最小等级、指令、延迟、预期等级)"测试流程

本流程测试启用 xy 模式下的自动激活。测试流程如图 41 所示。

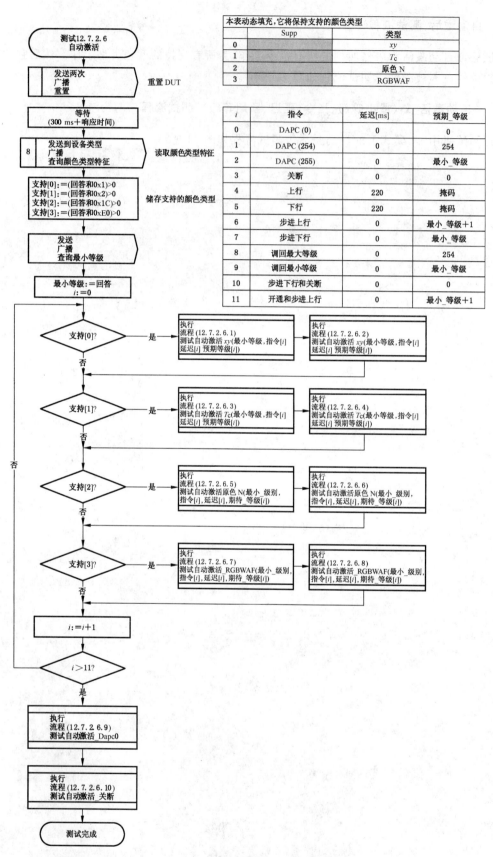

本表动态填充,它将保持支持的颜色类型		
	Supp	类型
0		xy
1		T_c
2		原色 N
3		RGBWAF

i	指令	延迟[ms]	预期_等级
0	DAPC (0)	0	0
1	DAPC (254)	0	254
2	DAPC (255)	0	最小_等级
3	关断	0	0
4	上行	220	掩码
5	下行	220	掩码
6	步进上行	0	最小_等级＋1
7	步进下行	0	最小_等级
8	调回最大等级	0	254
9	调回最小等级	0	最小_等级
10	步进下行和关断	0	0
11	开通和步进上行	0	最小_等级＋1

图 40 "自动激活"测试流程

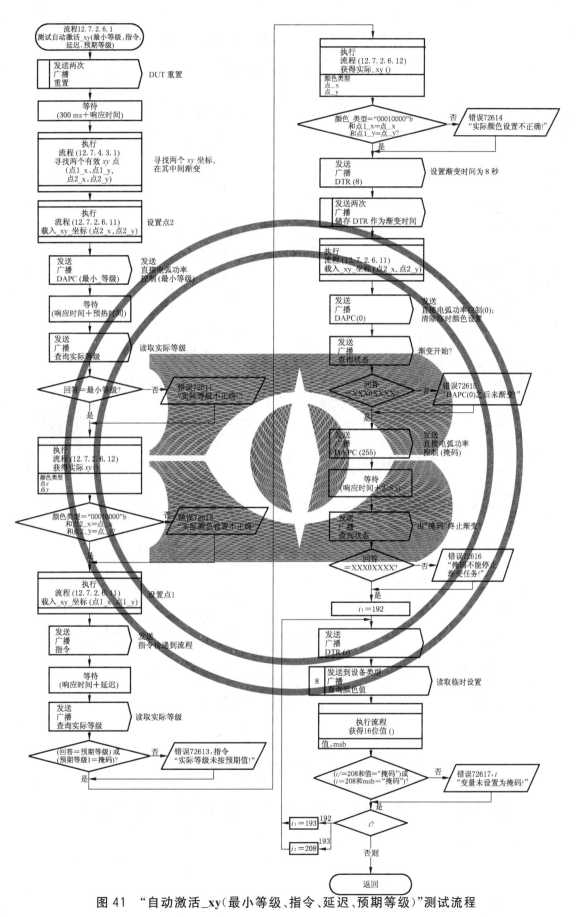

图 41 "自动激活_xy(最小等级、指令、延迟、预期等级)"测试流程

12.7.2.6.2 "非自动激活_xy(最小等级、指令、延迟、预期等级)"测试流程

本流程测试在 xy 模式下不启用自动激活。测试流程如图 42 所示。

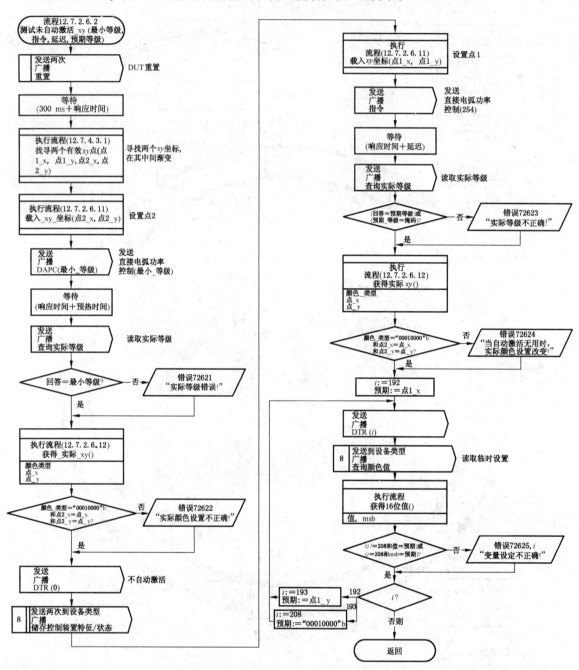

图 42 "非自动激活_xy(最小等级、指令、延迟、预期等级)"测试流程

12.7.2.6.3 "自动激活_T$_c$(最小等级、指令、延迟、预期等级)"测试流程

本流程测试启用 T_c 模式下的自动激活。测试流程如图 43 所示。

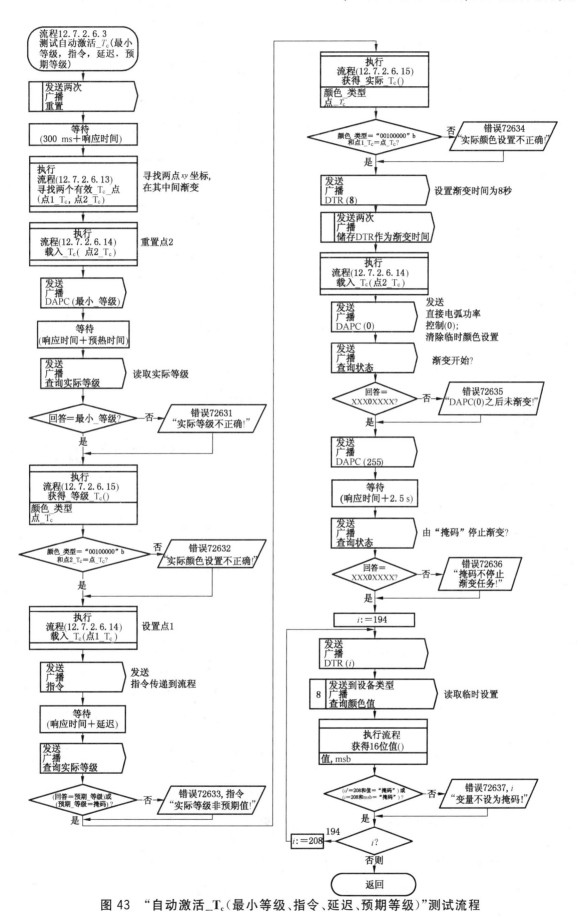

图43 "自动激活_T_c(最小等级、指令、延迟、预期等级)"测试流程

12.7.2.6.4 "非自动激活_T_c(最小等级、指令、延迟、预期等级)"测试流程

本流程测试 T_c 模式下的不启用自动激活。测试流程如图 44 所示。

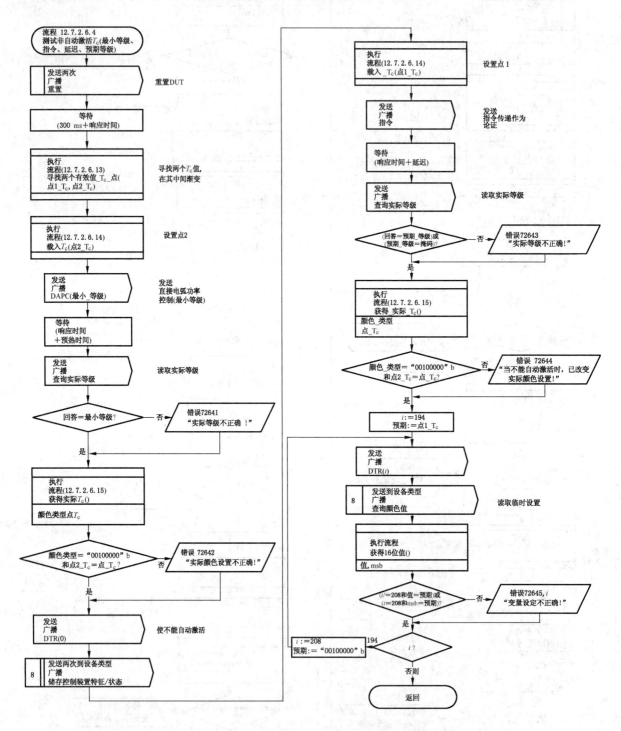

图 44 "非自动激活_T_c(最小等级、指令、延迟、预期等级)"测试流程

12.7.2.6.5 "自动激活_原色 N(最小值等级、指令、延迟、预期等级)"测试流程

本流程测试启用原色 N 模式下的自动激活。测试流程如图 45 所示。

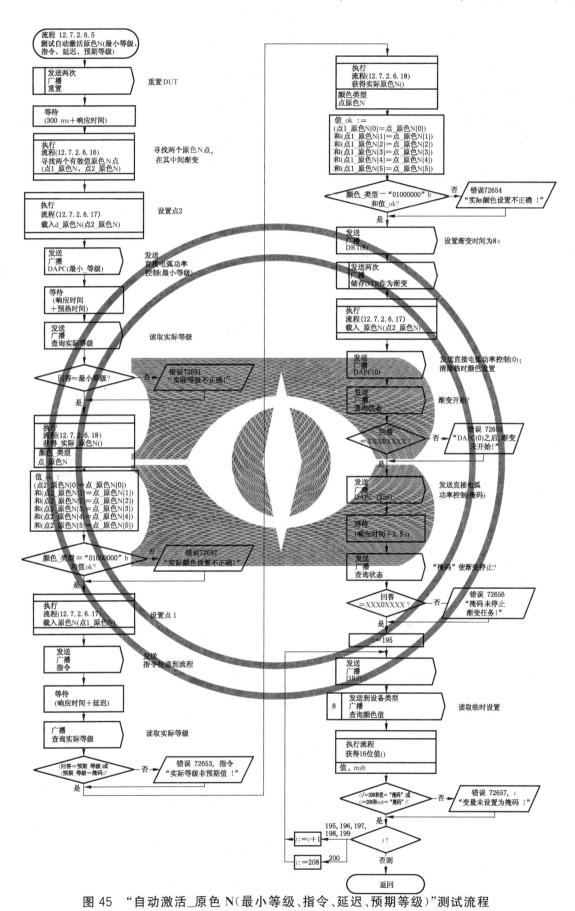

图 45 "自动激活_原色 N（最小等级、指令、延迟、预期等级）"测试流程

12.7.2.6.6 "非自动激活_原色 N(最小值等级、指令、延迟、预期等级)"测试流程

本流程测试原色 N 模式下不启用自动激活。测试流程如图 46 所示。

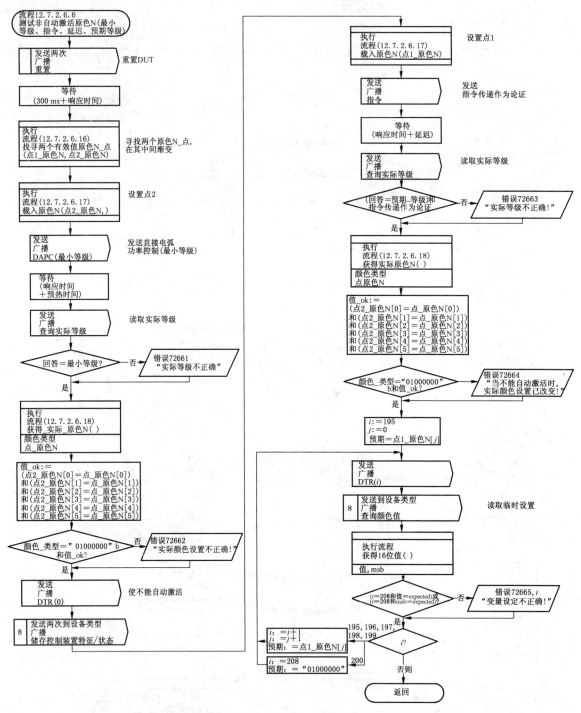

图 46 "非自动激活_原色 N(最小等级、指令、延迟、预期等级)"测试流程

12.7.2.6.7 "自动激活_RGBWAF(最小等级、指令、延迟、预期等级)"测试流程

本流程测试 RGBWAF 模式下启用自动激活。测试流程如图 47 所示。

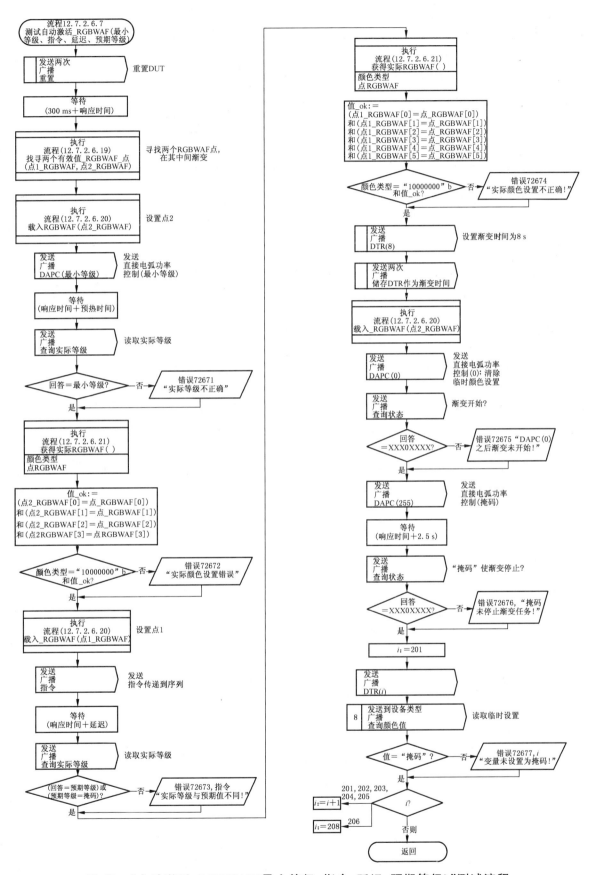

图 47 "自动激活_RGBWAF(最小等级、指令、延迟、预期等级)"测试流程

12.7.2.6.8 "非自动激活_RGBWAF(最小等级、指令、延迟、预期等级)"测试流程

本流程测试 RGBWAF 模式下不启用自动激活。测试流程如图 48 所示。

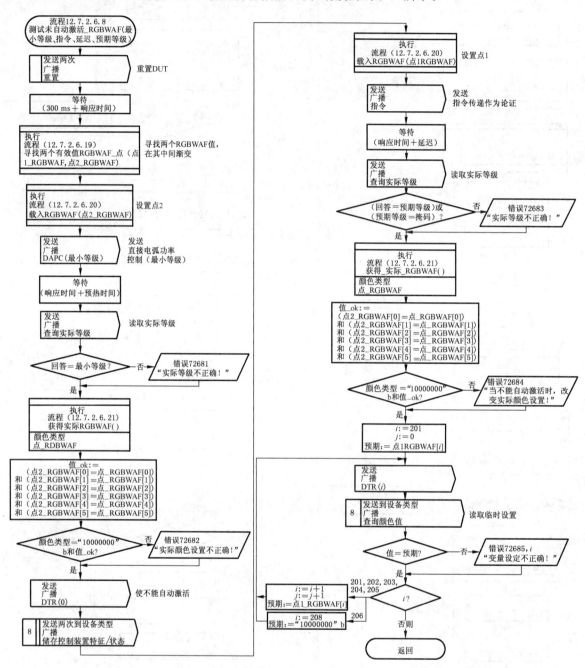

图 48 "非自动激活 RGBWAF(最小等级、指令、延迟、预期等级)"测试流程

12.7.2.6.9 "自动激活_Dapc0"测试流程

本流程用直接电弧功率控制指令 DAPC(0)测试自动激活。测试流程如图 49 所示。

12.7.2.6.10 "自动激活_关断"测试流程

本流程用指令关断测试自动激活。测试流程如图 50 所示。

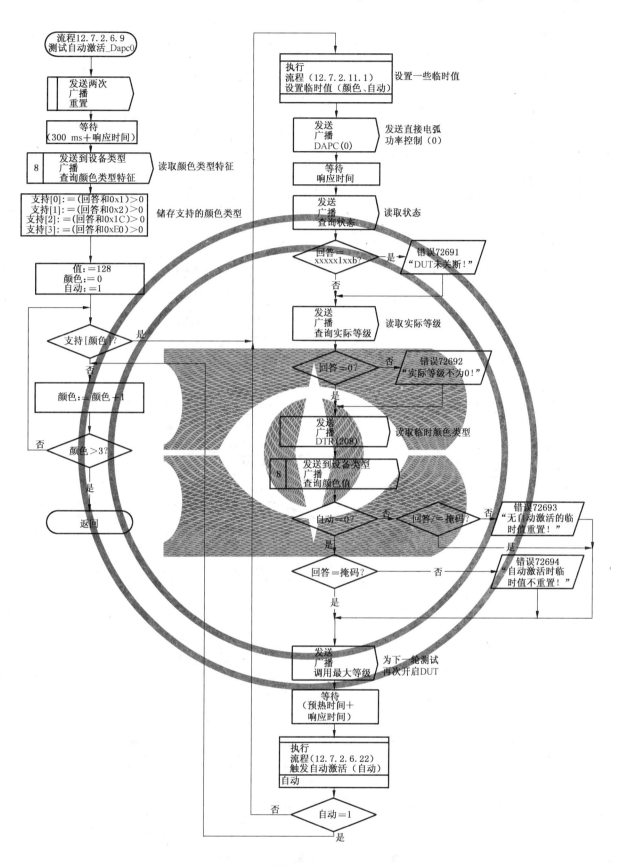

图 49 "自动激活_Dapc0"测试流程

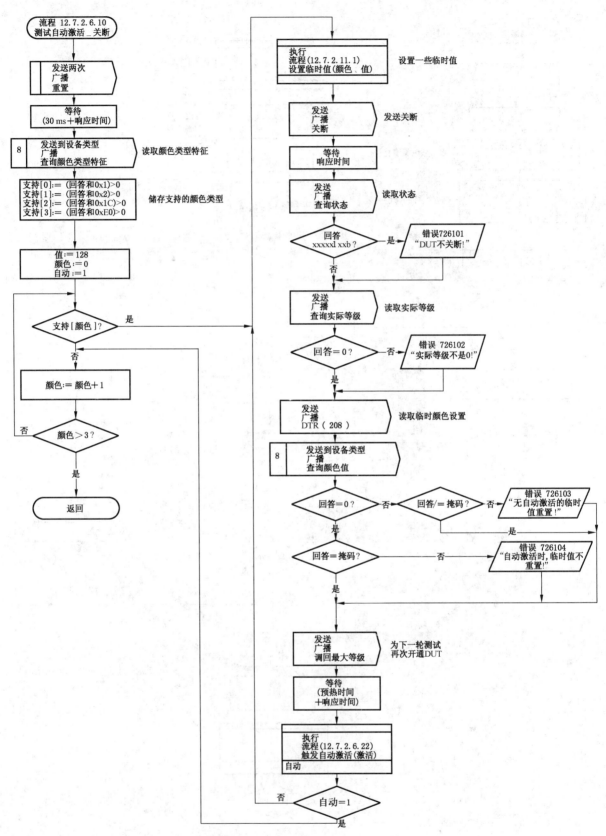

图 50 "自动激活_关断"测试流程

12.7.2.6.11 "载入_xy_坐标(点_x,点_y)"测试流程

本流程无激活地在临时 x 坐标和临时 y 坐标上建立(点_x,点_y)。测试流程如图 51 所示。

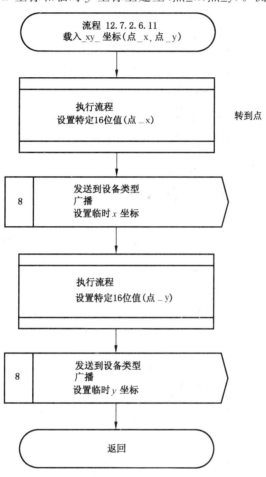

图 51 "载入_xy_坐标(点_x,点_y)"测试流程

12.7.2.6.12 "获取_实际_xy( )"测试流程

本流程从报告 x 坐标和报告 y 坐标中获取实际(点_x,点_y),假设报告变量被填充。测试流程如图 52 所示。

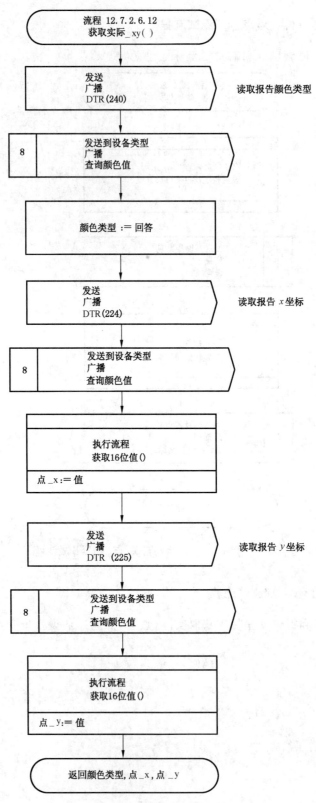

图 52 "获得_实际_xy( )"测序流程

12.7.2.6.13 "寻找两个有效_T_c_点( )"测试流程

本流程检索最暖和最冷的 T_c 点作为两个有效的 T_c 点。然后它激活最冷点。测试流程如图 53

所示。

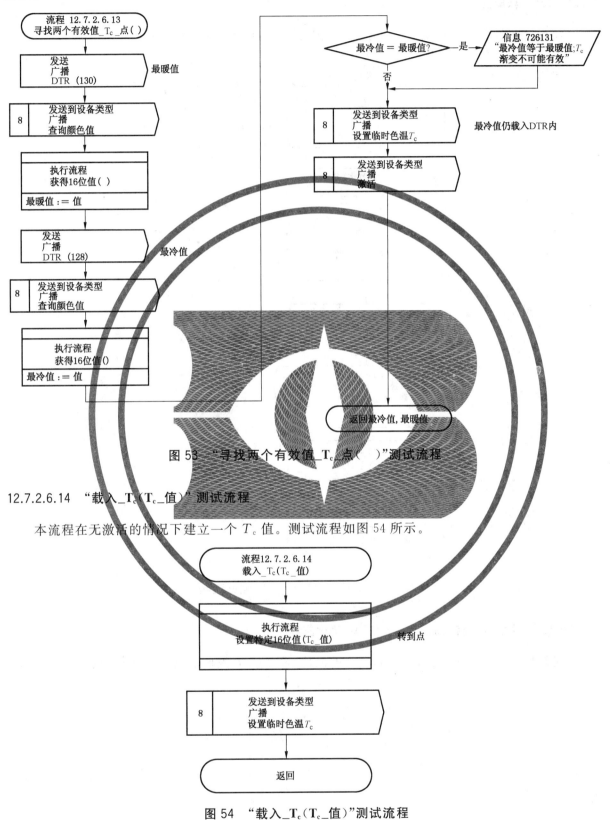

图 53 "寻找两个有效值_T_c_点( )"测试流程

12.7.2.6.14 "载入_T_c(T_c_值)"测试流程

本流程在无激活的情况下建立一个 T_c 值。测试流程如图 54 所示。

图 54 "载入_T_c(T_c_值)"测试流程

12.7.2.6.15 "获取_实际_T$_c$( )"测试流程

本流程从报告 T$_c$ 变量中检索实际的 T$_c$ 点,假设报告变量被填充。测试流程如图 55 所示。

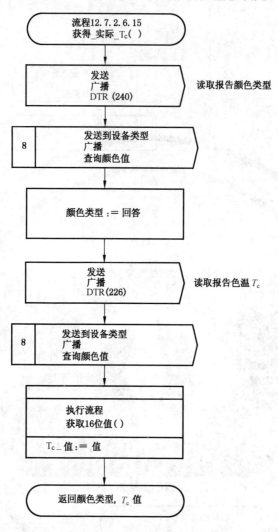

图 55 "获得_实际_T$_c$( )"测试流程

12.7.2.6.16 "寻找两个有效原色 N_点( )"测试流程

本流程寻找两个原色 N 点,点 1 和点 2 的值是不同的。在返回前,激活点 1。测试流程如图 56 所示。

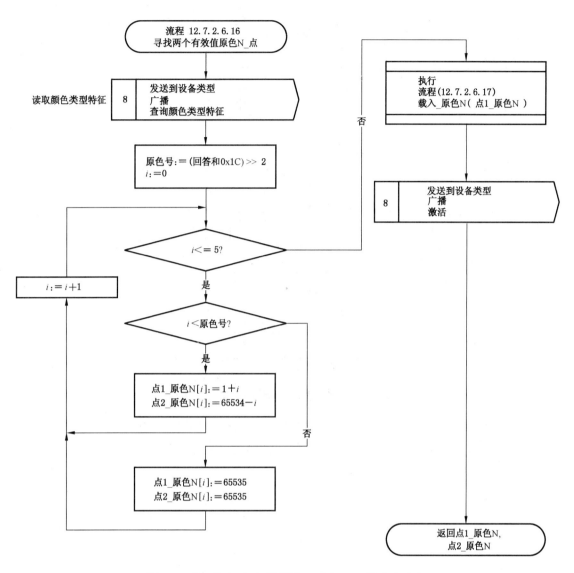

图 56 "寻找两个有效原色 N_点（   ）"测试流程

12.7.2.6.17 "载入_原色 N（点_原色 N）"测试流程

本流程在无激活的情况下建立一个原色 N 点。测试流程如图 57 所示。

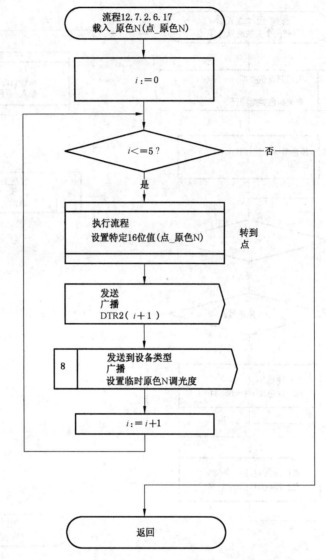

图 57 "载入_原色 N(点_原色 N)"测试流程

12.7.2.6.18 "获取_实际_原色 N( )"测试流程

本流程从报告原色 N 变量中检索一个原色 N 点,假设报告变量被填充。测试流程如图 58 所示。

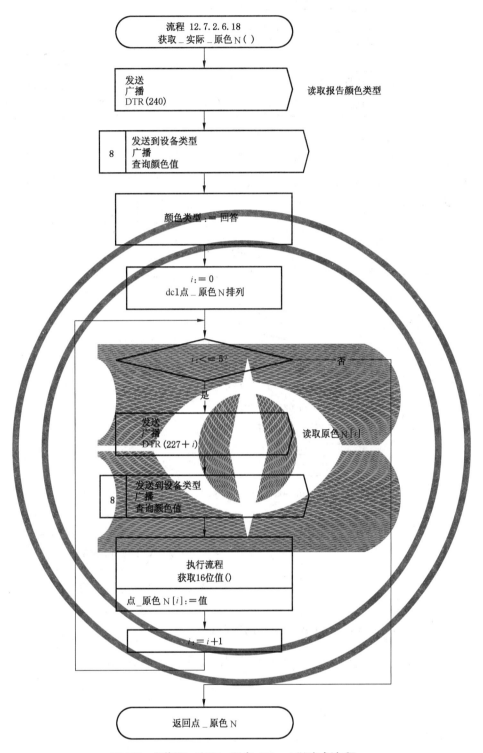

图 58 "获取_实际_原色 N( )"测试流程

12.7.2.6.19 "寻找两个有效值_RGBWAF_点( )"测试流程

本流程寻找两个 RGBWAF 点,点 1 和点 2 的值是不同的。返回前,激活点 1。测试流程如图 59 所示。

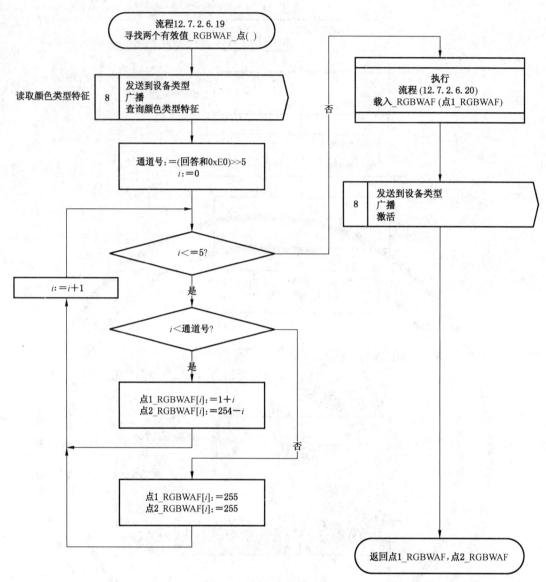

图59 "寻找两个有效值_RGBWAF_点( )"测试流程

12.7.2.6.20 "载入_RGBWAF(点_RGBWAF)"测试流程

本流程在无激活的情况下建立一个 RGBWAF 点。测试流程如图 60 所示。

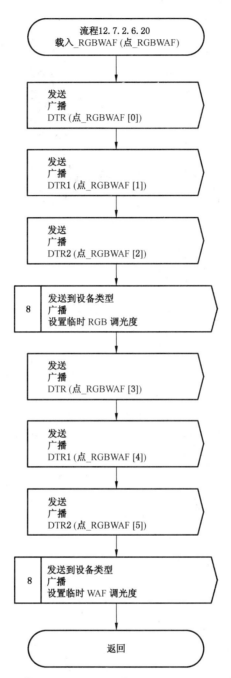

图 60 "载入_RGBWAF(点_RGBWAF)"测试流程

12.7.2.6.21 "获取_实际_RGBWAF( )"测试流程

本流程从报告 RGBWAF 变量中检索一个 RGBWAF 点,假设报告变量被填充。测试流程如图 61 所示。

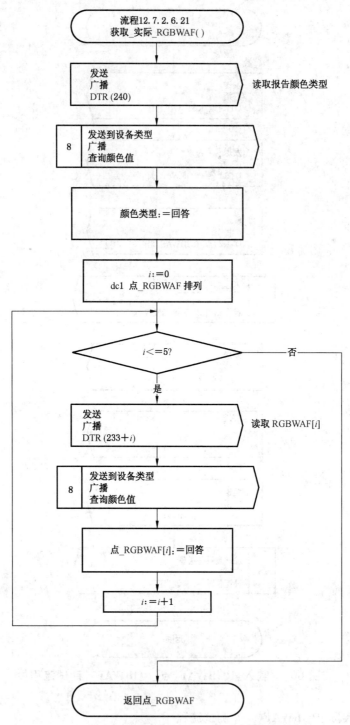

图 61　"获取_实际_RGBWAF（　）"测试流程

12.7.2.6.22　"触发自动激活（自动）"测试流程

本流程触发"自动激活"位。测试流程如图 62 所示。

流程 12.7.2.6.22
触发自动激活（自动）

自动: ＝（自动＋1）模式 2

发送
广播
DTR（自动）

8 | 发送两次到设备类型
广播
储存控制装置特征/状态

返回自动

图 62 "触发自动激活（自动）"测试流程

12.7.2.7 "分配颜色到已连接的通道"测试流程

指令 245：为每个可用的通道检查所有不同的颜色分配来对"分配颜色到已连接通道"进行测试。执行指令 245 后，用指令 252"查询分配的颜色"进行此项检查。测试流程如图 63 所示。

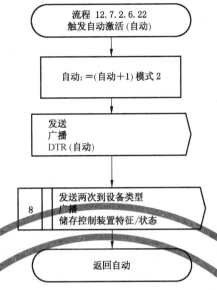

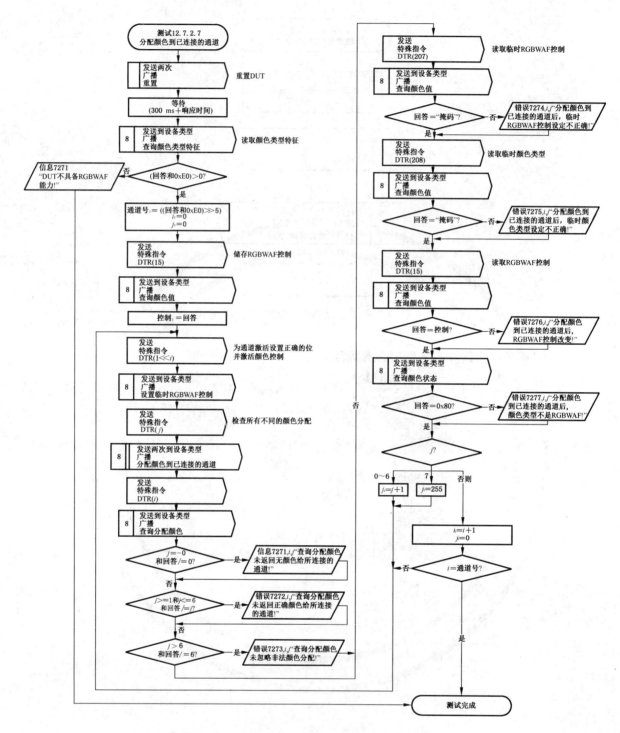

图 63 "分配颜色到已连接的通道"测试流程

12.7.2.8 "启动自动校准"测试流程

指令 246：对"启动自动校准"进行测试。当"查询控制装置特征"显示不支持自动校准时，启动测试并尝试检查是否在支持自动校准的情况下无显示地运行。测试流程如图 64 所示。

如果支持自动校准，开始启动，检查运行情况和检查是否在 15 min 内（+10％）结束。然后，重新启动并且检查它是否能通过"终止"指令停止。

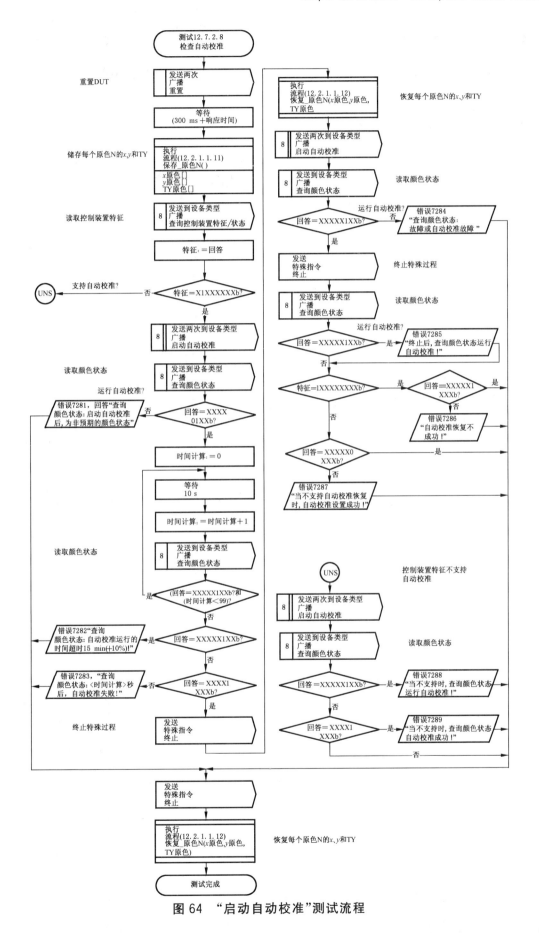

图64 "启动自动校准"测试流程

12.7.2.9 "上电颜色"测试流程

在此,对涉及颜色的被测设备 DUT 上电行为进行测试。当对每种颜色类型完成测试后,DUT 支持标准上电行为和当颜色值为"掩码"时的行为。测试流程如图 65 所示。

12.7.2.9.1 "上电行为_xy"测试流程

本流程使控制装置受控至一个有效的 xy 坐标并设置"上电"等级与颜色。然后它完成一个功率周期,检查控制装置是否受控至设置的坐标及上电等级。它把控制装置置于另外一个 xy 点。测试流程如图 66 所示。

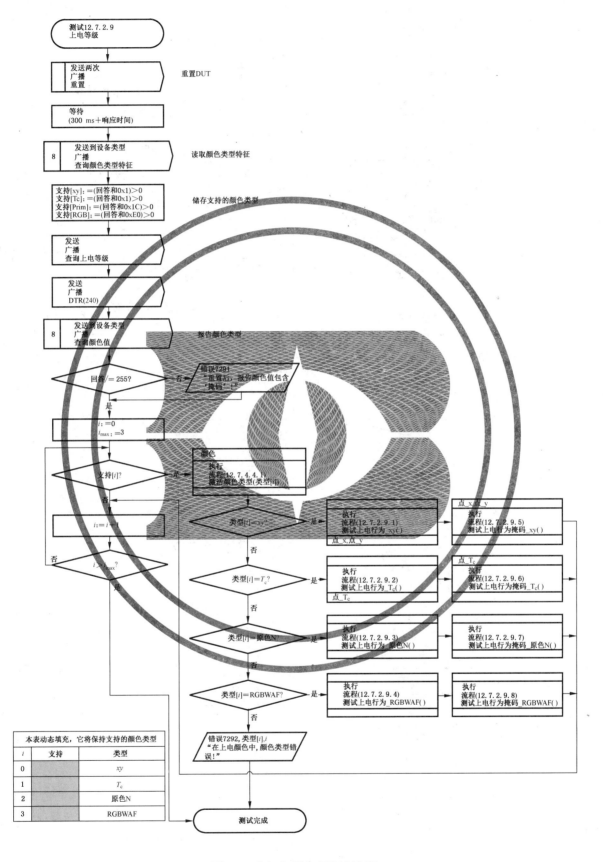

图 65 "上电颜色"测试流程

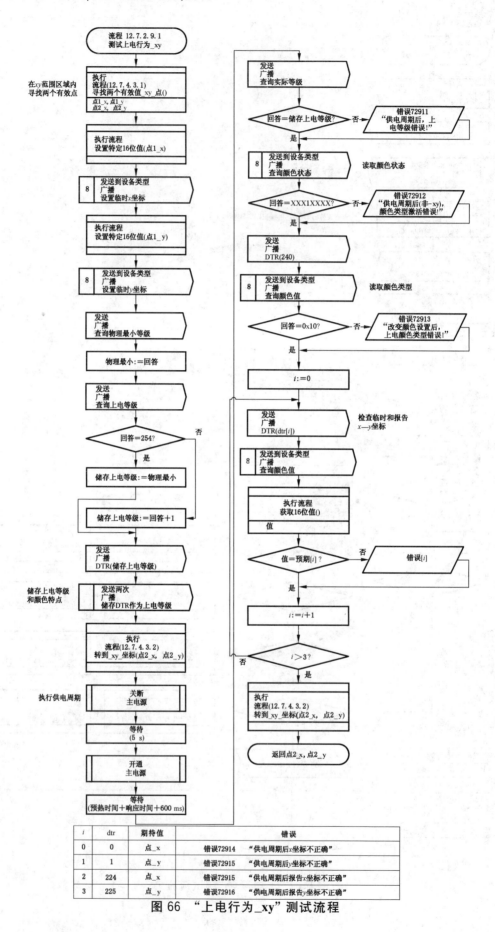

图 66 "上电行为_xy"测试流程

i	dtr	期待值	错误	
0	0	点_x	错误72914	"供电周期后x坐标不正确"
1	1	点_y	错误72915	"供电周期后y坐标不正确"
2	224	点_x	错误72915	"供电周期后报告x坐标不正确"
3	225	点_y	错误72916	"供电周期后报告y坐标不正确"

12.7.2.9.2 "上电行为_T_c"测试流程

本流程使控制装置受控至一个有效的 T_c 值并设置"上电"等级和"T_c"点。然后,它完成一个功率周期并检查控制装置是否控制至设置的 T_c 点和功率等级。它把控制装置置于另外一个 T_c 点。测试流程如图67所示。

12.7.2.9.3 "上电行为_原色 N"测试流程

本流程使控制装置受控至一个原色 N 等级并设置"上电"等级和原色 N 调光度。然后,它完成一个功率周期并检查控制装置是否控制至设置的原色 N 调光度功率等级。对控制装置支持的所有原色都要进行。测试流程如图68所示。

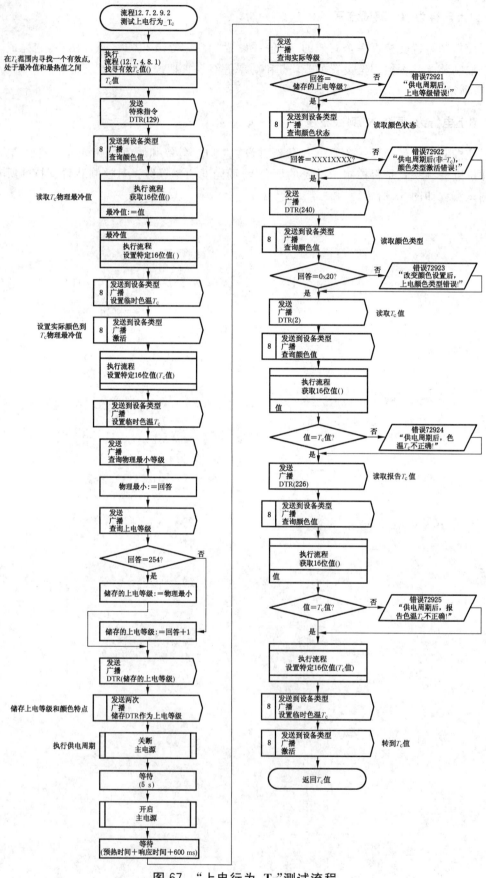

图 67 "上电行为_T$_c$"测试流程

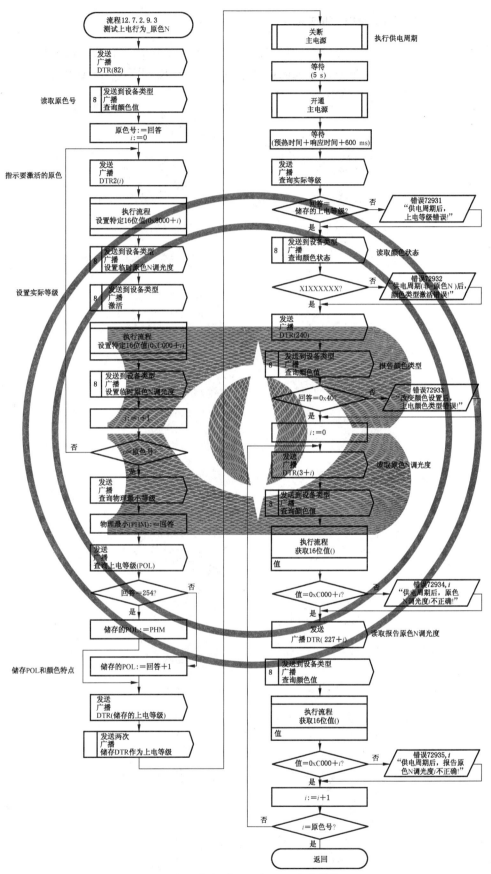

图 68 "上电行为_原色 N"测试流程

12.7.2.9.4 "上电行为_RGBWAF"测试流程

本流程不关注通道的实际颜色分配,因为它为一个相同的值设置所有调光度并且它为两个不同的等级执行这些。当一个功率周期后回读数值,它将确定读到的 RGBWAF 值是否包含在功率周期前设置的调光度。测试流程如图 69 所示。

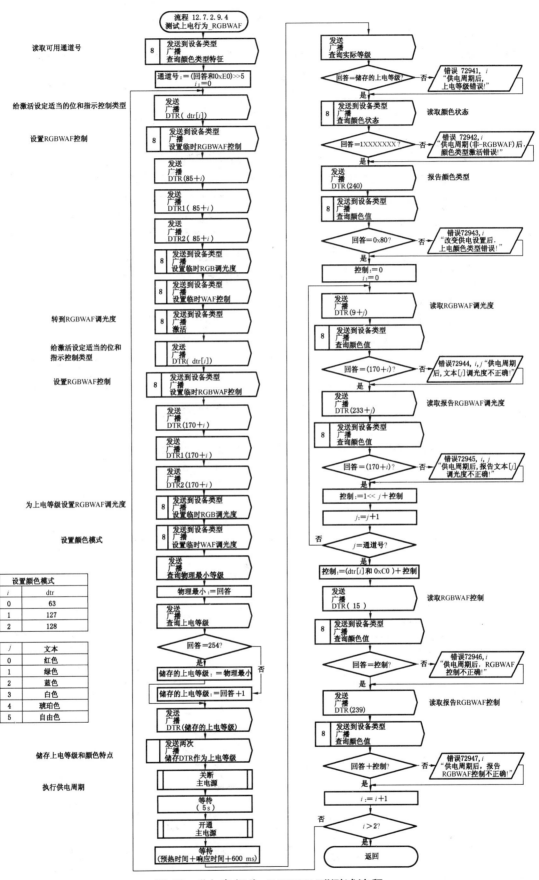

图 69 "上电行为_RGBWAF"测试流程

12.7.2.9.5 "上电行为掩码_xy"测试流程

本测试流程设置"上电"xy颜色值为"掩码"。然后它完成一个功率周期,检查控制装置是否控制到相同的坐标并且使用设置的功率等级,假设点 2 为已知。测试流程如图 70 所示。

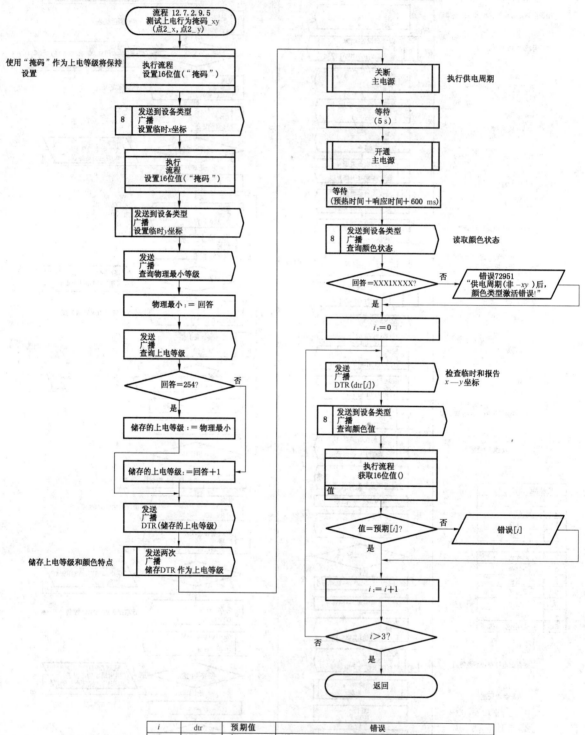

i	dtr	预期值	错误	
0	0	点 2_x	错误 72952	"供电周期后 x 坐标不正确"
1	1	点 2_y	错误 72953	"供电周期后 y 坐标不正确"
2	224	点 2_x	错误 72954	"供电周期后报告 x 坐标不正确"
3	225	点 2_y	错误 72955	"供电周期后报告 y 坐标不正确"

图 70 "上电行为掩码_xy"测试流程

12.7.2.9.6　"上电行为掩码_Tᴄ"测试流程

本测试流程设置"上电"T_c值为"掩码"。然后它完成一个功率周期,检查控制装置是否控制到相同的坐标并且使用设置的功率等级,假设 T_c 值为已知。测试流程如图 71 所示。

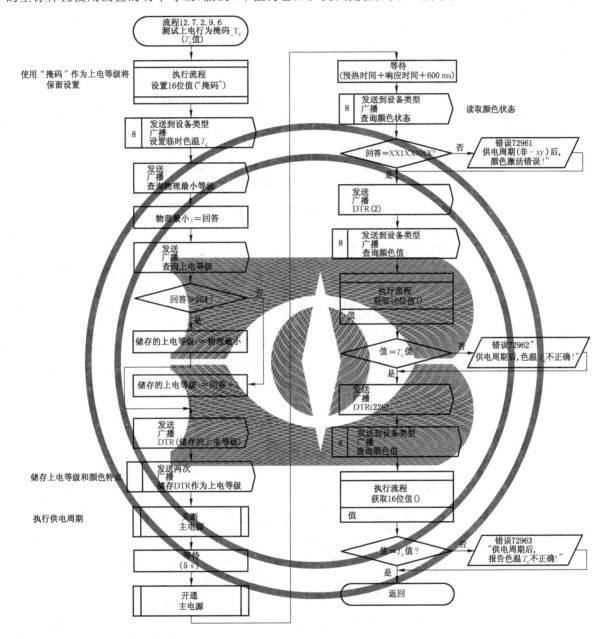

图 71　"上电行为掩码_Tᴄ"测试流程

12.7.2.9.7　"上电行为掩码_原色 N"测试流程

本流程使控制装置受控到一个原色 N 等级并设置"上电"原色 N 等级为"掩码"。然后它完成一个功率周期,检查控制装置是否控制到相同的原色 N 等级并且使用设置的功率等级。对于控制装置支持的所有原色都进行。测试流程如图 72 所示。

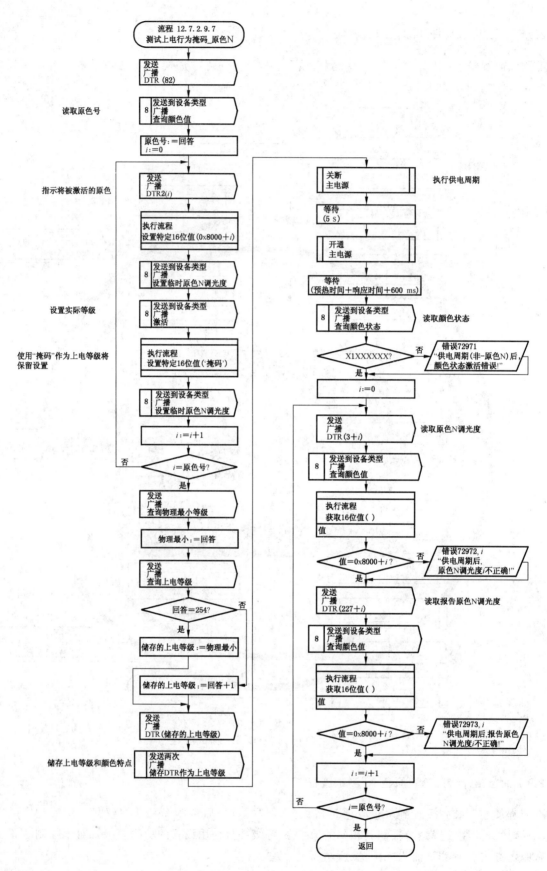

图 72 "上电行为掩码_原色 N"测试流程

12.7.2.9.8 "上电行为掩码_RGBWAF"测试流程

本流程不关注通道的实际颜色分配,因为它设置所有调光度为相同的值并且它为两个不同的等级所执行。当一个功率周期后回读数值,它将仅确定读到的 RGBWAF 值是否包含在功率周期前设置的调光度。测试流程如图 73 所示。

12.7.2.10 "系统故障"测试流程

在此对涉及颜色的被测设备 DUT 系统故障行为进行测试。它适用于 DUT 支持的每一种颜色类型和使用"在 DTR 存入系统故障等级"储存一个等级的情形,以及为这个指令的颜色值使用"掩码"的情形。当使用"掩码"时,检查控制装置所处的状态(电弧功率等级无变化,颜色设置无变化)。测试流程如图 74 所示。

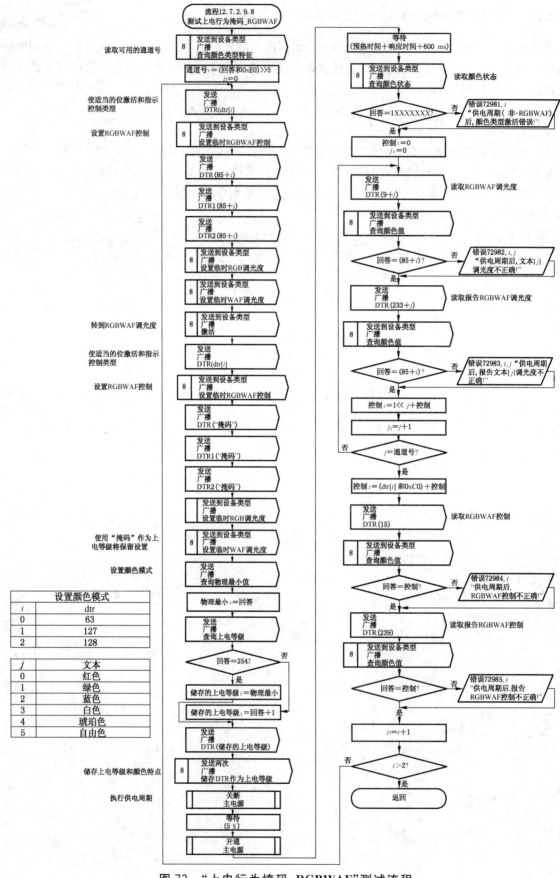

图 73 "上电行为掩码_RGBWAF"测试流程

图 74 "系统故障"测试流程

12.7.2.10.1 "系统故障行为_xy"测试流程

本流程中控制装置被控制到一个有效的 xy 坐标并设置系统故障等级。然后，触发系统故障状态，接着检查控制装置是否控制回到程序设置值。测试流程如图 75 所示。

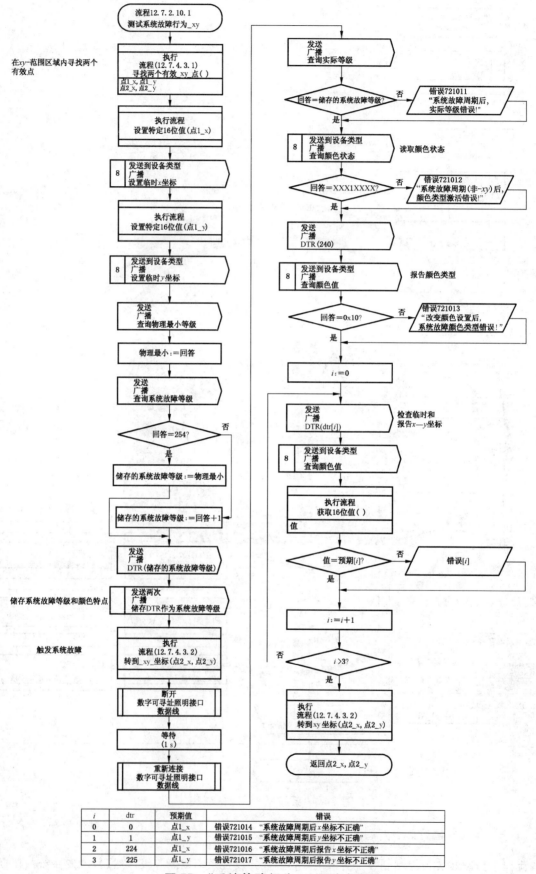

图75 "系统故障行为_xy"测试流程

i	dtr	预期值	错误
0	0	点1_x	错误721014 "系统故障周期后x坐标不正确"
1	1	点1_y	错误721015 "系统故障周期后y坐标不正确"
2	224	点1_x	错误721016 "系统故障周期后报告x坐标不正确"
3	225	点1_y	错误721017 "系统故障周期后报告x坐标不正确"

12.7.2.10.2 "系统故障行为_T_c"测试流程

本流程中控制装置被控制到一个有效的 T_c 坐标并设置系统故障等级。然后,触发系统故障状态,接着检查控制装置是否控制回到程序设置值。测试流程如图 76 所示。

12.7.2.10.3 "系统故障行为原色 N"测试流程

本流程中控制装置被控制到一个有效的原色 N 等级并设置系统故障等级。然后,触发系统故障状态,接着检查控制装置是否控制回到程序设置值。测试流程如图 77 所示。

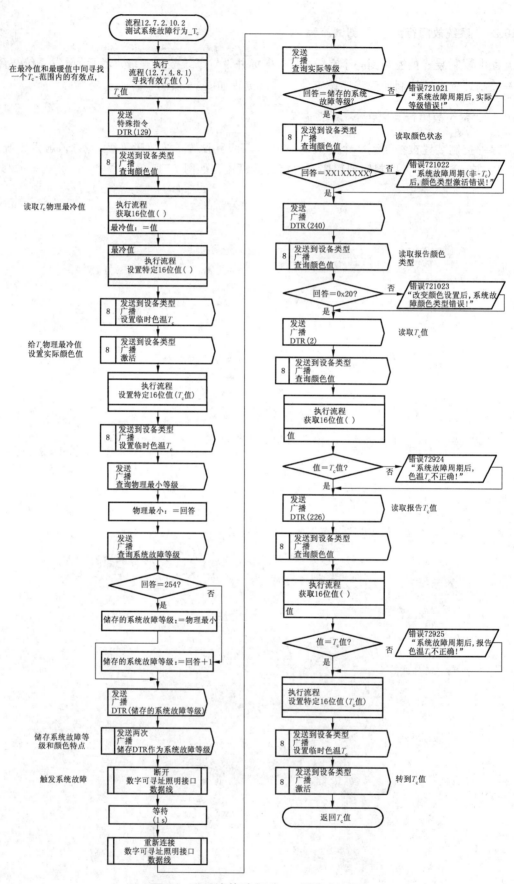

图76 "系统故障行为_T_c"测试流程

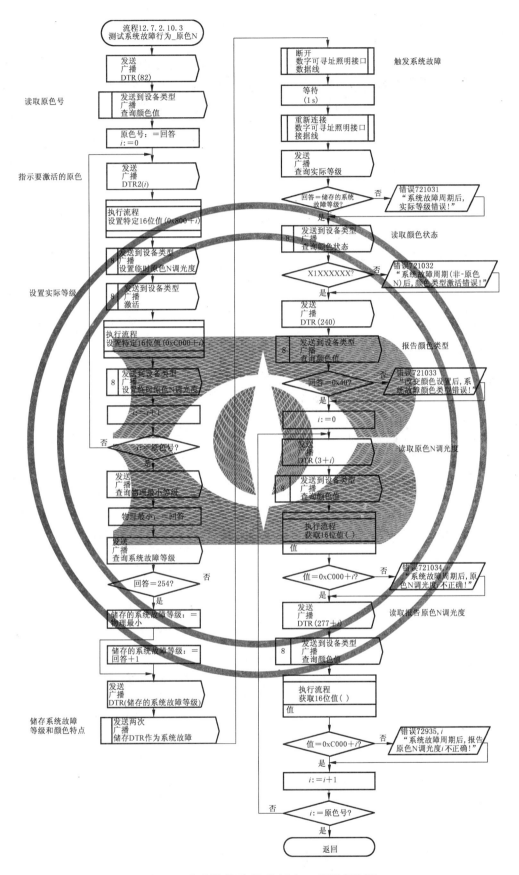

图 77 "系统故障行为原色 N"测试流程

12.7.2.10.4 "系统故障行为_RGBWAF"测试流程

本流程中控制装置被控制到一个有效的 RGWAF 调光度并设置系统故障等级。然后,触发系统故障状态,接着检查控制装置是否控制回到程序设置。仅检查是否从任意通道中读回调光度,本测试无需考虑当前的通道分配。测试流程如图 78 所示。

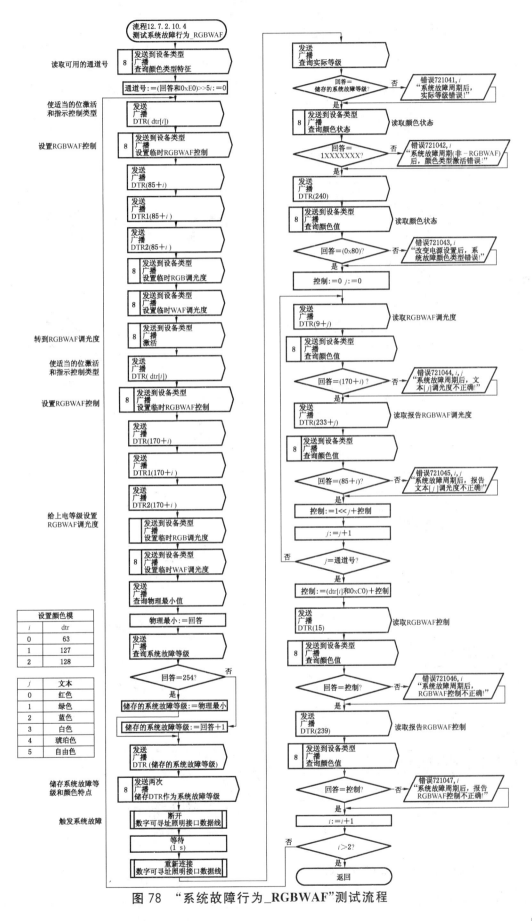

图 78 "系统故障行为_RGBWAF"测试流程

12.7.2.10.5 "系统故障行为掩码_xy"测试流程

本流程中控制装置被控制到一个有效的 xy 坐标并设置系统故障等级为"掩码"。然后,触发系统故障状态,接着检查控制装置是否控制回到系统故障发生前所用的设置。测试流程如图 79 所示。

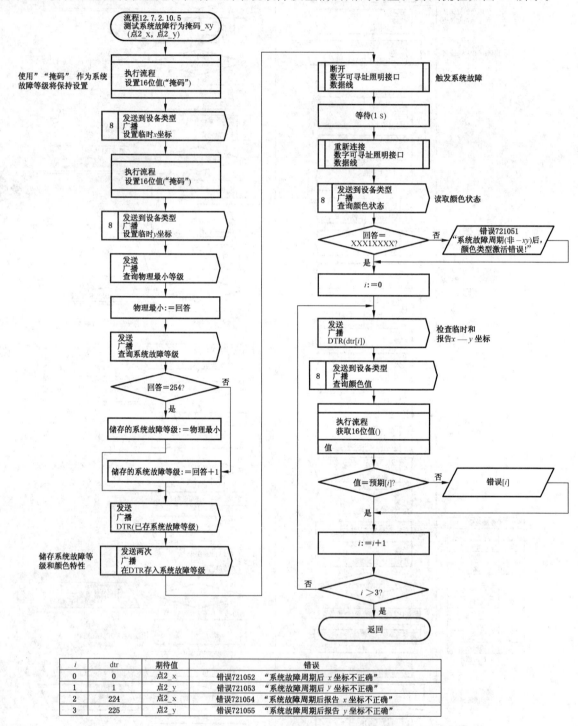

i	dtr	期待值	错误	
0	0	点2_x	错误721052	"系统故障周期后 x 坐标不正确"
1	1	点2_y	错误721053	"系统故障周期后 y 坐标不正确"
2	224	点2_x	错误721054	"系统故障周期后报告 x 坐标不正确"
3	225	点2_y	错误721055	"系统故障周期后报告 y 坐标不正确"

图 79 "系统故障行为掩码_xy"测试流程

12.7.2.10.6 "系统故障行为掩码_T_c"测试流程

本流程中控制装置被控制到一个有效的 T_c 值并设置系统故障等级为"掩码"。然后,触发系统故障状态,接着检查控制装置是否控制回到系统故障发生前所用的设置。测试流程如图 80 所示。

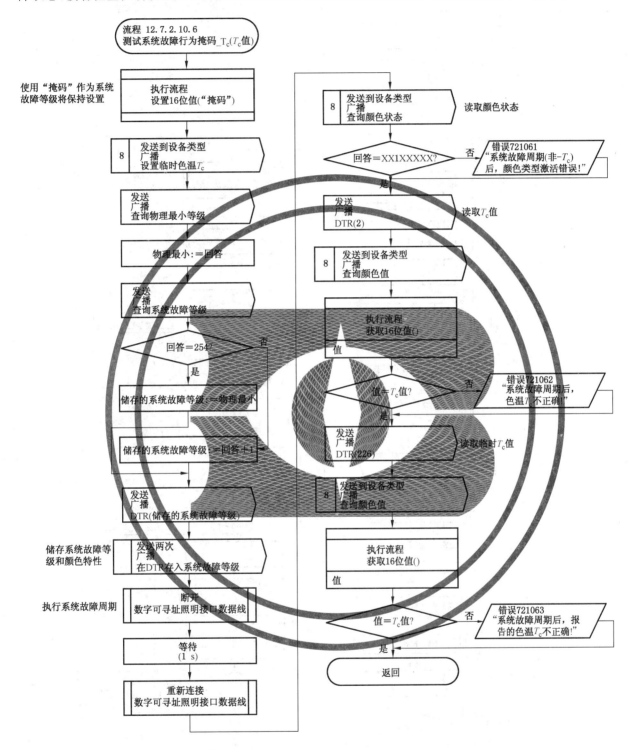

图 80 "系统故障行为掩码_T_c"测试流程

12.7.2.10.7 "系统故障行为掩码_原色 N"测试流程

本流程中控制装置被控制到一个有效的原色 N 调光度并设置系统故障等级为"掩码"。然后,触发系统故障状态,接着检查控制装置是否控制回到系统故障发生前所用的设置。测试流程如图 81 所示。

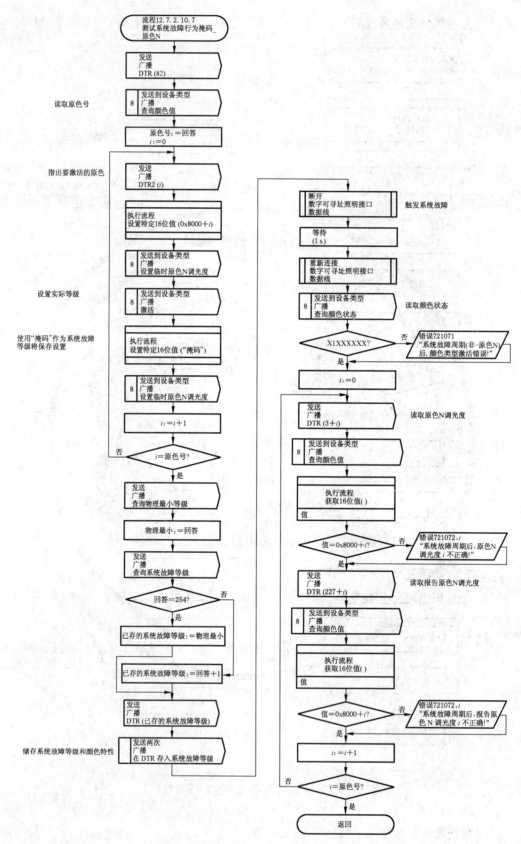

图81 "系统故障行为掩码_原色N"测试流程

12.7.2.10.8 "系统故障行为掩码_RGBWAF"测试流程

本流程中控制装置被控制到一个有效的 RGBWAF 调光度并设置系统故障等级为"掩码"。然后，触发系统故障状态，接着检查控制装置是否控制回到系统故障发生前所用的设置。仅检查是否从任意通道中读到调光度，本测试无需考虑当前的通道分配。测试流程如图 82 所示。

12.7.2.11 "在 DTR 存入场景××××/转到场景××××"测试流程

本测试检查所有颜色类型的场景行为，包括设置一个场景，激活该场景和清除该场景。测试流程如图 83 所示。

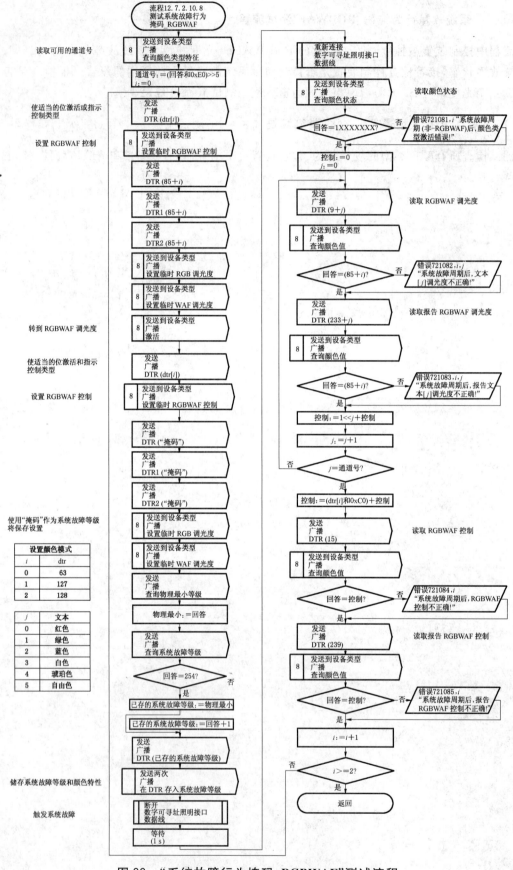

图 82 "系统故障行为掩码_RGBWAF"测试流程

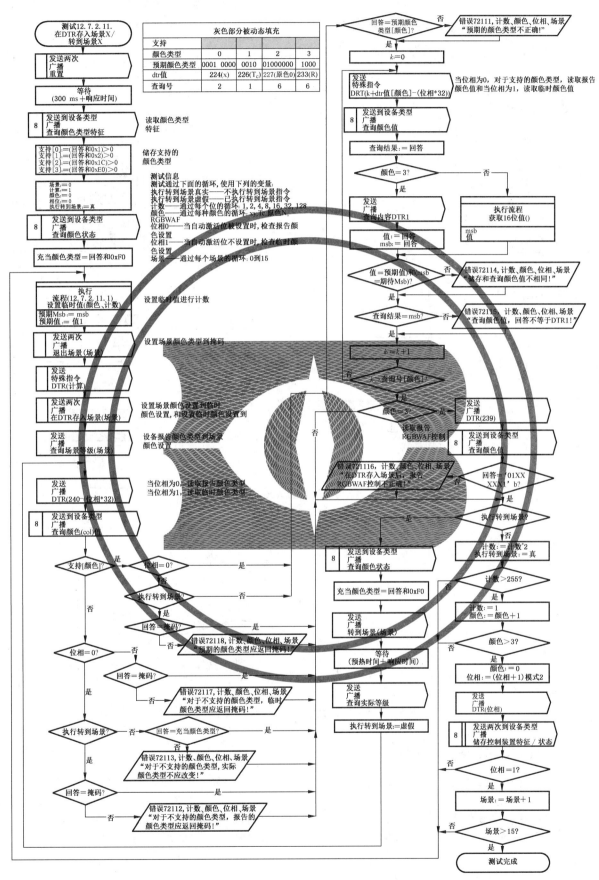

灰色部分被动态填充				
支持				
颜色类型	0	1	2	3
预期颜色类型	0001 0000	0010	01000000	1000
dtr值	224(x)	226(Tc)	227(原色0)	233(R)
查询号	2	1	6	6

图 83 "在 DTR 存入场景××××/转到场景××××"测试流程

12.7.2.11.1 "设置临时值(颜色,值)"测试流程

本流程根据所给的颜色类型把数据放入临时值中。测试流程如图84所示。

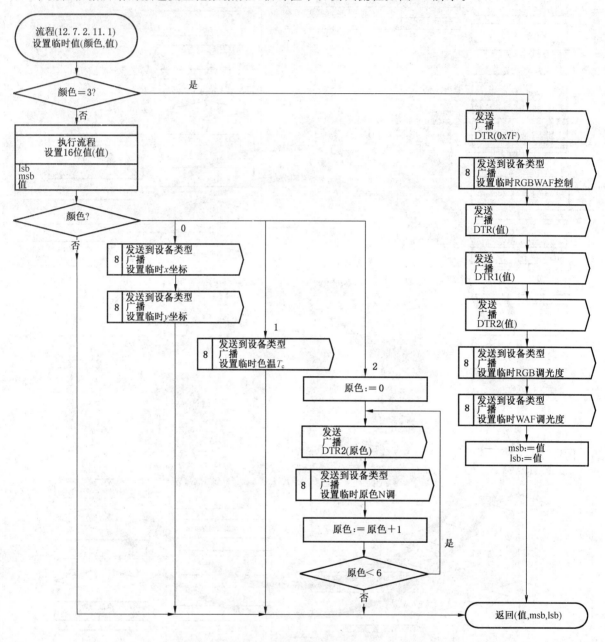

图84 "设置临时值(颜色,值)"测试流程

12.7.3 "启用设备类型"测试流程

12.7.3.1 "启用设备类型：应用扩展指令"测试流程

应用扩展指令应只在指令272"启用设备类型8"之后执行。如果在指令272与应用扩展指令之间有一条指令,除非这条指令寻址其他的控制装置,否则应用扩展指令应被忽略。测试流程如图85所示。

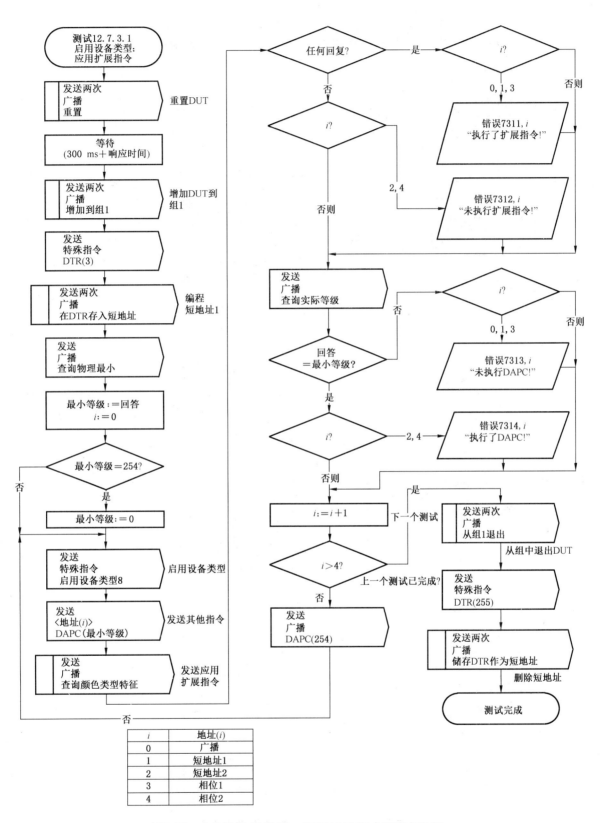

图85 "启用设备类型：应用扩展指令"测试流程

12.7.3.2 "启用设备类型：应用扩展配置指令"测试流程

如果指令 272"启用设备类型"在前，并且在 100 ms 内收到两次应用扩展配置指令，则应执行应用扩展配置指令。如果在两个应用扩展配置指令之间收到第二个指令 272"启用设备类型 8",则应用扩展配置指令应被忽略。两个应用扩展配置指令应在 100 ms 内发送。测试流程如图 86 所示。

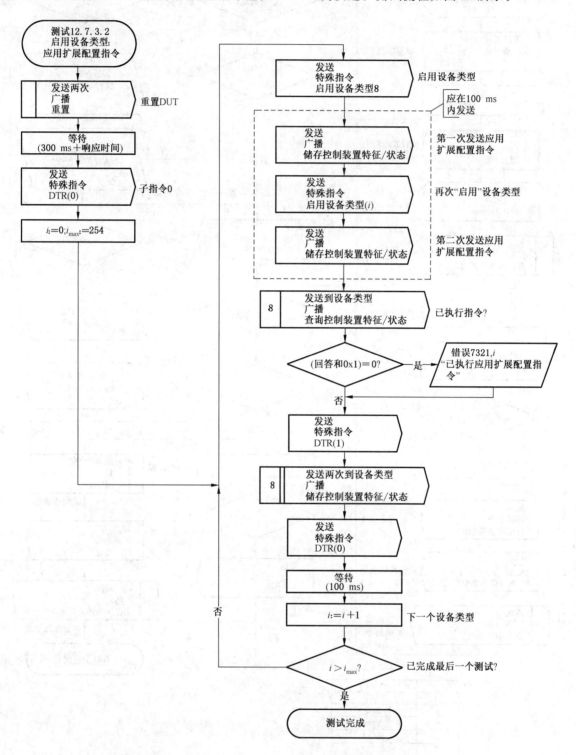

图 86 "启用设备类型:应用扩展配置指令"测试流程

12.7.4 "应用扩展控制指令"测试流程

12.7.4.1 "设置临时 x 坐标"测试流程

指令 224"设置临时 x 坐标"与指令 241"储存 xy 坐标原色 N"一起被测试。值的代表数字被放入临时 x 坐标内并被存储。使用指令 250"查询颜色值",这些数值被读出并被比较。测试流程如图 87 所示。

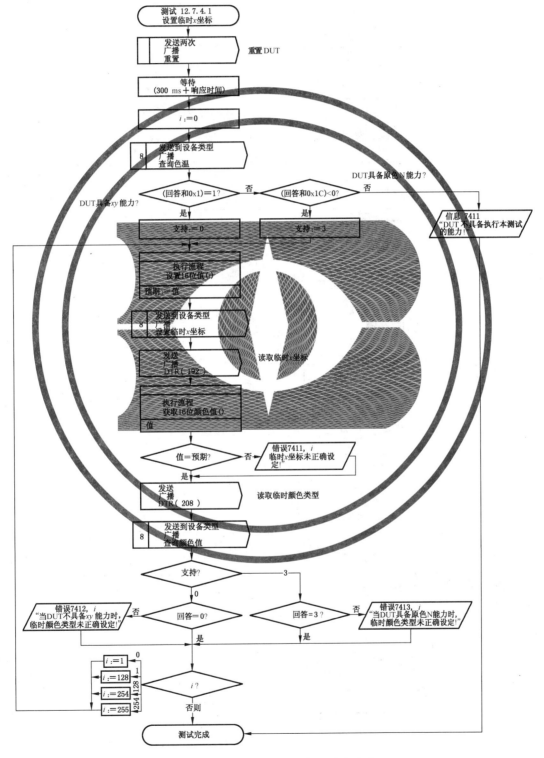

图 87 "设置临时 x 坐标"测试流程

12.7.4.2 "设置临时 y 坐标"测试流程

指令 225"设置临时 y 坐标"与指令 241"储存 xy 坐标原色 N"一起被测试。值的代表数字被放入临时 y 坐标内并被存储。使用指令 250"查询颜色值",这些数值被读出并被比较。测试流程如图 88 所示。

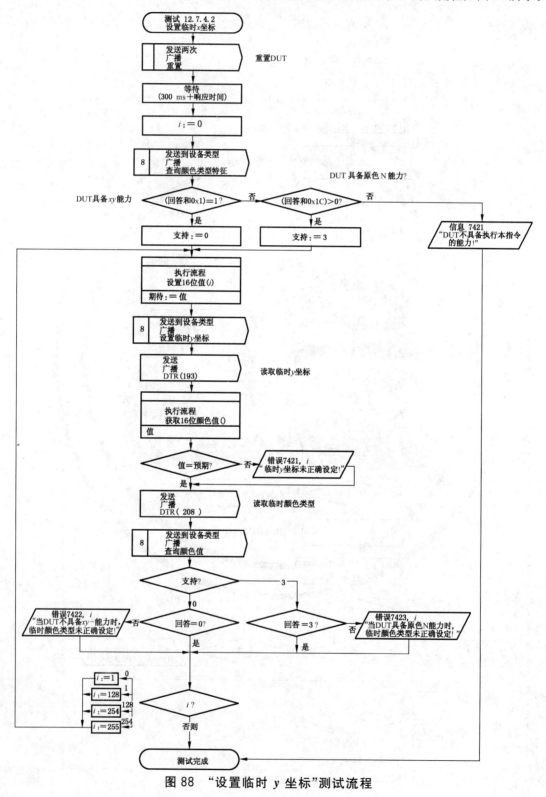

图 88 "设置临时 y 坐标"测试流程

12.7.4.3 "激活"测试流程

对指令226"激活"进行测试。激活所有的颜色类型,检查设置和重置的所有状态位是否它们所应处的状态。测试流程如图89所示。

12.7.4.3.1 "寻找两个有效值_xy_点(点 1_x,点 1_y,点 2_x,点 2_y)"测试流程

本流程搜索两个处于范围内的 xy 点。流程将激活点_1 并返回上述两个 xy 坐标点,否则提醒用户出现故障。测试流程如图90所示。

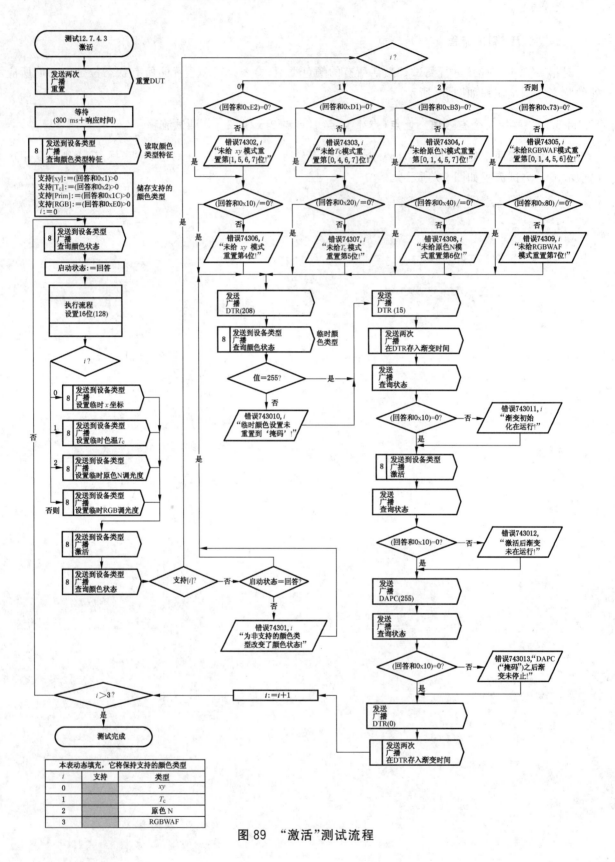

图89 "激活"测试流程

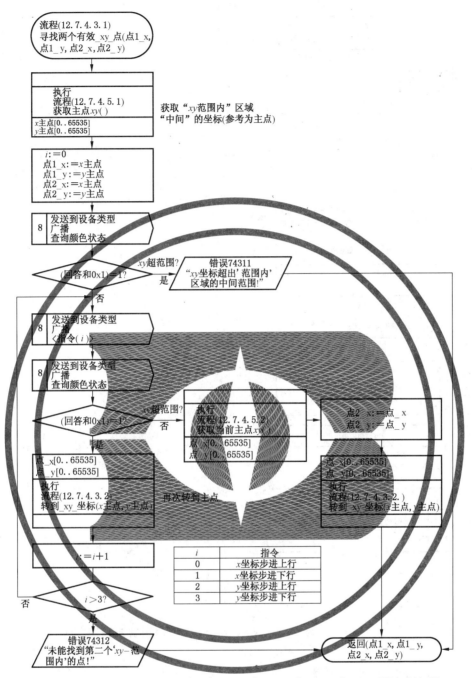

图 90　"寻找两个有效 xy 点（点 1_x、点 1_y、点 2_x、点 2_y）"测试流程

12.7.4.3.2　"转到_xy_坐标（点_x，点_y）"测试流程

本流程将尝试通过设置临时 x 坐标和 y 坐标把控制装置放入到输入参数显示的 xy 坐标，然后通过指令 226"激活"进行激活。测试流程如图 91 所示。

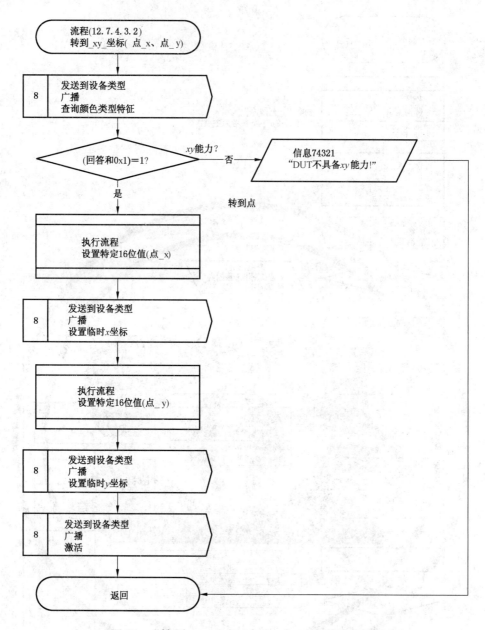

图 91　"转到_xy_坐标（点_x、点_y）"测试流程

12.7.4.4　"x 坐标步进上行"测试流程

对指令 227"x 坐标步进上行"、指令 228"x 坐标步进下行"、指令 229"y 坐标步进上行"、指令 230
"y 坐标步进下行"进行测试。本测试尽可能验证没有指令会受到激活另一颜色类型的影响。xy 的"标
准"步进上行/下行的测试在下一章节进行，与"x 坐标步进下行"测试流程一起的四个指令均被测试。
测试流程如图 92 所示。

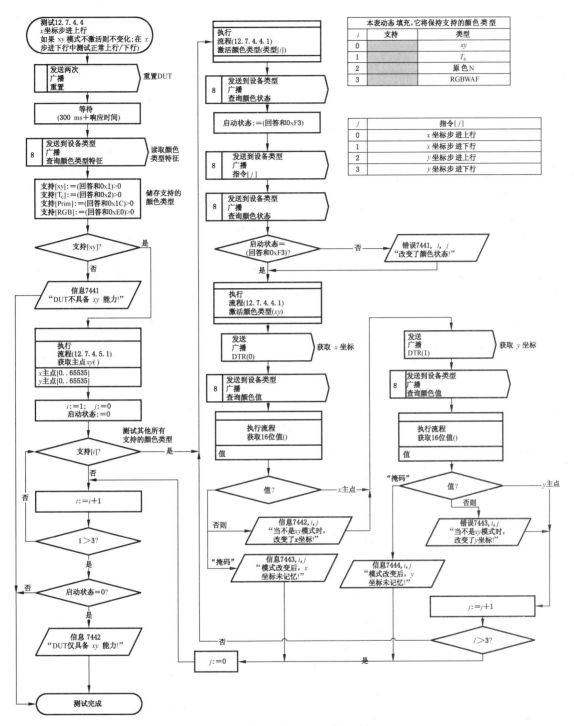

图 92 "x 坐标步进上行"测试流程

12.7.4.4.1 "激活颜色类型(颜色类型)"测试流程

本流程激活输入参数所要求的颜色类型。由于颜色值被设置为掩码,所以颜色不应明显改变。测试流程如图 93 所示。

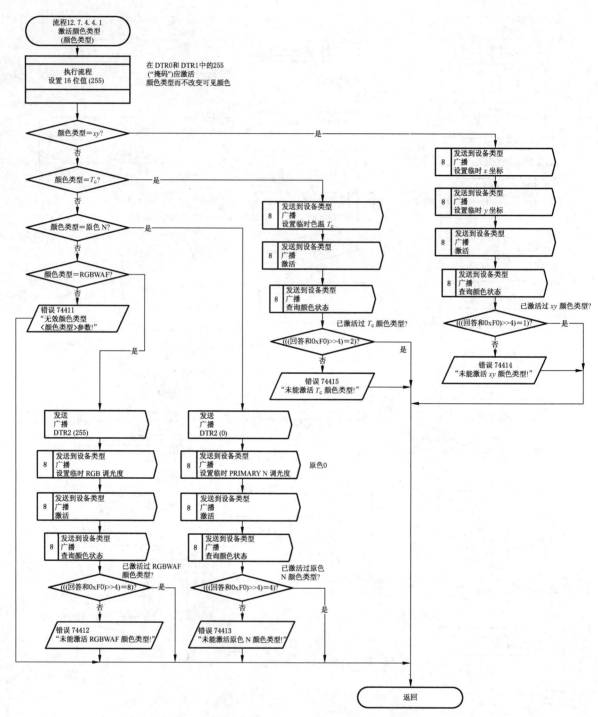

图93 "激活颜色类型(颜色类型)"测试流程

12.7.4.5 "x 坐标步进下行"测试流程

对指令 227"x 坐标步进上行"、指令 228"x 坐标步进下行"、指令 229"y 坐标步进上行"、指令 230 "y 坐标步进下行"进行测试。本测试验证正常步进上行和下行行为。与"x 坐标步进上行"测试流程一起,所有四个指令均被测试。测试流程如图 94 所示。

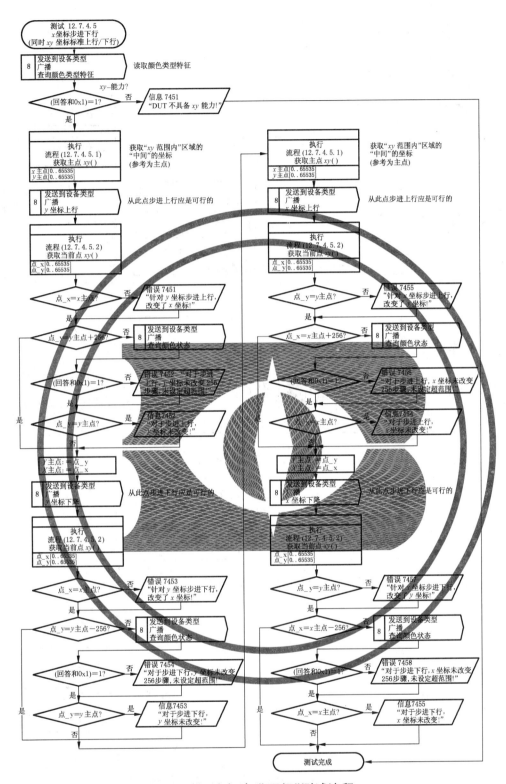

图 94 "x 坐标步进下行"测试流程

12.7.4.5.1 "获取主点 xy( )"测试流程

本流程确定一个未设置"xy 坐标超范围颜色点"位的区域的中心。方法是所有支持的原色的 x 坐标相加,然后用 x 方向上支持的原色的数字除这个和。y 方向的方法同上。当没有足够的原色可用时,执行流程 12.7.4.5.3 来确定"主"点。退出时,设置和激活主点。测试流程如图 95 所示。

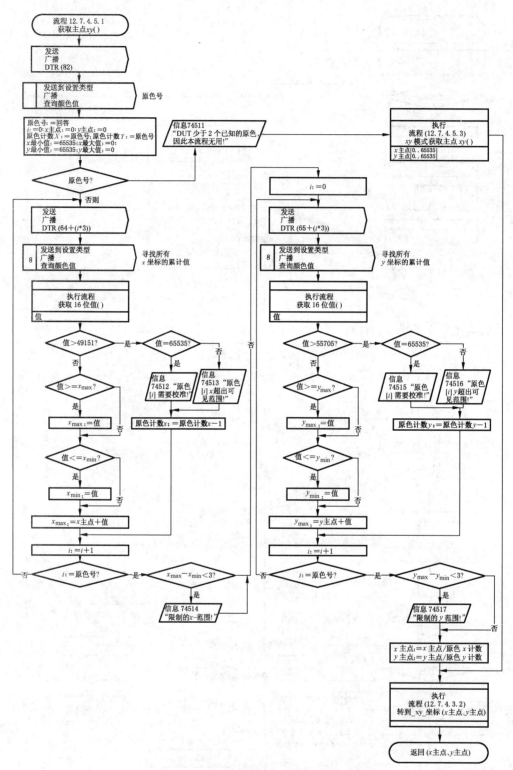

图 95 "获取主点 xy( )"测试流程

12.7.4.5.2 "获取当前点 xy( )"测试流程

本流程通过"查询颜色值"指令检索 xy 范围内的当前位置。测试流程如图 96 所示。

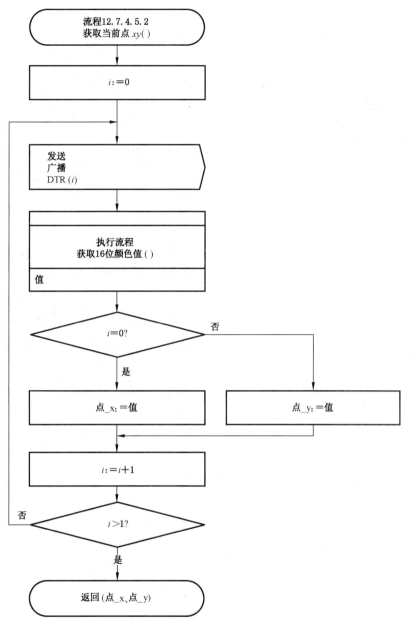

图 96 "获取当前点 xy( )"测试流程

12.7.4.5.3 "xy 模式获取主点 xy( )"测试流程

当在原色 N xy 坐标上找不到主点时执行本流程。它对 R、G、B 三种颜色从开始点到超范围坐标渐变以确定一个颜色三角形,并且使用此三角形的中心点作为主点。测试流程如图 97 所示。

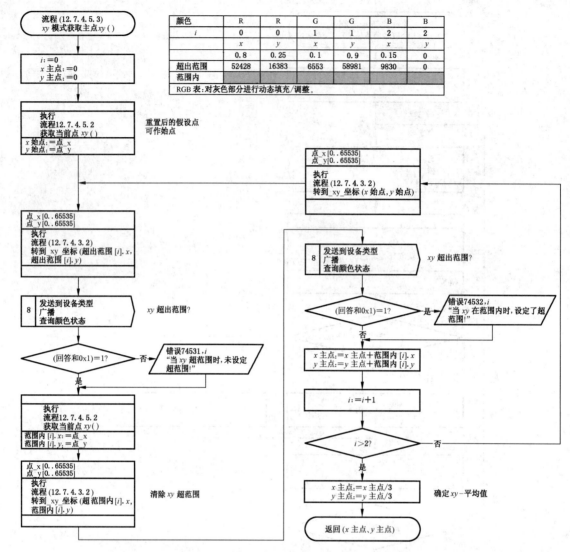

图 97 "xy 模式获取主点 xy( )"测试流程

12.7.4.6 "y 坐标步进上行"测试流程

指令229"y 坐标步进上行"已同指令227"x 坐标步进上行"以及指令228"x 坐标步进下行"一起进行测试。

12.7.4.7 "y 坐标步进下行"测试流程

指令230"y 坐标步进下行"已同指令227"x 坐标步进上行"以及指令228:"x 坐标步进下行"一起进行测试。

12.7.4.8 "设置临时色温 T_c"测试流程

对指令231"设置临时色温 T_c"的测试是首先找到一个范围内的 T_c 值来开始渐变并使控制装置到达那个点。接着,将渐变时间设置为最大值,渐变处理朝着一个新的 T_c 值开始。渐变期间首先检查状态寄存器中是否适当指示"渐变正在运行"(GB/T 30104.102—2013)。之后,使用一个 DAPC("掩码")停止该渐变处理。接下来,检查渐变处理是否适当地停止以及测试所有可能的 T_c 值。最后,检查"超范围"行为。测试流程如图98所示。

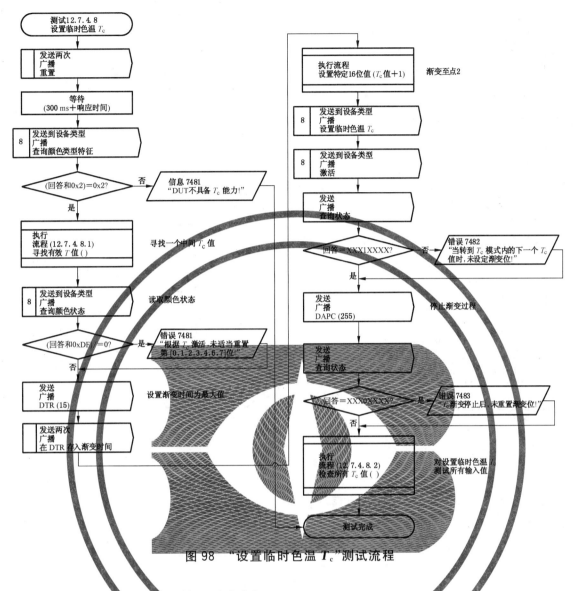

图 98 "设置临时色温 T_c"测试流程

12.7.4.8.1 "寻找有效 T_c 值(T_c 值)"测试流程

本流程通过确定设备物理限值之间的中间范围来寻找一个有效的 T_c 值。然后,控制装置被控制到此中间范围 T_c 值。测试流程如图 99 所示。

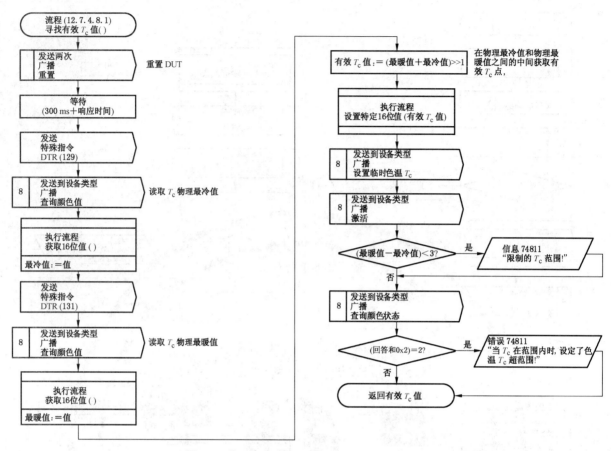

图99 "寻找有效 T_c 值（T_c 值）"测试流程

12.7.4.8.2 "检查所有 T_c 值（ ）"测试流程

本流程检查控制装置所有可获取的 T_c 值，其 T_c 值是通过使用指令231"设置临时色温 T_c"来设置的。然后通过指令250"查询颜色值"来读取它们。测试流程如图100所示。

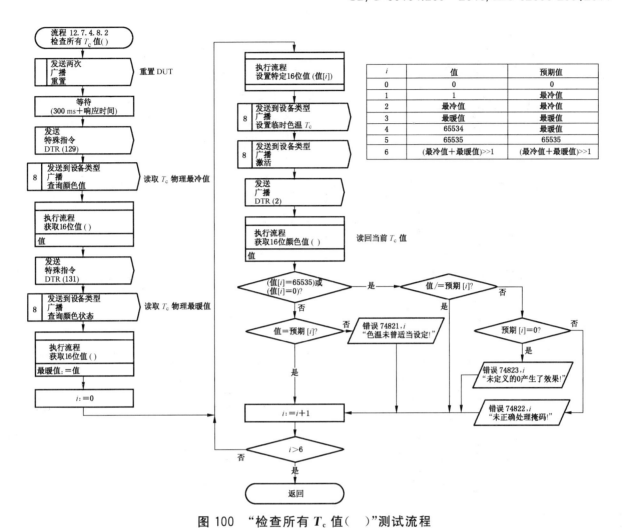

图 100　"检查所有 T_c 值( )"测试流程

12.7.4.9　"色温 T_c 步进更冷"测试流程

通过找到一个范围内的 T_c 值并且使控制装置到达它来对指令 232"色温 T_c 步进更冷"进行测试。然后(如可行的话),激活另一个颜色类型,检查指令当 T_c 颜色类型不被激活时是否产生非预期的效果。测试流程如图 101 所示。

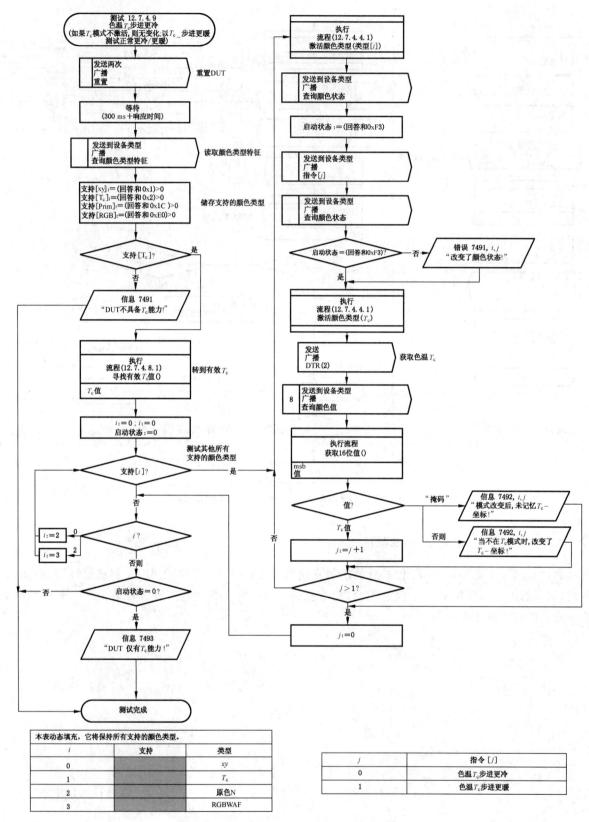

图 101 "色温 T_c 步进更冷"测试流程

12.7.4.10 "色温 T_c 步进更暖"测试流程

对指令233"色温 T_c 步进更暖"测试：首先找到一个范围内的 T_c 值并使控制装置到达它。接着存储该 T_c 值，并执行"色温 T_c 步进更暖"之后检查 T_c 值确实改变。最后，执行"色温 T_c 步进更冷"，并通过"查询颜色值"再次查询 T_c 值及与初始保存的 T_c 值进行比较。测试流程如图102所示。

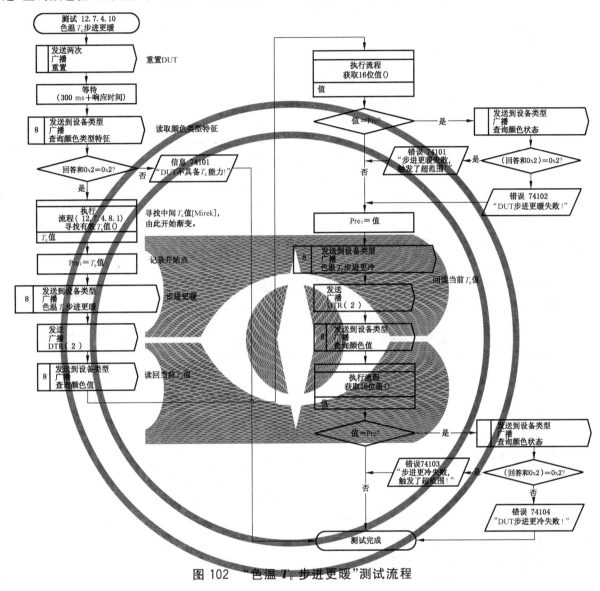

图102 "色温 T_c 步进更暖"测试流程

12.7.4.11 "设置临时原色 N 调光度"测试流程

通过对所有可用的原色数字检查其可能的调光度值来对指令234"设置临时原色 N 调光度"进行测试。还执行一个操作，即用超出上述原色数字的值来检查指令是否适当地忽略它。最后，检查是否能停止 DAPC（"掩码"）渐变。测试流程如图103所示。

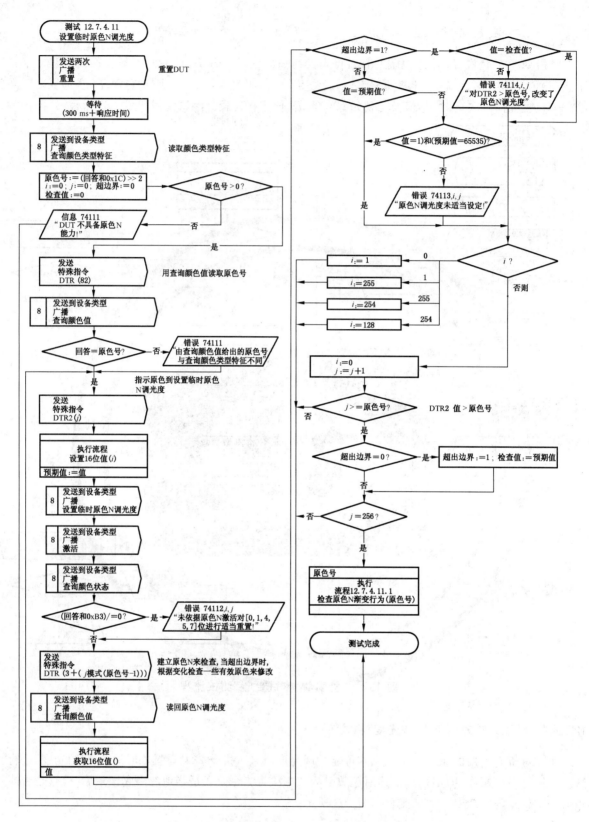

图 103 "设置临时原色 N 调光度"测试流程

12.7.4.11.1 "检查原色 N 渐变行为（原色 N）"测试流程

本流程检查"设置原色 N 调光度"的渐变行为。对于所有可用的原色和所有可能的原色 N 调光度

值,用设置为最大的渐变时间来执行下述检查:

1) 设置原色调光度;
2) 检查状态寄存器是否适当指示"渐变正在运行";
3) 通过使用 DAPC("掩码")来停止渐变过程;
4) 检查状态寄存器中"渐变正在运行"是否处于非激活状态。

测试流程如图 104 所示。

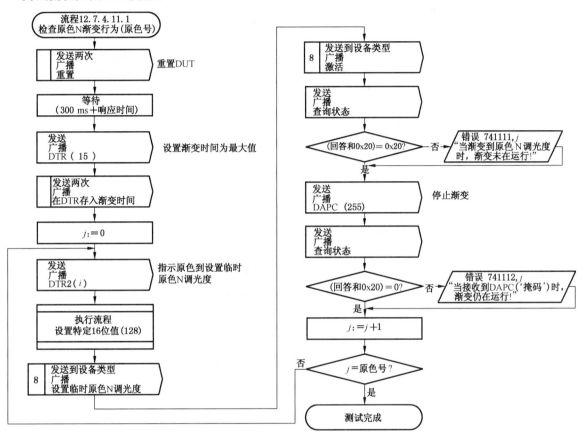

图 104 "检查原色 N 渐变行为(原色 N)"测试流程

12.7.4.12 "设置临时 RGB 调光度"测试流程

指令 235"设置临时 RGB 调光度"测试如下:使用"设置 RGBWAF 控制"来激活颜色控制和颜色 R、G、B,然后对每种颜色检查所有可能的调光度值(完成 235 指令后通过"查询颜色值")。最后检查指令的渐变行为是否正确。测试流程如图 105 所示。

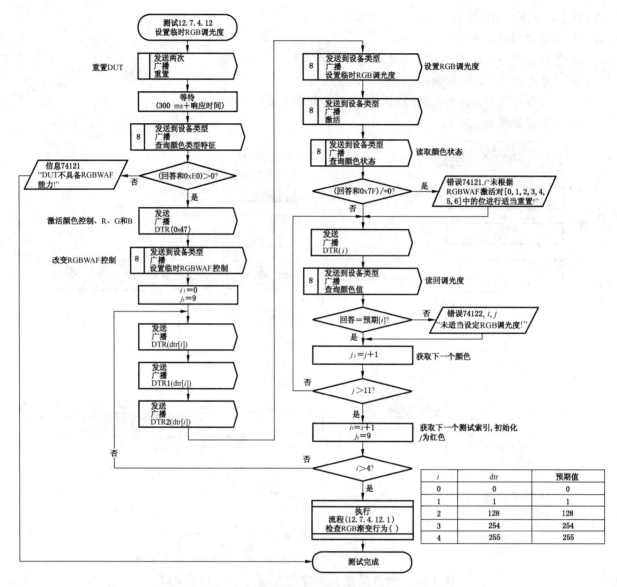

图 105 "设置临时 RGB 调光度"测试流程

12.7.4.12.1 "检查 RGB 渐变行为( )"测试流程

本流程设置渐变时间为最大值并使用"设置 RGBWAF 控制"进行颜色控制和激活 R、G、B。然后把 RGB 的调光度设置为 128,检查状态寄存器是否适当地指示"渐变正在运行"。由 DAPC("掩码")停止渐变,并再次检查"渐变正在运行"位。测试流程如图 106 所示。

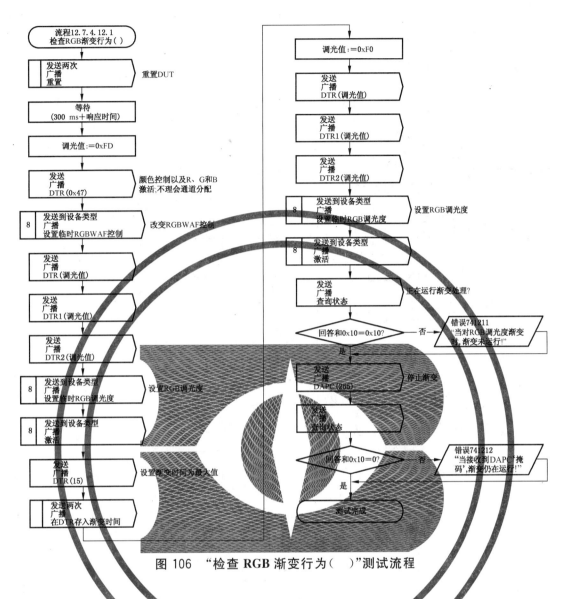

图 106 "检查 RGB 渐变行为(　)"测试流程

12.7.4.13 "设置临时 WAF 调光度"测试流程

指令 236"设置临时 WAF 调光度"测试如下：使用"设置 RGBWAF 控制"激活颜色控制和颜色 W、A、F，然后对每种颜色检查所有可能的调光度值（完成指令 235 后通过"查询颜色值"）。最后检查指令的渐变行为是否正确。测试流程如图 107 所示。

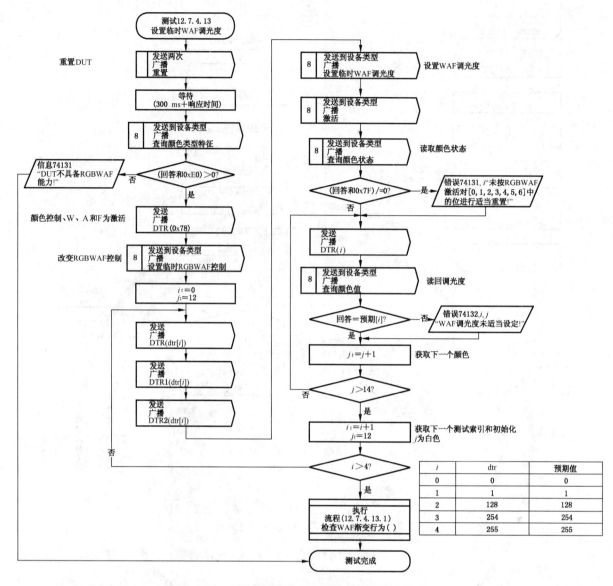

图 107 "设置临时 WAF 调光度"测试流程

12.7.4.13.1 "检查 WAF 渐变行为( )"测试流程

本流程设置渐变时间为最大值并使用"设置 RGBWAF 控制"进行颜色控制和激活颜色 W、A、F。然后把 WAF 的调光度设置为 128,检查状态寄存器是否适当地指示"渐变正在运行"。由 DAPC("掩码")停止渐变,并再次检查"渐变正在运行"位。测试流程如图 108 所示。

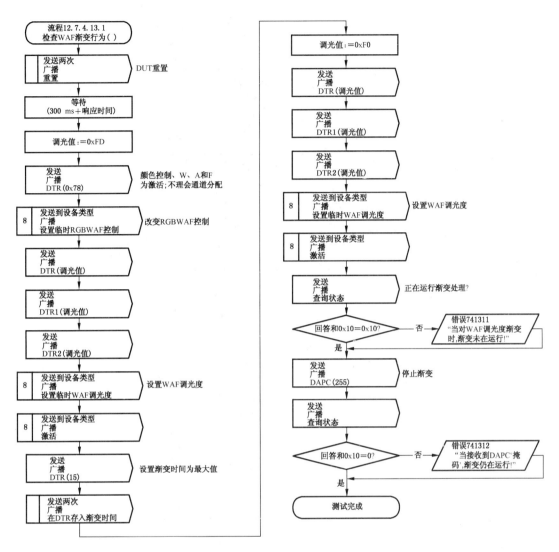

图 108 "检查 WAF 渐变行为( )"测试流程

12.7.4.14 "设置 RGBWAF 控制"测试流程

指令 237"设置 RGBWAF 控制"测试:首先检查是否支持 RGBWAF 颜色类型,然后检查通道激活行为。最后检查不同颜色类型的激活(直接或通过一个场景调用)是否不能适当地激活所有 RGBWAF通道。测试流程如图 109 所示。

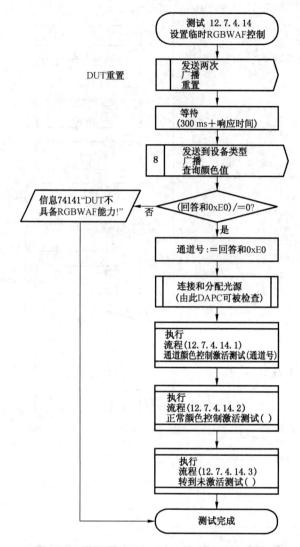

图 109 "设置 RGBWAF 控制"测试流程

12.7.4.14.1 "通道_颜色_控制_激活测试(通道号)"测试流程

本流程检查在通道或颜色类型控制中激活的通道是否适当地对直接电弧功率控制指令作出响应,并且非激活通道在任何情况下不对此指令作出响应。测试流程如图 110 所示。

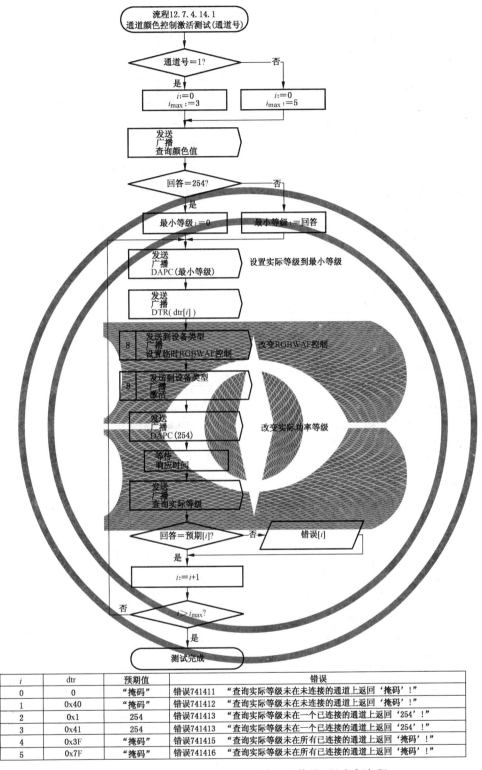

i	dtr	预期值	错误	
0	0	"掩码"	错误741411	"查询实际等级未在未连接的通道上返回'掩码'！"
1	0x40	"掩码"	错误741412	"查询实际等级未在未连接的通道上返回'掩码'！"
2	0x1	254	错误741413	"查询实际等级未在一个已连接的通道上返回'254'！"
3	0x41	254	错误741413	"查询实际等级未在一个已连接的通道上返回'254'！"
4	0x3F	"掩码"	错误741415	"查询实际等级未在所有已连接的通道上返回'掩码'！"
5	0x7F	"掩码"	错误741416	"查询实际等级未在所有已连接的通道上返回'掩码'！"

图 110 "通道颜色控制激活测试(通道号)"测试流程

12.7.4.14.2 "正常颜色控制激活测试( )"测试流程

本流程确定当使用标准化颜色控制类型时直接电弧功率控制指令是否对实际电弧功率等级有影响。当电弧功率等级执行指令至 0xF0 时，只检查实际等级是否＞0，因为基于如下事实：电弧功率等级将为最大(R、G、B、W、A、F)。测试流程如图 111 所示。

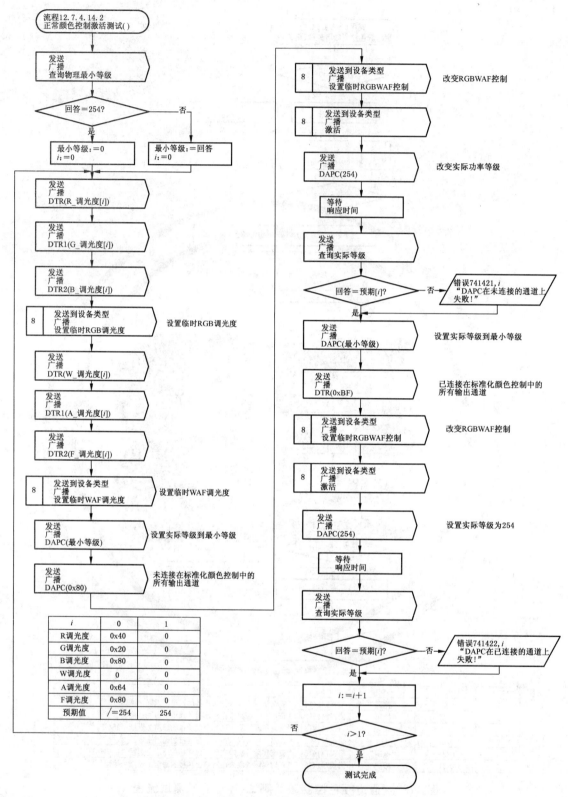

图 111 "正常颜色控制激活测试( )"测试流程

12.7.4.14.3 "过渡到非激活测试( )"测试流程

本流程确定是否不同(支持的)颜色类型的激活将无法激活所有的 RGBWAF 输出通道。测试流程如图 112 所示。

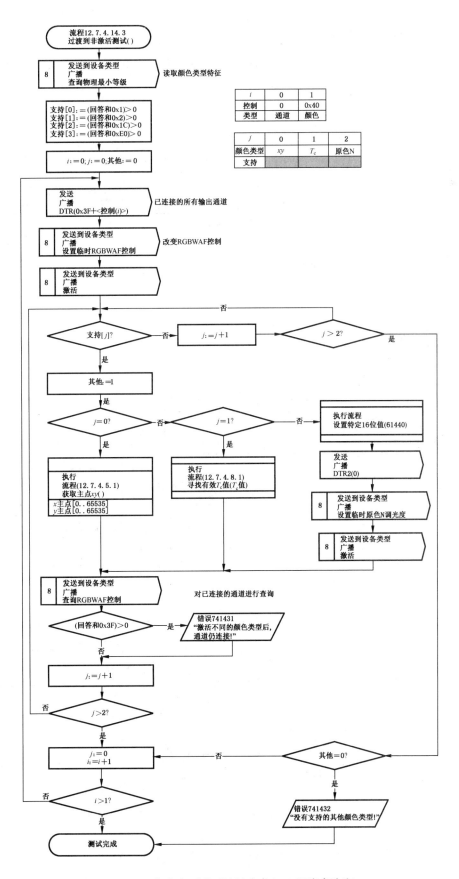

图 112　"过渡到非激活测试( )"测试流程

12.7.4.15　"复制报告到临时值"测试流程

指令 238"复制报告到临时值"测试如下:首先检查临时值是否为空,然后填充、复制和验证报告。测试流程如图 113 所示。

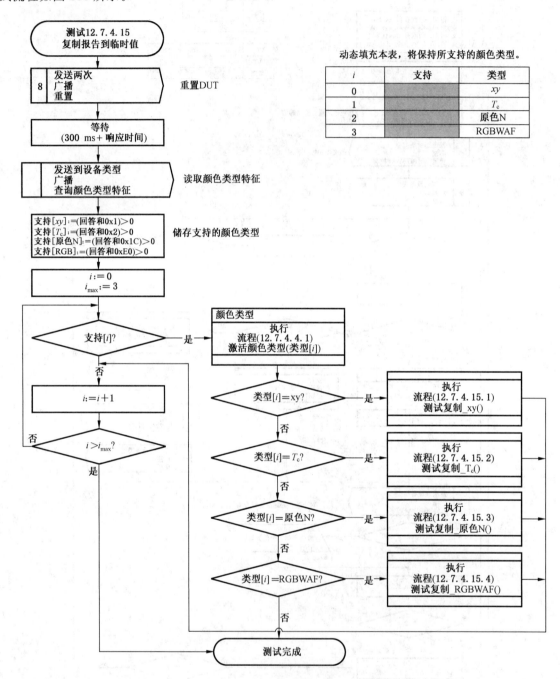

动态填充本表,将保持所支持的颜色类型。

i	支持	类型
0		xy
1		T_c
2		原色N
3		RGBWAF

图 113　"复制报告到临时值"测试流程

12.7.4.15.1　"复制_xy( )"测试流程

本流程是将 xy 报告复制到临时变量的测试。测试流程如图 114 所示。

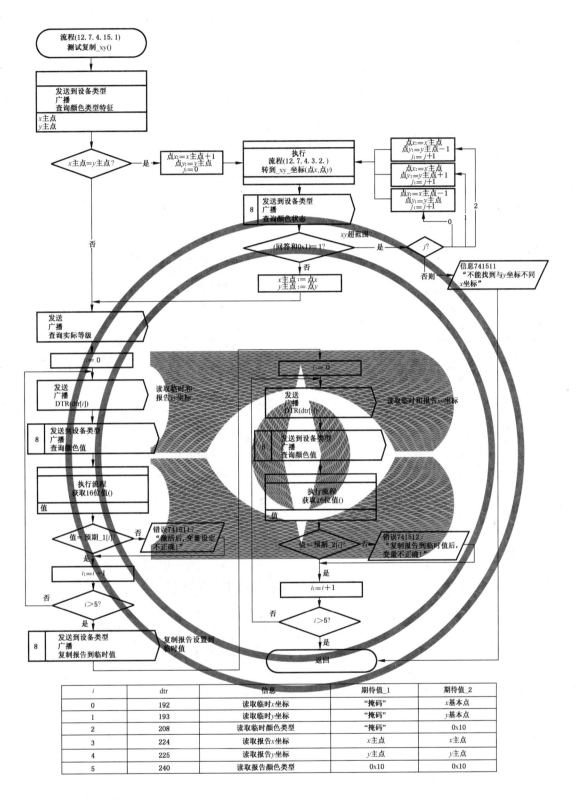

i	dtr	信息	期待值_1	期待值_2
0	192	读取临时x坐标	"掩码"	x基本点
1	193	读取临时y坐标	"掩码"	y基本点
2	208	读取临时颜色类型	"掩码"	0x10
3	224	读取报告x坐标	x主点	x主点
4	225	读取报告y坐标	y主点	y主点
5	240	读取报告颜色类型	0x10	0x10

图 114 "复制_xy（ ）"测试流程

12.7.4.15.2 "复制_T_c（ ）"测试流程

本流程是将 T_c 报告复制到临时变量的测试。测试流程如图 115 所示。

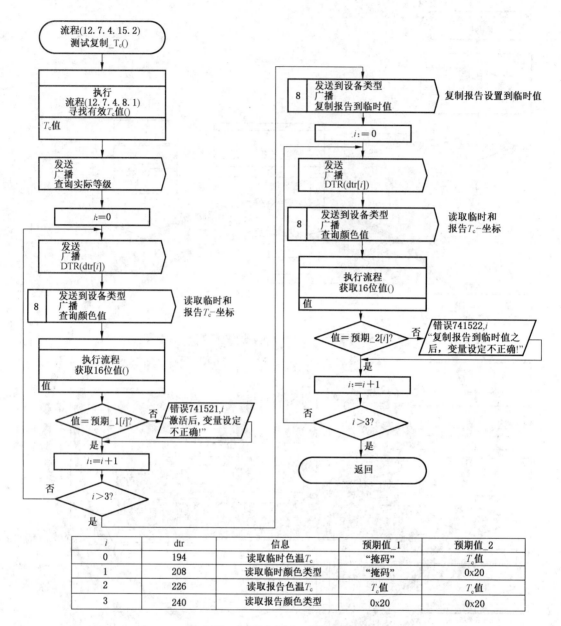

i	dtr	信息	预期值_1	预期值_2
0	194	读取临时色温T_c	"掩码"	T_c值
1	208	读取临时颜色类型	"掩码"	0x20
2	226	读取报告色温T_c	T_c值	T_c值
3	240	读取报告颜色类型	0x20	0x20

图 115 "复制_T_c（ ）"测试流程

12.7.4.15.3 "复制_原色 N（ ）"测试流程

本流程是将原色 N 报告复制到临时变量的测试。测试流程如图 116 所示。

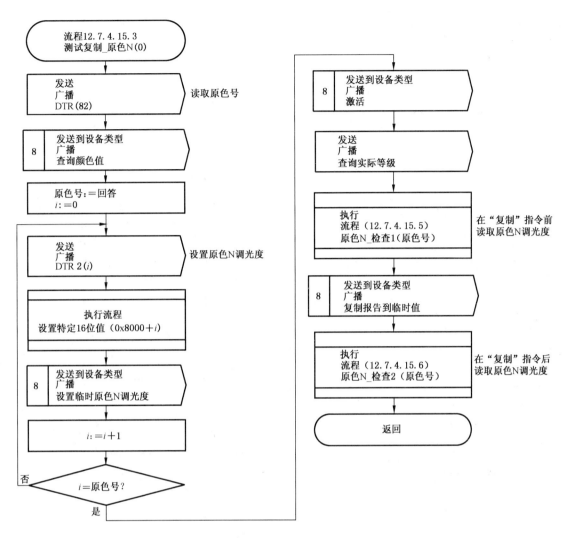

图 116 "复制_原色 N( )"测试流程

12.7.4.15.4 "复制 RGBWAF( )"测试流程

本流程是将 RGBWAF 报告复制到临时变量的测试。测试流程如图 117 所示。

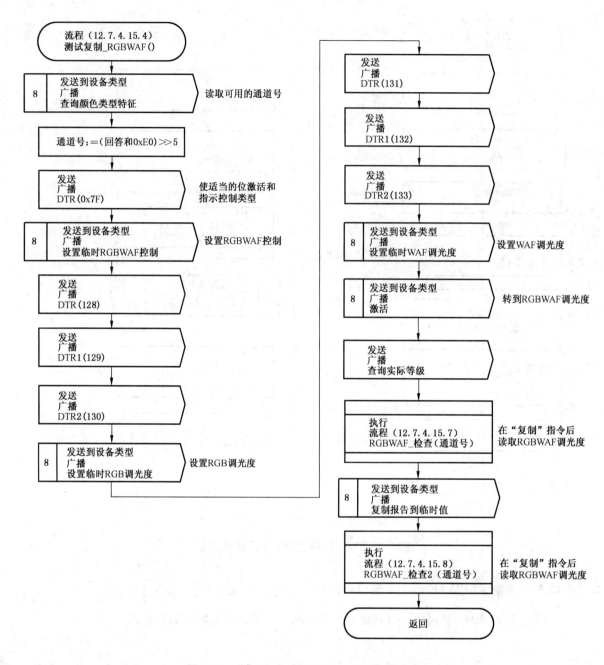

图 117 "复制_RGBWAF( )"测试流程

12.7.4.15.5 "原色 N_检查 1(原色号)"测试流程

本流程检查对于原色 N 是否正确储存临时变量。测试流程如图 118 所示。

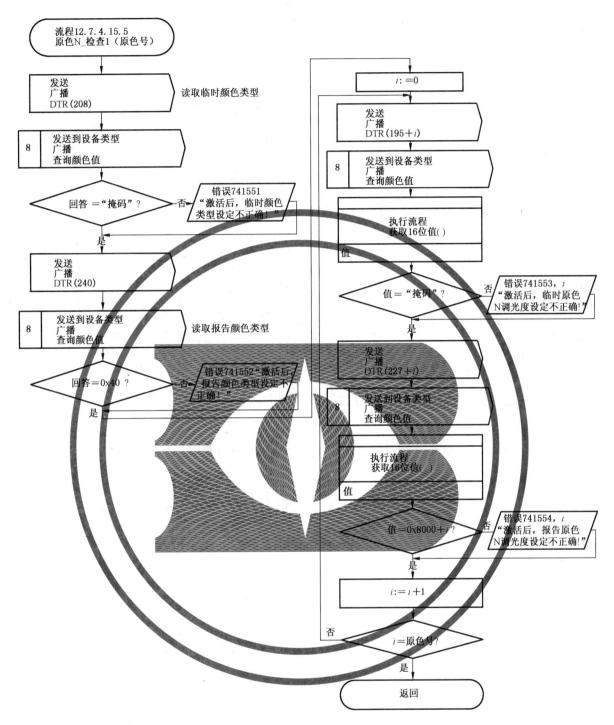

图 118 "原色 N_检查 1(原色号)"测试流程

12.7.4.15.6 "原色 N 检查 2(原色号)"测试流程

本流程测试:复制报告到临时值之后,检查对于原色 N 是否正确储存临时和报告变量。测试流程如图 119 所示。

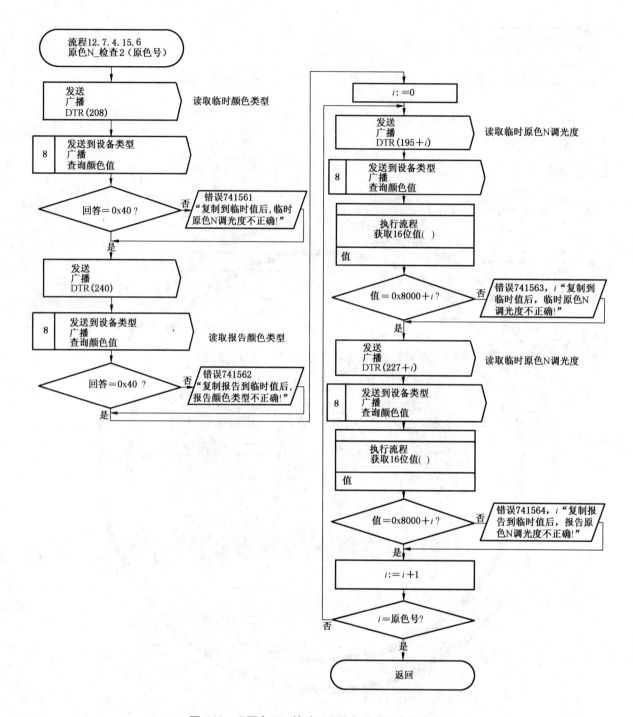

图 119 "原色 N_检查 2（原色号）"测试流程

12.7.4.15.7 "RGBWAF_检查 1(通道号)"测试流程

本流程检查对于 RGBWAF 是否正确储存临时变量。测试流程如图 120 所示。

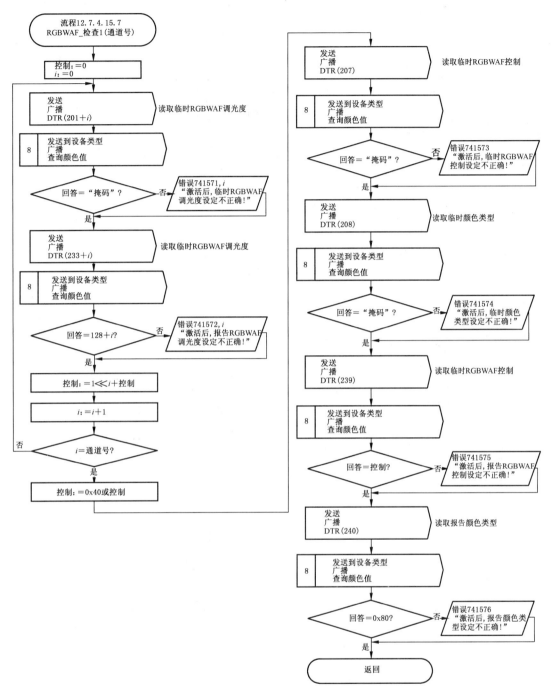

图 120　"RGBWAF_检查 1（通道号）"测试流程

12.7.4.15.8　"RGBWAF_检查 2（通道号）"测试流程

本流程测试：复制报告到临时值之后，检查对于 RGBWAF 是否正确储存临时和报告变量。测试流程如图 121 所示。

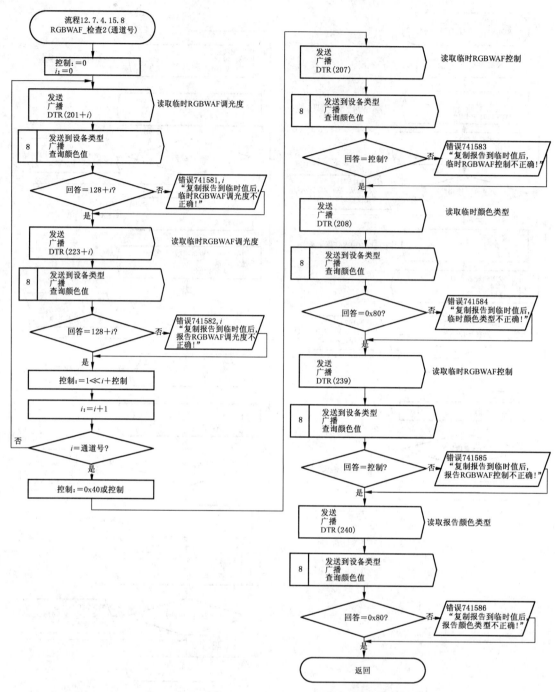

图 121 "RGBWAF_检查 2（通道号）"测试流程

12.7.5 "标准应用扩展指令"测试流程

12.7.5.1 "查询扩展版本号"测试流程

对指令 272"启用设备类型 X"中所有可能的 X 值，测试指令 255"查询扩展版本号"。只有当 X＝8 时，期望回答并检查是否为"2"。测试流程如图 122 所示。

注：对属于多个颜色类型的控制装置也需回答≠8 的 X 查询。

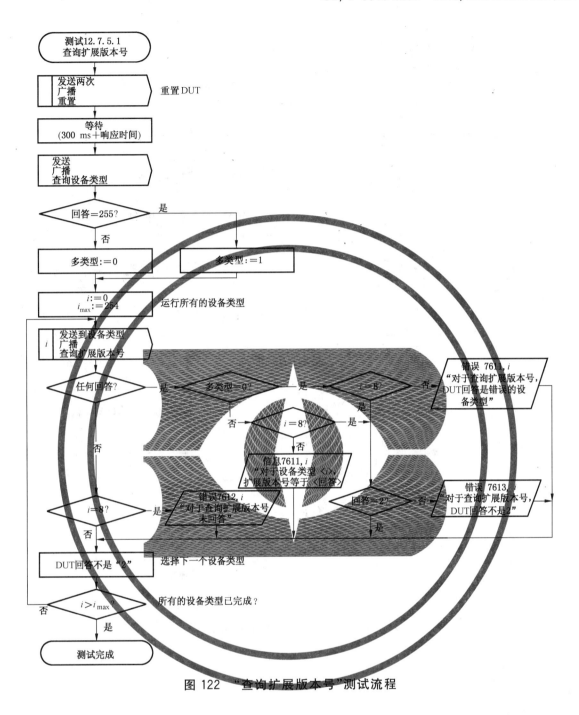

图 122 "查询扩展版本号"测试流程

12.7.5.2 "预留应用扩展指令"测试流程

本测试流程检查对预留应用扩展指令的响应。控制装置不应以任何方式作出响应。测试流程如图 123 所示。

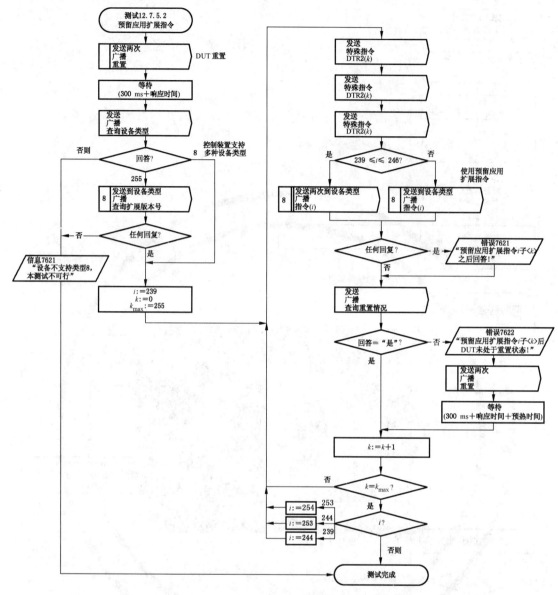

图 123 "预留应用扩展指令"测试流程

13 通用子流程

13.1 "设置 16 位值(值)"测试子流程

本子流程基于一个 8 位的输入计算一个 16 位值。该 16 位值储存在 DTR 和 DTR2 中作为一个 16 位值。它把这个 16 位值返回作为一个数字值 VAL 和作为 MSB 及 LSB。测试子流程如图 124 所示。

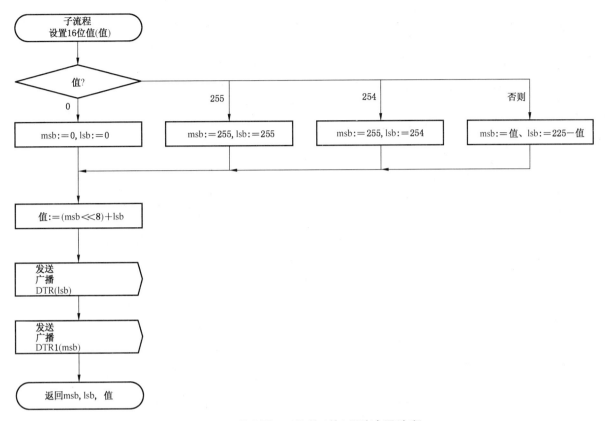

图 124 "设置 16 位值(值)"测试子流程

13.2 "设置特定 16 位值(值)"测试子流程

本子流程获取一个 16 位值并且把它储存在 DTR 和 DTR1 中作为一个 16 位值。它把这个 16 位值返回为一个如 MSB 和 LSB 一样的数字。测试子流程如图 125 所示。

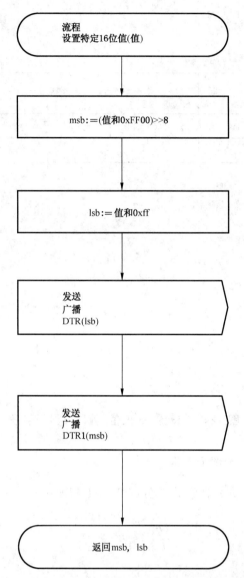

图 125　"设置特定 16 位值(值)"测试子流程

13.3　"获取 16 位值(　)"测试子流程

本子流程基于 DTR 和 DTR1 的内容把一个 16 位值返回作为一个数字值 VAL、作为 MSB 及 LSB。测试子流程如图 126 所示。

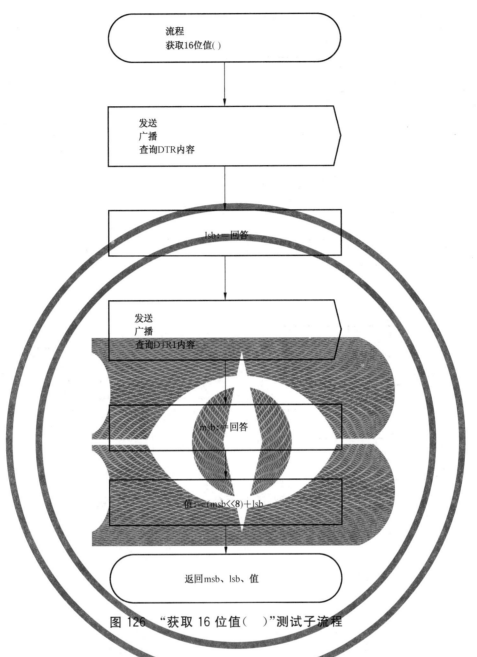

图 126 "获取 16 位值( )"测试子流程

13.4 "获取 16 位颜色值( )"测试子流程

本子流程在执行"查询颜色值"指令后,执行"获取 16 位值",然后验证该查询发送回来的回答是否与从"获取 16 位值"中检索到的 MSB 一样。它把这个 16 位值返回作为一个数字值 VAL 和作为 MSB 及 LSB。测试子流程如图 127 所示。

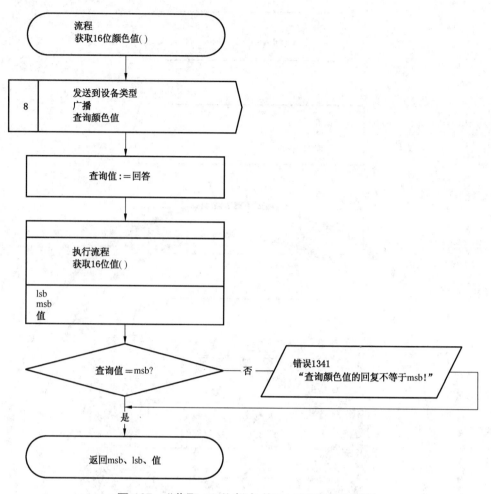

图 127 "获取 16 位颜色值( )"测试子流程

参 考 文 献

[1] IEC 60598-1 Luminaries—Part 1:General requirements and tests

[2] IEC 60669-2-1 Switches for household and similar fixed electrical installations—Part 2-1: Particular requirements—Electronic switches

[3] IEC 60921 Ballasts for tubular fluorescent lamps—Performance requirements

[4] IEC 60923 Auxiliaries for lamps—Ballasts for discharge lamps(excluding tubular fluorescent lamps)—Performance requirements

[5] IEC 60929 A.C.-supplied electronic ballasts for tubular fluorescent lamps—Performance requirements

[6] IEC 61347-1 Lamp control gear—Part 1:General and safety requirements

[7] IEC 61347-2-3 Lamp control gear—Part 2-3:Particular requirements for a.c.supplied electronic ballasts for fluorescent lamps

[8] IEC 61547 Equipment for general lighting purposes—EMC immunity requirements

[9] IEC 62384 DC or AC supplied electronic control gear for LED modules—Performance requirements

[10] CISPR 15 Limits and methods of measurement of radio disturbance characteristics of electrical lighting and similar equipment

[11] GS1 "General Specification:Global Trade Item Number",Version 7.0 published by the GS1,Avenue Louise 326;BE-1050 Brussels;Belgium;and GS1,1009 Lenox Drive,Suite 202,Lawrenceville,New Jersey,08648 USA

ICS 29.140.50;29.140.99
K 74

中华人民共和国国家标准

GB/T 30104.210—2013/IEC 62386-210:2011

数字可寻址照明接口 第210部分：控制
装置的特殊要求 程序装置（设备类型9）

Digital addressable lighting interface—Part 210：
Particular requirements for control gear—Sequencer（device type 9）

（IEC 62386-210:2011,IDT）

2013-12-17 发布   2014-11-01 实施

中华人民共和国国家质量监督检验检疫总局
中国国家标准化管理委员会 发布

前　言

GB/T 30104《数字可寻址照明接口》分为 13 个部分：

——第 101 部分：一般要求　系统；

——第 102 部分：一般要求　控制装置；

——第 103 部分：一般要求　控制设备；

——第 201 部分：控制装置的特殊要求　荧光灯（设备类型 0）；

——第 202 部分：控制装置的特殊要求　可容式应急照明（设备类型 1）；

——第 203 部分：控制装置的特殊要求　放电灯（荧光灯除外）（设备类型 2）；

——第 204 部分：控制装置的特殊要求　低压卤钨灯（设备类型 3）；

——第 205 部分：控制装置的特殊要求　白炽灯用电源电压控制器（设备类型 4）；

——第 206 部分：控制装置的特殊要求　数字信号转换成直流电压（设备类型 5）；

——第 207 部分：控制装置的特殊要求　LED 模块（设备类型 6）；

——第 208 部分：控制装置的特殊要求　开关功能（设备类型 7）；

——第 209 部分：控制装置的特殊要求　颜色控制（设备类型 8）；

——第 210 部分：控制装置的特殊要求　程序装置（设备类型 9）。

本部分为 GB/T 30104 的第 210 部分。

本部分按照 GB/T 1.1—2009 和 GB/T 20000.2—2009 给出的规则起草。

本部分使用翻译法等同采用 IEC 62386-210:2011《数字可寻址照明接口　第 210 部分：控制装置的特殊要求　程序装置（设备类型 9）》。

本部分由中国轻工业联合会提出。

本部分由全国照明电器标准化技术委员会（SAC/TC 224）归口。

本部分起草单位：杭州鼎盛科技仪器有限公司、苏州盟泰励宝光电有限公司、杭州中为光电技术股份有限公司、佛山市华全电气照明有限公司、深圳市中电照明股份有限公司、广东凯乐斯光电科技有限公司、东莞市品元光电科技有限公司、北京电光源研究所。

本部分起草人：侯民贤、吴元辉、张迎春、张九六、区志杨、宋金地、伍永乐、黎锦洪、江姗、段彦芳、赵秀荣。

引　言

　　本部分将与 GB/T 30104.101 和 GB/T 30104.102 同时出版。将 GB/T 30104 分为几部分单独出版便于将来修正和修订。如有需要,将添加附加要求。

　　引用 GB/T 30104.101 或 GB/T 30104.102 内的任何条款时,本部分和组成 GB/T 30104.2×× 系列的其他部分明确规定了条款的适用范围和测试的进行顺序。如有必要,本部分也包括附加要求。组成 GB/T 30104.2×× 系列的所有部分都是独立的,因此不包含彼此之间的引用。

　　GB/T 30104.101 或 GB/T 30104.102 的任何条款的要求在本部分中以"按照 GB/T 30104.101 第'n'章的要求"的句子形式引用,该句子可解释为涉及的第 101 部分或第 102 部分的条款的所有要求均适用,但不适用于第 210 部分包含的特定类型灯的控制装置除外。

　　除非另有说明,本部分中使用的数字均为十进制。十六进制数字采用 0xVV 的格式,其中 VV 为数值。二进制数字采用 XXXXXXXXb 或 XXXX XXXX 的格式,其中 X 为 0 或 1;"x"在二进制中表示"不作考虑"。

数字可寻址照明接口　第210部分:控制装置的特殊要求　程序装置(设备类型9)

1　范围

GB/T 30104 的本部分规定了电子控制装置在自动运行的程序模式下的数字信号控制协议和测试程序。

2　规范性引用文件

下列文件对于本文件的应用是必不可少的。凡是注日期的引用文件,仅注日期的版本适用于本文件。凡是不注日期的引用文件,其最新版本(包括所有的修改单)适用于本文件。

GB/T 30104.101—2013　数字可寻址照明接口　第 101 部分:一般要求　系统(IEC 62386-101:2009,IDT)

GB/T 30104.102—2013　数字可寻址照明接口　第 102 部分:一般要求　控制装置(IEC 62386-102:2009,IDT)

3　术语和定义

GB/T 30104.101—2013 和 GB/T 30104.102—2013 界定的以及下列术语和定义适用于本文件。

3.1

多通道设备　multi channel device
配有一个以上光源输出控制器的设备。
注:同一输出在同一时间可能有不同的状态。

3.2

点　point
程序装置渐变时间的逻辑状态,包含各个通道的保持时间和电弧功率的大小。
注:程序装置渐变时间结束,即代表达到该点。

3.3

后点　next point
流程中当前点的下一个点。

3.4

前点　previous point
流程中当前点的前一个点。

3.5

指针　pointer
一个记数器,用于指向流程的起始点。
注:为此目的,计数器可为场景 0 至场景 15 中的一个或上电等级或系统故障等级。

4　概述

按照 GB/T 30104.101—2013 第 4 章和 GB/T 30104.102—2013 第 4 章的要求。

5 电气规范

按照 GB/T 30104.101—2013 第 5 章和 GB/T 30104.102—2013 第 5 章的要求。

6 接口电源

如果电源与控制设备结合,按照 GB/T 30104.101—2013 第 6 章和 GB/T 30104.102—2013 第 6 章的要求。

7 传输协议结构

按照 GB/T 30104.101—2013 第 7 章和 GB/T 30104.102—2013 第 7 章的要求。

8 计时

按照 GB/T 30104.101—2013 第 8 章和 GB/T 30104.102—2013 第 8 章的要求。

9 运行方法

按照 GB/T 30104.101—2013 第 9 章和 GB/T 30104.102—2013 第 9 章的要求,以下条款除外:
GB/T 30104.102—2013 第 9 章的修正:
替换:

9.2 上电

接通电源 0.5 s 内,控制装置应开始对指令作出相应回应。如果主电源接通 0.6 s 内,仍未接收到影响电源功率等级的指令,那么装置应做如下操作:

如果控制寄存器指针控制 253 值为 0,除非上电等级存为"掩码",控制装置应立即达到上电等级,且无渐变。而当上电等级存为"掩码"时,控制装置应达到最近的电弧功率等级或在最近的流程开始点。

如果控制寄存器指针控制 253 值不是 0,那么上电等级的值应用来表示指向流程起点的指针。如果控制寄存器指针控制 253 是"掩码",那么控制装置应运行该流程直到有指令终止该指令运行。否则,装置根据控制 253 的值确定运行该流程的次数。

显然,对一个控制装置来说,应在 0.1 s 内来发送可能需要立即执行的电弧功率控制指令,设备才能如以上所述那样处理上电等级。

注 1:在以上提到的 0.1 s 内不同生产商的控制装置会对电弧功率有不同的处理方式(比如"减慢")。

注 2:有的控制装置会有预热或启动阶段(见 GB/T 30104.102—2013 的 9.7)。

注 3:如果上电等级的值为"掩码",不同生产商的控制装置要么存储最近电弧功率,要么存储最近的目标电弧功率。

9.3 接口故障

如果接口空载电压低于规定的接收器高电平等级范围(见 GB/T 30104.101—2013 第 5 章)的时间大于 500 ms,那么控制装置应进行如下操作:

如果控制寄存器指针控制 254 值为 0,除非系统故障等级的值是"掩码",控制装置应立即达到系统故障等级,且无渐变。而在该情况下,控制装置应保持状态不变(不改变电弧功率等级,没有开和关)。

如果控制寄存器指针控制 254 值不是 0,那么系统故障等级的值应用来表示指向流程起点的指针。如果控制寄存器指针控制 254 的值是"掩码",那么控制装置应运行该流程直到有指令终止该指令运行。否则,装置根据控制 254 的值确定运行该流程的次数。

当空载电压恢复时,控制装置也不应改变其状态。

附加条款:

9.9 多通道设备

一个基于该标准的程序装置应至少能够支持 8 个输出通道。哪个通道被支持可以通过指令 243 "查询通道支持"来查询。

在 102 部分中定义的任何直接或间接的电弧功率控制命令应能够影响所选通道的电弧功率等级。

对于程序装置的设置,可以通过指令 230"将 DTR 存储为通道选择"来选择不同的通道。通道选择字节中的每一位应对应一个输出通道:

bit0	选择通道 0	"0"=否
bit1	选择通道 1	"0"=否
bit2	选择通道 2	"0"=否
bit3	选择通道 3	"0"=否
bit4	选择通道 4	"0"=否
bit5	选择通道 5	"0"=否
bit6	选择通道 6	"0"=否
bit7	选择通道 7	"0"=否

通道选择不能影响对已保存指针的重复调用。

以下的标记法是用于表示对应特定通道的特定点:

点(点数;通道数)

9.10 程序装置操作

9.10.1 概述

支持两个操作模式:

——外部驱动的程序装置模式;

——自动运行的程序装置模式。

9.10.2 外部驱动的程序装置模式

在这个模式当中,一个控制设备可以用指令 232"去点 N"、233"去下一点"以及指令 234"去前一点"来控制流程。电弧功率等级应通过点 N 的程序装置渐变时间设置为已编程的点 N 的值。

9.10.3 自动运行的程序装置模式

9.10.3.1 程序装置编程

对于程序装置的每一点来说,应存数以下的数值:保持时间、程序装置渐变时间和高达 8 级的电弧功率等级,每个数值对应一个通道。

对于和"场景 0"至"场景 15"相似的"点 0"至"点 15"来说,需要存储一个额外的控制寄存器指针点 253(上电)以及点 254(系统故障)存储。表 1 列出了关于已存变量和用来存储变量的 DTR2 的概况。

表 1 程序装置存储的变量

DTR2 值	通道				程序装置渐变时间	保持时间	控制指令寄存器
	0	1	...	n			
0	点(0,0)	点(0,1)	...	点(0,n)	FT 点 0	HT 点 0	控制 0
1	点(1,0)	点(1,1)	...	点(1,n)	FT 点 1	HT 点 1	控制 1
2	点(2,0)	点(2,1)	...	点(2,n)	FT 点 2	HT 点 2	控制 2
3	点(3,0)	点(3,1)	...	点(3,n)	FT 点 3	HT 点 3	控制 3
4	点(4,0)	点(4,1)	...	点(4,n)	FT 点 4	HT 点 4	控制 4
5	点(5,0)	点(5,1)	...	点(5,n)	FT 点 5	HT 点 5	控制 5
6	点(6,0)	点(6,1)	...	点(6,n)	FT 点 6	HT 点 6	控制 6
7	点(7,0)	点(7,1)	...	点(7,n)	FT 点 7	HT 点 7	控制 7
8	点(8,0)	点(8,1)	...	点(8,n)	FT 点 8	HT 点 8	控制 8
9	点(9,0)	点(9,1)	...	点(9,n)	FT 点 9	HT 点 9	控制 9
10	点(10,0)	点(10,1)	...	点(10,n)	FT 点 10	HT 点 10	控制 10
11	点(11,0)	点(11,1)	...	点(11,n)	FT 点 11	HT 点 11	控制 11
12	点(12,0)	点(12,1)	...	点(12,n)	FT 点 12	HT 点 12	控制 12
13	点(13,0)	点(13,1)	...	点(13,n)	FT 点 13	HT 点 13	控制 13
14	点(14,0)	点(14,1)	...	点(14,n)	FT 点 14	HT 点 14	控制 14
15	点(15,0)	点(15,1)	...	点(15,n)	FT 点 15	HT 点 15	控制 15
16	点(16,0)	点(16,1)	...	点(16,n)	FT 点 16	HT 点 16	
17	点(17,0)	点(17,1)	...	点(17,n)	FT 点 17	HT 点 17	
...	...	...	...	...	...	...	...
249	点(249,0)	点(249,1)	...	点(249,n)	FT 点 249	HT 点 249	
250							
251							
252							
253	点(253,0)	点(253,1)	...	点(253,n)	FT 点 253	HT 点 253	控制 253
254	点(254,0)	点(254,1)	...	点(254,n)	FT 点 254	HT 点 254	控制 254
255			...				

注：在编程时要防止指针进入无限循环,同时也没有改变光输出。

9.10.3.2 流程编程示例

用以下示例阐述自动运行的程序装置模式。

在控制设备的存储器中应可以存储尽可能多的流程。在点(N;0)中存储的"掩码"(255)是表示点(N−1)是流程的末点。点 N 把不同的流程分开。表 2 是一个编程示例。

表 2 程序装置编程示例

点数 N	等级点($N;0$)	
0	254	
1	200	
2	180	
…	…	
A	120	流程 1 终点
$A+1$	255	
$A+2$	0	
…	…	
$B-1$	240	
B	254	流程 2 终点
$B+1$	255	
…	…	

在点 0 和点 A 之间的任一点开始流程会使得控制装置从该点开始运行流程 1。在"点 A"后,流程应从点 0 处继续运行。如果选择点($A+1$)作为起始点,那么控制器应从点 0 开始运行。

在点($A+2$)和点 B 之间的任一点开始流程会使得控制装置该点开始运行流程 2。在点 B 后,流程应从点($A+2$)处继续运行。如果选择点($B+1$)作为起始点,那么控制装置应从点($A+2$)开始运行。

图 1 显示了自动运行流程的一个定时示例。

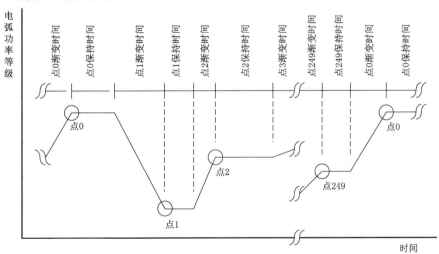

图 1 自动运行流程的定时示例

9.10.3.3.1 开始自动运行程序装置模式

为了能用流程指令启动自动运行程序装置,控制设备应执行以下步骤:

a) 传送开始点位置给 DTR2 和循环次数给 DTR;

b) 以指令 235"在点 N 开始"开始流程。

在 b)步骤之后,控制设备应用以编程的点 N 的渐变时间设置实际等级到选定点 N 的等级。然后按照点 N 的保持时间保持实际等级在点 N 设定的值上。此后,控制装置应按照 9.10.3.1 中描述的那样运行。

9.10.3.3.2 以指针处开始运行

在上电、接口故障或者场景重复调用时,控制设备应检查相应控制寄存器指针的内容。

如果所检查的控制寄存器指针检状态为0,那么控制装置应到达存储要求的电弧功率等级,即上电等级、系统故障等级或场景X。

如果所检查的指针控制寄存器包状态不为0,那么上电等级、系统故障等级或场景X的内容应用来表示指向流程起点的指针。如果控制寄存器指针为"掩码",那么装置应运行该流程直到有指令停止它为止。否则,装置运行该流程的次数需根据相应控制寄存器指针的内容确定。

如果指针指向一个不存在的点,那么控制装置应忽略该操作且不启动任何流程。

9.10.3.4 停止自动运行的程序装置

遇到下列任一事件,一个正在运行的自动运行程序装置应停止运行:

- 通过指针启动自动运行流程;
- 通过指令235"在点 N 开始"开始一个自动运行流程;
- 在接收指令236"在点 N 停止"后到达点 N 时;
- 在接收指令237"在下一点停止"后到达下一个点时;
- 接收下面任一指令时:指令231"重置程序装置"、指令232"去点 N"、指令233"去下一点"、指令234"去前一点";
- 接收到任何单独所选通道的直接或间接的电弧功率控制指令。接收指令所要求的新电弧功率等级应根据所选通道来设定;
- 接收指令32"重置";
- 接口故障时;
- 功率故障时。

10 变量申明

按照 GB/T 30104.101—2013 第 10 章和 GB/T 30104.102—2013 第 10 章的要求,此外,以下补充变量适用于此设备类型,如表3所示:

表 3 变量申明

变量	默认值(控制装置出厂设置)	重置值	重置程序装置值	有效范围	存储器[a]
"最小渐变时间"	工厂烧录	无变化	无变化	1～28	1 字节 ROM
"最多点数"	工厂烧录	无变化	无变化	15～249	1 字节 ROM
"支持的通道数量"	工厂烧录	无变化	无变化	xxxx xxx1	1 字节 ROM
"实际点数"	255("掩码")	无变化	255	0～249 253, 254, 255("掩码")	1 字节 ROM

表 3（续）

变量	默认值（控制装置出厂设置）	重置值	重置程序装置值	有效范围	存储器[a]
"点 N 等级"	255（"掩码"）对 $N=0\sim249$ 254 对 $N=253\sim254$	255 对 $N=0\sim15$ 254 对 $N=253\sim254$ 无变化对 $N=16\sim249$	无变化对 $N=0\sim15$，$N=253$ 和 254 255 对 $N=16\sim249$	$0\sim254$ 255（"掩码"）	1 字节 1 位对应 1 个通道
"点 N 保持时间"	0	无变化	0	0,程序装置最小渐变时间 至 254	每点 1 字节
"控制 N"	0	0	0	0.1~254,255	18 字节
"程序装置状态"	0000 0000	0000 0000	0000 0000	000x xxxx	1 字节 RAM
"特性"	工厂烧录	无变化	无变化	x000 00xx	1 字节 ROM
"设备类型"	9	无变化	无变化	0~254	1 字节 ROM
"通道选择"	启动所有现有的通道	启动所有现有的通道	无变化	xxx xxxx	1 字节 RAM
[a] 如未作说明，则为固定存储器（存储时间不限）。					

11 指令定义

按照 GB/T 30104.101—2013 第 10 章和 GB/T 30104.102—2013 第 10 章的要求，并且对于该设备类型有下列改编和附加变量：

GB/T 30104.102—2013 第 11 章的修订：

11.1 电弧功率控制指令

11.1.1 直接电弧功率控制指令

替换部分：

指令-：YAAA AAA0 XXXX XXXX "直接电弧功率控制"

通过使用实际渐变时间设置实际电弧功率等级到指令字节，在渐变时间内，状态寄存器 bit4 应标识为"渐变运行中"。

"最大等级"至"最小等级"范围之外的直接控制指令将导致电弧功率等级分别设置为"最大等级"和"最小等级"。电弧功率等级"0"（关断）和"255"（掩码）不应受到最大等级和最小等级设置的影响。

"255"（掩码）指"停止渐变"；应忽略该数值，不将其储存在存储器中。如果在预热期间接收到"掩码"，控制装置应保持关断状态。如果控制装置在自动运行流程时接收到"掩码"，那么流程应当立即停止。

在接收到"掩码"时，多通道控制装置的各个通道不应设置同样的电弧功率等级。

接收到的电弧功率等级为"0"或"掩码"时，不应对处于关断状态的灯产生任何明显影响。

如果控制装置是一个多通道控制设备，直接控制指令应只影响所选的通道。

11.1.2　间接电弧功率控制指令

修订部分：

指令 16-31：YAAA AAA1 0001 XXXX　"去场景"

如果相应的指针控制寄存器控制 XXXX 值是 0，控制装置应通过实际渐变时间将实际电弧功率等设置为场景 XXXX 保存的值。如果场景 XXXX 的值为"掩码"，应保持电弧功率等级不变。

如果相应的指针控制寄存器控制 XXXX 值不是 0，那么场景 XXXX 的内容应用来表示指向流程起点的指针。如果相应的指针控制寄存器控制 XXXX 值是"掩码"，那么控制装置应运行该流程直到有指令终止它为止。否则，装置运行该流程的次数需根据相应控制寄存器指针的内容确定。

在渐变时间内，状态寄存器 bit4 应标识为"渐变运行中"。

11.2　配置指令

修订部分：

11.2.1　一般配置指令

指令 32：YAAA AAA1 0010 0000　"重置"

接收到指令两个等待时间后，应将存储器中的变量（见第 10 章）更改为重置值。不要求能正确接收 300 ms 之内指令。

另外，所有的指针控制寄存器"控制 N"都应设置为 0。

11.3　查询指令

修订部分：

11.3.1　查询相关状态信息

指令 153：YAAA AAA1 1001 1001　"查询设备类型"

回答应为 9。

11.3.2　查询相关电弧功率参数设置

指令 160：YAAA AAA1 1010 0000　"查询实际等级"

回答应是实际电弧功率等级。而在预热期间或灯出错误时，回答都应是"掩码"。

如果是一个多通道设备，回答应是所选通道的实际等级。如果一个以上通道被选择并且所选通道的等级是不一致的，那么回答应是"掩码"。如果所选的通道是实际不存在的，那么回答也应是"掩码"。

11.3.4　应用扩展指令

替换部分：

指令 272"启用设备类型 9"应优先于应用扩展指令。对于除 9 以外的设备类型，这些指令可以不同的方式使用。程序装置不应优先于指令 272"启动设备类型 X"（$X \neq 9$）对应用扩展指令作出响应。

11.3.4.1　应用扩展配置指令

在每一个配置指令（224～231）被执行之前，应在 100 ms 以内第二次收到这些指令，以减少接收不正确指令的可能性。在这两个指令之间不应发送对相同控制装置寻址的其他指令，否则，前一个指令就会被忽略，同时各自的配置序列被终止。

指令 272 需要在两次控制指令之前发出，但不应在二者之间重复。参见图 2。

图 2 应用扩展配置指令流程实例

所有数据传输寄存器 DTR 的数值均应对照第 10 章中提及的有效值范围进行检查,即数值如果高于/低于表 1 中规定的有效值范围,均应设置为上限值/下限值。

指令 224:YAAA AAA1 1110 0000 "将 DTR 存储为点 N 等级"

DTR 存储为所选通道点 N 的电弧功率等级。

如果指令 230"将 DTR 存储为通道选择"所选的通道不存在,那么应忽略该指令。

N 值是 DTR2 确认的,如果 N 是一个不存在的点,那么应忽略该指令。

指令 225:YAAA AAA1 1110 0001 "将 DTR 存储为点 N 保持时间"

DTR 存储为点 N 的保持时间。实际时间(T)与相应的保持寄存器(X)的值应按如下计算:

当 $X=0\cdots40$ 时,	$T=X \cdot 25$ ms;
当 $X=41\cdots58$ 时,	$T=1$ s$+(X-40) \cdot 0.5$ s;
当 $X=59\cdots108$ 时,	$T=10$ s$+(X-58) \cdot 1$ s;
当 $X=109\cdots162$ 时,	$T=60$ s$+(X-108) \cdot 10$ s;
当 $X=163\cdots212$ 时,	$T=600$ s$+(X-162) \cdot 60$ s;
当 $X=213\cdots254$ 时,	$T=3\,600$ s$+(X-212) \cdot 600$ s。

公差:$\pm1/2$ 步;单步。

N 值是 DTR2 确定的,如果 N 是一个不存在的点,那么该指令应忽略。

指令 226:YAAA AAA1 1110 0010 "将 DTR 存储为点 N 渐变时间"

DTR 存储为点 N 的程序装置渐变时间。实际时间(T)与相应的渐变时间寄存器(X)的值应按照如下计算:

当 $X=0\cdots40$ 时,	$T=X \cdot 25$ ms;
当 $X=41\cdots58$ 时,	$T=1$ s$+(X-40) \cdot 0.5$ s;
当 $X=59\cdots108$ 时,	$T=10$ s$+(X-58) \cdot 1$ s;
当 $X=109\cdots162$ 时,	$T=60$ s$+(X-108) \cdot 10$ s;
当 $X=163\cdots212$ 时,	$T=600$ s$+(X-162) \cdot 60$ s;
当 $X=213\cdots254$ 时,	$T=3\,600$ s$+(X-212) \cdot 600$ s。

公差:$\pm1/2$ 步;单步。

程序装置的渐变时间可以设置为 0 或者"程序装置最小渐变时间"到 254 范围中的任一值。"程序装置最小渐变时间"可以用指令 248"查询程序装置最小渐变时间"查询到。

如果程序装置的渐变时间设置为 0,那么意味着"没有渐变"(光输出的变换尽可能的快,比最小流程渐变时间还要快)。

N 值是 DTR2 确认的,如果 N 是一个不存在的点,那么该指令应忽略。

指令 227:YAAA AAA1 1110 0011 "复制等级到点 N"

所选通道中由 DTR 的值指定的点 P 的弧功率等级将被存储到点 N 中。如果 DTR 的值是"掩码",那么所选通道实际的电弧功率等级将被存储到点 N 中。

所选通道由指令 230"将 DTR 存储为通道选择"决定。

如果选择的是没有被支持的通道,那么该指令应被忽略。

655

N 的值由 DTR2 的值指定。

如果 N 或 P 点不存在,那么该指令应忽略。

指令 228:YAAA AAA1 1110 0100 "复制到点 N"

所有通道中由 DTR 指定的点 P 的电弧功率等级、渐变时间和保持时间等相应参数将被存储到点 N 中。

N 的值由 DTR2 的值指定。

如果 N 或 P 点不存在,那么该指令应忽略。

指令 229:YAAA AAA1 1110 0101 "将 DTR 存储为控制 N"

DRT 存储为点 N 的控制指针寄存器控制 N。如详细信息,请参考 9.10.3.1。

N 的值由 DTR2 的值指定。

如果 N 是一个不存在的点,那么该指令应忽略。

注:由于指针只存在场景 0 至场景 15、上电等级和系统故障等级,数值如果不是 $0\sim15$,253 和 254,那么 N 是无效的。

指令 230:YAAA AAA1 1110 0110 "将 DTR 存储为通道选择"

执行支持的通道跟 DTR 按位逻辑与,结果将被存储到通道选择中。

如果控制装置不是一个多通道设备,那么应指令应忽略。在该情况下,通道选择这个字节总是设置成 0000 0001。

指令 231: YAAA AAA1 1110 0111 "重置程序装置"

程序装置的状态值、控制 N、点 N 的保持时间和点 N 的流程渐变时间的值都应设定第 10 章的默认值。

点 16 到点 249 的值应设定为第十章中的默认值。

在指令执行后的 500 ms 内,不要求能正确接收指令。

该指令不得改变的实际光等级。

11.3.4.2 扩展应用控制指令

指令 232:YAAA AAA1 1110 1000 "去点 N"

控制装置使用点 N 的渐变时间把所有通道实际功率等级设定为点 N 存储的值。控制装置的自动运行流程模式应被停止,同时"查询程序装置状态"的 bit 0 应被清空。

点 N 由 DTR2 的值指定。如果 N 是一个不存在的点,那么该指令应忽略。

该指令不能影响任一通道等级是"掩码"的点 N 的光输出。如果"掩码"是存储在点 $(N,0)$ 中,那么该指令应忽略。

指令 233:YAAA AAA1 1110 1001 "去下一点"

控制装置使用点 $(N+1)$ 的渐变时间把所有通道实际功率等级设定为点 $(N+1)$ 存储的值。控制装置的自动运行流程模式应被停止,同时查询程序装置状态的 bit 0 应被清空。对于点 $(N+1)$ 等级是掩码的任一通道,该指令不能影响它的光输出。如果"掩码"是为下一个点 $(N+1,0)$ 存储的,那么的控制装置应去点 0。如果 N 是可能的最高点,那么控制装置应去没被编程为"掩码"的最低的点 $(N,0)$。

如果实际电弧功率等级并不是任一程序装置动作或程序装置控制指令的结果,那么控制装置应去没被编程为"掩码"的最低点 $(N,0)$。

如果所有的点 $(N,0)$ 都编程为"掩码",那么该指令应忽略。

指令 234:YAAA AAA1 1110 1010 "去前一点"

控制装置使用点 $(N-1)$ 渐变时间时间,把所有通道的实际功率等级设定为点 $(N-1)$ 存储的值。控制装置的自动运行流程模式应被停止,同时查询程序装置状态的 bit 0 应被清空。对于点 $(N+1)$ 等级是掩码的任一通道,该指令不能影响它的光输出。如果"掩码"是为前一个点 $(N-1,0)$ 存储的,那么控制装置应去没被编程为"掩码"最高点(N,0)。

如果到达点 0,控制装置应去没有编程为"掩码"的最高点(N,0)。

如果实际电弧功率等级并不是任一程序装置动作或程序装置控制指令的结果,那么控制装置应去没被编程为"掩码"的最高点(N,0)。

如果所有的点(N,0)都编程为"掩码",那么该指令应忽略。

指令235:YAAA AAA1 1110 1011 "在点 N 开始"

在点 N 开始一个自动运流程。

点由 DTR2 的值指定。如果 N 是一个不存在的点,那么该指令应忽略。

如果 DTR 包含 0,那么该指令应忽略。

如果 DTR 包含"掩码"(255),那么控制装置应运行该流程直到有指令停止它。否则,控制装置运行该流程的次数按照 DTR 的内容而定。

指令236:YAAA AAA1 1110 1100 "在点 N 停止"

当接到该指令时,正在运行的流程应在到达点 N 前停止。如果在指令接收的同时,程序装置已经在点 N,那么流程应立即停止。

点 N 由 DTR2 的值指定。如果 N 是一个不存在的点,那么该指令应忽略。

如果该指令收到时,流程没有运行或者点 N 并不在当前运行的流程中,那么该指令应忽略。

指令237:YAAA AAA1 1110 1101 "在下一点停止"

流程应在到达下一个点的电弧功率等级后停止。

如果没有流程在运行,那么该指令应忽略。

指令238～239:YAAA AAA1 1110 111X

为将来需要保留。控制装置不应以任何方式作出响应。

11.3.4.3 应用扩展查询指令

指令240:YAAA AAA1 1111 0000 "查询特征"

回答应是以下运行的可选特性信息:

bit 0	故障通道报告	"0"=否
bit 1	多通道程序装置	"0"=否
bit 2	未使用	"0"=默认值
bit 3	未使用	"0"=默认值
bit 4	未使用	"0"=默认值
bit 5	未使用	"0"=默认值
bit 6	未使用	"0"=默认值
bit 7	支持物理选择	"0"=否

指令241:YAAA AAA1 1111 0001 "查询设备状态"

回答应是以下"设备状态"位值:

bit 0	自动运行流程正在运行	"0"=否
bit 1	在指针处开始	"0"=否
bit 2	在点 N 处停止	"0"=否
bit 3	在下一个指针停止	"0"=否
bit 4	达到要求点	"0"=否
bit 5	未使用	"0"=默认值
bit 6	未使用	"0"=默认值
bit 7	未使用	"0"=默认值

当自动运行流程正在运行时,bit 0 应置位。否则 bit 0 应清零。

如果 bit 0 置位了,指令 144"查询状态"的回答 bit 4(渐变正在运行)也要置位。

如果正在运行的设备是由指针启动的,那么 bit 1 应置位。否则,bit 1 应清零。

在流程运行的过程期间,在接收到指令 236"在点 N 停止"后,bit 2 置位,直到到达点 N。如果设备已经在点 N,当接收到指令 236 后,bit 2 无需置位。

在流程运行的过程期间,在接收到指令 237"在下一点停止"后,bit 3 应置位,直到下一个点的渐变时间失效。

在外部驱动的程序装置模式下,当指定点的设备渐变时间失效时,bit 4 应置位。

指令 242:YAAA AAA1 1111 0010 "查询最多支持点数"

回答应是最多支持的点数。

至少点 0~15,点 253 和点 254 应能够执行该指令。

在确定最多支持的点数时,应忽略点 253 和点 254。

指令 243:YAAA AAA1 1111 0011 "查询支持通道"

回答应是支持的通道:

bit 0	支持通道 0	"0"=否
bit 1	支持通道 1	"0"=否
bit 2	支持通道 2	"0"=否
bit 3	支持通道 3	"0"=否
bit 4	支持通道 4	"0"=否
bit 5	支持通道 5	"0"=否
bit 6	支持通道 6	"0"=否
bit 7	支持通道 7	"0"=否

如果控制装置不是多通道程序装置,那么回答应是 0000 0001。

指令 244:YAAA AAA1 1111 0100 "查询实际点数"

回答应是当前点数 N。在渐变时,回答应是目标点点 N。

如果实际电弧功率等级并不是任一程序装置动作或程序装置控制指令的结果,回答应是"掩码"。

指令 245:YAAA AAA1 1111 0101 "查询点 N 等级"

回答应是存储的点 N 所选通道的电弧功率等级。

通道应是通道选择选择的通道。如果选择的通道的光等级是不同的,那么回答应是"掩码"。如果选择了一个不支持通道,那么回答也应是"掩码"。

点 N 由 DTR2 的值指定。如果 N 是一个不存在的点,那么该指令应忽略。

指令 246:YAAA AAA1 1111 0110 "查询点 N 保持时间"

回答应是存储的点 N 的保持时间。

点 N 由 DTR2 的值指定。如果 N 是一个不存在的点,那么该指令应忽略。

指令 247:YAAA AAA1 1111 0111 "查询程序装置渐变时间"

回答应是存储的点 N 的程序装置渐变时间。

点 N 由 DTR2 的值指定。如果 N 是一个不存在的点,那么该指令应忽略。

指令 248:YAAA AAA1 1111 1000 "查询程序装置最小渐变时间"

回答应是一个在指令 226 中定义和描述的 8 位"程序装置最小渐变时间"值。

指令 249:YAAA AAA1 1111 1001 "查询故障通道"

回答应是关于以下失效通道的信息:

bit 0	通道 0 故障	"0"=否
bit 1	通道 1 故障	"0"=否

bit 2	通道 2 故障	"0"＝否
bit 3	通道 3 故障	"0"＝否
bit 4	通道 4 故障	"0"＝否
bit 5	通道 5 故障	"0"＝否
bit 6	通道 6 故障	"0"＝否
bit 7	通道 7 故障	"0"＝否

如果 bit 0 至 7 有超过一位置位,那么对于指令 146"查询灯故障"回答应是"是",并且指令 144"查询状态"回答的 bit 1 也应置位。

如果控制装置不是一个多通道程序装置,那么任何故障都应在回答的 bit 0 表明。

没有这一特征的控制装置应不作响应(请参考指令 240)。

指令 250:YAAA AAA1 1111 1010 "查询控制 N"

回答应是点 N 对应的指针控制寄存器 N。

点 N 由 DTR2 的值指定。如果 N 是一个不存在的点,那么该指令应忽略。

注:由于指针只存在场景 0 至场景 15、上电等级和系统故障等级,数值如果不是 0～15,253 和 254,那么 N 是无效的。

指令 251:YAAA AAA1 1111 1011 "查询通道选择"

回答应是当前的通道选择。

如果控制装置不是一个多通道设备,那么回答应是 0000 0001。

指令 252～253:YAAA AAA1 1111 110X

为将来需要而保留。控制装置不应以任何方式作出响应。

指令 254:YAAA AAA1 1111 1110

为将来需要而保留。控制装置不应以任何方式作出响应。

指令 255:YAAA AAA1 1111 1111 "查询扩展版本号"

回答值应为 1。

11.4 特别指令

修订部分:

11.4.4 扩展特别指令

指令 272:1100 0001 0000 1001 "启用设备类型 9"

程序装置的设备类型为 9。

11.5 指令集

外加部分:

除采用 GB/T 30104.102—2013 中 11.5 的指令外,对于设备类型 9 还采用表 4 的附加指令。

表 4 应用扩展指令集汇总

指 令 数	指令编码	指 令
224	YAAA AAA1 1110 0000	将 DTR 存储为点 N 等级
225	YAAA AAA1 1110 0001	将 DTR 存储为点 N 保持时间
226	YAAA AAA1 1110 0010	将 DTR 存储为点 N 渐变时间
227	YAAA AAA1 1110 0011	复制等级值到点 N

表 4（续）

指 令 数	指 令 编 码	指 令
228	YAAA AAA1 1110 0100	复制到点 N
229	YAAA AAA1 1110 0101	将 DTR 存储为控制 N
230	YAAA AAA1 1110 0110	将 DTR 存储为通道选择
231	YAAA AAA1 1110 0111	重置装置
232	YAAA AAA1 1110 1000	去点 N
233	YAAA AAA1 1110 1001	去下一点
234	YAAA AAA1 1110 1010	去前一点
235	YAAA AAA1 1110 1011	在点 N 开始
236	YAAA AAA1 1110 1100	在点 N 停止
237	YAAA AAA1 1110 1101	在下一点停止
238～239	YAAA AAA1 1110 111X	a
240	YAAA AAA1 1111 0000	查询特征
241	YAAA AAA1 1111 0001	查询设备状态
242	YAAA AAA1 1111 0010	查询最多支持的点数
243	YAAA AAA1 1111 0011	查询支持通道
244	YAAA AAA1 1111 0100	查询实际点数
245	YAAA AAA1 1111 0101	查询等级点 N
246	YAAA AAA1 1111 0110	查询点 N 保持时间
247	YAAA AAA1 1111 0111	查询程序装置渐变时间
248	YAAA AAA1 1111 1000	查询程序装置最小渐变时间
249	YAAA AAA1 1111 1001	查询故障通道
250	YAAA AAA1 1111 1010	查询控制 N
251	YAAA AAA1 1111 1011	查询通道选择
252～253	YAAA AAA1 1111 110X	a
254	YAAA AAA1 1111 1110	a
255	YAAA AAA1 1111 1111	查询扩展版本
272	1100 0001 0000 1001	启用设备类型 9

a　为将来需要而保留。控制装置不应以任何方式作出响应。

12　测试程序

按照 GB/T 30104.102—2013 第 12 章的要求，但以下除外：

替换部分：

12.4 "物理地址分配"测试流程

以 DUT 物理选择的方式编入的短地址,应用以下测试流程来进行测试,如图 3 所示。

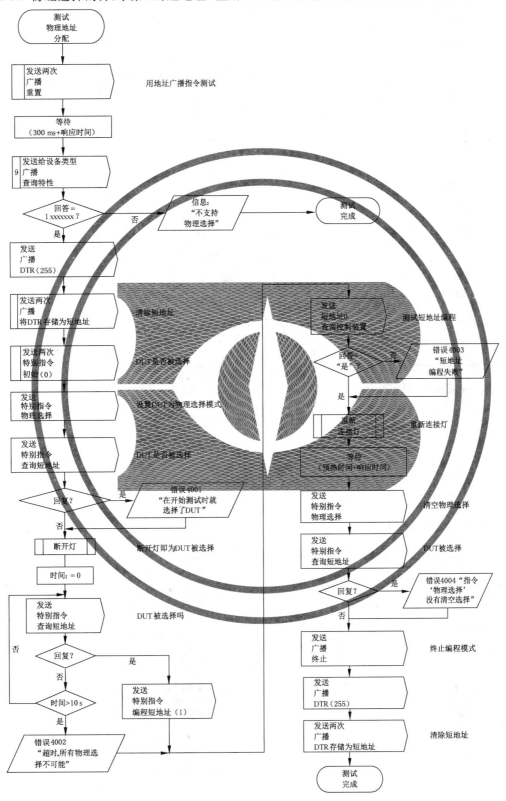

图 3 "物理地址分配"测试流程

附加部分：

12.7 "设备类型 9 的应用扩展指令"测试流程

12.7.1 "应用扩展查询指令"测试流程

12.7.1.1 "查询特征"测试流程

指令 240"查询特征"、指令 242"查询最多支持的点数"、指令 243"查询支持通道"以及指令 248"查询程序装置最小渐变时间"都应用如图 4 所示的测试流程测试。

注：这个测试流程在其他测试流程中当子流程使用。

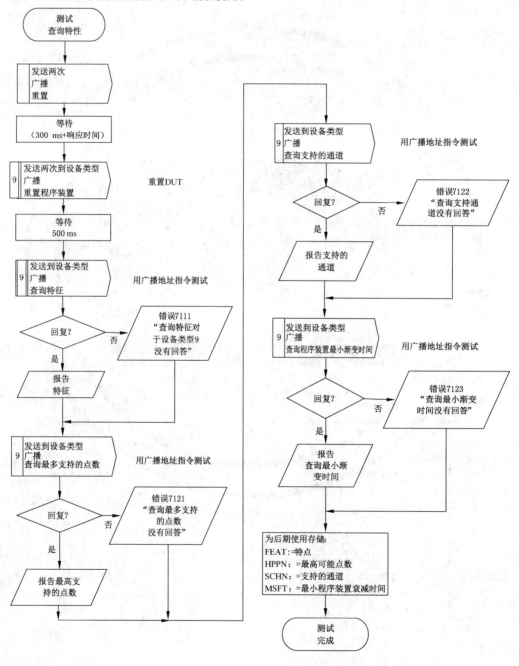

图 4 "查询特征"测试流程

12.7.2 "应用扩展设置指令"测试流程

12.7.2.1 "设置点 *N*"测试流程

图 5 中的测试流程设置了所有现存点的程序装置渐变时间、保持时间以及等级，在电源干线中断后，数值应能被读出和确认。测试参数在如表 5 当中。

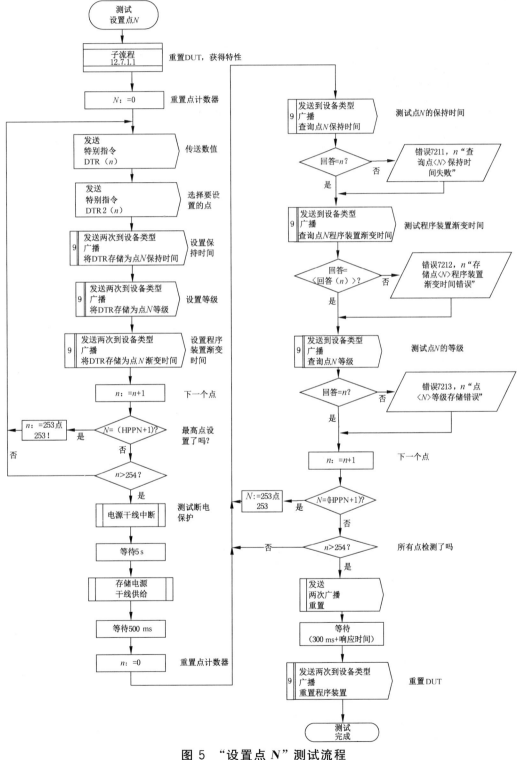

图 5 "设置点 *N*"测试流程

表 5 "设置点 N" 测试流程的参数

n	回答$[n]$
0	0
1 to MSFT	MSFT
MSFT to 254	n

12.7.2.2 "设置-发送两次"测试流程

设置指令只有在 100 ms 之内两次收到,才可执行。图 6 中所示的测试流程检测不同设置指令只发送一次的反应。测试流程的参数在表 6 中。

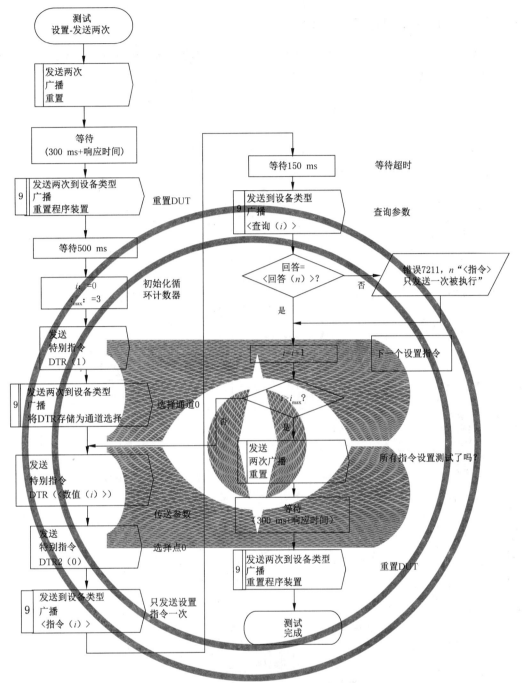

图 6 "设置-发送两次"测试流程

表 6 "设置-发送两次"测试流程的参数

i	数值(i)	指令	查询	回答(i)
0	0	将 DTR 存储为点 N 等级	查询点 N 等级	255
1	1	将 DTR 存储为点 N 保持时间	查询点 N 保持时间	0
2	31	将 DTR 存储为点 N 设备渐变时间	查询设备渐变时间点 N	0
3	254	复制点 N 等级	查询点 N 等级	255

12.7.2.3 "设置-超时"测试流程

设置指令只有在100 ms之内收到两次,才可执行。图7中所示的测试流程检测不同设置指令发送超过150 ms的反应。测试流程的参数在表7中。

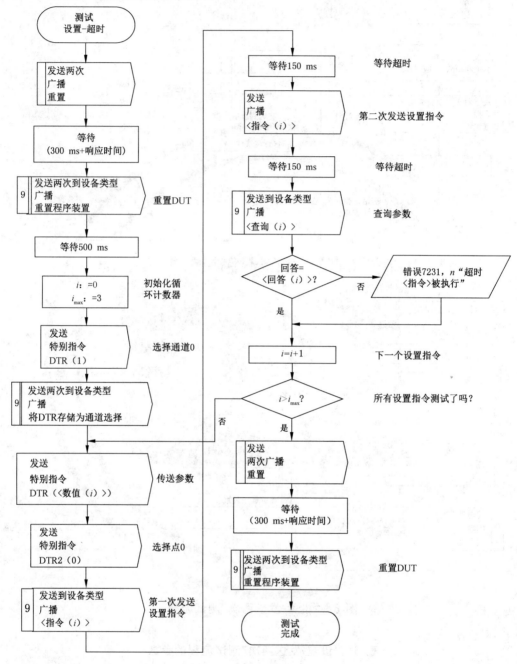

图7 "设置-超时"测试流程

表 7 "设置-超时"测试流程的参数

i	数值(i)	指令 i	查询 i	回答(i)
0	0	将 DTR 存储为点 N 等级	查询点 N 等级	255
1	1	将 DTR 存储为点 N 保持时间	查询点 N 的保持时间	0
2	31	将 DTR 存储为点 N 程序装置渐变时间	查询程点 N 序装置渐变时间	0
3	254	复制点 N 等级	查询点 N 等级	255

12.7.2.4 "设置-中间指令 1"测试流程

控制装置只有在 100 ms 之内两次收到设置指令,才执行指令,同时还不能对相同地址的控制装置发送其他任何指令。图 8 中所示的测试流程在设置指令之间发送其他指令来检测设其反应。测试流程的参数在表 8 中。

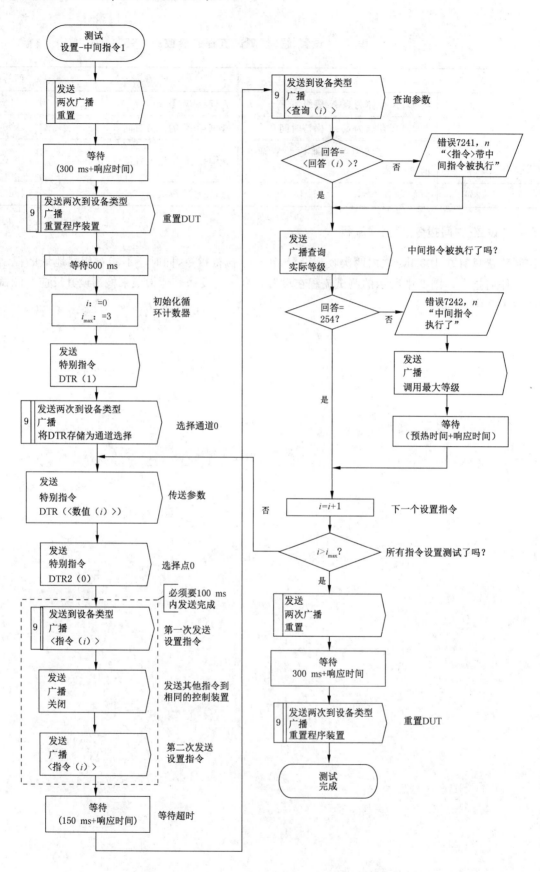

图 8 "设置-中间指令 1"测试流程

表 8 "设置-中间指令 1"测试流程的参数

i	数值(i)	指令(i)	查询(i)	回答(i)
0	0	存储点 N 为等级 DTR	查询点 N 等级	255
1	1	存储点 N 保持时间为 DTR	查询点 N 的保持时间	0
2	31	存储点 N 程序装置渐变时间为 DTR	查询程序装置渐变时间点 N	0
3	254	复制点 N 等级	查询点 N 等级	255

12.7.2.5 "设置-中间指令 2"测试流程

控制装置只有在 100 ms 之内两次收到设置指令,才执行指令,同时还不能对相同地址的控制装置发送其他任何指令。图 9 中所示的测试流程设置指令之间发送其他指令给另一个控制装置来检测设其反应。测试流程的参数在表 9 中。

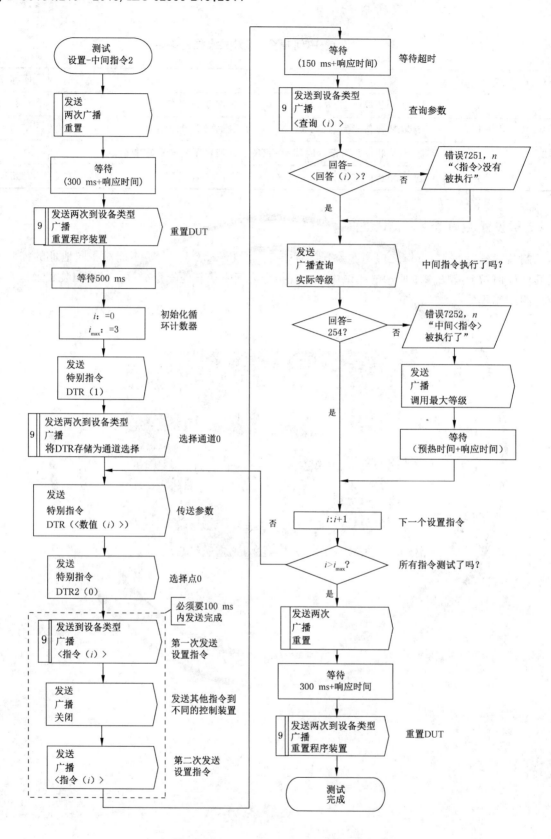

图 9 "设置-中间指令 2"测试流程

表 9 "设置-中间指令 2"测试流程的参数

i	数值(i)	指令(i)	查询(i)	回答(i)
0	0	存储点 N 等级为 DTR	查询点 N 等级	0
1	1	存储点 N 保持时间 DTR 为	查询点 N 的保持时间	1
2	31	存储点 N 程序装置渐变时间为 DTR	查询点 N 程序装置渐变时间	31
3	254	复制点 N 等级	查询点 N 等级	254

12.7.2.6 "复制到点 N"测试流程

图 10 中的测试流程检测指令 228"复制到点 N"。测试流程的参数在表 10 中。

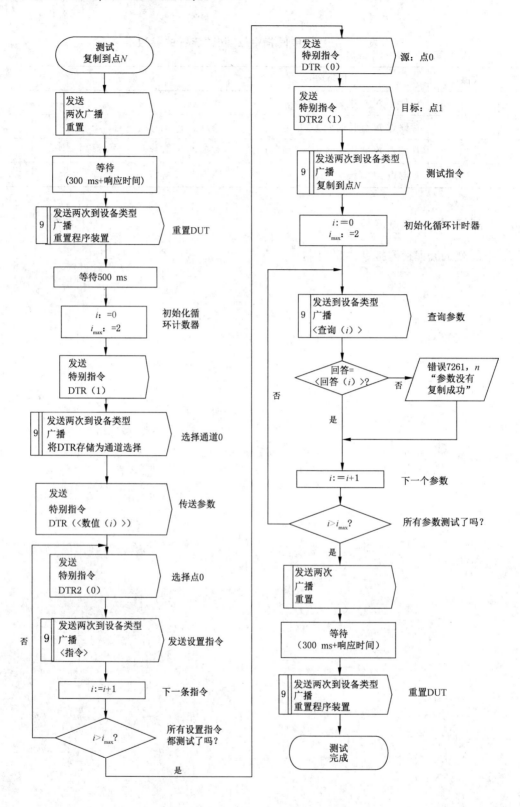

图 10 "复制到点 N"测试流程

表 10 "复制到点 N"测试流程的参数

i	数值(i)	指令(i)	查询(i)	回答(i)
0	0	将 DTR 存储为点 N 等级	查询点 N 等级	0
1	1	将 DTR 存储为点 N 保持时间	查询点 N 保持时间	1
2	31	将 DTR 存储为点 N 程序装置渐变时间	查询点 N 程序装置渐变时间	31

12.7.2.7 "复制到点 N-发送两次"测试流程

图 11 中的测试流程检测指令 228"复制到点 N"只发送一次的反应。测试流程的参数在表 11 中。

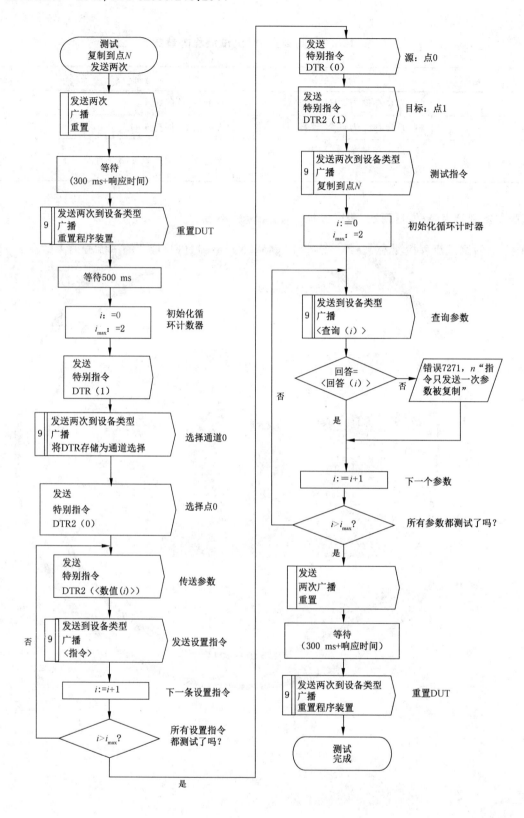

图 11 "复制到点 N-发送两次"测试流程

表 11 "复制到点 N-发送两次"测试流程参数

i	数值(i)	指令 i	查询 i	回答(i)
0	0	存储点 DTR 为 N 等级	查询点 N 等级	255
1	1	将 DTR 存储为点 N 保持时间	查询点 N 的保持时间	0
2	31	将 DTR 存储为点 N 程序装置渐变时间	查询点 N 程序装置渐变时间	0

12.7.2.8 "复制到点 N-超时"测试流程

如图 12 所示,测试流程检测指令 228"复制到点 N"在超过 150 ms 内发送了两次的反应。测试流程的参数在表 12 中。

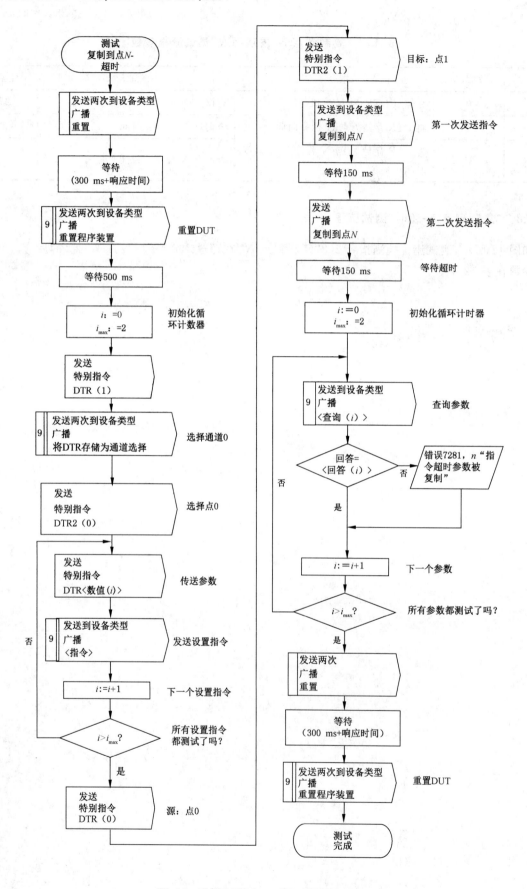

图 12 "复制到点 N-超时"测试流程

表 12 "复制到点 N-超时"测试流程的参数

i	数值(i)	指令(i)	查询(i)	回答(i)
0	0	将 DTR 存储为点 N 等级	查询点 N 等级	255
1	1	将 DTR 存储为点 N 保持时间	查询点 N 的保持时间	0
2	31	将 DTR 存储为点 N 程序装置渐变时间	查询点 N 程序装置渐变时间	0

12.7.2.9 "复制到点 N-中间指令"测试流程

如图 13 所示,测试流程检测指令 228"复制到点 N"在发送两次之间还有其他指令发送时的反应。两次指令之间的其他指令发送到相同的控制装置和不同的控制装置。测试流程的参数在表 13 中。

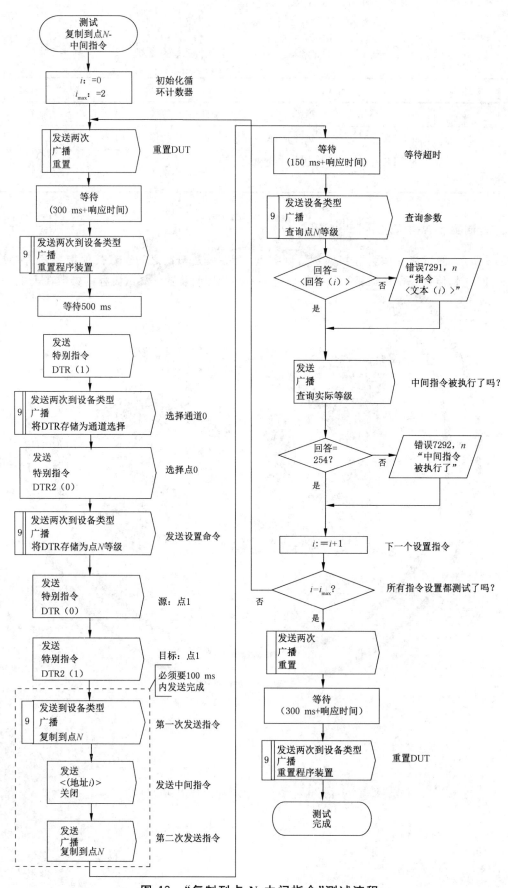

图 13 "复制到点 N-中间指令"测试流程

表 13 "复制到点 N-中间指令"测试流程的参数

i	地址(i)	回答(i)	文本(i)
0	广播	255	执行
1	短地址 1	1	不执行
2	组 2	1	不执行

12.7.2.10 "通道选择"测试流程

如图 14 所示,测试流程应检测通道选择的特征。支持的通道设置不同值之后再查询。

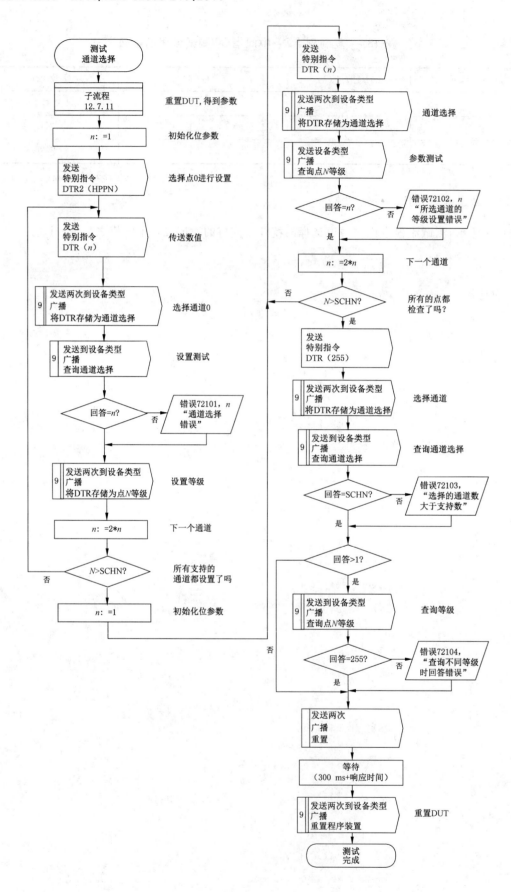

图 14 "通道选择"测试流程

12.7.2.11 "通道选择-发送两次/超时"测试流程

如图 15 所示,测试流程检测指令 230"将 DTR 存储为通道选择"只发送一次以及在超过 150 ms 内发送两次的反应。

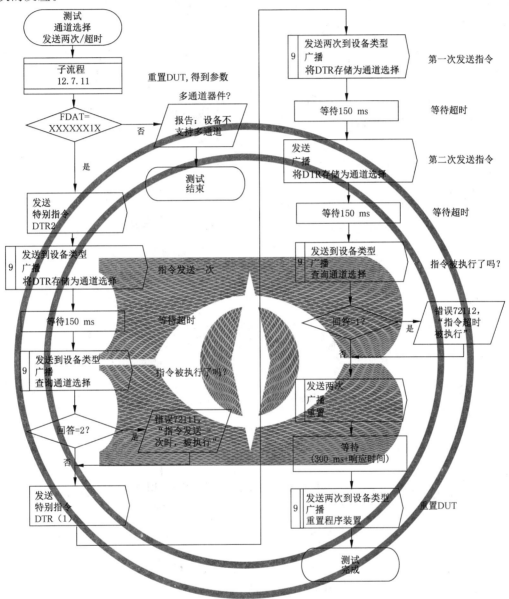

图 15 "通道选择-发送两次/超时"测试流程

12.7.2.12 "通道选择-中间指令"测试流程

如图 16 所示,测试流程应检测指令 230"将 DTR 存储为通道选择"在发送两次间有其他指令发送过来时的反应。两次指令之间的其他指令发送到相同的控制装置和不同的控制装置。测试流程的参数在表 16 中。

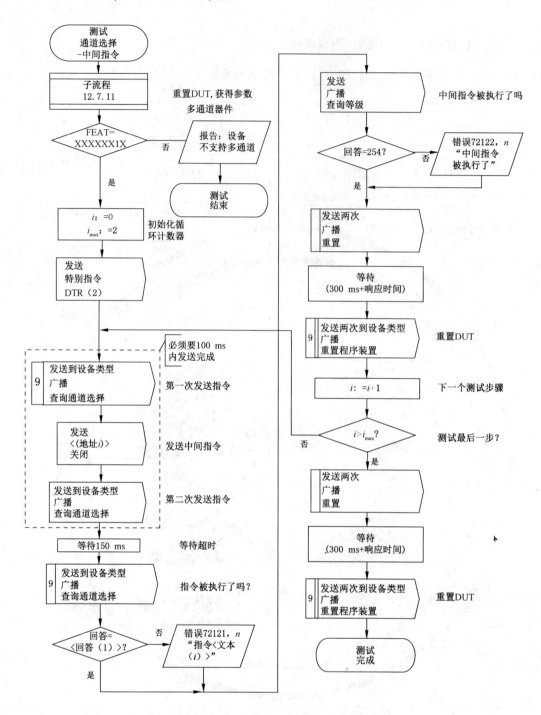

图 16 "通道选择-中间指令"测试流程

表 16 "通道选择-中间指令"测试流程的参数

i	地址(i)	回答(i)	文本(i)
0	广播	SCHN	执行
1	短地址 1	2	不执行
2	组 2	2	不执行

12.7.2.13 "设置控制 N"测试流程

如图 17 所示,测试流程应检测指针控制寄存器的设置。所有的控制寄存器都应能被设置且设置后可以查询。不存在的控制寄存器也应试着被查询到。

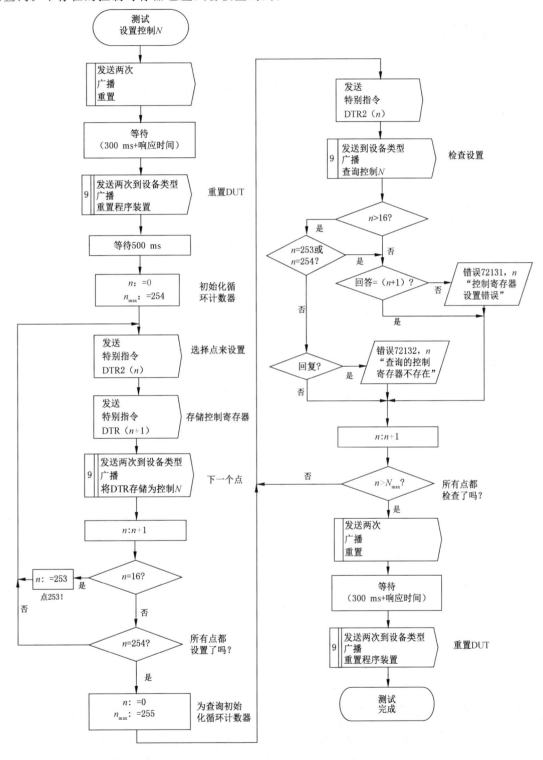

图 17 "设置控制 N"测试流程

12.7.2.14　"设置控制 *N*-发送两次/超时"测试流程

如图 18 所示,测试流程检测指令 229"将 DTR 存储为控制 *N*"只发送一次以及在超过 150 ms 内发送两次的反应。

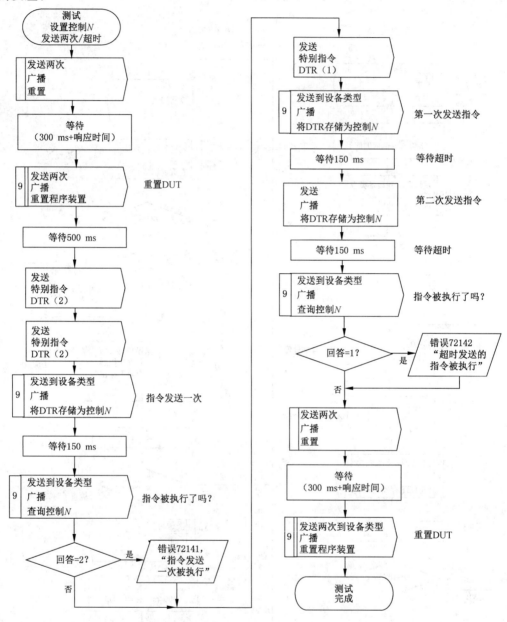

图 18　"设置控制 *N*-发送两次/超时"测试流程

12.7.2.15　"设置控制 *N*-中间指令"测试流程

如图 19 所示,测试流程检测指令 229"将 DTR 存储为控制 *N*"在发送两次间有其他指令发送过来时的反应。两次指令之间的其他指令发送到相同的控制装置和不同的控制装置。测试流程的参数在表 19 中。

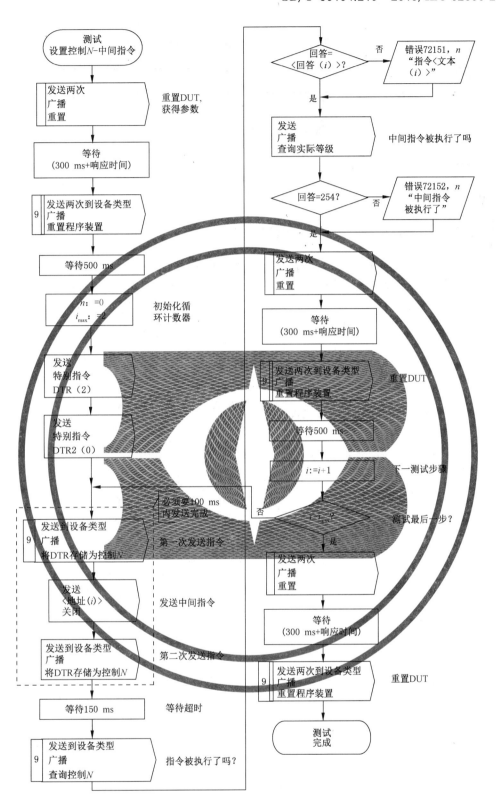

图 19 "设置控制 *N*-中间指令"测试流程

表 19 "设置控制 N-中间指令"测试流程的参数

i	地址(i)	回答(i)	文本(i)
0	广播	0	执行
1	短地址 1	2	不执行
2	组 2	2	不执行

12.7.3 "启用设备类型"测试流程

12.7.3.1 "启用设备类型:应用扩展指令"测试流程

如图 20 所示,测试流程检测一个应用扩展指令接收到应用扩展指令和指令 272"启用设备类型 9"之间有其他指令情况下的反应。两次指令之间的其他指令发送到相同的控制装置和不同的控制装置。测试流程的参数在表 20 中。

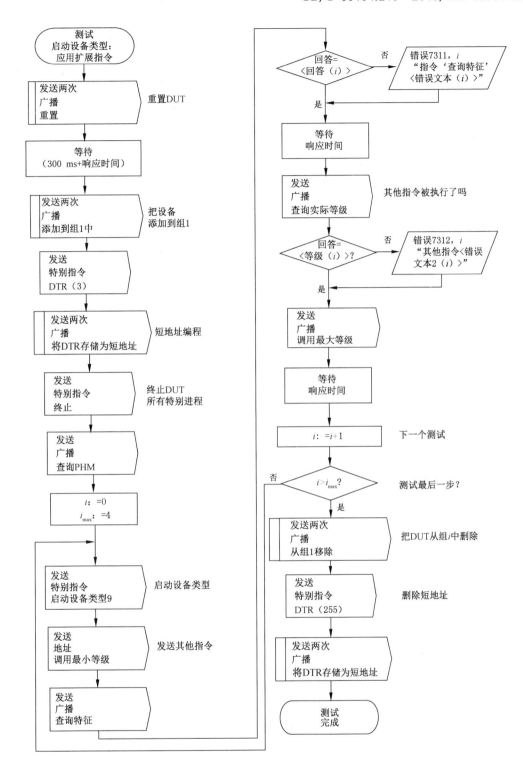

图 20 "启用设备类型:应用扩展指令"测试流程

表 20 "启用设备类型:应用扩展指令"测试流程的参数

i	地址(i)	回答(i)	等级(i)	错误文本 1(i)	错误文本 2 (i)
0	广播	"否"	PHM	执行	不执行
1	短地址 1	"否"	PHM	执行	不执行
2	短地址 2	XXXXXXXXb	254	不执行	执行
3	组 1	"否"	PHM	执行	不执行
4	组 2	XXXXXXXXb	254	不执行	执行

12.7.3.2 "启用器件类型:应用扩展设置指令 1"测试流程

如图 21 所示,测试流程应检测一个应用扩展设置指令接收到两次时在该两条应用扩展设置指令与指令 272"启用设备类型 9"之间有其他设置指令情况下的反应。该条指令发送给相同的或不同的控制装置。测试流程的参数在表 21 中。

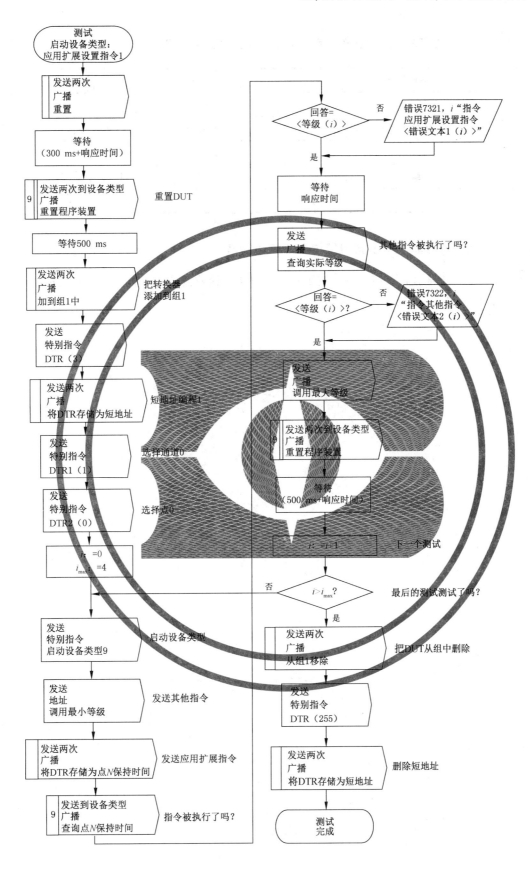

图 21 "启用器件类型:应用扩展设置指令 1"测试流程

表 21 "启用器件类型:应用扩展设置指令 1"测试流程的参数

i	地址(i)	回答(i)	等级(i)	错误文本 1(i)	错误文本 2(i)
0	广播	0	PHM	执行	不执行
1	短地址 1	0	PHM	执行	不执行
2	短地址 2	3	254	不执行	执行
3	组 1	0	PHM	执行	不执行
4	组 2	3	254	不执行	执行

12.7.3.3 "启用设备类型:应用扩展设置指令 2"测试流程

如图 22 所示,测试流程检测当一个应用扩展设置指令接收到的同时在该两条应用扩展设置指令之间还接收到第二个指令 272"启用设备类型 9"的情况下的反应。

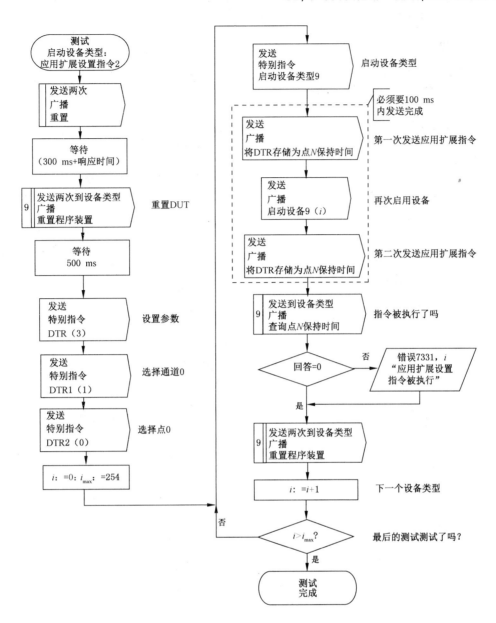

图 22 "启用设备类型：应用扩展设置指令 2"测试流程

12.7.4 "应用扩展控制指令"测试流程

12.7.4.1 "设置流程"子流程

在测试之前，子流程应设置控制装置。它应用在其他几个测试流程中以及使用子流程的12.7.1.1 "查询特征"，点 0～11 的设置如表 23 所示（所有通道的每个点都设置为同一等级）。图 23 是测试流程的流程图。

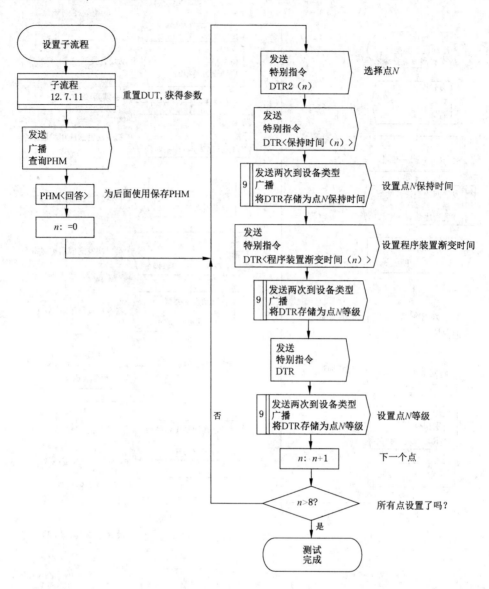

图 23　子流程"设置流程"

表 23　子流程"设置流程"的参数

点(n)	等级(n)	保持时间(n)	程序装置渐变时间(n)
0	254	16	28
1	(PHM+254)/2	16	28
2	PHM	0	42
3	254	54	MSFT
4	(PHM+254)/2	42	0
5	PHM	42	42
6	255	0	0
7	(PHM+254)/2	42	42
8	PHM	16	42

表 23（续）

点(n)	等级(n)	保持时间(n)	程序装置渐变时间(n)
9	255	0	0
10	PHM	20	0
11	254	20	0

12.7.4.2 "去点 N"测试流程

如图 24 所示,测试流程测试是否正确处理指令 232"去点 N"。表 24 表示测试流程的参数。

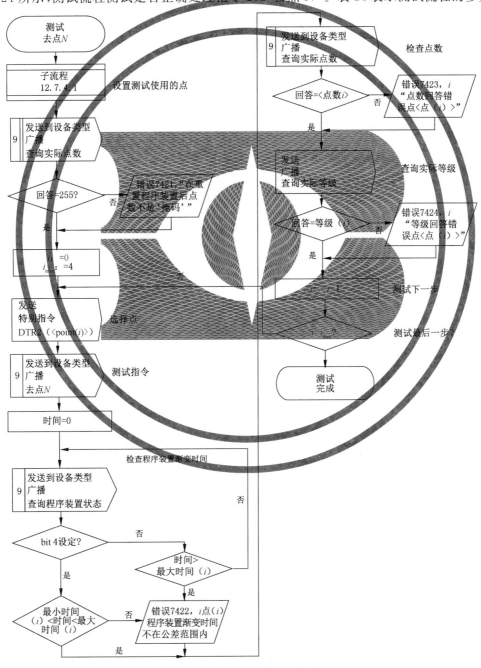

图 24 "去点 N"测试流程

表 24 "去点 N"测试流程的参数

I	点(i)	最小时间(i)	最大时间(i)	数量(i)	等级(i)
0	0	605 ms	745 ms	0	PHM
1	6	0 ms	1.1 * 反应时间	0	PHM
2	7	1.8 s	2.2 s	7	(PHM+254)/2
3	0	605 ms	754 ms	0	PHM
4	3	0.9 * MSFT	1.1 * MSFT	3	254

12.7.4.3 "去下一点"测试流程

如图 25 所示,测试流程检测指令 233"去下一点"。

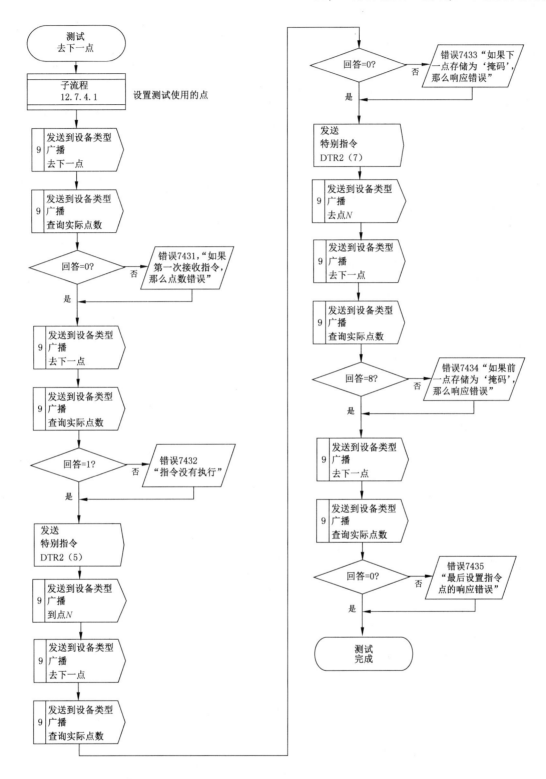

图 25 "去下一点"测试流程

12.7.4.4 "去前一点"测试流程

如图 26 所示,用测试流程来检测指令 234"去前一点"。

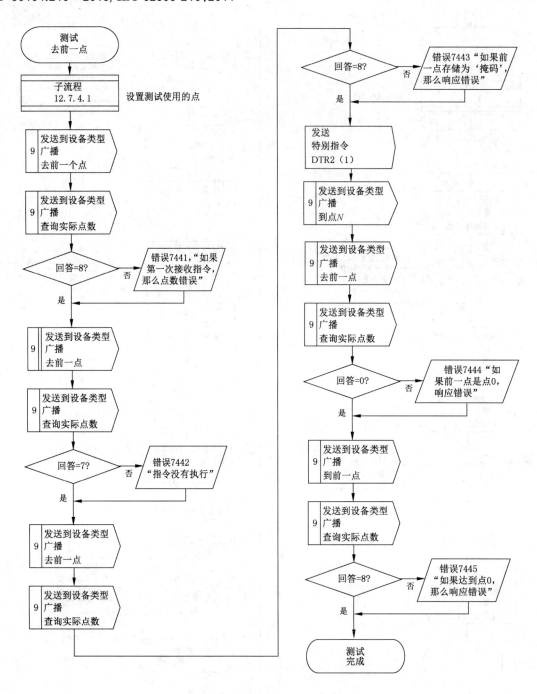

图 26 "去前一点"测试流程

12.7.4.5 "自动运行流程"测试流程

该流程用来检测指令235"从点 N 启动"、指令236"在点 N 停止"和指令237"在下一点停止"以及指令241"查询流程状态"回答的 bit 0 "自动流程运行"，bit 2"在点 N 停止"和 bit 3"在下一点停止"的状态。图 27 显示了流程图的检测序列以及图 28 显示了时序图。表 27 显示了参数。

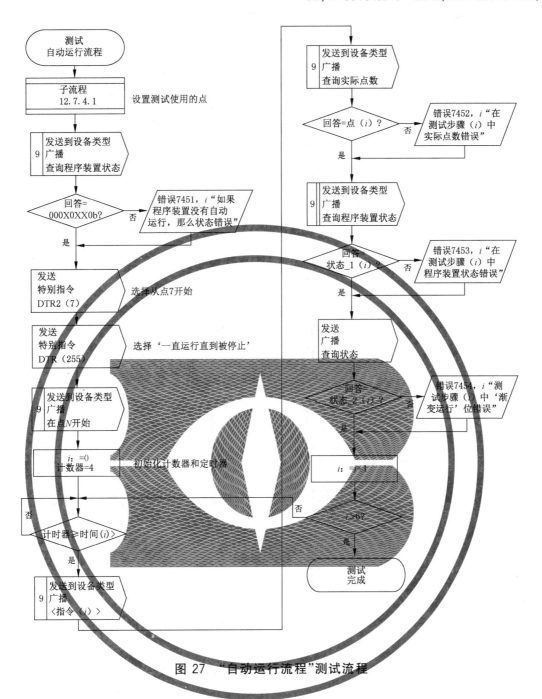

图 27 "自动运行流程"测试流程

表 27 "自动运行流程"测试流程的参数

i	时间(i)	指令(i)	点(i)	状态 1(i)	状态 2(i)
0	0.9 s	DTR2(4)	7	000X 0001b	XXX1 XXXXb
1	3.0 s	(无指令)	8	000X 0001b	XXX1 XXXXb
2	5.3 s	在下一点停止	7	000X 1001b	XXX1 XXXXb
3	10 s	在点 N 开始	4	000X 0001b	XXX1 XXXXb
4	12.9 s	在点 N 停止	5	000X 0101b	XXX1 XXXXb
5	23.7 s	无指令	3	000X 0101b	XXX0 XXXXb
6	35 s	无指令	4	000X 0000b	XXX0 XXXXb

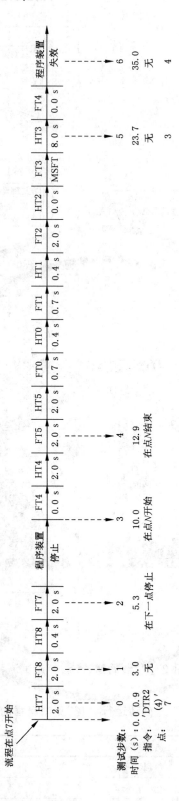

说明：

HT——保持时间；

FT——渐变时间。

注：非线性时间。

图 28 "自动运行流程"测试流程的时序

12.7.4.6 "自动运行流程-指针"测试流程

如图 29 所示,测试流程测试用指针启动的自动运行流程。测试流程的参数在表 29 中。

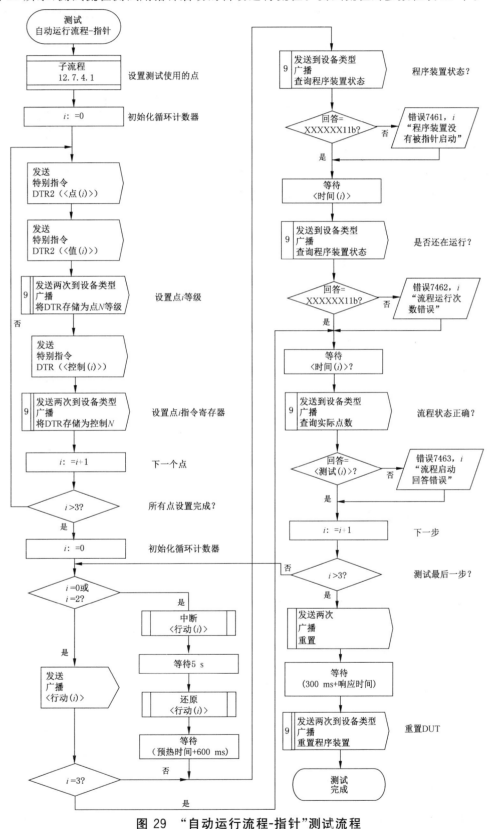

图 29 "自动运行流程-指针"测试流程

表 29 "自动运行模式-指针"测试流程的参数

i	点(i)	值(i)	控制(i)	动作(i)	时间(i)	测试(i)
0	253	0	1	电源干线供电压	10 s	5
1	15	7	2	去场景 15	8 s	8
2	254	7	5	接口数据线	19 s	8
3	14	7	0	去场景 14	1 s	255

12.7.4.7 "自动运行流程-运行次数"测试流程

用不同内容的控制指针寄存器来测试自动运行流程运行次数。控制装置已用 12.7.4.1 子流程设定。图 30 显示了测试流程的流程图。表 30 显示了参数。

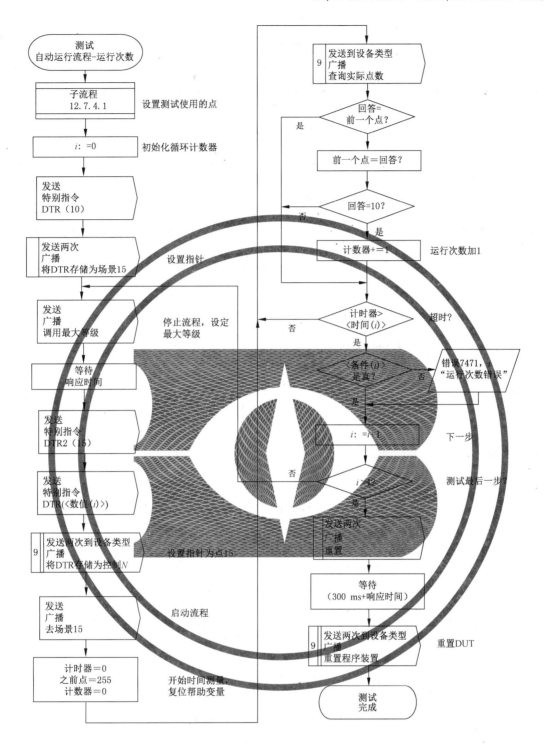

图 30 "自动运行流程-运行次数"测试流程

表 30 "自动运行流程-运行次数"测试流程的参数

i	数值(i)	时间(i)	条件(i)
0	1	2 s	计数器＝1
1	42	50 s	计数器＝42

表 30（续）

i	数值(i)	时间(i)	条件(i)
2	100	120 s	计数器＝100
3	254	300 s	计数器＝254
4	255	300 s	计数器＞270

12.7.4.8 "自动运行流程-用指令停止"测试流程

不同的电弧功率控制指令和应用扩展指令应可以停止自动运行流程。图 31 显示了测试流程的流程图。表 31 显示了参数。

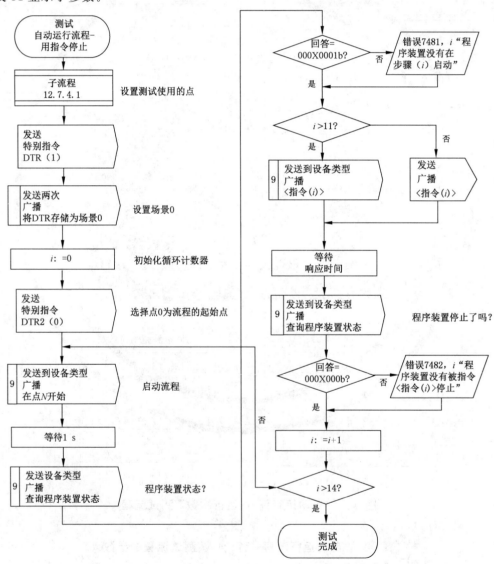

图 31 "自动运行流程-用指令停止"测试流程

表 31 "自动运行流程-用指令停止"测试流程的参数

i	指令(i)
0	关闭
1	上升
2	下降
3	加快
4	减慢
5	调用最大等级
6	调用最小等级
7	减慢并关闭
8	开并且加快
9	直接电弧功率控制 255
10	直接电弧功率控制 1
11	去场景 0
12	去点 N
13	去下一点
14	去前一点

12.7.4.9 "程序装置性能"测试流程

如图 32 中所示的测试流程用来检测程序装置的性能。在测试期间,直接或间接连接到控制装置的灯的光输出应被记录下来。在记录了程序装置渐变时间、保持时间和点的等级后应用图 33 中所示的模板来检查。

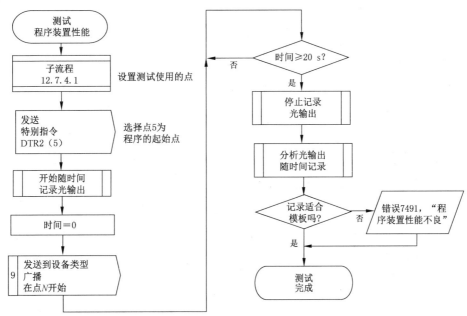

图 32 "程序装置性能"测试流程

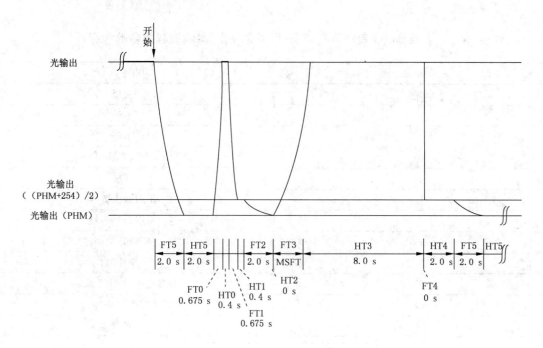

说明：

HT——保持时间；

FT——渐变时间。

图 33 "程序装置性能"测试模板

12.7.4.10 "在点 N 开始-运行次数"测试流程

用不同的 DTR 内容来测试流程由指令 235"在点 N 开始"启动时正确的运行次数。图 34 显示了测试流程的流程图。表 34 显示了参数。

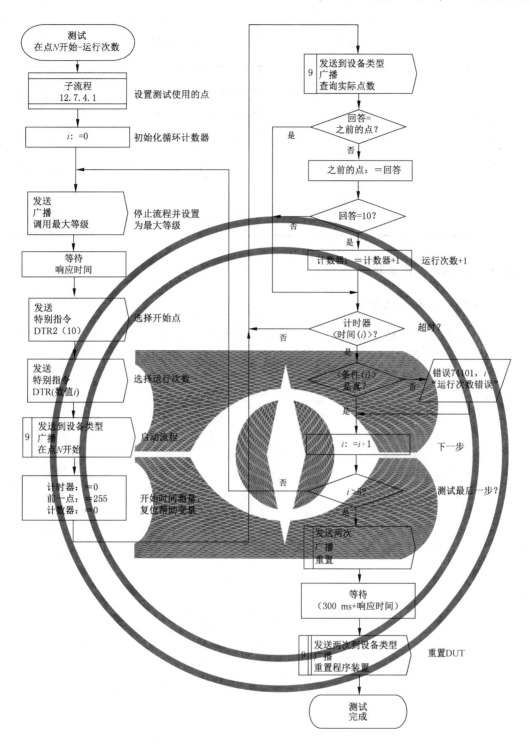

图 34 "在点 N 开始-运行次数"测试流程

表 34 "在点 N 开始-运行次数"测试流程的参数

i	数值(i)	时间(i)	条件(i)
0	0	2 s	计数器＝0
1	1	2 s	计数器＝1
2	42	50 s	计数器＝42
3	100	120 s	计数器＝100
4	254	300 s	计数器＝254
5	255	300 s	计数器＞270

12.7.5 测试流程"其他应用扩展"

12.7.5.1 "重置程序装置"测试流程

如图 35 所示,测试流程用来检测指令 231"重置程序装置"。控制装置控制的点都应在指令 229"重置程序装置"发送之前设置。所有程序装置重置值都应可以被检测。

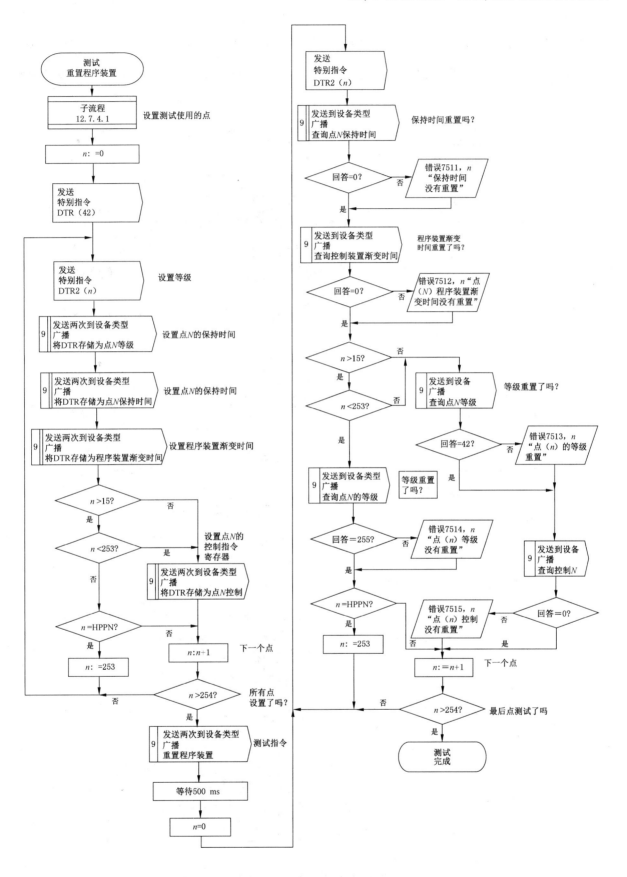

图 35 "重置程序装置"测试流程

12.7.5.2 "重置程序装置-发送两次/超时"测试流程

如图 36 所示,测试流程检测指令 231"重置程序装置"只发送一次以及在超过 150 ms 内发送两次的反应。

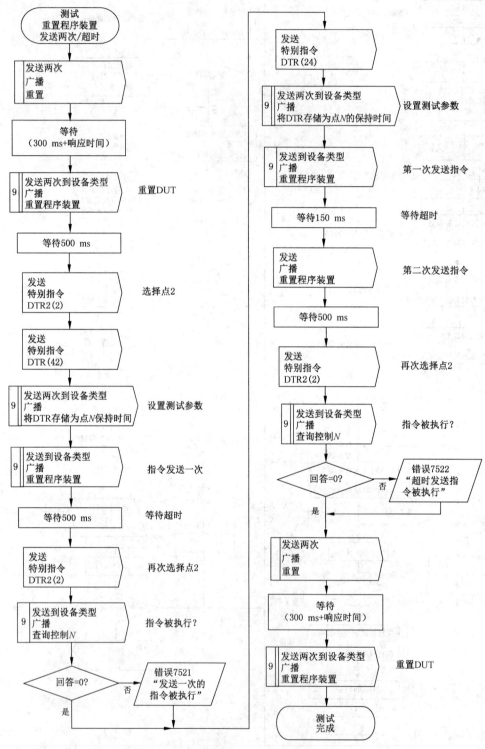

图 36 "重置程序装置-发送两次/超时"测试流程

12.7.5.3 "重置程序装置-中间指令"测试流程

如图37所示,测试流程检测指令231"重置程序装置"在发送两次间有其他指令发送过来时的反应。该条指令发送给相同的或不同的控制装置。测试流程的参数在表37中。

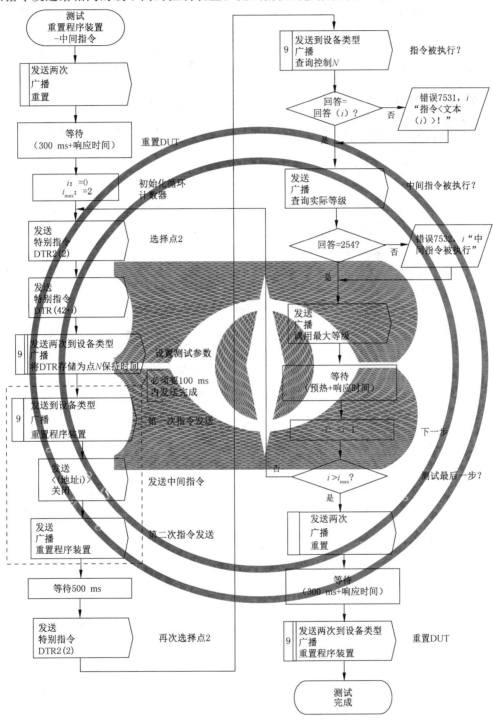

图 37 "重置程序装置-中间指令"测试流程

表 37 "重置程序装置-中间指令"测试流程的参数

i	地址(i)	回答(i)	文本(i)
0	广播	42	执行
1	短地址 1	0	不执行
2	组 2	0	不执行

12.7.5.4 "重置控制 N"测试流程

如图 38 所示,测试流程检测指令 32"重置"的反应。该指令应重置控制指针寄存器。

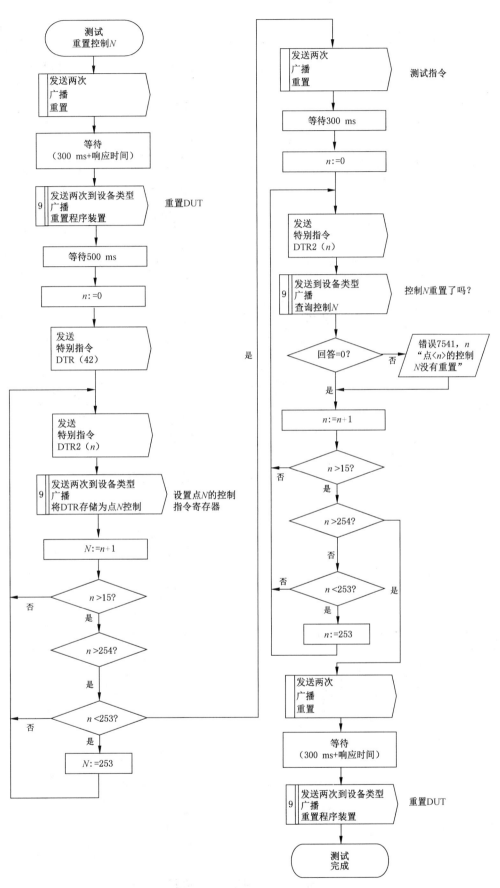

图 38 "重置控制 N"测试流程

12.7.5.5 "故障通道"测试流程

如图 39 所示,测试流程测试指令 249"故障通道"。在测试期间,错误输出几次应根据控制装置的生产商设置。表 39 显示了测试参数。

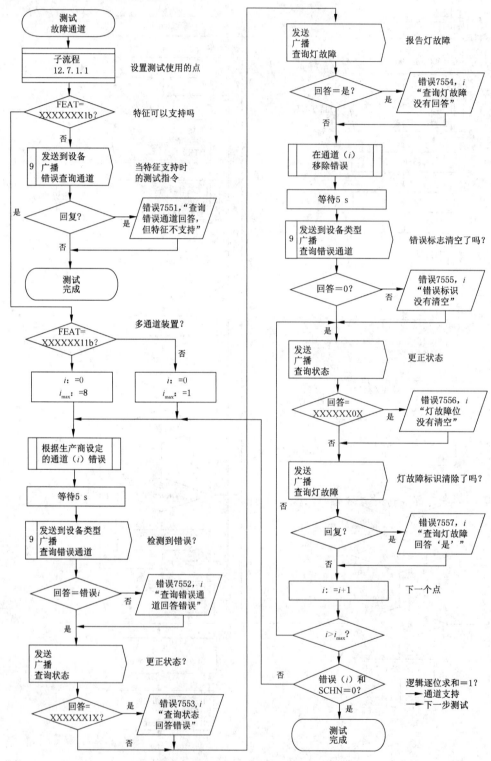

图 39 "故障通道"测试流程

表 39 "故障通道"测试流程的参数

i	1	2	3	4	5	6	7	8
错误(i)	00000001b	00000010b	000000100b	00001000b	00010000b	0010000b	0100000b	1000000b

12.7.6 "标准应用扩展指令"测试流程

12.7.6.1 "查询扩展版本号"测试流程

测试指令 255"查询扩展版本号"测试指令 272 中"启用设备类型 X"的 X 可能的值。图 40 表示了测试流程。

注：如果控制装置属于多个设备类型的应回答 X 不等于 9 的查询。

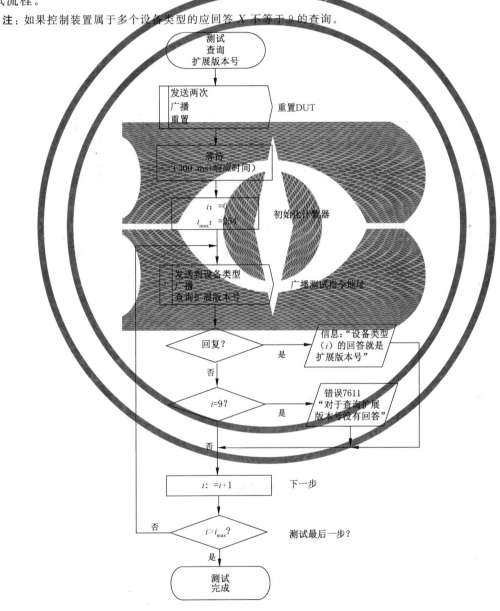

图 40 "查询扩展版本号"测试流程

12.7.6.2 "预留的应用扩展指令"测试流程

如图41所示,用测试流程来检测预留扩展指令的反应。控制寄存器应不做任何反应。表41显示了测试流程的参数。

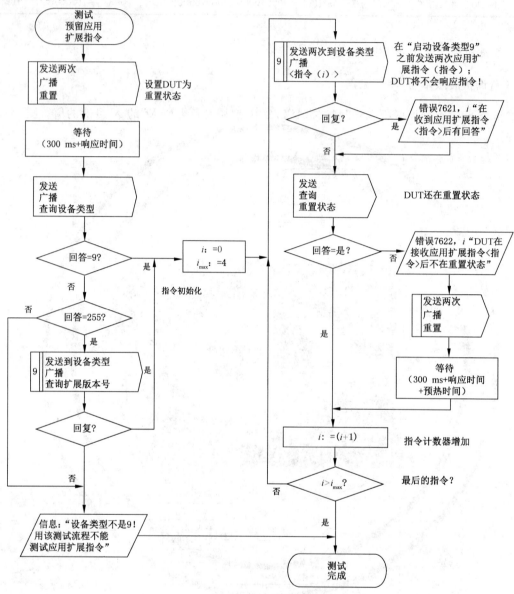

图 41 "预留的应用扩展指令"测试流程

表 41 "预留的应用扩展指令"测试流程的参数

i	0	1	2	3	4
指令(i)	238	239	252	253	254

参 考 文 献

[1] IEC 60598-1 Luminaires—Part 1: General requirements and tests

[2] IEC 60669-2-1 Switches for household and similar fixed electrical installations—Part 2-1: Particular requirements—Electronic switches

[3] IEC 60921 Ballasts for tubular fluorescent lamps—Performance requirements

[4] IEC 60923 Auxiliaries for lamps—Ballasts for discharge lamps (excluding tubular fluorescent lamps—Performance requirements

[5] IEC 60925 D.C.-supplied electronic ballasts for tubular fluorescent lamps—Performance requirements (withdrawn)

[6] IEC 60929 A.C.-supplied electronic ballasts for tubular fluorescent lamps—Performance requirements

[7] IEC 61347-1 Lamp controlgear—Part 1: General and safety requirements

[8] IEC 61347-2-3 Lamp controlgear—Part 2-3: Particular requirements for a.c. supplied electronic ballasts for fluorescent lamps

[9] IEC 61547 Equipment for general lighting purposes—EMC immunity requirements

[10] CISPR 15 Limits and methods of measurement of radio disturbance characteristics of electrical lighting and similar equipment

[11] GS1 "General Specification: Global Trade Item Number", Version 7.0, published by the GS1, Avenue Louise 326; BE-1050 Brussels; Belgium; and GS1, 1009 Lenox Drive, Suite 202, Lawrenceville, New Jersey, 08648 USA.